W0260693

Monte Verità Proceedings of the Centro Stefano Franscini Ascona

Herausgegeben von H. Flühler, ETH Zürich

Instabile Hänge und andere risikorelevante natürliche Prozesse

Nachdiplomkurs in angewandten Erdwissenschaften

Herausgegeben von
Björn Oddsson

1996

Birkhäuser Verlag
Basel · Boston · Berlin

Autor:

Dr. sc.nat.ETH Björn Oddsson, Geologe
Leiter des ETH-NDK in angewandter Erdwissenschaften
No H-51
ETH Zentrum
CH-8092 Zürich

Die Deutsche Bibliothek – CIP-Einheitsaufnahme

Instabile Hänge und andere risikorelevante natürliche Prozesse
: Nachdiplomkurs in angewandten Erdwissenschaften / Björn Oddsson. –
Basel ; Boston ; Berlin : Birkhäuser, 1996
  (Monte Verità)
  ISBN-13: 978-3-0348-9882-9   e-ISBN-13: 978-3-0348-9042-7
  DOI: 10.1007/978-3-0348-9042-7

NE: Oddsson, Björn

© 1996 Birkhäuser Verlag, Postfach 133, CH-4001 Basel, Schweiz
Softcover reprint of the hardcover 1st edition 1996

Camera-ready Vorlage durch den Herausgeber erstellt

Gedruckt auf säurefreiem Papier, hergestellt aus chlorfrei gebleichtem Zellstoff. TCF ∞

ISBN 978-3-0348-9882-9

9 8 7 6 5 4 3 2 1

Inhaltsverzeichnis

2. Teil: Risikorelevante natürliche Prozesse. Datenerhebung und Modellierung
NDK 3. Blockkurs, 5.–9. April 1994, Monte Verità, Ascona

1. Teil

Instabile Hänge

Ursachen, klimatische Einflüsse –
Beobachtung und Sanierung

Vorwort

Björn Oddsson

Die angewandten Erdwissenschaften entwickelten sich aus dem Bedürfnis der frühen Zivilisation zur Exploration von Rohstoffen, Erschliessung von Verkehrswegen und Erstellung von Bauwerken aller Art. Bis weit in dieses Jahrhundert waren die Ingenieurgeologen häufig die einzigen Naturwissenschafter, die an solchen Projekten beteiligt waren. Oft blieben die Umweltanliegen unbeachtet beim Bestreben nach steigenden materiellen Wohlstand.

In den letzten 30 Jahren sind die Nutzungsansprüche an den knappen verfügbaren Raum unseres Landes drastisch gestiegen. Wachsende Probleme ergeben sich bei der Rohstoffgewinnung und bei der Abfallbeseitigung. Dies wie auch globale und lokale Bedrohungen unseres Lebensraumes haben die Aufgaben neu definiert und das Berufsbild der Naturwissenschafter/innen und Ingenieure/innen stark verändert. Der Aufbau der obersten Teile der Geosphäre, ihre Wechselwirkung mit der Atmosphäre und die natürliche Stoffzirkulation - das traditionelle Gebiet der Erdwissenschaften - ist bei der Lösung der anstehenden, meist anthropogen verursachten Umweltprobleme von zentraler Bedeutung. Gleichzeitig haben sich die technischen Methoden für Beobachtung, Analyse und Sanierung rasch weiterentwickelt.

In diese Richtung zielen die seit 1993 an der ETH Zürich angebotenen Nachdiplomkurse in angewandten Erdwissenschaften. Neben dem multidisziplinären Weiterbildungsauftrag ist der Gedankenaustausch zwischen den entsprechenden Fachleuten angestrebt und die Förderung der Zusammenarbeit und des gegenseitigen Verständnisses zwischen Hochschule, Privatwirtschaft und den Behörden anvisiert.

Das vorliegende Buch enthält die Vorträge des ersten und des dritten Nachdiplomstudienkurses in angewandten Erdwissenschaften, die beide im Seminarzentrum Centro Stefano Franscini der ETH auf dem Monte Verità oberhalb von Ascona abgehalten wurden:

- *Instabile Hänge. Ursachen, klimatische Einflüsse - Beobachtung und Sanierung,*
  10.-15. Mai 1993 und
- *Risikorelevante natürliche Prozesse. Datenerhebung und Modellierung,*
  5.-9. April 1994.

Es soll einen Ausschnitt gegenwärtiger Forschung vermitteln und einen Einblick in fachübergreifende Problemlösungen aus der Praxis gewähren. Durch die Veröffentlichung werden die Kursbeiträge einem grösseren Publikum zugänglich gemacht.

Die Entstehung des Buches ist in dem Sinne ungewöhnlich, dass der Entschluss zur Publikation nachträglich reifte und daher für die Referenten überraschend kam. Dass sie dennoch bereit waren mitzumachen, ist nicht selbstverständlich. Viele von ihnen nutzten die Gelegenheit zur gründlichen Ueberarbeitung und fügten dem Text neue innovative und wertvolle Ansätze bei. Den Autoren gebührt mein aufrichtiger Dank.

Die zwei Buchteile, an sich als selbständige Seminarblöcke konzipiert, gehen fliessend in einander über. Beiden gemeinsam ist die Fixierung auf diejenigen Naturgefahren, welche das Leben in unserem Land ständig bedrohen. Am eindrücklichsten sichtbar ist dies bei den Hanginstabilitäten, von denen der erste Teil ausschliesslich handelt. Ausgehend von den Grundlagen der Mechanismen und Bewegungsabläufe schliessen sich Beiträge über verschiedene Ansätze zur Beobachtung und Erfassung von Bodenbewegungen an. Die nachfolgende Analyse der Ursachen nimmt Bezug zu den viel diskutierten globalen Klimaveränderungen sowie zu anderen gewollten oder ungewollten Eingriffen des Menschen in die Natur. Die Korrektur und Vermeidung von Hanginstabilitäten durch Sanierung und andere Massnahmen bilden an Hand von Fallbeispielen einen logischen Abschluss dieses Themas.

Im zweiten Buchteil wird das Thema um einige weniger offensichtliche Gefahrenprozesse, wie die Schadstoffausbreitung in der Geosphäre, Hydrosphäre und der Atmosphäre oder die Beeinflussung von Grundwasserströmen durch Tunnelbauten erweitert. Gesamthaft zeigen die Beiträge sehr eindrücklich, wie vernetzt die Phänomenanalyse, die Datenerhebung und die Modellierung der Prozesse sind. Für die hierauf beruhende verlässliche Risikobeurteilung ist deshalb die sorgfältige gesamtheitliche Betrachtung unerlässlich.

Einige besondere Umstände, wie auch das Engagement vieler Leute, waren verantwortlich für das Zustandekommen der Nachdiplomkurse. Für die Zündung und die noch unermüdlichen Beratungen danke ich dem Initiator Professor Dr. Conrad Schindler. Die grosszügige finanzielle Unterstützung der ETH Zürich im Rahmen der Offensive des Bundesrates zur Förderung der beruflichen Weiterbildung verhalf dem Projekt zum entscheidenden Durchbruch. Dem Prorektor für Fortbildung an der ETH, Professor Dr. Willy A. Schmid, danke ich für sein Wohlwollen und persönlichen Einsatz bei der Planung, Vorbereitung und

Bewilligung des Nachdiplomstudienganges an der Abteilung Erdwissenschaften. Ganz wesentlich zum Erfolg beigetragen hat aber die wunderbare Lage und die spürbar beflügelnde Atmosphäre des Monte Verità, die unsere Diskussionen inspirierte.

Dem Centro Stefano Franscini spreche ich meinen herzlichen Dank für die Zurverfügungstellung ihres ungewöhnlichen Forums für einen Nachdiplomkurs ausserhalb des offiziellen Seminarbetriebs. Ganz besonders danke ich dem damaligen Direktor des Centro und frischgewählten Rektor der ETH, Professor Dr. Konrad Osterwalder, für seine Unterstützung bei der Planung und Vorbereitung der Kurse sowie bei der Realisierung der Veröffentlichung in der Monte Veritá Buchreihe.

Es war ein glücklicher Fall, dass viele der durch das Centro verfolgten Ziele mit denjenigen des Nachdiplomkurses zusammenfielen. Unserer Beitrag ist bescheiden. Möge sie inskünftig noch manche Steine in dieselbe Richtung ins Rollen bringen.

Schliesslich möchte ich mich bei Frau Brigitte Marques und Frl. Sonja Spena, für die Mithilfe beim Einsammeln und Formatieren der Textbeiträge und bei meiner Familie für die mir entgegengebrachte Geduld bedanken.

Jona, im August 1995

Dr. Björn Oddsson, NDK in angewandten Erdwissenschafteten, ETH Zentrum, CH-8092 Zürich

Begrüssung

Conrad M. Schindler

Ich möchte Sie als Delegierter der Abteilung für Erdwissenschaften für den Nachdiplomkurs herzlich willkommen heissen. Dieser erste Kurs entspricht in vielen Hinsichten einem Versuch. Anregungen und Verbesserungsvorschläge sind deshalb willkommen.

Die Idee eines Nachdiplomkurses in angewandten Erdwissenschaften entstand 1989, kurz nach der Gründung einer selbständigen Abteilung. Dabei standen drei Überlegungen im Vordergrund:

- Bis zum Diplom steht den Studenten nur wenig Zeit für Ausbildung ausserhalb des normalen Studiengangs zur Verfügung. Multidisziplinär ausgerichtete, ergänzende Kurse finden deshalb besser erst nach dem Diplom statt.
- Es besteht das Bedürfnis, die Hochschule aus der Isolation gegenüber der Öffentlichkeit und der Praxis herauszuführen. Zudem sollten aber auch die Schranken zwischen den Spezialisten geöffnet und Kontakte zwischen verschiedenen Fachgebieten innerhalb der Hochschulen gefördert werden.
- In der Praxis besteht das Bedürfnis, Kontakt mit den Hochschulen zu haben und neue Entwicklungen kennenlernen.

Der Kurs wurde unter massgeblicher Mitwirkung von Dr. Björn Oddsson und im Kontakt mit dem Zentrum für Weiterbildung der ETHZ langfristig vorbereitet und musste in einen legalen Rahmen gebracht werden. Ebenso musste die Finanzierung gesichert werden. Das aufgrund mehrerer Umfragen gewählte Konzept weicht vom üblichen Nachdiplomstudium insofern ab, als dass die Ausbildung auf einwöchige Kurse mit je einem Schwerpunktthema konzentriert ist. Dies erleichtert die berufsbegleitende Teilnahme, was eine willkommene Mischung von Personen mit verschiedener Vorbildung und Erfahrung ermöglicht. Dies wie auch die Breite der Thematik soll gegenseitige Kontakte fördern. Ganz besonders sei den Dozenten an diesem Kurs gedankt, welche ihre Mitarbeit grösstenteils spontan zugesagt haben. Wie aus dem Programm zu ersehen, wirken zahlreiche Vertreter anderer Abteilungen, aber auch solche der Praxis mit. Kombiniert mit der bunten Zusammensetzung der Kursteilnehmer ist damit ein erstes Ziel erreicht worden.

Unser Dank geht aber auch an die Schulleitung, welche trotz Finanzknappheit den nun anlaufenden Versuch ermöglicht hat. Möge er erfolgreich sein.

Prof. Dr. M. Conrad Schindler, Ingenieurgeologie, ETH-Hönggerberg, CH-8093 Zürich

Einführung in die Grundtypen von Instabilität

Conrad M. Schindler

1. Einleitung

Das Thema "Natürliche Instabilitäten" fand in den letzten Jahren infolge einiger spektakulärer Schadenfälle grosse Beachtung. In unserem dicht besiedelten und intensiv genutzten Land existieren aber an sehr vielen weiteren Stellen Gefahrenherde dieser Art. Zum Beginn des Kurses soll eine kurze Einführung über die wichtigsten Erscheinungsformen und deren Variationsbreite gegeben werden. Diese Grundlagen werden im Artikel "Aussergewöhnliche Rutschungen, Felsstürze und Murgänge" des gleichen Autors erweitert und ergänzt. Schon einführend ist aber vor einer schematischen Behandlung der Instabilitäten zu warnen: Jede weist individuelle Merkmale auf und muss im Detail studiert werden. Diese Aufgabe ist multidisziplinär anzugehen - heute beschäftigen sich Geologen, Bau- und Vermessungsingenieure, zunehmend aber auch Geographen, Forstingenieure, Planer und verschiedene staatliche Ämter mit dieser Problematik. Zusätzliche Aktualität gewinnt das Thema durch die internationale Dekade "Natural Hazard Reduction" und die Diskussionen um die möglichen Folgen einer Klimaänderung.

Grundfaktoren:
In erster Linie zu nennen sind die heutige, durch Wasser- und Glazialerosion gestaltete Morphologie, die Verwitterungs- und Entspannungsvorgänge und der Wasserhaushalt der Hänge. Massgeblich ist aber auch der geologische Untergrund, seine Struktur und seine Vorgeschichte. Die Schweiz weist mit wenigen Ausnahmen eine sehr junge Morphologie auf, dies dank der Aktivität der eiszeitlichen Gletscher. Dies hat zur Folge, dass sich noch kein Gleichgewicht einschalten konnte, natürliche Instabilitäten also ungewöhnlich häufig auftreten.

Die Erfahrung zeigt, dass fast alle Stürze und Rutschungen eine längere Vorgeschichte haben - sei dies, dass die Hangstabilität sich progressiv verschlechterte oder dass ältere, bereits bewegte Komplexe erneut in Aktivität treten. Diese Tatsache hilft bei der Einschätzung des heutigen Grades der Gefährdung und ist auch für die Interpretation von Verschiebungsmessungen aller Art von grosser Bedeutung.

2.   Grundtypen von Bewegung

Alle stehen unter dem massgeblichen Einfluss der Schwerkraft. Zudem spielt das Wasser in vielen Fällen eine bedeutende Rolle. Bei der Nomenklatur herrscht leider einige Verwirrung, da einzelne Grundtypen nicht klar gegeneinander abgegrenzt sind und deshalb gelegentlich verschieden verwendet werden (z.B. Kriechen, Bergsturz). Auch gibt es einige Unterschiede zwischen den hier verwendeten, in der Schweiz üblichen Begriffe (z.B. Sackung) und dem Sprachgebrauch in Deutschland.

2.1.   Bewegung nach Absturz

Nach dem Absturz prallen die Felskörper auf und werden zertrümmert. Die kleineren Fraktionen geraten auf der Schutthalde in rollende bis fliessende Bewegung, während isometrische Blöcke über 1 m^3 Grösse in Rotation durch Drall geraten können und dann zu grossen Sprüngen fähig werden. Bei echten Bergstürzen dagegen stellt sich sehr viel raschere, rollend-fliessende bis gleitende oder schwebende Bewegung ein.

2.2.   Rutschung, mit Spezialfall Sackung

Die Bewegung erfolgt entlang einer oder mehrerer Gleitflächen. Diese trennen Körper von Lockergestein oder Fels ab, wobei die Verschiebung eine Rotationskomponente aufweisen kann, aber meist hangparallel oder komplex ist. Bleiben grössere Felskomplexe zusammenhängend erhalten, so spricht man von einer Sackung.

a) Rutschung   b) Kriechbewegung

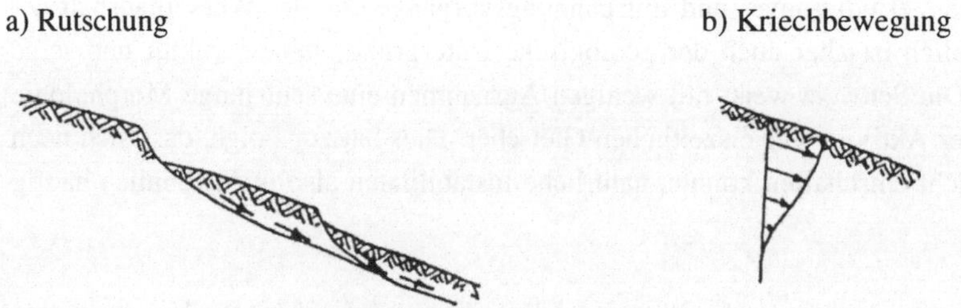

Figur 1: Schematisches Bewegungsbild.

2.3.   Kriechen

Die Bewegung erfolgt hangparallel und klingt gegen unten meist rasch ab; hier fehlt also eine Gleitfläche (Fig. 1b). Kriechen kann kombiniert mit Setzung in Hanglage oder mit Rutschung auftreten. Dies führt dazu, dass sehr langsame Rutschbewegungen häufig summarisch als "Kriechen" bezeichnet werden.

2.4.   Fliessen von durchnässtem Material

Durchnässte Lockergesteine können in Form von Murgängen oder Schlammströmen in rasche Bewegung geraten. Wo der tiefere Untergrund dauernd gefroren ist, kann sich die sommerliche Auftauschicht lokal langsam talwärts verschieben, wobei charakteristische Wülste entstehen: Solifluktion.

2.5.   Abknicken und Nachbrechen

Bei steiler Schichtstellung können bankige bis feinschichtige Gesteinsverbände über einer gestuften Ablösungsfläche abkippen, ohne dass damit Gleitbewegungen verbunden wären: Hakenwurf.

Wo sich infolge Verkarstung oder innerer Erosion Höhlungen ausgebildet haben, kann Fels oder Lockergestein nachbrechen. Die überwiegend vertikale Bewegung kann Horizontalkomponenten aufweisen.

2.6.   Setzungen

Infolge Verdichtung des Korngefüges in weichgelagerten Lockergesteinen erfolgt eine langsame Abwärtsbewegung, welche stark von Schwankungen des Grundwasserspiegels beeinflusst werden kann. Setzungen finden sich nicht nur in Ebenen, sondern auch in Hanglagen, wo sie meist steil hangauswärts gerichtet sind (horizontale Bewegungskomponente).

3.   Erkennen der Bewegung an Details der Oberfläche

Sofern die Verschiebungen nicht allzu langsam erfolgen, hinterlassen sie im Detail aufschlussreiche Spuren, welche auf das lokale Gefahrenpotential hinweisen. Dabei ist folgendes zu beachten:

- Krummgewachsene Bäume (Säbelwuchs) weisen auf eine Verkippung des Untergrundes hin. Diese ist besonders typisch für Kriechgebiete und viele aktive, flachgründige Rutschungen. Bei grossräumigen Rutschungen oder instabilen Felspartien fehlen sie häufig. In schneereichen Hanglagen weisen oft die Bäume ein Knie nahe der Basis des Stammes auf, was kein Indiz für Verkippung der Unterlage ist. Die kriechende Schneedecke drückt dort die noch jungen und schwachen Bäume um.
- Risse weisen auf Differenzialbewegung hin, doch ist ihre Erkennbarkeit und Intensität sehr stark materialabhängig. Sehr empfindlich reagieren Mauerwerk, Beton, Randsteine, gepflästerte Strassen oder Vorplätze und Bahnschienen (Fig. 2). Träger reagieren Asphaltbeläge, Holzkonstruktionen, zerspaltene oder gut geschichtete Felskörper und auch die Grenze Fels - Lockergestein. Viel Verformung ohne sichtbare Rissbildung erlauben Waldböden, wobei allenfalls gezerrte Wurzeln auffallen. Noch träger reagieren Wiesen (Fig. 3).

Figur 2: Die kombinierte Rutsch- und Stauchungsbewegung ist an den Pflastersteinen des Strassenrands sehr gut erkennbar, im Asphalt nur knapp, im Wiesland überhaupt nicht (Rutschung in Männedorf ZH).

Figur 3: Randbereich einer Rutschung in grobem Blockschutt (Weisstannental SG). Die gezerrten Wurzeln beweisen eindeutig, dass rezente Bewegungen stattfanden.

4. Morphologie, Merkmale und Gefahrenpotential der Haupttypen von natürlicher Hanginstabilität

Angesichts der Grösse des Problemkreises und der natürlichen Vielfalt können hier nur Stichworte und generelle Hinweise gegeben werden.

4.1. Felssturz, Blocksturz

Bei Abstürzen dieser Art sind gleichzeitig meist nur bescheidene Kubaturen beteiligt. Die Obergrenze liegt bei ca. 1 Mio m^3. Der Schutt baut regelmässig abfallende Schutthalden auf. Allerdings können annähernd kubische Blöcke von mehr als 1 m^3 weit über den Ablagerungsraum des Schuttkegels hüpfen und weisen deshalb ein sehr hohes Gefahrenpotential auf. Warnzeichen für bevorstehende Felsstürze sind sich öffnende Spalten und eine Häufung von Steinschlag. Diese können aber schwach sein und allenfalls nicht beachtet werden.

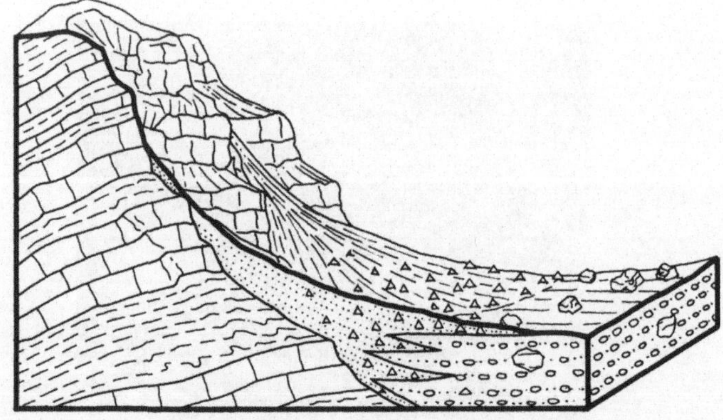

Figur 4: Blockdiagramm einer Trockenschutthalde mit grossen Einzelblöcken, welche teilweise bis ins Vorfeld gehüpft sind.

4.2. Bergstürze

Im Gegensatz zum Felssturz brechen beim echten Bergsturz gleichzeitig sehr viel grössere Kubaturen ab. Der Schutt weist eine gewaltige kinetische Energie auf, was zu einer andersartigen, viel rascheren Bewegung führt. Die Ablagerungen dringen deshalb bedeutend weiter ins Vorland vor und bilden eine ausgedehnte Schuttdecke mit höckrigunruhigem Relief.

Bergstürze künden sich in der Regel langfristig durch Warnzeichen an. Der Zeitpunkt des Absturzes allerdings ist höchstens kurzfristig vorauszusagen. Hier können Faktoren wie Schneeschmelze, ungewöhnlich hohe Mengen von Niederschlag, Erdbeben usw. auslösend wirken.

Das Gefahrenpotential von Bergstürzen ist infolge ihrer grossen Reichweite und Geschwindigkeit verheerend hoch. Nach dem Sturz allerdings verhalten sich die Schuttmassen gutartig.

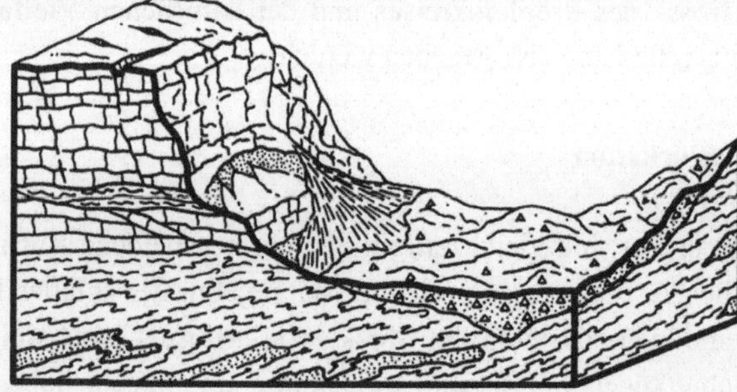

Figur 5: Blockdiagramm eines Bergsturzes mit steiler, nicht schichtparalleler Abrissnische und einer Schuttmasse, welche weit am Gegenhang hinaufgeprallt ist.

4.3.   Rutschungen und Sackungen

Natürliche Instabilitäten dieser Art sind in der Schweiz ausserordentlich häufig und weisen eine erstaunliche Vielfalt von Erscheinungsformen auf. Sehr viele unter ihnen sind alt und heute weitgehend passiv, können aber plötzlich neu belebt werden. Daneben können Rutschungen kleineren Ausmasses neu entstehen, so z.B. beim Abgleiten von Verwitterungsschutt über Fels oder bei Ufergebieten, welche von Seekreide unterlagert werden.

Charakteristisch ist in der Regel die Morphologie von Rutschungen mit einem weit geschwungenen, steilen Abrissbord, Nackentälchen, einer bucklig-unruhigen Oberfläche und einem aufgewölbten Fuss (Fig. 6). Falls sie lange Zeit passiv bleiben, können allerdings Schutthalden den obersten Teil überlagern oder Schwemmaterial den Fuss eindecken. Solche maskierten Rutschungen bleiben aber zumindest partiell unstabil (Fig. 7). Bei Sackungen fallen zudem häufig zerspaltene, zerrüttete Felskomplexe auf.

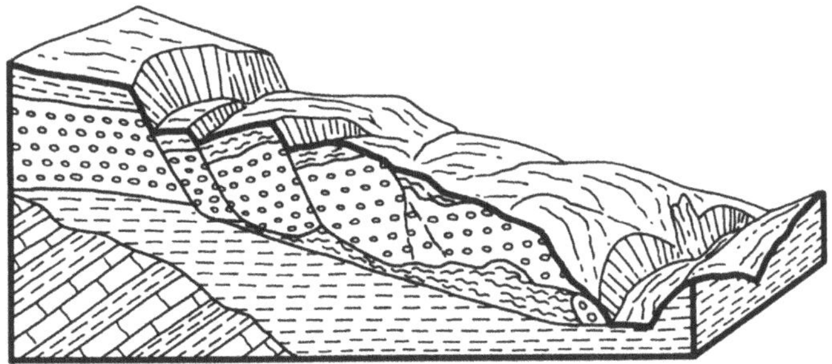

Figur 6: Blockdiagramm einer aktiven Rutschung in Lockergestein.

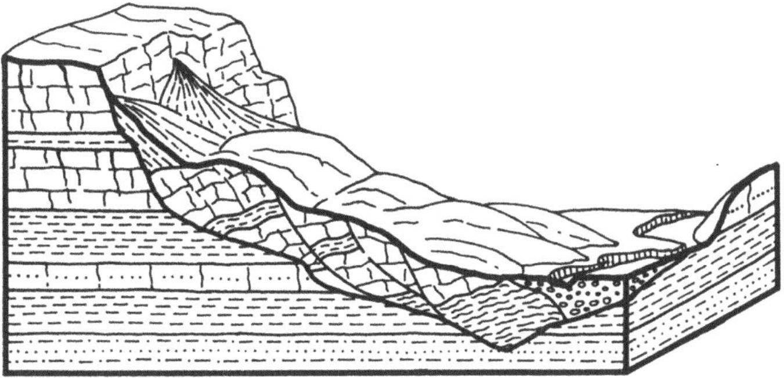

Figur 7: Blockdiagramm einer passiv gewordenen Rutschung mit grossen, zusammenhängend gebliebenen Felspaketen (Sackung). Eindeckung des Fussbereichs durch Alluvionen.

Neben grossflächigen, breiten, aus mehr oder weniger stabilen Schollen bestehenden Rutschmassen (z.B. Braunwald, Arosa, Gotschna bei Klosters) finden sich auch langgezogene, gletscherähnliche Gebilde. Diese können sich massiv verformen oder nach Zerstörung der Vegetationsdecke streckenweise zu einem dickflüssigen Brei werden (z.B. im W von Hergiswil).

Die Bewegungsgeschwindigkeit erreicht bei passiven Rutschungen pro Jahr meist einige mm, bei aktiven mehrere cm bis dm. Allerdings gibt es ausnahmsweise auch viel raschere Verschiebungen, welche ohne Zusammenbruch der Rutschmasse mehrere Decameter/Tag erreichen können (z.B. Edelweisshang bei Eptingen). Selten ereignen sich sehr rasche Verschiebungen, was zu Katastrophen führen kann.

Bei der Beurteilung des Gefahrenpotentials von Rutschungen dürfen nicht nur die Kubatur oder die heutigen Verschiebungsraten betrachtet werden. Die besonders gefährlichen Verkippungen und Differenzialbewegungen mit Rissbildung können in besonders stark durchnässten oder dünnen Rutschungen gehäuft auftreten. Nach langer Ruhepause kann eine alte Rutschmasse vorerst lokal aktiviert werden und sukzessive weitere Teile destabilisieren. Ferner besteht die Gefahr einer Auslösung von Murgängen, welche weit talabwärts liegende Areale verwüsten können. Dies kann beim Zusammenbruch eines Teils der Rutschstirn geschehen (z.B. Braunwald, Sörenberg). Rutschmassen können aber auch Bachläufe teilweise blockieren (z.B. Hergiswil, Schlierentäler OW), was zu grossen Verwüstungen führen kann.

Umgekehrt können sehr grosse chronische Rutschgebiete relativ wenig Schaden anrichten (z.B. Lugnez, Heinzenberg, Arosa). Das Gefahrenpotential muss von Fall zu Fall differenziert und auf das Objekt bezogen sorgfältig studiert werden.

4.4.   Kriechende Gebiete

Berücksichtigt man beim Begriff "Kriechen" nur die nach unten ausklingenden Verschiebungen ohne Ausbildung einer Scherfläche (Fig. 1b), so gilt folgendes:

Die Bewegung greift nur wenig tief und erreicht die Grössenordnung von wenigen mm bis cm pro Jahr. Die von ihr erfassten Gehänge wirken leicht bucklig-unruhig, weisen oft schiefgewachsene Bäume auf und sind im Gegensatz zur Rutschung nur unscharf abzugrenzen. Solifluktion fällt durch Wulstgirlanden auf.

Das Gefahrenpotential ist eher klein. Immerhin können bei ungeeigneten Eingriffen kleine Rutschungen ausgelöst oder Bauten beschädigt werden. Zusätzliche Probleme können bei Störungen im Permafrostbereich entstehen.

Sehr gefährlich können dagegen weitgehend passiv gewordene, "kriechende" Rutschmassen bleiben, da sie reaktiviert werden können.

4.5.   Murgänge, Schlammströme

Wie bereits beschrieben, können Murgänge infolge Rutschungen entstehen, doch können sie auch durch intensive Bacherosion in wenig stabilen Bereichen oder durch das Aufbrechen von Lockergesteinshängen bei ungewöhnlich hohem Anfall von Grundwasser ausgelöst werden. Stets bilden sie sich bei ausserordentlich hohen Mengen von Niederschlag, allenfalls begleitet von Schneeschmelze. Das vom Murgang mobilisierte Lockergestein entstammt Gebieten mit geringer Hangstabilität. Der nun entstehende, heterogen zusammengesetzte, wassergetränkte Brei kann sich daraufhin mit grosser Geschwindigkeit in Gebiete fortbewegen, welche an und für sich stabil sind. Das Gefahrenpotential ist wegen der Unberechenbarkeit und Geschwindigkeit solcher Vorgänge sehr hoch (z.B. Hochwasser 1987 bei Poschiavo und im Goms).

4.6.   Hakenwurf

Beim Hakenwurf kippen steilgestellte, geschieferte oder gut geschichtete Gesteine unter dem Einfluss der Schwerkraft ab. Bedingung ist, dass der Tallauf ungefähr dem Schichtstreichen folgt. Morphologisch sind solche Hänge oft nur schwer erkennbar, fehlt doch ein Anrissbord und erreicht der Hakenwurf gelegentlich erstaunliche Ausdehnung und Mächtigkeit (z.B. im Goms und Bedretto).

Der Fels ist infolge der Kippung zerrüttet und angewittert. Bewegungen sind selten festzustellen, können dann aber ruckartig und ohne Vorwarnung erfolgen. Zudem können einzelne Bereiche abgleiten. Selten ereignen sich grössere Abstürze. Hakenwurfhänge bergen ein beachtliches, häufig schwer zu erkennendes Gefahrenpotential.

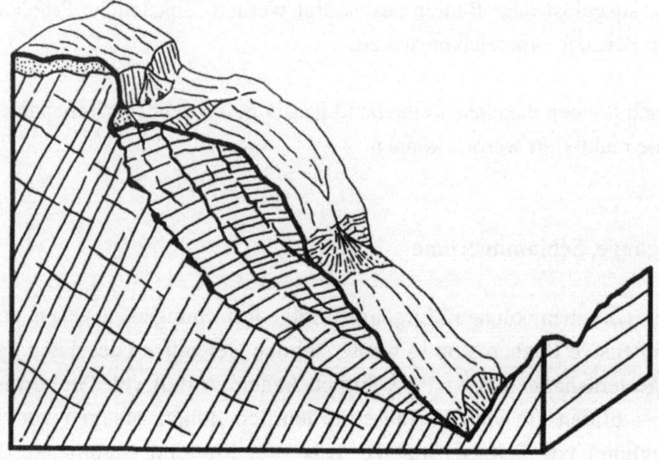

Figur 8: Blockdiagramm eines jungen, aktiven Hakenwurfgebiets. Man beachte die Abkippung entlang älterer Ablösungsflächen und das Auskeilen der Schuttmasse im Fussgebiet.

4.7. Einsturz über natürlichen Hohlräumen

Im Normalfall entstehen solche Hohlräume infolge Verkarstung von Kalk, Dolomit oder Gips. Anfällig sind aber auch karbonatreiche Konglomerate. Liegen die Höhlungen relativ nahe der Oberfläche, so erfolgt der Einsturz konzentriert und ohne Vorwarnung. Bei tiefliegenderer Auslaugung - auch von Steinsalz - können sich grössere Gebiete ruckartig und ungleichmässig setzen.

5. Abschliessende Bemerkungen

Diese geraffte Darstellung der verschiedenen Typen von natürlicher Instabilität zeigt, dass in der Schweiz ganz verschiedenartige Arten von potentiell gefährlichen Gebieten auftreten. Es ist sehr wichtig, diese frühzeitig zu erkennen und falls nötig weiter zu beobachten. Stellt sich effektiv eine bedrohliche Situation ein, so können sinnvolle Massnahmen nur dann erfasst werden, wenn die Art, der Tiefgang und die Ursachen der Erscheinung zumindest grob bekannt sind.

Prof. Dr. Conrad M. Schindler, Ingenieurgeologie, ETH-Hönggerberg, CH-8093 Zürich

Randbemerkungen zu den instabilen Hängen in der Schweiz (13'000 v. Chr. bis 1932)

Rudolf Trümpy

Der Veranstalter dieses Kurses wünschte, dass ich zu Beginn einige Worte sage. Da ich nicht praktischer, sondern historischer Geologe bin, möchte ich das Thema in einen zeitlichen Rahmen stellen. Die im Titel angeführten Grenzdaten bezeichnen den Rückzug der eiszeitlichen Gletscher in die Alpen und das Erscheinen von Albert Heim's bewundernswertem Buch.

1.   Flims

Wie die anderen grossen Bergstürze der Alpen ist auch derjenige von Flims gleich nach dem ersten Rückzug der Gletscher zu Tal gefahren. 9 km^3 sind sichtbar, 13 km^3 wahrscheinlich - das entspricht, nach Peter Lehner, dreizehn Matterhörnern.

Die Abfolge der Ereignisse ist komplex (s. z.B. Nabholz, 1975). Kurz nach dem Hauptsturz ereigneten sich die östlicheren Bergstürze von Tamins. Das Eis des Churer Vorstosses (ca. 14'000 B.P. ?) überfuhr alle Bergsturzmassen; gleichzeitig oder etwas früher stiess auch der Segnas-Gletscher wieder vor (Nabholz, 1987). Der hinter dem Flimser Bergsturz aufgestaute Ilanzer See entleerte sich etappenweise, zuletzt in einem katastrophalen Ausbruch, der die chaotischer Schotter von Bonaduz schuf (Abele, 1970; Pavoni, 1968).

Hier wird eine Hypothese zur Entstehung der Tumas, der konischen Hügel in der Talebene von Domat/Ems und von Chur, vorgelegt (s. Remenyik, 1959 und Zimmermann, 1971). Sie bestehen aus Malmkalktrümmern eines relativ kleinen Bergstuzes aus der Nische der Goldenen Sonne, der sich kurz vor dem Churer Eisvorstoss ereignet haben muss. 1958 beobachteten wir auf Traill Ø (Ostgrönland), dass ein Bergsturz sich in der Talebene des Karupelv ausgebreitet und sich dabei in sehr charakteristische Tumas aufgelöst hatte. Dies musste rasch erfolgt sein, da der Bergsturz auf unseren fünf Jahre alten Luftphotos noch nicht existierte. Offenbar bildete sich zwischen dem undurchlässigen Permafrost und aufgetautem Boden bzw. Trümmermasse eine Gleitschicht, auf welcher das Bergsturzmaterial auseinander fuhr und sich dabei, unter beständigem Absanden, in die konischen Hügelchen, mit leicht konkaven Flanken, auflöste.

Sollte diese Deutung für die Emser und Churer Tumas (sowie auch für die analogen Tumas bei Netstal GL) zutreffen, würde dies bedeuten, dass der Talboden vor dem Vorstoss des Churer Eises schon wieder im Permafrost-Bereich lag. Eine Isolierung der Tumas durch die Verlegung von Rhein-Armen kann deren kreisrunden Umriss wie auch ihre Anordung in quer zum Tal verlaufenden Reihen schwer erklären.

Alle diese Ereignisse müssen sehr rasch, im Verlauf höchstens eines Jahrtausends, erfolgt sein. Das klimatische Wechselbad des ausgehenden Pleistocaens und frühesten Holocaens bewirkte gewaltige Massenbewegungen; die Erosion musste auf den unbewaldeten, mit Lockermaterial übersäten Hängen unvorstellbar intensiv gewesen sein. Auch die dicken See-Ablagerungen aus dieser Zeit sind symptomatisch. Die meisten grossen Schuttkegel der Alpen und sogar manche Schutthalden sind nur zum kleinen Teil subrezent.

2.   Curalla

Im Mittelalter gab es ein Dorf, oder zumindest einen Weiler, im Unterwalliser Bagnes-Tal, "rière Vollèges" (Bérard, 1982). Um die Mitte des 15. Jahrhunderts verschwindet Curalla sang- und klanglos aus den Chroniken, ohne dass irgendwo ein katastrophales Ereignis, wie ein Bergsturz, verzeichnet wäre.

Über die Lage von Curalla wissen wir nichts Bestimmtes, ausser der Situation "hinter Vollèges" und in der Nähe zur grossen Gemeinde Bagnes. Inmitten des wilden, in die Bündnerschiefer der Ferret- und der Tarentaise-Zone eingeschnittenen Erosionskessels liegt zwischen 1250 und 1500 m die sanft geneigte, erlenbestandene Pultfläche des Plan des Vernes. Die Entstehung dieser Terrasse fällt in eine Zeit relativer Ruhe, vielleicht zwischen dem Klima-Optimum und dem Frühmittelalter; auf Blatt Sembrancher des Geologischen Atlas ist der Schutt auf dem Plan des Vernes allerdings als "Fluvio-glaciaire tardiwürmien" angegeben, was ich für wenig wahrscheinlich halte. Ich vermute, dass die Terrasse des Plan des Vernes ursprünglich viel ausgedehnter war, und dass irgendwo auf dieser Hochfläche das Dörfchen Curalla stand (Fig. 1). Es wäre verlassen worden, als die Erosion des Merdenson mehr und mehr bebaubares Land verschlang.

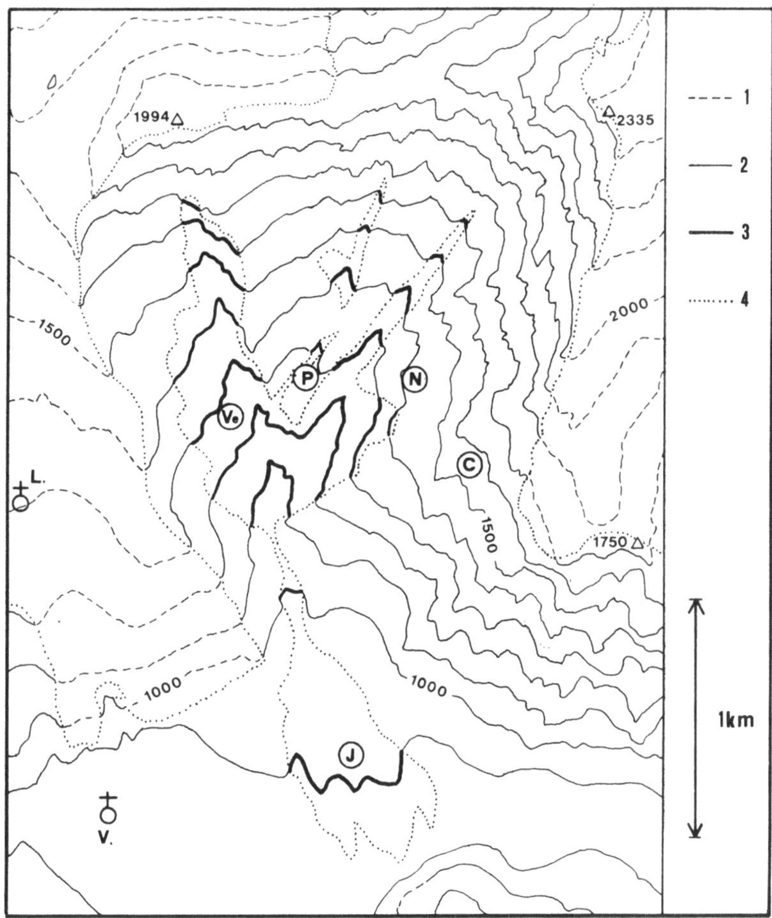

Figur 1: Kärtchen des Erosionskessels des Merdenson (Val de Bagnes).

Erläuterungen: 1 - Spätglaziale Morphologie; 2 - Curalla-Morphologie; 3 - Post-Curalla-Morphologie; 4 - Grenzen zwischen 1, 2 und 3; C - Combe Damnée (Combadané); J - Jorasses; L - le Levron; N - Nairdzeu; P - Plan des Vernes; V - Vollèges; Ve - Rutschung der Verneys.

Diese Hypothese impliziert eine ungemein kräftige Erosion während der letzten Jahrhunderte. Der Murgang, welcher die Jorasses, östlich des Merdenson, gebildet hat erfolgte wahrscheinlich zu Beginn des 17. Jahrhunderts. Die Verstärkung der Erosion geht wohl auf die Rutschung der Vernays zurück, die den Fuss der Sackungsmasse von Nairdzeu untergrub. Diese Sackung hatte den Riegel gebildet, über der sich die Terrasse des Plan des Vernes ausbilden konnte (Burri & Jemelin, 1983).

Eine Lage von Curalla im Kessel des Merdenson erklärt auch, dass die Verbindung zwischen dem Levron und Verbier, über Nairdzeu, die Combe Damnée (in der heute nur Kreuzottern hausen) und das Château de Verbier (P. 1750) im Mittelalter offensichtlich viel bequemer war als heute. Bérard (1982) sucht Curalla in der Umgebung des Château, wo aber der Platz für ein Dorf mit 26 - 28 Haushaltungen (nach Courthion, zitiert in Bérard) kaum genügt hätte.

Über die Ursachen dieser Erosionsbeschleunigung kann man nur spekulieren. Vielleicht hat das Nahen der Kleinen Eiszeit eine Rolle gespielt, vielleicht hat auch der Bau des "neuen" Bisse du Levron (um 1465) die Rutschung der Verneys aktiviert. Die mündliche Überlieferung stellt jedenfalls einen Zusammenhang zwischen dem Bau des Bisse und der Aufgabe von Curalla her. Entwaldung mag ein weiterer Grund gewesen sein.

3.   Elm

Über den Bergsturz von Elm, vom 11. September 1881, sind wir, namentlich durch Albert Heim (1932) sehr genau unterrichtet.

Die Ursache ist völlig klar: sträflich unsachgemässer Abbau der Dachschiefer am Fuss des Plattenberges. Es ist bezeichnend, dass der Bergbau in der östlichen Schweiz sonst von den professionellen, fachkundigen Tiroler Bergknappen betrieben wurde.

Dieser Vorwurf gegen die Elmer ist gewiss berechtigt. Heim rügt aber auch, dass sie vom Düniberg oder von Untertal aus dem Sturz zuschauen wollten. Die Bewohner - und auch die grössten Autoritäten jener Zeit, d. h. Albert Heim selbst (1932, S. 206) - erwarteten einen Felssturz, dessen Trümmer am Fuss des Plattenberges liegen geblieben wären. Dass sich statt dessen ein echter Bergsturz, mit ausserordentlich raschem Schuttfliessen über eine sanft geneigte Fläche, entwickeln würde, war damals kaum vorauszusehen.

Der Bergsturz von Elm ist einer der kleinsten wirklichen Bergstürze. Dass es trotz der geringen Masse (weniger als 1/1000 des Flimser Bergsturzes) zum Schuttfliessen kam, ist gewiss dem besonderen und gut dokumentierten Ereignis des "Sprunges" von der Abraumterrasse zu verdanken. Dabei bildete sich ein Luftkissen, welches die Boden- und interne Reibung der Sturzmasse drastisch verminderte (s. auch Heim, 1932, S. 142). Ohne den Luftsprung von der Terrasse wäre effektiv nur ein Felssturz erfolgt (Albert Heim, 1881, P. 106; Sven Girsperger, mündliche Mitteilung und Diplomarbeit ETH).

4.   "Moral"

Die drei Beispiele, die in dieser Plauderei erwähnt werden, sollen illustrieren, dass bei grossen Massenbewegungen Klimaschwankungen (Flims, vielleicht Curalla) und menschliche Fehlleistungen (Elm, wahrscheinlich Curalla) zu den wichtigsten Ursachen gehören. Klimaschwankungen waren bis vor kurzem unabänderliche Naturphänomene; nun beginnt der Mensch, aus Dummheit und Geldgier, auch auf diese Einfluss zu nehmen.

Bergdörfer liegen im allgemeinen an relativ sicheren Orten; Curalla war eine Ausnahme. Gefährdetes Gelände wird mit Vorteil für Ferienhäuser und andere Installationen reserviert.

Wir wissen heute viel mehr über die Ursachen und Verhütungsmöglichkeiten als noch 1932. Auch quantitative Aussagen, mit grossen Fehlergrenzen, sind möglich geworden. Dieser Nachdiplomkurs wird viele Aspekte aufzeigen. Gleichzeitig nimmt aber auch die Gefährdung zu, durch Auftauen von Permafrost, Zerstörung von Bergwäldern und Bauen in unsicherem Terrain. Dem Geologen obliegt die Gratwanderung zwischen Panikmache und wissenschaftlich begründeter Warnung.

5.   Literaturreferenzen

Abele, O., (1970): *Bergstürze und Flutablagerungen im Rheintal westlich Chur.* - Der Aufschluss, 21/11, 345 - 359.

Bérard, Cl., (1982): *Bataille pour l'Eau.*- Ed. Monographie, Sierre; 219 pp.

Burri, M., und L. Jemelin, (1983): *Feuille 1325, Sembrancher; Carte (avec coauteurs) et Notice Explicative,* 51 pp. Atlas géologique de la Suisse.

Heim, Alb., (1881): *Der Bergsturz von Elm,* Zeitschr. Deutsche Geol. Gesellschaft, 33, 74-115.

Heim, Alb., (1932): *Bergsturz und Menschenleben.*- Fretz, Zürich; 218 pp.

Nabholz, W., (1975): *Geologischer Überblick über die Schiefersackung des mittleren Lugnez und über das Bergsturzgebiet Ilanz - Flims - Reichenau - Domleschg.*- Bull. Ver. schweiz. Petroleum-Geol. & Ing., 42/101, 38 - 54.

Nabholz, W., (1987): *Der späteiszeitliche Untergrund von Flims.*- Mitt. Naturf. Ges. Luzern, 29, 273 - 289.

Pavoni, N., (1968): *Über die Entstehung der Kiesmassen im Bergsturzgebiet von Bonaduz -
Reichenau.*- Eclogae geol. Helv. 61/ 2, 494 - 500.
Remenyik, T., (1959): *Geologische Untersuchung der Bergsturzlandschaft zwischen Chur
und Rodels.*- Eclogae geol. Helv., 52/1, 177 - 235.
Zimmermann, H. W., (1971): *Zur spätglazialen Morphogenese der Emser Tomalandschaft.*-
Geographica Helv., 26. Jg. 3, 163 - 171.

Prof. Dr. Rudolf Trümpy, Almendboden 19, CH-8700 Küsnacht

Instabile Hänge und andere risikorelevante natürliche Prozesse, Monte Verità, © 1996 Birkhäuser Verlag Basel

Bodenmechanische Grundlagen, Mechanismen und Bewegungsabläufe von Rutschungen

Felix Bucher

1.   Einleitung

Im folgenden wird ein Überblick über die bodenmechanischen Grundlagen zur quantitativen Beurteilung der Stabilität von Hängen und Böschungen gegeben. Neben den Aspekten der Gleitsicherheit werden dabei auch die Mechanismen und Bewegungsabläufe, die bei Rutschungen von Bedeutung sein können, erläutert.

Eine umfassende Darstellung dieses weiten und komplexen Stoffgebietes darf im Rahmen einer doppelstündigen Vorlesung nicht erwartet werden. Zudem müssten auch Grundkenntnisse in der Mechanik und Statik vorausgesetzt oder aufgearbeitet werden können, um eine vertiefte Auseinandersetzung mit dem Stoff zu ermöglichen.

Das primäre Ziel der Vorlesung ist daher die Darlegung und Diskussion der Prinzipien des angesprochenen Stoffgebietes, um damit den Kursteilnehmer und die Kursteilnehmerin zum Dialog und zu einer fruchtbaren Zusammenarbeit in diesem interdisziplinären Arbeitsfeld zu befähigen.

2.   Prinzip einer Stabilitätsuntersuchung

Eine konventionelle bodenmechanische Stabilitätsuntersuchung zur Bestimmung der Gleitsicherheit eines Hanges oder einer Böschung erfolgt prinzipiell etwa in den folgenden Schritten:

•   Reduktion auf ein ebenes Problem

- Festlegen des geologischen Profiles im massgebenden Querschnitt
- Festlegen der hydrologischen Verhältnisse
- Einführen der äusseren Kräfte (Auflasten, Anker, etc.)
- Festlegen der Bodenkennziffern der einzelnen Schichten, insbesondere bezüglich Dichte und Scherfestigkeit
- Wahl der Bruchfigur
- Wahl des geeigneten Berechnungsverfahren
- Durchführen der Berechnungen
- Bewerten der Ergebnisse der Berechnungen

Im Rahmen von diesen neun Schritten müssen vielfältige Überlegungen angestellt und Annahmen getroffen werden, damit eine zwar vereinfachende, aber doch zutreffende Modellbildung und somit richtige Abschätzung der Gleitsicherheit erfolgt. Einige wichtige Punkte dazu sollen im folgenden diskutiert werden.

3.   Reduktion auf ein ebenes Problem

Im allgemeinen wird anstelle des räumlichen Körpers eine Scheibe von 1 m Breite als ebenes Problem behandelt. Zum Teil wird jedoch dem räumlichen Einfluss dadurch Rechnung getragen, dass in Querrichtung mehrere Scheiben untersucht werden und daraus ein Mittelwert berechnet wird.

4.   Festlegen des geologischen Profils

Die Idealisierung der gewonnenen Aufschlüsse in einem geologischen Profil mit klar definierten Schichtgrenzen ist einer der wichtigen Schritte für die zutreffende Erfassung der Stabilitätsverhältnisse. Von besonderer Bedeutung sind die Inter- und Extrapolation der Aufschlüsse und das Erkennen von bevorzugten Gleithorizonten, die wegen ihrer möglicherweise geringen Mächtigkeit oft schwierig festzustellen sind.

5.   Festlegen der hydrologischen Verhältnisse

Das Wasser hat einen grossen, in vielen Fällen sogar entscheidenden Einfluss auf die Hangstabilität. Daher ist es erforderlich, die entsprechenden Daten mit grosser Zuverlässigkeit zu erheben. Es sind dies einerseits die maximalen (oder minimalen) Koten der Wasserstände in Seen, Flüssen, etc. und anderseits jene des Grundwassers. Wesentlich ist nun, ob die Porenwasserdrücke mit der Tiefe hydrostatisch zunehmen oder nicht. Vom hydrostatischen

Spezialfall abweichende Verhältnisse sind bei Grundwasserströmungen, die entweder stationär oder instationär sein können, bei den sog. undrainierten Belastungszuständen und der ganzen Phase der Konsolidation eines Bodens vorhanden. Die Ermittlung dieser von den hydrostatischen Fällen abweichenden Porenwasserdrücke kann auf rechnerischem Weg erfolgen, z.B. mit Hilfe von Sickerströmungsnetzen oder mit der Konsolidationstheorie. Falls möglich sind aber direkte Messungen der Porenwasserdrücke durch Piezometer immer vorzuziehen.

6. Festlegen der Bodenkennziffern

In die Stabilitätsberechnung direkt gehen die Werte für die Dichte des Bodens und die Scherfestigkeit ein.
Bei der Dichte ist grundsätzlich zu unterscheiden zwischen

$$\rho \quad : \quad \text{Dichte im natürlichen Zustand und}$$
$$\rho_g \quad : \quad \text{Dichte im gesättigten Zustand}$$

Aus der Dichte lässt sich das Raumgewicht des Bodens mit

$$\gamma = \rho \cdot g \ , \ \text{resp.} \ \gamma_g = \rho_g \cdot g$$

berechnen, wobei g die Erdbeschleunigung ist. Unterhalb des Grundwasserspiegels ist es zur Vereinfachung der Berechnung oft vorteilhaft, die hydrostatische Komponente des Porenwasserdruckes im Raumgewicht des Bodens zu berücksichtigen. Man führt dann das Raumgewicht des Bodens unter Auftrieb γ' in die Berechnung ein

$$\gamma' = \gamma_g - \gamma_w \qquad (\gamma_w : \text{Raumgewicht des Wassers})$$

Die Scherfestigkeit τ_f des Bodens wird meist nach Mohr-Coulomb als Summe von Kohäsion und Reibung dargestellt

$$\tau_f = c' + \sigma' \tan \varphi' \qquad (\text{Gleichung der Bruchgeraden})$$

$$
\begin{aligned}
\text{wobei } c' \quad &: \quad \text{effektive Kohäsion}\\
\sigma' \quad &: \quad \text{effektive Normalspannung } \sigma' = \sigma - u\\
\sigma \quad &: \quad \text{totale Normalspannung}\\
u \quad &: \quad \text{Porenwasserdruck}\\
\varphi' \quad &: \quad \text{effektive Reibungswinkel}
\end{aligned}
$$

In einfachen Fällen kann c' und φ' auf Grund der Klassifikation des Bodens und der Erfahrung abgeschätzt werden. Im allgemeinen sind sie jedoch durch Laborversuche (triaxiale Scherversuche, Direktscherversuche, Ringscherversuche) oder Feldversuche zu ermitteln. Wichtig ist der Hinweis, dass c' und φ' im allgemeinen keine Materialkonstanten sind, sondern dass sie vom Zustand des Materials abhängig sind (locker/dicht, normalkonsolidiert/ überkonsolidiert, isotrop/anisotrop, kleiner Scherweg/grosser Scherweg, usf.).

In undrainierten Belastungszuständen wird bei gesättigten bindigen Böden oft mit der sog. undrainierten Scherfestigkeit s_u gerechnet. Es ist dies eine Berechnung, die in totalen und nicht in effektiven Spannungen erfolgt.

6.   Wahl der Bruchfigur

Im Falle einer tatsächlich erfolgten, gut instrumentierten Rutschung kann die Bruchfigur als weitgehend bekannt vorausgesetzt werden und in die Berechnung eingeführt werden. Ähnlich sind die Voraussetzungen, wenn durch den geologischen Aufbau des Untergrundes ein klar definierter bevorzugter Rutschhorizont bekannt ist. Üblicherweise ist die (ungünstige) Bruchfigur jedoch nicht zum vorneherein bekannt, und der Bruchmechanismus muss durch verschiedene Annahmen bezüglich Lage und Form der Bruchfigur ermittelt werden. Die häufigsten Annahmen bezüglich Form sind Kreise, Geraden, logarithmische Spiralen und aus diesen Elementen zusammengesetzte Figuren.

7.   Wahl des Berechnungsverfahrens

Es stehen heute zahlreiche Verfahren zur Berechnung der Hangstabilität zur Verfügung. Sie lassen sich einteilen in die Gruppe der statischen Berechnungsverfahren (z.B. Methode der finiten Elemente) und der kinematischen Berechnungsverfahren (z.B. Gleitkreismethoden). Da die kinematischen Berechnungsverfahren in der heutigen Praxis der Hangstabilitätsberechnungen wichtiger sind, werden nur diese hier behandelt.

Allgemein untersucht man bei diesen Verfahren das Grenzgleichgewicht von einem oder mehreren starren Bruchkörpern. Dazu werden im folgenden einige Beispiele gegeben.

Für einfache Verhältnisse (unendlich lange Böschung mit hangparalleler Wasserströmung; einfache Böschung aus homogenem kohäsivem Material) finden sich in verschiedenen Publikationen und Lehrbüchern (Taylor, 1948; Huder, 1977; Lang und Huder, 1994) Hilfsmittel, mit denen die Standsicherheit abgeschätzt werden kann. Sie werden mit den Figuren 1-3 illustriert.

Im allgemeinen kann jedoch nicht von einem homogenen Untergrund ausgegangen werden. Es sind daher die sog. Lamellenmethoden entwickelt worden, bei denen der Gleitkörper in beliebig viele (meist 8 - 12) Lamellen unterteilt wird. Darunter fallen die Methoden, die von Fellenius, Bishop, Janbu, u.a. entwickelt wurden. Eine einfache und übersichtliche Methode stellt die Block-Gleit-Methode dar, die mit einiger Erfahrung rasch die Berechnung der Gleitsicherheit einer Böschung gestattet (Vollenweider et al., 1976).

Die verschiedenen Methoden unterscheiden sich nicht nur in den betrachteten Bruchfiguren, sie verwenden auch verschieden formulierte Sicherheitsdefinitionen. Die älteren Verfahren (Fellenius, Taylor) definieren die Gleitsicherheit als Verhältnis der Summe der rückhaltenden Momente M_R zu der Summe der treibenden Momente M_T

$$F = \frac{\sum M_R}{\sum M_T}$$

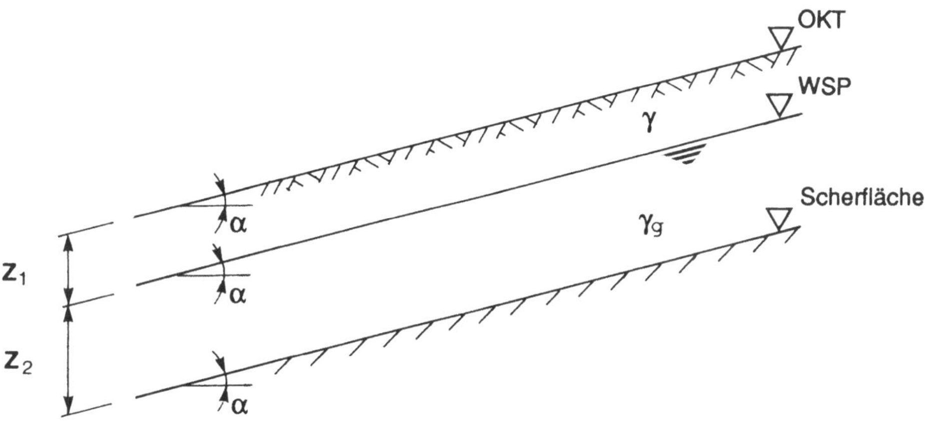

Figur 1: Schnitt einer unendlich langen Böschung in einem kohäsionslosen Material (c'= 0) mit hangparalleler Sickerströmung.
Die Gleitsicherheit F berechnet sich nach folgender Gleichung:

$$F = \frac{(z_1\gamma + z_2\gamma')\tan\varphi'}{(z_1\gamma + z_2\gamma_g)\tan\alpha}$$

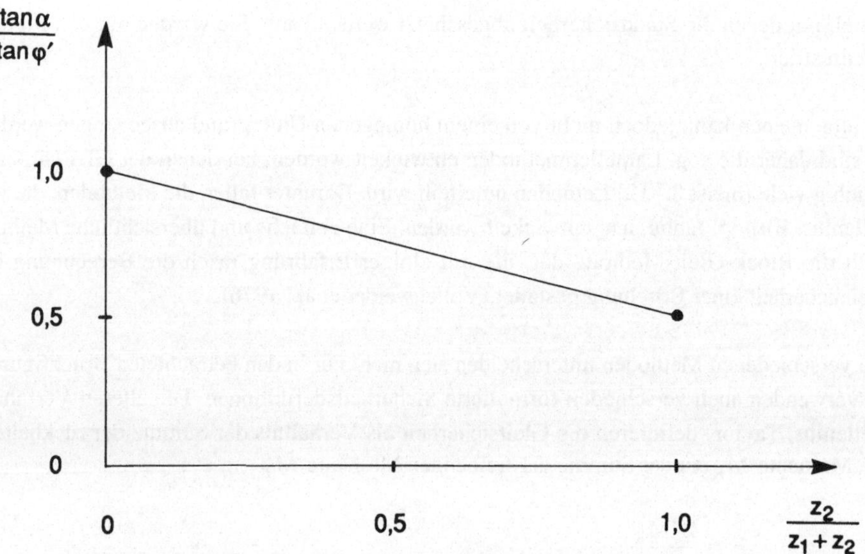

Figur 2: Grenzgleichgewicht (F = 1.0) einer unendlich langen Böschung in einem kohäsionslosen Material mit hangparalleler Sickerströmung gemäss Fig. 1. Die angegebenen Werte gelten für $\gamma = \gamma_g = 20kN\ m^{-3}$

Bei den Methoden von Bishop und Janbu wird die Sicherheit definiert als Verhältnis der Scherfestigkeit τ_f zur wirkenden Schubspannung τ

$$F = \frac{\tau_f}{\tau}$$

Da bei Bishop und Janbu das Gleitgewicht nicht nur gesamthaft, sondern auch der einzelnen Lamelle betrachtet wird, ergeben sich andere (höhere) Gleitsicherheiten als bei Fellenius, was bei der Beurteilung der Resultate zu berücksichtigen ist.

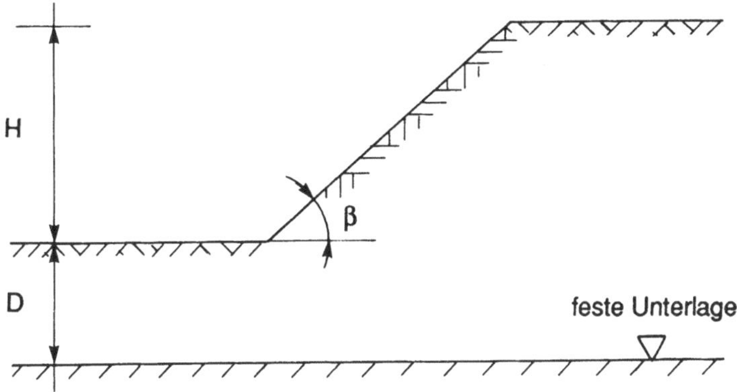

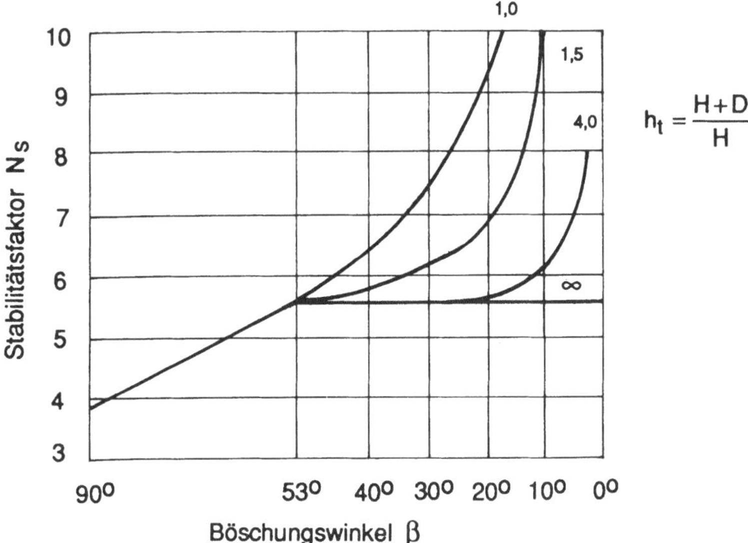

Figur 3: Schnitt einer einfachen Böschung in kohäsivem Material mit $c = s_u$ *und* $\varphi = 0$

Für das Grenzgleichgewicht (F = 1.0) ergibt sich die kritische Höhe zu

$$H_{crit} = N_s \, \frac{s_u}{\gamma}$$

Der Stabilitätsfaktor N_s *ist für* $\beta < 53°$ *abhängig vom Parameter* $h_t = \dfrac{H+D}{H}$

8.   Durchführung der Berechnung

Für Spezialfälle (homogene Böden, einfache Topografie) stehen wie erwähnt Diagramme
und Tabellen zur Verfügung, die den Rechenaufwand auf ein Minimum reduzieren. Bei den
häufig verwendeten Lamellenverfahren kann die Berechnung in Tabellenform vorgenommen werden, wobei das heute sehr übersichtlich und zweckmässig mit Tabellenkalkula-
tionsprogrammen auf dem PC erfolgen kann. Es sind aber auch viele Computerprogramme
für die Berechnung der Hangstabilität entwickelt worden, die heute praktisch in allen Büros
zur Verfügung stehen. Auch graphische Methoden können bei der Ermittlung der Gleitsicherheiten zur Anwendung gelangen. Sie zeichnen sich besonders durch eine gute Über-
sichtlichkeit aus (Bucher, 1973).

9.   Bewertung der Ergebnisse der Berechnungen

Bei der Beurteilung der Resultate der Berechnungen sind sowohl die in die Berechnung eingeführten Daten und Kennwerte wie auch die angewandte Berechnungsmethode zu berücksichtigen. Den in der Berechnung erhaltenen absoluten Werten der Böschungsstabilität ist
immer mit Vorsicht zu begegnen. Diese können von einer Methode zur anderen variieren. Es
ist daher notwendig, eine Methode zu verwenden, in der man diesbezüglich Erfahrung hat.

Wichtiger als absolute Rechenwerte sind die relativen Veränderungen der Böschungsstabilität, wenn die für einen Fall massgebenden Parameter in der Berechnung verändert
werden. Hier liegt die grösste Bedeutung der Stabilitätsberechnungen, zum Beispiel wenn es
darum geht, einen instabilen Hang zu stabilisieren oder einen Eingriff in einen wenig
stabilen Hang zu beurteilen.

10.   Bewegungsablauf einer Rutschung

Wenn eine Hangstabilitätsuntersuchung ergeben hat, dass die Sicherheitsreserve gegen
Gleiten klein ist, stellt sich die Frage nach dem Bewegungsablauf bei einer allfälligen Rutschung.

Der Bewegungsablauf einer Rutschung ist zu charakterisieren durch die Verschiebungsgeschwindigkeit und den totalen Verschiebungsweg, bis die Rutschung wieder in Ruhe ist.
Bei einer eher harmlosen Rutschung würde die Verschiebungsgeschwindigkeit die Grössenordnung von einigen cm/Tag und die totale Verschiebung eine solche von vielleicht 10 cm
betragen. (Bei einer Verschiebungsgeschwindigkeit von einigen cm/Jahr spricht man von

Hangkriechen. Über viele Jahre können sich aber auch beim Hangkriechen grosse Verschiebungsbeträge ergeben.) Eine katastrophale Rutschung andererseits kann eine Verschiebungsgeschwindigkeit von vielen m/Tag (möglicherweise mehreren m/sec wie bei Rutschungen in sehr sensitiven Böden) und einen Verschiebungsbetrag von vielen bis hunderten von Metern aufweisen. Es ist daher von grosser Bedeutung, ob ein Hang, der eine Gleitsicherheit von 1.0 erreicht, bezüglich Bewegungsablauf eher in die erste oder zweite Kategorie gehört.

Bei einer Beantwortung dieser Frage sind verschiedene Gesichtspunkte zu beachten. So können z.B. langsam zunehmende Deformationen zu einem Bruch von Wasserleitungen führen, oder zu einem Abschnüren von Drainagewegen, oder zum plötzlichen Versagen vorgespannter Anker. All dies kann zu einem ungünstigen Verlauf einer Rutschung führen.

Zudem sind vor allem bei den Mechanismen im Zusammenhang mit grossen Bergstürzen auch Einflüsse von eingeschlossener Luft (Luftkissen), von rollenden (statt gleitenden) Bewegungen, von geschmolzenem Gestein (Selbstschmierung) usw. in Betracht gezogen worden (Erismann, 1979).

Im Zusammenhang mit Lockergesteinsrutschungen sind Scherversuche, in denen die Scherfestigkeit des Rutschhorizontes nach dem eigentlichen Bruch bei grossem Scherweg gemessen werden kann, wohl eine der wichtigsten Grundlagen zur Beurteilung des Ablaufs der Rutschung. Zu diesen Versuchen zählen die Ring- und Direktscherversuche als drainierte Scherversuche, die Flügel- und Konusversuche als undrainierte Scherversuche und Triaxialversuche als undrainierte, zyklische Scherversuche.
Es gibt verschiedene Bodentypen, die im drainierten und/oder undrainierten Zustand einen deutlichen Scherfestigkeitsabfall aufweisen.

Beispiele im **drainierten** Zustand: Bentonite, Opalinuston, Sowerbyitone, z.T. Seebodenlehme, z.T. Molassemergel.

Der Grösse des Abfalles im drainierten Zustand kann durch den Index I_B (brittleness index) erfasst werden.

$$I_B = \frac{\tau_f - \tau_r}{\tau_f},$$

wobei τ_f :maximale Scherfestigkeit

τ_r :Restscherfestigkeit (bei gleicher Normalspannung wie τ_f)

I_B kann Werte von 0.5 bis 0.6 erreichen.

Beispiele im **undrainierten** Zustand: Seekreide, marine Tone (insbesondere nach einer Auswaschung des Salzes).

Der Scherfestigkeitsabfall kann bei bindigen Böden im undrainierten Zustand durch die sog. Strukturempfindlichkeit oder Sensitivität S_t erfasst werden.

$$S_t = \frac{s_{uu}}{s_{ug}}, \quad \text{wobei } s_{uu} : \text{undrainierte Scherfestigkeit im ungestörten Zustand}$$

$$s_{ug} : \text{undrainierte Scherfestigkeit im gestörten Zustand}$$

S_t kann Werte von 20-40, in extremen Fällen sogar 100 erreichen.

Je grösser I_B, resp. S_t ist, umso grösser ist im allgemeinen die Gefahr, dass eine Rutschung, wenn sie einmal begonnen hat, sich rasch beschleunigt und erst nach grossem Scherweg wieder zur Ruhe kommt.

Verschiedene grundbauliche Problemstellungen sind in neuerer Zeit in **Zentrifugenmodellversuchen** (Bucher, 1996) untersucht worden. Es ist dies möglicherweise eine Modellversuchstechnik, die sich auch für das Studium von Rutschmechanismen, insbesondere nach erfolgtem Bruch, eignet.

Literaturreferenzen

Bucher, F., (1973): *Stabilitätsfragen beim Anschluss Sufers (N13)*. Schweiz. Gesellschaft für Boden- und Felsmechanik, Heft 86.

Bucher, F., (1996): *Zentrifugenmodelle und ihre Anwendung zur Beurteilung von geotechnischen Stabilitätsproblemen*. Publiziert im vorliegenden Band.

Erismann, T.H., (1979): *Mechanisms of large landslides*. Rock Mechanics 12, 15-46.

Huder, J., (1977): *Sicherheitsfaktor für eine geradlinige Böschung gegen Rutschen*. Bautechnik Heft 12, 1977.

Lang, H.J. und J. Huder, (1994): *Bodenmechanik und Grundbau*. 5. Auflage, Springer, Lehrbuch.

Taylor, D.W., (1948): *Fundamentals of soil mechanics*. J. Wiley and Sons, New York.

Vollenweider, U., U. von Matt, und H. Zeindler, (1976): *Böschungsstabilität*. Schweiz. Gesellschaft für Boden- und Felsmechanik, Heft 94.

Dr. Felix Bucher, Institut für Geotechnik-IGT, ETH-Hönggerberg, 8093 Zürich

Tonmineralogische Grundlagen der Scherfestigkeit tonhaltiger Lockergesteine

Fritz T. Madsen

Zusammenfassung

Das Ton-Elektrolytsystem bestimmt wichtige geotechnische Eigenschaften tonhaltiger Materialien. Chemische Änderungen im Ton-Elektrolytsystem haben einen direkten Einfluss auf die Plastizität, die Sensitivität, die Scherfestigkeit und die Dispersivität von Tonen. Dieser Einfluss kann zumindest qualitativ vom Einfluss der Änderungen auf das Ton-Elektrolytsystem und damit auf die Dicke der diffusen Doppelschicht der Tonminerale und auf das Gefüge des Materials abgeleitet und verstanden werden.

1.   Einleitung

Bei Lockergesteinen mit mehr als etwa 20 bis 25 Gew.% Tonmineralen dominieren diese das geotechnische Verhalten. Sowohl die Plastizität (im geotechnischen Sinne) als auch die Scherfestigkeit von Tonen wird vom Ton-Elektrolytsystem bestimmt. Der Einfluss von Veränderungen in der Porenwasserchemie auf Plastizität und Scherfestigkeit kann weitgehend aus dem Effekt dieser Veränderungen auf die elektrische Doppelschicht der Tonminerale und, daraus folgend, auf das Gefüge des Tons abgeleitet werden.

Zahlreiche Autoren haben Arbeiten über Scherfestigkeit von feinkörnigen, tonigen Materialien und deren Abhängigkeit von der mineralogischen Zusammensetzung, dem Anteil Tonfraktion und den Plastizitätseigenschaften veröffentlicht. Es sei hier nur an die klassischen Arbeiten von Hvorslev (1937), Rosenqvist (1946), Skempton (1948c und 1953), Grim (1949), Skempton and Bishop (1950) und Bjerrum (1951) erinnert.

Das Verständnis für das Ton-Elektrolytsystem ist wichtig, um den Einfluss von Veränderungen in der Porenwasserchemie der Sedimente auf deren Scherfestigkeit beurteilen zu können. Im folgenden wird deshalb das Ton-Elektrolytsystem beschrieben und anhand von Beispielen dessen Einfluss auf geotechnische Kenngrössen erörtert.

2.   Das Ton-Elektrolytsystem

Tonminerale zeichnen sich vor allem durch ihre kleine Grösse ($<2\mu$m), ihren meist plättchenförmigen Habitus, ihre grosse spezifische Oberfläche (bis 750-800 m^2/g) und ihre elektrische (negative und positive) Ladung aus. Diese Eigenschaften sind die Ursache für die Plastizität der Tone, für ihre meistens niedrige Scherfestigkeit, für ihre geringe hydraulische und diffusive Durchlässigkeit in verdichteter Form, für ihr Schrumpf- und Quellpotential, für ihre Fähigkeit, Wasser zu binden und ihre Sorptionsfähigkeit bezüglich Metallionen und organischen Substanzen.

Die negative elektrische Ladung der Tonteilchen rührt vom isomorphen Ersatz von Metallionen (z.B. Al^{3+} für Si^{4+} in der Tetraederschicht, Mg^{2+} oder Fe^{2+} für Al^{3+} in der Oktaederschicht) im Kristallgitter der Tonminerale her. Diese negative elektrische Ladung wird durch Kationen ausserhalb des Kristallgitters ausgeglichen. Bei den nicht-quellfähigen Tonmineralen (Kaolinit, Illit, Chlorit) sind nur die an den äusseren Oberflächen der Tonteilchen sitzenden Kationen, wie z. B. Na^+, Ca^{2+}, Mg^{2+}, austauschbar. Bei den quellfähigen Tonmineralen (Montmorillonit, mixed-layer Illit/Smectit) sind auch die Kationen zwischen den Elementarschichten der Tonteilchen austauschbar. Die Flächen der Tonteilchen sind immer negativ geladen. Die Kantenladung der Teilchen kann negativ oder positiv sein. In sauren und neutralen Elektrolyten sind die Kanten der Tonteilchen positiv geladen. In basischen Elektrolyten sind die Kanten negativ geladen. Diese Fähigkeit zur Ladungsänderung der Kanten kann einen grossen Einfluss auf das Gefüge des Sediments haben.

Die Ladung des Tonteilchens und der Ionenschwarm (austauschbare Ionen) in der Nähe der Teilchenoberfläche werden als "diffuse Doppelschicht" (Fig. 1) bezeichnet.

Die Ausdehnung der Doppelschicht ("Dicke") von der Tonoberfläche weg wird von einer Reihe chemischer Faktoren beeinflusst. Die Ionenverteilung in der Nähe der Teilchenoberfläche kann gemäss der Doppelschichttheorie (Gouy, 1910; Verwey & Overbeek, 1948; Madsen, 1976; van Olphen, 1977; Madsen & Müller-Vonmoos, 1985) beschrieben werden. Im folgenden werden einzelne Gesetzmässigkeiten der Doppelschicht für ein negativ geladenes Teilchen betrachtet.

Die negative Flächenladung wird positive Ionen aus der Lösung anziehen und negative Ionen abstossen. Dadurch wird die Konzentration von positiven Ionen in der Nähe des Teilchens sehr gross, diejenige der negativen Ionen klein im Verhältnis zur Ionenkonzentration n_0 in der Lösung (weit weg von der Teilchenoberfläche).

Als Folge dieses Konzentrationsunterschiedes und der thermischen Bewegung der Ionen diffundieren die positiven Ionen von der Teilchenoberfläche weg, die negativen gegen die Oberfläche hin, und umgekehrt. Der Ionenschwarm ist ständig in Bewegung und bekommt dadurch ein diffuses Aussehen ("diffuse Doppelschicht").

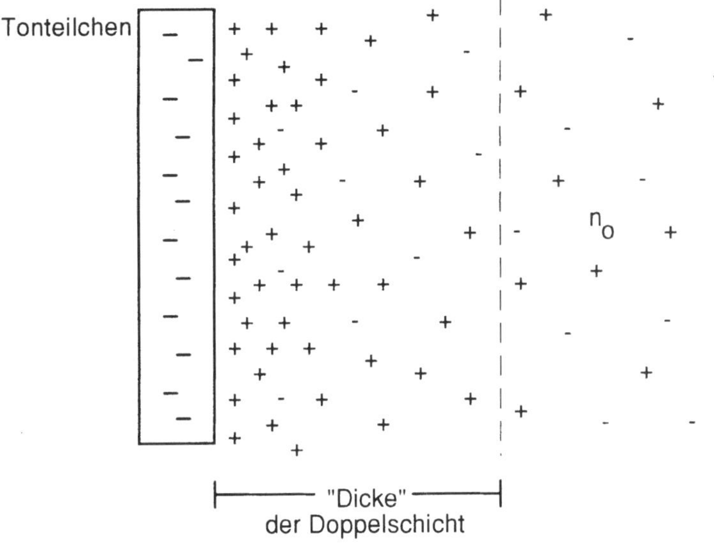

Figur 1: Diffuse Doppelschicht. Verteilung der Ionen in der Nähe einer negativ geladenen Tonteilchen-Oberfläche.

2.1.   Dicke der Doppelschicht

Aus dem Ausdruck für die "Dicke" der Doppelschicht ist ersichtlich, dass die

$$\text{"Dicke"} = \frac{1}{\kappa} = \sqrt{\frac{\varepsilon\varepsilon_0 kT}{2n_0 e^2 \upsilon^2}} \tag{1}$$

Dielektrizitätskonstante ε (ε im Wasser = 80), die abs. Temperatur T, die Ionenkonzentration n_0 weit weg von der Teilchenoberfläche und die Valenz υ der Ionen in der Lösung die Dicke der Doppelschicht bestimmen.

Um einen Eindruck von der Grössenordnung der Dicke der Doppelschicht zu erhalten, ist im folgenden als Beispiel die Dicke für verschiedene Ionenkonzentrationen berechnet.

Dicke der Doppelschicht für eine $n_0 = 10^{-3}$ Normale NaCl-Lösung:

$$\frac{1}{k} = \frac{80 \cdot 8.859 \cdot 10^{-12} \cdot 1.381 \cdot 10^{-23} \cdot 293}{2 \cdot 6.02 \cdot 10^{23} \cdot (1.602 \cdot 10^{-19})^2 \cdot 1^2}$$

$$\frac{1}{\kappa} = 96 \cdot 10^{-10} \text{ m} = \text{ca. 10 nm}$$

$$
\begin{aligned}
\varepsilon &= 80 \text{ für Wasser (Dielektrizitätskonstante)} \\
\varepsilon_0 &= 8.859 \cdot 10^{-12} \text{ C}^2/\text{Nm}^2 \text{ (Influenzkonstante des Vakuums)} \\
k &= 1.381 \cdot 10^{-23} \text{ J/K}° \text{ (Boltzmann'sche Konstante)} \\
T &= 293°\text{K} \text{ (abs. Temperatur)} \\
n_0 &= 10^{-3} \text{ Mol/Liter} \cdot 10^3 \text{ Liter/m}^3 \cdot 6.02 \cdot 10^{23} \text{ Ionen/Mol} \\
e &= 1.602 \cdot 10^{-19} \text{ C (Einheitsladung)} \\
\upsilon &= 1 \text{ für Na}^+ \text{ (Valenz der Ionen)}
\end{aligned}
$$

Wird die Konzentration verdoppelt ($n_0 = 2 \cdot 10^{-3}$ Mol/Liter), so verkleinert sich die Dicke der Doppelschicht auf ca. 7 nm. Für divalente Ionen ($\upsilon = 2$) anstelle von monovalenten ($\upsilon = 1$) wird die Dicke der Doppelschicht bei gleicher Ionenkonzentration halbiert.

Die folgende Aufstellung gibt einen Ueberblick über den Einfluss der Ionenkonzentration und der Valenz der Kationen auf die Dicke der Doppelschicht.
Im Meerwasser ist die Konzentration in NaCl etwa $5 \cdot 10^{-1}$ normal. Tonteilchen im Meerwasser haben deshalb eine sehr kleine Dicke der Doppelschicht. Tonteilchen haben normalerweise im Flusswasser, da hier n_0 meistens klein ist, eine viel grössere Dicke der Doppelschicht als im Meerwasser.

Konzentration (Mol/Liter)	Dicke der Doppelschicht für $\upsilon = 1$	Dicke der Doppelschicht für $\upsilon = 2$
10^{-5}	100 nm	50 nm
10^{-3}	10 nm	5 nm
10^{-1}	1 nm	0.5 nm

Die Verkleinerung der Doppelschicht führt meistens zur Flokkulierung (Bildung von Aggregaten aus vielen Tonteilchen) in der Suspension und zur rascheren Sedimentation aus der Suspension. Die Flokkulierung kommt dadurch zustande, dass sich die Tonteilchen mit ihren negativen Flächen mit den positiven Kanten anderer Tonteilchen zusammenheften.

Dies kann nur geschehen, wenn die Doppelschicht klein ist. Es entsteht - mehr oder weniger ausgeprägt - ein sogenanntes "Kartenhausgefüge". Ist die Doppelschicht gross, regeln sich die Teilchen mehr oder weniger parallel ein.

2.2.   Doppelschicht und Gefüge

In einem Lockergestein sind die Tonteilchen so nahe beieinander, dass sich die diffusen Doppelschichten der benachbarten Teilchen überlappen. Deshalb stossen sich einerseits die Tonteilchen ab mit einer Kraft, welche von der Ausdehnung der Doppelschicht abhängig ist, andererseits ziehen sich die negativen Flächen und die positiven Kanten an. Dazu kommen noch -meist vernachlässigbare- van der Waal's- und andere Kräfte. Die Grössenordnung dieser Kräfte beeinflusst das Gefüge von tonigen Lockergesteinen.
Gemäss van Olphen (1977) wird das Gefüge flokkuliert, wenn die abstossende Kraft zwischen den Teilchen klein ist (Dicke der Doppelschicht klein), und wird dispers, wenn die abstossende Kraft gross ist (Dicke der Doppelschicht gross).

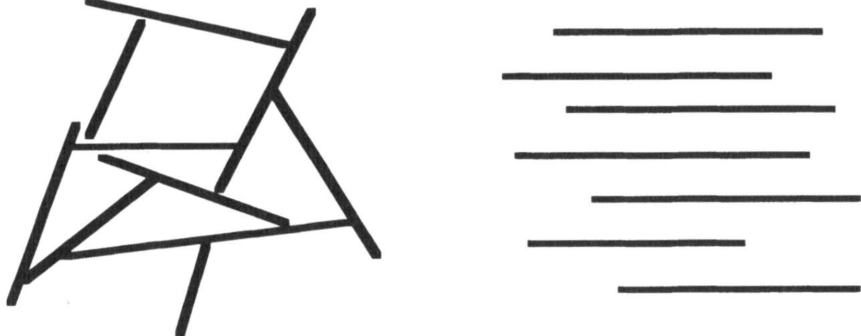

Figur 2: Flokkuliertes und disperses Gefüge.

Die Veränderungen in der Dicke der Doppelschicht sind aber nicht nur abhängig von Veränderungen in der Elektrolytkonzentration (n_0) und der Valenz (v) der Ionen, sondern auch von Veränderungen in der Dielektrizitätskonstante der Flüssigkeit (ε) und der Temperatur (T) im Porenwasser. Eine Aussage über den quantitativen Einfluss dieser Grössen auf die Doppelschicht liefert die Formel (1) für die Dicke der Doppelschicht. Aus der Beziehung (1) ist ersichtlich, dass die Dicke der Doppelschicht - und deshalb auch die Grösse der abstossenden Kraft zwischen Tonteilchen, deren Doppelschichten sich überlappen- direkt proportional der Wurzel der Dielektrizitätskonstante und der Temperatur und umgekehrt proportional der Valenz und der Wurzel der Ionenkonzentration ist. Gemäss Mitchell (1976) ist der Einfluss der Temperatur T auf der Doppelschicht klein. Dies, weil eine Änderung der Temperatur ebenfalls eine Änderung der Dielektrizitätskonstante ε verursacht. Das Produkt aus εT bleibt annähernd konstant.

Neben den schon erwähnten Faktoren haben auch andere Parameter wie Grösse der Kationen, pH der Lösung und Anionenadsorption einen Einfluss auf die Dicke der Doppelschicht. Je kleiner die Kationen in der Doppelschicht, desto näher können sie an die Tonteilchenoberfläche rücken. Dies bedeutet eine geringere Dicke der diffusen Doppelschicht und deshalb eine Tendenz in Richtung flokkuliertes Gefüge.

Der pH beeinflusst die Dissoziation der Hydroxylgruppen (OH), welche an den Kanten der Tonminerale sitzen. Je höher der pH, desto grösser die Tendenz für das Proton (H^+), in Lösung zu gehen, und desto grösser auch die gesamte negative Ladung des Tonteilchens.

$$SiOH \quad \overset{H_2O}{\underset{\text{hoher pH}}{\Rightarrow}} \quad SiO^- + H^+$$

Dazu kommt, dass das Aluminiumhydroxid an den Kanten der Tonteilchen amphoter* ist. Die Kanten sind deshalb positiv bei niedrigem pH und negativ bei hohem pH. Ein niedriger pH verursacht ein flokkuliertes Gefüge durch die Interaktion von positiven Kanten mit negativen Flächen der Tonteilchen. Umgekehrt verursacht ein hoher pH ein disperses Gefüge.

Anionen und negativ geladene Radikale können an den positiven Kanten der Tonteilchen angelagert werden. Bevorzugt sind Polyanionen wie Phosphate, Arsenate und Borate, weil diese etwa die gleiche molekulare Grösse haben wie das SiO-Tetraeder in den Tonteilchen. Besonders Polyphosphate werden gerne angelagert und gehören denn auch zu den bevorzugten Dispersionsmitteln für Tonsuspensionen. Nach der Anlagerung der Polyanionen sind die Tonteilchen an Flächen und Kanten negativ geladen.

Amphotere Stoffe verhalten sich demnach gegenüber stärkeren Säuren wie Basen und gegenüber stärkeren Basen wie Säuren.

Die Effekte der verschiedenen Parameter, welche die Dicke der Doppelschicht beeinflussen, sind in Tab. 1 zusammengefasst.

---

*amphoter (von Griech.: amphoteros = beiderlei). Amphiprotisch = synonyme Bezeichnung für die Eigenschaft von Stoffen, sowohl Akzeptor als auch als Donator für Protonen zu sein.

$$Al^{3+} + 3OH^- \Leftrightarrow Al(OH_3) \Leftrightarrow AlO_3^{3+} + 3H^+$$

Beim Entstehen feinkörniger, tonhaltiger Sedimente können sich grundsätzlich die zwei in Fig. 2 dargestellten, extremen Gefügearten einstellen: Das **disperse** Gefüge und das **flokkulierte** Gefüge.

Beim dispersen Gefüge sind die Tonteilchen mehr oder weniger parallel eingeregelt und berühren sich kaum. Die Scherfestigkeit dieses Gefüges ist kleiner als diejenige des flokkulierten Gefüges. Der Abstand zwischen den Tonteilchen ist vom Gleichgewicht zwischen den Kräften aus dem Ton-Elektrolytsystem und äusseren Einflüssen, wie Austrocknung oder Belastung, bestimmt.

Beim flokkulierten Gefüge berühren sich die Tonteilchen mit ihren positiven Kanten und negativen Flächen, weshalb z. B. die Scherfestigkeit (anfänglich) grösser ist. Da jedoch das flokkulierte Gefüge weniger stabil gegenüber Scherbeanspruchungen ist als das disperse Gefüge, kann es zu einem Zusammenbruch des Gefüges kommen, welcher mit einer beträchtlichen Festigkeitsabnahme verbunden sein kann (Fig. 4).

Tabelle 1: Einfluss der Änderung der Porenflüssigkeitsparameter auf die Dicke der Doppelschicht, auf das Gefüge und auf die Scherfestigkeit von Ton.

Poren-flüssigkeits-parameter	Änderung der Parameter	Änderung in Dicke der Doppelschicht	Tendenz in Gefüge-Änderung	Tendenz in Einfluss auf Scherfestigkeit
Dielektrizi-tätskonst.	Zunahme	Zunahme	dispers	Abnahme
	Abnahme	Abnahme	flokkuliert	Zunahme
Elektrolyt-konzentrat.	Zunahme	Abnahme	flokkuliert	Zunahme
	Abnahme	Zunahme	dispers	Abnahme
Kationen-valenz	Zunahme	Abnahme	flokkuliert	Zunahme
	Abnahme	Zunahme	dispers	Abnahme
Kationen-grösse	Zunahme	Zunahme	dispers	Abnahme
	Abnahme	Abnahme	flokkuliert	Zunahme
pH	Zunahme	Zunahme	dispers	Abnahme
	Abnahme	Abnahme	flokkuliert	Zunahme
Anionen-adsorption	Zunahme	Zunahme	dispers	Abnahme
	Abnahme	Abnahme	flokkuliert	Zunahme

3.   Plastizität und Scherfestigkeit

3.1.   Plastizität

Die in der Geotechnik verwendeten "Konsistenzgrenzen nach Atterberg" werden nach der Norm SN 670 345 an der Kornfraktion <0.5 mm ermittelt. Die Konsistenzgrenzen definieren den plastischen Bereich des Materials. Die Fliessgrenze w_L ist die obere Grenze des plastischen Bereiches, die Ausrollgrenze wp die untere Grenze. Hat ein Material mehr Wasser als die Fliessgrenze, ändert sich die Konsistenz in Richtung flüssig. Für Wassergehalte unterhalb der Ausrollgrenze wird das Material zunehmend fester. Nur tonhaltige Materialien besitzen eine solche Plastizität. Dabei ist die "geotechnische" Plastizität das Resultat der grossen Oberfläche der Tonminerale, deren negativen und positiven Ladung mit den daraus resultierenden, elektrischen Doppelschichten mit ihren Wasserbindungsvermögen. Tone können demnach ihre Plastizität unter Einfluss von Chemikalien, welche beispielsweise die Dicke der Doppelschicht beeinflussen, verändern. Die Plastizität kann bei einer Veränderung der positiven Kantenladung der Tonteilchen zu negativ völlig verloren gehen, indem das Kartenhausgefüge des Materials zerstört wird. Der (geotechnische) Wassergehalt eines Materials ist als Gewicht des Wassers, bezogen auf das bei 105°C getrocknete Material, definiert. Der Wassergehalt wird meistens in Prozent angegeben.

Die Plastizitätszahl $I_P = w_L - w_P$ definiert also den plastischen Bereich eines Materials. Je mehr Tonminerale ein Material enthält und je grösser deren spezifische Oberfläche, desto grösser ist die Wasseraufnahmefähigkeit und damit die Plastizitätszahl.

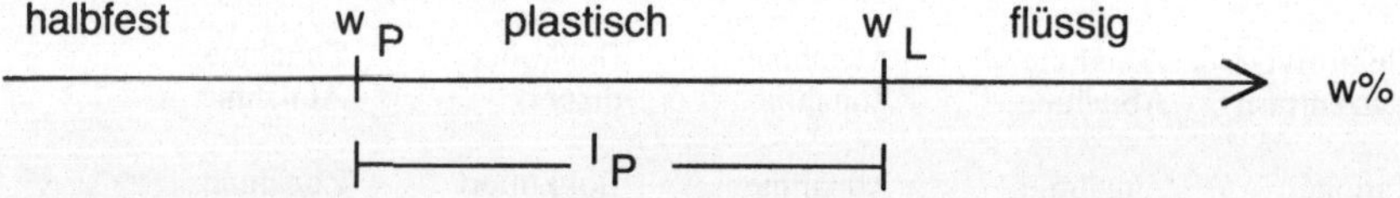

Schon Skempton (1953) hat auf den Zusammenhang zwischen Plastizitätszahl Ip und den Anteil Tonfraktion eines Materials hingewiesen. Wie aus Fig. 3 ersichtlich, gibt es für jedes Material eine andere, von der mineralogischen Zusammensetzung abhängige, lineare Beziehung. Je höher die Aktivitätszahl eines Materials ist, desto steiler die Funktion.

Die Aktivitätszahl I_A ist definiert als:

$$I_A = \frac{\text{Plastizitätszahl } I_P}{\text{Anteil Tonfraktion in Gew.\%}}$$

Der Anteil Tonfraktion ist der Gehalt an Fraktion <2 µm und ist nicht unbedingt gleich dem Gehalt an Tonmineralen. Die Aktivitätszahl sagt etwas über die Art der Tonminerale (z. B. quellfähig oder nicht quellfähig, Grösse der Oberfläche und der Ladung) eines Materials aus. Generell haben Tone mit grossen spezifischen Oberflächen (quellfähige Tonminerale wie Montmorillonit) grössere Aktivitätszahlen als Tone mit kleinen spezifischen Oberflächen, wie z. B. Kaolinit oder Illit.

Sowohl Plastizitätszahl Ip als auch Aktivitätszahl I_A sind Materialkonstanten, welche vom Ton-Elektrolytsystem abhängig sind. Eine Änderung des Chemismus der Porenflüssigkeit wird Veränderungen dieser Materialkonstanten hervorrufen.

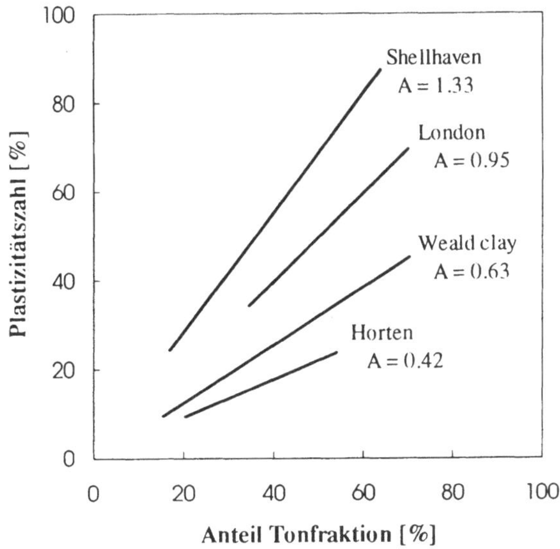

Figur 3: Beziehung zwischen Plastizitätszahl und Anteil Tonfraktion. A = Aktivitätszahl. Nach Skempton (1953).

3.2. Sensitivität

Northey (1950) und Skempton and Northey (1952) beschreiben Zusammenhänge zwischen Sensitivität und Liquiditätszahl. Die Sensitivität eines Materials ist definiert als:

$$\text{Sensitivität} = \frac{\text{ungestörte Scherfestigkeit}}{\text{gestörte Scherfestigkeit}}$$

Der Zusammenhang zwischen ungestörter Scherfestigkeit und gestörter Scherfestigkeit geht
aus Fig. 4 hervor.

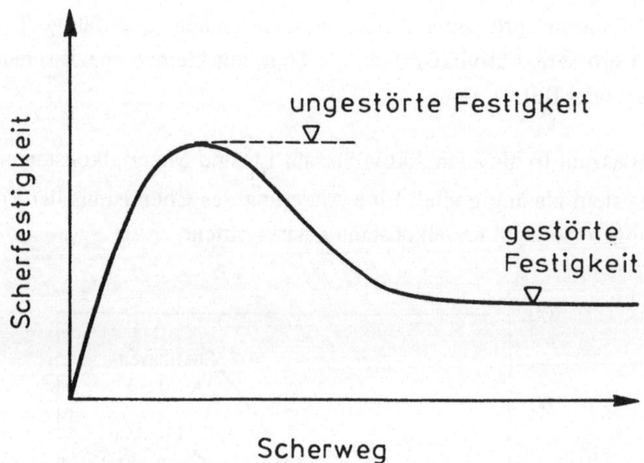

Figur 4: Festigkeitsverlust beim Zusammenbruch des flokkulierten Gefüges.
Nach Lang und Huder (1990).

3.3. Scherfestigkeit

Der Einfluss des Ton-Elektrolytsystems auf die effektive Scherfestigkeit (Porenwasserüber-
druck berücksichtigt), insbesondere auf die effektive Restscherfestigkeit, geht aus Fig. 5
hervor.

Es ist deutlich sichtbar, dass quellfähige Tone (Na-Montmorillonit) eine viel geringere eff.
Restscherfestigkeit haben als nicht-quellfähige Tone wie Kaolinit und Illit. Wird der quellfähige Na-Montmorillonit durch Austausch der Na-Ionen in der Doppelschicht mit K-Ionen
in einen nicht-quellfähigen K-Montmorillonit verwandelt, ist der Abfall in eff. Scherfestigkeit so gering wie beim Kaolinit und Illit. Auf natürliche Verhältnisse extrapoliert
bedeutet dies, dass, falls illitische Tone (auch mixed-layer Illit/Montmorillonit) durch
Verlust von K-Ionen bei der Verwitterung in quellfähige Tone umgewandelt werden, dies
mit einem erheblichen Verlust an Scherfestigkeit verbunden ist.

Sonderegger (1985) untersuchte das Scherverhalten von Kaolinit, Illit und Montmorillonit
mit verschiedenen Kationen in der Doppelschicht der Tonminerale. Nach den Resultaten von
Sonderegger (1985) gibt es keine einfache Beziehung zwischen Plastizitätszahl und eff.
Restscherfestigkeit der verschiedenen Tone.

Bei den quellfähigen Tonen (Montmorillonit) fällt die eff. Restscherfestigkeit mit steigender Plastizitätszahl (Fig. 6). Beim nicht-quellfähigen Tonmineral Illit steigt die eff. Restscherfestigkeit mit steigender Plastizitätszahl (Fig. 7). Es ist also klar, dass eine Änderung im Ton-Elektrolytsystem (hier Austausch der Kationen in der Doppelschicht) zu anderen Materialeigenschaften führt. Die Grössenordnung dieses Einflusses ist auch davon abhängig, ob der Ton quellfähig ist oder nicht.

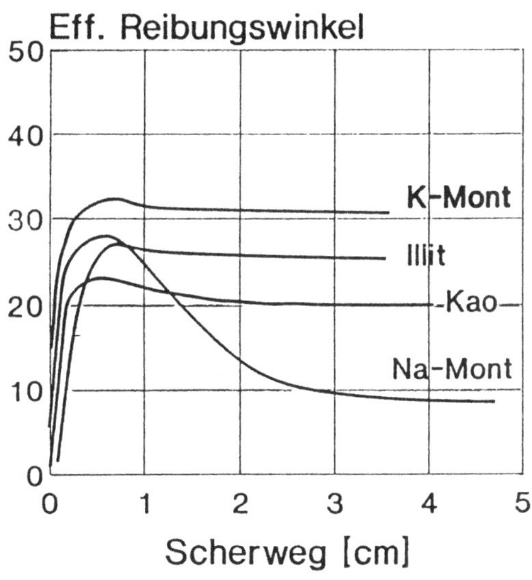

Figur 5: Scherfestigkeit von quellfähigem und nicht-quellfähigem Ton.

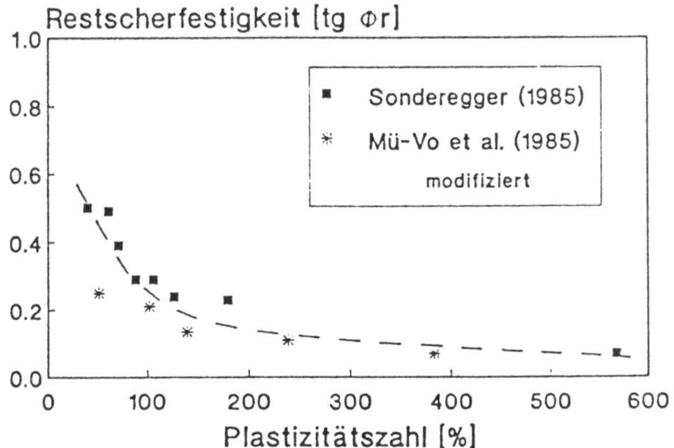

Figur 6: Montmorillonit: Restscherfestigkeit versus Plastizitätszahl.
Nach Sonderegger (1985).

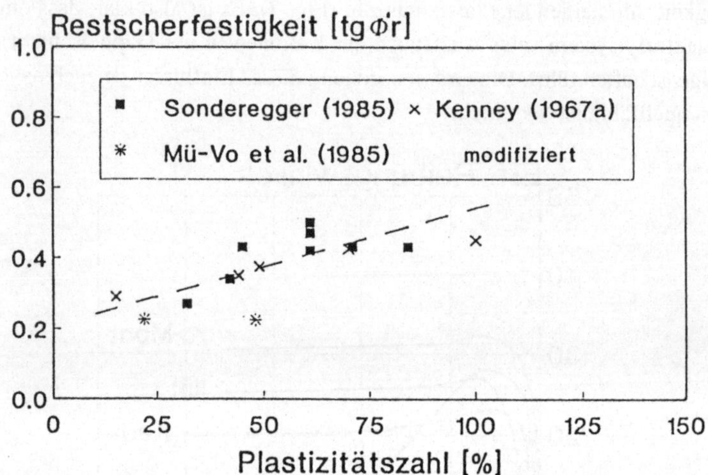

Figur 7: Illit: Restscherfestigkeit versus Plastizitätszahl.
Nach Sonderegger (1985).

Müller-Vonmoos et al. (1985) und Müller-Vonmoos und Löken (1988) untersuchten die Plastizität und das Scherverhalten reiner Tone bei Kationenbelegung mit Ionen verschiedener Valenz. Aus Fig. 8 ist die Abhängigkeit der eff. Scherfestigkeit eines Montmorillonits von der Kationenbelegung (Ionen in der "diffusen Doppelschicht" der Tonteilchen), und also auch von der Chemie des Porenwassers, deutlich ersichtlich.

Da die Tonteilchen bei einer Änderung von beispielsweise der Na- in die Ca-Form näher zusammenrücken, wird das Gefüge flokkuliert und die eff. Scherfestigkeit erhöht. Umgekehrt würde die eff. Scherfestigkeit eines Ca-Montmorillonits als Folge eines Ionenaustausches mit Na-Ionen kleiner werden, weil hier die abstossenden Kräfte zwischen den Tonteilchen grösser werden.

Beim Illit - einem nicht-quellfähigen Tonmineral - wurde ebenfalls eine Änderung der eff. Scherfestigkeit mit der Änderung der Ionenform festgestellt. Auch hier ist die eff. Scherfestigkeit des Tons in der Ca-Form grösser als diejenige des Tons in der Na-Form.

Folgende Tab. 2 zeigt eine Auswahl der Resultate:

Tabelle 2: Eff. Scherfestigkeit von Montmorillonit mit unterschiedlicher Kationenbelegung. Nach Müller-Vonmoos et al. (1985), modifiziert.

	w_L	w_P	I_P	w_A	I_L	ϕ'_m	ϕ'_r	ϕ'_m/ϕ'_r
	[%]	[%]	[%]	[%]		[°]	[°]	
Illit:								
(Massif Central)								
Ca^{2+}-Form	93	32	61	66	0.6	28	24	1.2
Na^+ -Form	76	29	47	55	0.6	15	13	1.2
Montmorillonit:								
(Arizona)								
Th^{4+}-Form	137	85	52	86	0.02	36	14	2.6
Al^{3+}-Form	158	56	102	91	0.34	33	12	2.8
Ca^{2+}-Form	190	50	140	96	0.33	29	7.5	3.9
Na^+ -Form	431	48	383	245	0.51	15	4	3.8

In der Tab. 2 ist:

w_L = Fliessgrenze, w_P = Ausrollgrenze

I_P = Plastizitätszahl = w_L - w_P

w_A = Wassergehalt der Probe nach Ausbau des Scherversuchs

I_L = Liquiditätszahl = w - w_P/I_P

ϕ'_m = Maximale (effektive) Scherfestigkeit

ϕ'_r = Restscherfestigkeit (effektive)

Sowohl beim Illit als auch beim Montmorillonit ist der Einfluss der Valenz der Ionen in der Doppelschicht auf die Plastizität und eff. Scherfestigkeit deutlich sichtbar.

Mit steigender Valenz der Ionen steigt auch die eff. Scherfestigkeit. So haben beide Tone in der Ca-Form eine höhere eff. Scherfestigkeit als in der Na-Form. Je höher die Valenz, desto näher sind die Tonteilchen beieinander, und umso eher ergibt sich ein flokkuliertes Gefüge in der Probe.

Das Verhältnis ϕ'_m/ϕ'_r beider Tone ändert sich von der Na- in die Ca-Form praktisch nicht. Erst beim Montmorillonit in der Al- oder Th-Form wird die Sensitivität kleiner als in der Ca- und Na-Form.

Bei der Plastizitätszahl ist der Einfluss der Valenz der Kationen beim Illit (nicht-quellfähig) und Montmorillonit (quellfähig) unterschiedlich. Beim Illit hat der Ton in der Ca-Form eine im Vergleich zur Na-Form flokkuliertere Textur. Deshalb ist auch die Plastizitätszahl - sowohl Fliess- als auch Ausrollgrenze - grösser beim Ca-Ton als beim Na-Ton.

Beim Montmorillonit ergeben die höheren Valenzen (Ca, Al, Th) auch ein vermehrt flokkuliertes Gefüge. Man würde deshalb auch höhere Fliess- und Ausrollgrenzen bei höheren Valenzen erwarten. Das Gegenteil ist der Fall. Die Erklärung liegt darin, dass der Effekt der Valenz der Ionen auf das Gefüge des Materials bei der Fliessgrenze in Konkurrenz steht zum Einfluss der Valenz auf den Abstand zwischen den Schichtpaketen (Elementarschichten) des quellfähigen Minerals. Je höher die Valenz, desto kleiner ist der mit Wasser gefüllte Raum zwischen den Schichtpaketen. Deshalb ist auch der Wassergehalt w_L (Poren und Zwischenschichtwasser) der Proben kleiner beim Al- als beim Na-Ton. Dies, obwohl bei den höheren Valenzen die Textur eindeutig in Richtung flokkuliert geht. Es scheint, als ob bei der Fliessgrenze vor allem das Verhältnis der äusseren zur inneren Oberfläche der Tonteilchen - welche ja beim Montmorillonit beide mit Wasser belegt sind - von Bedeutung ist.

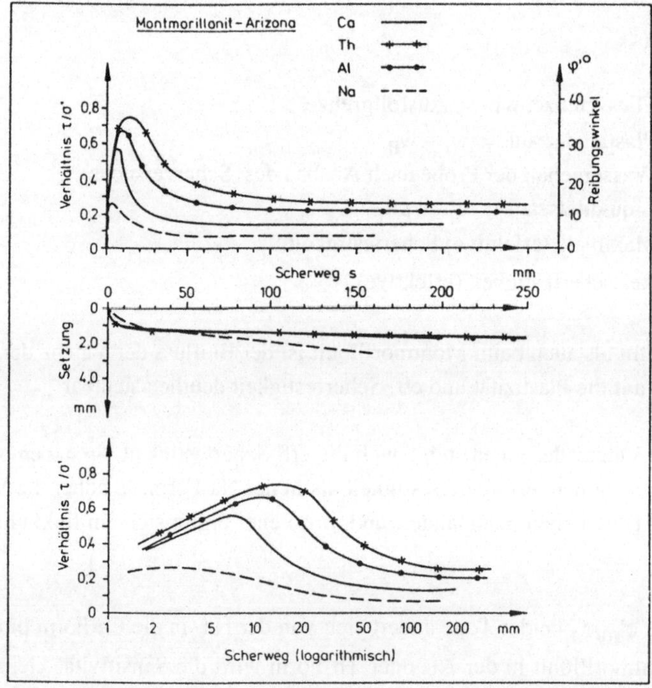

Figur 8: Entwicklung der eff. Scherfestigkeit von Montmorillonit Arizona in Abhängigkeit des Scherweges (linear und logarithmisch) und Setzung der Probe während des Scherversuches. Nach Müller-Vonmoos et al. (1985).

Bei der Ausrollgrenze spielt das Gefüge eine grössere Rolle als das auf der inneren Oberfläche der Tonteilchen vorhandene Wasser. Deshalb wird die Ausrollgrenze mit höherwertigen Ionen auch grösser. Insgesamt gesehen, ist der Einfluss der Ionen in der Doppelschicht der Tonteilchen auf die Fliessgrenze grösser als der Einfluss auf die Ausrollgrenze.

4.   Quick Clays

Ein Beispiel hochsensitiver, natürlicher Ablagerungen sind die sogenannten "Quick Clays". Diese sind vor allem aus Norwegen bekannt (Rosenqvist, 1953), kommen aber auch in Schweden und Canada vor. Die Quick Clays sind ursprünglich Meeresablagerungen hauptsächlich illitisch-chloritischer Tone aus der letzten Eiszeit. Da die Ionenkonzentration im Meerwasser relativ hoch und demnach die Doppelschicht der Tonteilchen klein ist, sind die abstossenden Kräfte zwischen den Tonteilchen im Meerwasser klein und das Gefüge deshalb bei der Ablagerung flokkuliert. In den letzten ca. 9'000 Jahren (Löken, 1971) haben sich grosse Teile Südnorwegens als Folge der Entlastung durch den Rückzug der Eisdecke über den heutigen Meeresspiegel gehoben. Dadurch wurden auch die tonigen Sedimente über den Meeresspiegel gehoben.

Im Verlaufe der Zeit wurde die Ionenkonzentration im Porenwasser dieser Sedimente, vor allem durch die Perkolation mit Regenwasser, stark verkleinert. Löken (1971) hat Salzkonzentrationen in Quick Clays in der Grössenordnung von 0.35 g/Liter gefunden (Meerwasser ca. 35 g/Liter). Diese Veränderung im Ton-Elektrolytsystem führt zu einer Vergrösserung der elektrischen Doppelschicht der Tonminerale. Dadurch werden die abstossenden Kräfte zwischen den Tonteilchen grösser, als sie bei der Ablagerung waren. Das Sediment ist nun nicht mehr stabil in dem Sinne, dass die zwischen den Tonteilchen wirkenden, abstossenden Kräfte (gross) nicht mit dem aktuellen Gefüge (flokkuliert) übereinstimmen. Das Gefüge tendiert gegen dispers, und kleine mechanische Störungen führen deshalb zu einem Kollaps des Sediments. Das Gefüge geht dann schlagartig von flokkuliert zu dispers über. Da ein flokkuliertes Gefüge mehr Wasser zwischen den Tonteilchen enthält als ein disperses, führt die Gefügeänderung zu einem Fliessen des Sediments. Bei Neigungen von wenigen Graden sind Geschwindigkeiten von bis zu etwa 30 km/h gemessen worden. Typische Daten für ein Quick Clay, Oslo (Norwegen), sind untenstehend aufgelistet (Löken, 1971):

Wassergehalt	44.6 %
Fliessgrenze w_L	29.5 %
Ausrollgrenze w_P	22.0 %
Tonfraktion	44.0 %
Aktivität nach Skempton	0.17
Kationen-Austauschkapazität	15 mäq/100g

Besonders bemerkenswert ist, dass der natürliche Wassergehalt des Materials weit über der Fliessgrenze liegt. Die Liquiditätszahl I_L = w - w_P/I_P dieses Materials beträgt denn auch 3.0. Wie Fig. 9 zeigt, liegt die Sensitivität, welche ja den Quick Clay auszeichnet, mit Werten bis zu über 80 (Moum et al., 1971) weit über derjenigen der in der Schweiz vorkommenden Materialien.

Über dem eigentlichen Quick Clay befindet sich eine Trockenkruste aus verwittertem Ton mit kleinerem Wassergehalt. Diese reicht bis in eine Tiefe von etwa vier Metern. In dieser Kruste sind die Partikel durch amorphes Eisen und Aluminium verkittet. Darunter folgt bis in eine Tiefe von 14 Metern der eigentliche Quick Clay von extrem hoher Sensitivität. Hier liegt der natürliche Wassergehalt über der Fliessgrenze.

Die Salzkonzentration im Porenwasser des Quick Clays ist mit 0.35 mg/L durchwegs sehr klein. In der Trockenkruste wurden undrainierte, ungestörte Scherfestigkeiten von bis zu 60 KPa gemessen. Im Quick Clay sind die ungestörten Scherfestigkeiten mit Werten um 10 kPa wesentlich kleiner.

Rosenqvist (1953) hat folgende Klassifikation betreffend Sensitivität vorgeschlagen:

Sensitivity	Classification
1	insensitive clays
1 - 2	slightly sensitive clays
2 - 4	medium sensitive clays
4 - 8	very sensitive clays
8 - 16	slightly quick clays
16 - 32	medium quick clays
32 - 64	very quick clays
> 64	extra quick clays

Die Sensitivität von Böden in der Schweiz liegt, ausser bei speziellen Materialien wie Seekreide, normalerweise unter 2.

Durch Erhöhung der Ionenkonzentration im Porenwasser der Quick Clays werden die abstossenden Kräfte zwischen den Tonteilchen verkleinert, und die Scherfestigkeit nimmt zu. Rosenqvist (1955) zeigte, dass eine Erhöhung der Ionenkonzentration im Porenwasser von <0.05 g/L auf 10 g/L NaCl eine Erhöhung der Fliessgrenze von 35 auf 60 verursachte. Löken (1971) zeigte, dass eine Zugabe von Salzen die Scherfestigkeit von aufgearbeitetem Quick Clay von 0.1 KPa ohne Salzzugabe bis zwischen 1 und 4 kPa nach Salzzugabe erhöht.

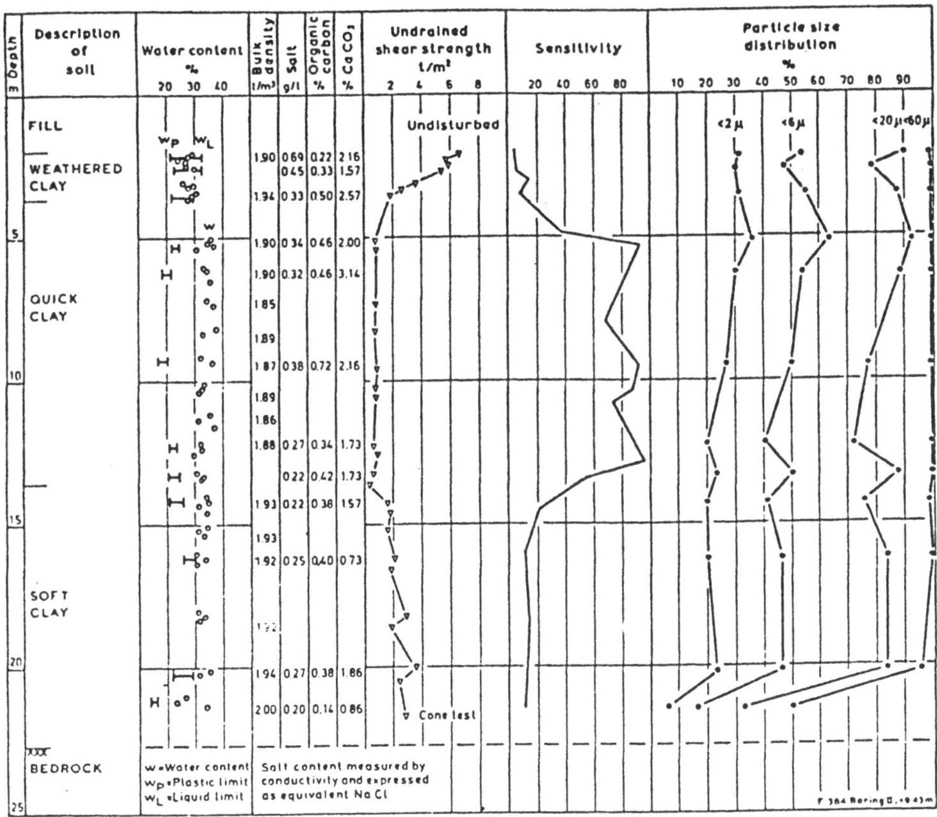

Figur 9: Geotechnische Daten von normalkonsolidiertem Ton aus Norwegen. Aus Moum et al. (1971).

5.   Dispersive Tone

Dispersive Tone können grosse Schäden im Dammbau und in ähnlichen Erdbauvorhaben verursachen, falls sie als solche entweder nicht identifiziert oder ohne Verständnis für die Mechanismen des Ton-Elektrolytsystems verwendet werden. Der Terminus "dispersiver Ton" wird für Tone verwendet, bei denen der Zustand des Ton-Elektrolytsystems derart ist, dass der Ton in Anwesenheit von sauberem Wasser deflokkuliert wird. In diesem Zustand ist der Ton äusserst erosionsempfindlich gegenüber fliessendem Wasser, auch gegenüber fliessendem Wasser mit sehr kleinen Gradienten.

Bei der Verwendung von dispersiven Tonen in Erdbauten kann sowohl Oberflächenerosion, als auch sogenannte "innere Erosion" auftreten. Während die Oberflächenerosion relativ bald sichtbar wird, ist die innere Erosion über längere Zeit unsichtbar und kann zum Kollaps des Bauwerkes (Erddamm) führen.

Auch bei siltigen und feinsandigen Materialien kann eine innere Erosion eines Dammes stattfinden. Typisch für diesen mechanischen Prozess ist, dass er zuerst an der Austrittöffnung eines kleineren Lecks an der Luftseite des Damms stattfindet. Der an dieser Stelle konzentrierte Wasserfluss reisst die Silt- und Sandkörner aus dem Verband, und im Verlaufe der Zeit entwickelt sich eine tunnelförmige Passage rückwärts bis zur Wasserquelle. Zu diesem Zeitpunkt erfolgt dann meistens ein rascher Zusammenbruch der Konstruktion.

Im Unterschied dazu erfolgt die innere Erosion in dispersiven Tonen dadurch, dass es entlang eines Risses -durch Setzungen oder Austrocknung entstanden- zur Deflokkulation des Tons und dadurch zum Ausschwemmen einzelner Tonteilchen oder Elementarschichten von Tonteilchen kommt. Der Prozess erfolgt also nicht nur an der Luftseite des Dammes, sondern gleichzeitig entlang des ganzen Fliessweges.

Da Na-Tone die grösste Dicke der diffusen Doppelschicht der Tonteilchen haben und also auch die grössten abstossenden Kräfte zwischen den einzelnen Tonteilchen verzeichnen, ist es verständlich, dass dispersive Tone in der Na-Form vorliegen. Durch eine Herabsetzung der Porenwasserkonzentration durch das fliessende Wasser werden die abstossenden Kräfte zwischen den Tontcilchen fortlaufend grösser, bis es zur völligen Dispergierung und Ausschwemmung der einzelnen Teilchen mit dem Wasser kommt.

In Timblin (1989) sind verschiedene Feld- und Labortests zur Identifikation dispersiver Tone resp. Böden beschrieben. Im Labor wird oft der sogenannte "Pinhole Test" verwendet. Mit dem Pinhole Test wird die Erodierbarkeit verdichteter, feinkörniger Bodenproben direkt bestimmt, indem man durch ein Loch in der Probe unter verschiedenen vorgegebenen Gradienten destilliertes Wasser fliessen lässt.

Es ist auch möglich, dispersive Tone mit Hilfe von tonmineralogisch-chemischen Methoden zu identifizieren.

Am besten geeignet ist die Bestimmung von ESP (Exchangeable Sodium Percentage) des Materials. ESP ist definiert als:

$$ESP = \frac{\text{exchangeable sodium}}{\text{cation exchange capacity}} \cdot 100$$

Die Einheiten für exchangeable sodium und cation exchange capacity sind mäq/100g trockener Probe.

ESP gibt an, wieviel der in der Doppelschicht des Tons an dessen elektrische Ladung gebundenen Ionen Na-Ionen sind. Tone, resp. Böden mit einem ESP grösser als 10, werden im allgemeinen als dispersiv charakterisiert. Eine andere Methode benützt das Verhältnis von Na-Ionen zur Ca- und Mg-Ionen im Porenwasser des Materials zur Beurteilung der Dispersivität. Das SAR (Sodium Adsorption Ratio) ist wie folgt definiert:

$$SAR = \frac{Na}{\sqrt{0.5(Ca + Mg)}}$$

Die Einheiten sind mäq/Liter. Materialien mit einem SAR grösser als 2 können sich dispersiv verhalten (Sherard et al., 1976).

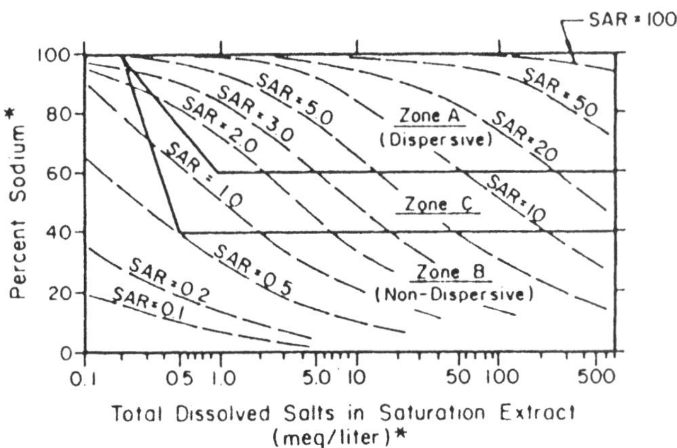

Figur 10: Verhältnis zwischen Dispersivität (Möglichkeit zur kolloidalen Erosion) und gelösten Salzen im Porenwasser. Nach Sherard et al. (1976).

Literaturreferenzen

Bjerrum, L., (1951): *Fundamental considerations on shear strength of soil*. Géotechnique, Vol. 2, p. 209.

Gouy, G., (1910): *Sur la constitution de la charge électrique à la surface d'un électrolyte*. J. Physique 9, pp 457-468.

Grim, R.E., (1949): *Mineralogical composition in relation to the properties of certain soils*. Géotechnique, Vol. 1, p. 139-144.

Hvorslev, M.J., (1937): *Über die Festigkeitseigenschaften gestörter bindiger Böden*. Ingeniörvidenskabelige Skr. A No. 5 (Copenhagen).

Lang, H-J., und J. Huder, (1990): *Grundbau und Bodenmechanik*. Vierte Auflage, 262 p, Springer Verlag.

Löken, T., (1971): *Recent research at the Norwegian Geotechnical Institute concerning the Influence of Chemical Additions on Quick Clay*. Norges Geotekniske Institut, Publication 87, pp 133-147.

Madsen, F.T., (1976): *Quelldruckmessung an Tongesteinen und Berechnung des Quelldrucks nach der DLVO-Theorie*. Mitteilungen des Institutes für Grundbau und Bodenmechanik, Nr. 108, ETH Zürich.

Madsen, F.T., und M. Müller-Vonmoos, (1985): *Swelling Pressure Calculated from Mineralogical Properties of a Jurassic Opalinum Shale, Switzerland*. Clays Clay Min. 6, pp 501-509.

Mitchell, J.K., (1976): *Fundamentals of Soil Behaviour*. John Wiley & Sons, New York, 422 p.

Moum, J., T. Löken, and J.K. Torrance, (1971): *A Geochemical Investigation of the Sensitivity of Normally Consolidated Clay from Drammen, Norway*. Géotechnique 21, No. 4, pp 329-340.

Müller-Vonmoos, M., P. Honold, und G. Kahr, (1985): *Das Scherverhalten reiner Tone*. Mitteilungen des Institutes für Grundbau und Bodenmechanik, Nr. 128, ETH Zürich.

Müller-Vonmoos, M., und T. Löken, (1988): *Das Scherverhalten der Tone*. Mitteilungen des Institutes für Grundbau und Bodenmechanik, Nr. 133, ETH Zürich.

Northey, R.D., (1950): *An experimental study of the structural sensitivity of clays*. Ph.D.Thesis Faculty of Science. Univ. of London.

Rosenqvist, I.Th., (1946): *Om de norske kvikkleirers egenskaper og mineralogiske sammensetning*. N.I.M. Forhandlinger, Vol. 10, p. 1.

Rosenqvist, I.Th., (1953): *Considerations on the Sensitivity of Norwegian Quick-Clays*. Géotechnique 3, pp 196-200.

Rosenqvist, I.Th., (1955): *Investigation in the Clay-Electrolyte-Water System*. Norwegian Geotechnical Institute, Publication Nr. 9, 125 p.

Sherard, J.L., L.P. Dunnigan, and R.S. Decker, (1976): *Identifikation and Nature of Dispersive Soils*. J.Geotech. Eng. Div., Vol 102, No. GT 4, pp 287 - 301.

Skempton, A.W., (1948c): *A possible relationship between true cohesion and the mineralogy of clays*. Proc. 2nd Int. Conf. Soil Mech. Foundation Eng., Vol 7, p 45.

Skempton A.W., (1953): *The Colloidal Activity of Clays*. Proc. 3rd Int. Conf. Soil Mech. Foundation Eng.,Vol. 1, p.57.

Skempton, A.W., and A.W. Bishop, (1950): *The measurement of the shear strength of soils*. Géotechnique, Vol. 2, p. 90.

Skempton, A.W., and R.D. Northey, (1952): *The sensitivity of clays*. Géotechnique, Vol. 3, p. 30.

Sonderegger, U.C., (1985): *Das Scherverhalten von Kaolinit, Illit und Montmorillonit*. Mitteilungen des Institutes für Grundbau und Bodenmechanik, Nr. 129, ETH Zürich.

Timblin, L.O., (1989): Editor: *Dispersive soils in embankment dams*. Bulletin 177, Commission Internationale des Grands Barrages, 151, bd. Haussmann, 75008 Paris.

van Olphen, H., (1977): *An Introduction to Clay Colloidal Chemistry*. Wiley Interscience, New York.

Verwey, E.J.W., and J.Th.G. Overbeek, (1948): *Theory of the Stability of Lyophobic Colloids*. Elsevier, Amsterdam, New York, London, pp 22-76.

Dr. Fritz Madsen, Privatdozent, Rütistr. 5, CH-8134 Adliswil

Erfassung, Darstellung und Beurteilung von Naturgefahren - Sinn und Zweck

Daniel Bollinger

Zusammenfassung

Verschiedene Naturkatastrophen führten in den letzten Jahren in der Schweiz und in angrenzenden Gebieten zu teilweise enormen Schäden. Sie offenbarten zugleich die Dringlichkeit einer sachgerechten Umwelt- und Raumplanung, welche die Gefährdung von Menschen und Sachwerten durch Naturgefahren ausreichend berücksichtigt, wie dies im Raumplanungsgesetz (1979) und - seit wenigen Jahren - im Wasserbau- und Waldgesetz (1991) sowie in der Waldverordnung (1992) verlangt wird. Unter anderem fordern die gesetzlichen Vorgaben die Erarbeitung von Gefahrenkatastern und Gefahrenkarten. In diesem Zusammenhang laufen zur Zeit verschiedene Projekte, insbesondere auf Stufe der Bundesämter. Hinsichtlich Erfassung, Darstellung und Beurteilung von Naturgefahren für Raumplanung und Massnahmenkonzepte ist folgender Ansatz zweckmässig:

1. Gefahrenerkennung und -dokumentation: ---> Gefahrenkataster und thematische
                                                  Grundlagenkarten (bzw. Karte(n)
                                                  der Phänomene)
2. Gefahrenbeurteilung (Intensität, Eintretens
   wahrscheinlichkeit):   ---> Gefahrenkarte
3. Gefahrenmanagement: ---> Passiv-, Aktivmassnahmen

1.   Einleitung und Ausgangssituation

Der vorliegende Artikel basiert auf einem Referat zum Thema Gefahrenkartierung, gehalten im Rahmen des Nachdiplomkurses "Instabile Hänge" im Mai 1993 an der ETH Zürich. Die Auseinandersetzung mit den natürlichen, ökologischen und gesellschaftlichen Aspekten von Naturgefahren ist komplex und verlangt interdisziplinäre Lösungsansätze. Auf Stufe des Bundes und der Kantone sind zur Zeit verschiedene Programme im Gang, weshalb das damalige Referat in einzelnen Punkten aktualisiert wurde. Da sich auch in naher Zukunft neue Ansätze und andere Wertungen etablieren können, stellt dieser Artikel letztlich nur eine Momentaufnahme des aktuellen Diskurses "Mensch - Naturgefahren" dar.

In den letzten Jahren traten in der Schweiz und in den Alpenländern wiederholt Naturkatastrophen von teilweise verheerendem Ausmass ein. Sie zeigten mit aller Deutlichkeit, dass natürliche Prozesse bei entsprechender Disposition und in Kombination mit bestimmten Randbedingungen die Nutzung des Raumes empfindlich einschränken können. Dazu einige Beispiele:

- **Ganzer Alpenraum, Unwetter 1987**
  Hochwasser, Überschwemmungen, Geschiebeablagerungen, Murgänge und Rutschungen führten im Alpenraum mancherorts zu immensen Schäden. Allein in der Schweiz belief sich die Schadensumme auf etwa 1.3 Mia. Fr. (Eine umfassende Analyse der Ursachen findet sich in der Mitteilung des Bundesamtes für Wasserwirtschaft 1991).
- **Val Pola, Veltlin, 28. Juli 1987**
  Ein Bergsturz von 40 Mio. m^3 veränderte den Talabschnitt im oberen Veltlin nachhaltig. 27 Personen fanden den Tod und es wurden zahlreiche Häuser und Verkehrswege zerstört. Durch die Sturzmasse wurde die Adda zu einem See aufgestaut. (Näheres zu diesem Ereignis siehe Huber 1992).
- **Gurnigel-Gantrischgebiet (Kanton Bern), 29. Juli 1990**
  Äusserst intensive Niederschläge (lokal 270 mm Regen in 4-5 h) führten zu einer extremen Hochwassersituation, in deren Verlauf allein am Oberlauf der Gürbe auf kurzer Fliessstrecke mehr als 80 Sperren bzw. rund 2/3 aller Wildbachverbauungen zerstört und der Rest beschädigt wurden. Auf dem Kegel und im Unterlauf trat der geschiebebefrachtete Fluss an verschiedenen Stellen über die Ufer.
- **Randa (Kanton Wallis), 18. April und 9. Mai 1991**
  Infolge zweier Felsstürze mit total 30 Mio. m^3 wurden Gebäude und Verkehrswege zerstört. Die Sturzmassen bewirkten den Rückstau der Matter Vispa. Auch hier wurde die Landschaft nachhaltig verändert. (Eine detaillierte Beschreibung der Ereignisse findet sich in Schindler et al. 1993).
- **Wallis und Tessin, September - Oktober 1993**
  Hochwasser, Überschwemmungen und Geschiebeablagerungen führten namentlich im Oberwallis und um den Lago Maggiore zu Schäden von über 850 Mio. Fr.
- **Rutschung Falli-Hölli, Plasselb (Kanton Fribourg), 1994**
  Eine tiefgründige, grossflächige Rutschung führt zur Zerstörung einer Feriensiedlung. Die Gebäudeschäden übersteigen die Summe von 15 Mio. Fr.

Daneben darf nicht vergessen werden, dass die Lawinengefahr in der Schweiz nach wie vor jene Gefahr darstellt, die am regelmässigsten Opfer fordert. Lawinenniedergängen fallen in der Schweiz im Durchschnitt jährlich rund 25 Personen zum Opfer. Diese Zahl muss allerdings insofern relativiert werden, als darin auch jene Personen inbegriffen sind, welche bei der Ausübung ihrer Freizeitaktivitäten (Ski, Alpinismus) ein erhöhtes Risiko in Kauf nahmen.

Auch andere Naturgefahren (Sturm, Waldbrand, Eissturz, Hagel etc.) können immer wieder zu erheblichen Schäden führen oder das Auftreten bzw. den Ablauf anderer Prozesse unter Umständen nachhaltig beeinflussen (z.B. zerstörter Schutzwald vs. Lawinen, Steinschlag). Wegen des räumlich grossen Wirkungsbereiches darf auch das Erdbebenrisiko keinesfalls unterschätzt werden. Gemäss einer Studie des Bundesamtes für Zivilschutz (Hostettler und Peter, 1994) bildet die Erdbebengefahr trotz der geringen Eintretenswahrscheinlichkeit von Schadenbeben die für die Schweiz potentiell bedeutendste Naturgefahr.

2.   Gesellschaft und Naturgefahren

Die oben erwähnten, medienwirksamen "Naturkatastrophen" stehen stellvertretend für zahlreiche weitere, auch kleinere Ereignisse, welche insgesamt drastisch die Verletzlichkeit des menschlich genutzten Lebensraumes dokumentieren. Sie offenbaren die Dringlichkeit einer sachgerechten Umwelt- und Raumplanung, welche die Gefährdung von Menschen, Tieren und Sachwerten durch Naturgefahren ausreichend berücksichtigt.

Dass Naturgefahren die menschliche Nutzwelt heute mit grösserem *impact* erfassen, hat zu einem wesentlichen Teil auch anthropogene Gründe:

- **Entwicklung der Raumnutzung und des Schadenpotentials**
  Dieses Jahrhundert ist gekennzeichnet durch eine enorme räumliche Konzentration menschlicher Aktivitäten. Gerade im Alpenraum, wo Boden ein knappes Gut darstellt, führen wachsender Bevölkerungs-, Siedlungs- und Erschliessungsdruck zu einer zunehmenden Exposition von Sachwerten (Verlustpotential) gegenüber Naturgefahren. In der Vergangenheit siedelte sich die Bevölkerung an Stellen an, wo die Gefährdung durch Naturgewalten erfahrungsgemäss nicht existierte oder aber minim war. Prozessräume, wie z.B. Schuttkegel als natürliche Ablagerungsräume von Wildbächen, Murgängen und Lawinen, wurden weitgehend gemieden (Passivmassnahme). Zunehmendes Bevölkerungswachstum führte schliesslich zu expandierender Landnutzung. Oft geschah dies auf Kosten der Wälder. So wurden grosse Gebiete abgeholzt und dadurch nicht selten Erosion und Oberflächenabfluss etc. begünstigt. Diese Gebiete wurden grösstenteils wieder aufgeforstet, zeigen heute aber vielfach Schwächen infolge struktureller Überalterung der Waldbestände. Die Entwicklung in der zweiten Hälfte dieses Jahrhunderts brachte es mit sich, dass in zunehmendem Mass von Naturgefahren

gefährdete Gebiete besiedelt wurden. Oft geschah dies in Unkenntnis (oder Ignoranz?)
der potentiellen Gefahren oder unter Missachtung warnender Stimmen und im Glauben,
dass alles machbar sei. An ein und dasselbe Raumelement wurden (und werden) zudem
oft verschiedenste, teils konträre Nutzungsansprüche gestellt.

- **Steigender Schutzbedarf des Menschen**
  In den letzten Jahrzehnten ist das Schutz- bzw. Sicherheitsbedürfnis des Menschen in der
  Schweiz stark gestiegen. Unübersehbar geht dies einher mit einer verzerrten Risikoakzeptanz. Einerseits wird Schutz und Sicherheit vor oben erwähnten Naturereignissen
  gefordert, obschon dabei im allgemeinen nur relativ selten Verletzte oder gar Todesopfer
  zu beklagen sind. Andererseits wird stillschweigend akzeptiert, dass der Strassenverkehr
  in der Schweiz jährlich etwa 700 Todesopfer und rund 28'000 Verletzte fordert und auch
  bei Freizeitaktivitäten oft eine erhöhte Risikobereitschaft eingegangen wird.

- **Klimaänderung und Naturgefahren**
  In welchem Ausmass mögliche irreversible Klimaänderungen Umwelt und Gesellschaft
  beeinflussen, wird im Rahmen des Nationalen Forschungsprogrammes NFP 31 (1990-
  96) untersucht. Die Problematik von Klimaänderungen zeigt sich beispielsweise am Ansteigen der Permafrostgrenze und der daraus folgenden, längerfristigen Destabilisierung
  grosser Lockergesteinsmassen. Diese stellen letztlich ein enormes Geschiebepotential
  dar, welche durch Wildbachprozesse und Murgänge bis in die Tallagen verfrachtet werden können.

3.   Gesetzliche Grundlagen

Im Bestreben, Sicherheit vor Naturgefahren zu erlangen, wurden auf Bundesebene verschiedene Gesetze und Verordnungen verabschiedet:

- Raumplanungsgesetz (RPG), 1979, Art. 6
- Bundesgesetz über den Wasserbau (WBG), Art. 3, Art. 6
- Bundesgesetz über den Wald (WaG), 1991, Art. 19
- Verordnung über den Wald (WaV), 1992, Art. 15.

Gemäss diesen Gesetzen obliegt es den Kantonen, Gebiete auszuscheiden, welche durch
Naturgefahren bedroht sind sowie die zum Schutz vor Naturereignissen notwendigen Grundlagen zu erstellen, insbesondere **Gefahrenkataster** und **Gefahrenkarten**.

Für die Massnahmenplanung gilt, dass bauliche Eingriffe minimiert und nach Möglichkeit
naturnah ausgeführt werden sollen. Generell soll Bestehendes sachgerecht unterhalten und
Naturgefahren in der Richt- und Nutzungsplanung durch das Ausscheiden von Gefahrenzo-

nen mit Bauverbot oder Objektschutzmassnahmen vermehrt berücksichtigt werden. Wesentliches Element ist auch die Differenzierung der Schutzziele.

4. Situation heute

Unter dem Eindruck der "Naturkatastrophen" der jüngsten Vergangenheit und aufgrund der neuen Bundesgesetze und -verordnungen zum Schutz vor Naturgefahren (insbesondere WBG, WaG, WaV; vgl. Kap. 3) hat in den letzten Jahren eine rege Tätigkeit eingesetzt. Die von den neuen Gesetzen direkt betroffenen Bundesämter (BUWAL, BWW) haben - in Zusammenarbeit mit Hochschulen und privaten Büros - verschiedene Projekte initiiert. Ziel dieser Projekte sind Empfehlungen oder Richtlinien zur gesamtschweizerisch einheitlichen Erfassung, Darstellung, Dokumentation, Beurteilung und raumplanerischen Umsetzung von Naturgefahren, wie dies bei der Lawinengefahr bereits seit 1984 der Fall ist.

Hervorzuheben sind insbesondere folgende Programme, dienen sie doch entweder direkt der Umsetzung der Leitideen und Vorgaben der neuen Gesetzgebung oder der Grundlagenforschung sowie dem Gefahrenmanagement. (Eine umfassende Übersicht der Aktivitäten bei Bund und Kantonen vermittelt das Informationsheft 1/94 des Bundesamtes für Raumplanung):

- Internationale UNO-Dekade für die Verminderung von Naturkatastrophen (IDNDR, 1990-1999). Unter Leitung der Landeshydrologie- und geologie (LHG) beinhaltet das nationale Programm unter anderem Beiträge zur kartographischen Darstellung von Bodenbewegungsgefahren, zur Beurteilung der regionalen Erdbebengefährdung in der Schweiz, zur Abschätzung der Feststofffracht in Wildbächen, zur Regionalisierung von Hochwasserabflüssen, zur Simulation von Staublawinen oder etwa zur Vorbeugung gegen Waldbrände.
- NFP 31 - Nationales Forschungsprogramm: Klimaänderung und Naturkatastrophen (1990-96).
- FLAM - Modul Naturgefahren der Eidg. Forstdirektion (1992-95).

Wichtige Grundlagen zum Verständnis der Wassergefahren lieferten zudem die Ursachenanalysen der Unwetter 1987.
Ferner besteht mit der Forschungsgesellschaft INTERPRAEVENT seit den sechziger Jahren eine interdisziplinäre, internationale Plattform zur Auseinandersetzung mit dem Problemkreis "Lebensraum-Naturgefahren".

5. Erfassung, Darstellung und Beurteilung von Naturgefahren

5.1. Gefahrenarten

Unter Naturgefahren verstehen wir dynamische Prozesse der Atmosphäre, Hydrosphäre und Lithosphäre, die innerhalb sehr kurzer Zeit zu Todesopfern und Verletzten sowie zu Schäden führen können. Auch über längerfristige Zeiträume können sie die Zerstörung oder Beschädigung von Sachwerten sowie ökologische Schäden zur Folge haben.

Naturgefahren sind Prozesse mit unterschiedlichen Mechanismen und Wirkungsweisen. Sie stehen oft in enger Wechselwirkung (z.B. Wildbachprozesse vs. Rutschungen) und können graduell ineinander übergehen. Stark vereinfachend kann zwischen brutalen, plötzlich auftretenden und innert kurzer Zeit ablaufenden sowie permanenten, sich über längere Zeiträume entwickelnden Prozessen unterschieden werden. Bei Lawinen und Felssturz als Beispiele brutaler Prozesse sind Vorwarn- und Reaktionszeiten für Massnahmen oder Evakuationen im allgemeinen kurz bis sehr kurz. Menschen und Tiere sind an Leib und Leben gefährdet. Bei Rutschungen als wichtigstem Beispiel für permanente Prozesse sind Vorwarn- und Reaktionszeiten dagegen im allgemeinen lang. In den meisten Fällen besteht dort keine unmittelbare Gefährdung von Menschen und Tieren. Entsprechend der unterschiedlichen Mechanismen und Wirkungsweisen ergeben sich auch für Massnahmen-Konzepte (insbesondere Aktivmassnahmen) unterschiedliche Ansätze.

In der Schweiz stehen im Rahmen der laufenden Aktivitäten folgende Prozesse (Gefahrenarten) im Vordergrund:

- Hochwasser und Überflutungen
- Murgänge
- Stein- und Blockschlag
- Fels- und Bergsturz
- Rutschungen, Sackungen
- Lawinen
- Erdbeben

Besondere Beachtung verdienen allerdings auch:

- Stürme
- Waldbrände
- Absenkung und Einsturz des Untergrundes
- Eissturz

Im alpinen Raum wurde der Lawinengefahr seit alters her stets grosse Aufmerksamkeit geschenkt. Zahllos sind die Lawinenniedergänge, die Todesopfer forderten, Vieh verschütteten und grosse Sachschäden zur Folge hatten (z.B. Lawinenwinter 1950/51: 98 Tote, 900 Stück Vieh verschüttet). Entsprechend gross waren denn auch die Anstrengungen, die Erfassung, Beurteilung und Darstellung der Lawinengefahr gesamtschweizerisch zu vereinheitlichen (Bundesamt für Forstwesen, Eidg. Institut für Schnee- und Lawinenforschung, 1984).

Auch der Erdbebengefahr wurde schon früher, vor allem im Zusammenhang mit Bauwerken, Rechnung getragen. Seit 1989 bestehen in der Schweiz moderne Erdbebenbestimmungen (SIA-Norm 160, 1989). Die Erdbebengefährdung in der Schweiz ist aus Übersichtskarten ersichtlich (Sägesser und Meyer-Rosa, 1978). Für einige der oben erwähnten Prozesse können Erdbeben von Bedeutung sein, indem deren Eintreten durch stärkere Erschütterungen provoziert werden kann (z.B. Sturzprozesse). Heutige Untersuchungen konzentrieren sich unter anderem auf eine differenziertere Darstellung der zu erwartenden Intensitäten in Abhängigkeit unterschiedlicher Untergrundverhältnisse (Schindler, C. et al., 1993).

5.2.　Erfassung, Darstellung und Beurteilung

Hinsichtlich Erfassung, Darstellung und Beurteilung von Naturgefahren für Raumplanung und Massnahmenkonzepte ist folgendes Vorgehen zweckmässig:

1. Gefahrenerkennung und -dokumentation ---> Gefahrenkataster
                                           ---> Karte(n) der Phänomene
2. Gefahrenbeurteilung ---> Gefahrenkarte
3. Gefahrenmanagement ---> Massnahmen

5.2.1.　Gefahrenerkennung und -dokumentation

Die Karte(n) der Phänomene und der Gefahrenkataster bilden die Grundlage für die Gefahrenbeurteilung und die Gefahrenkarte (Kap. 5.2.2.) sowie für allfällige Massnahmenkonzepte (Kap. 5.2.3.). Da die konsequente raumplanerische Umsetzung von Gefahrenkarten für Behörden oder Grundeigentümer verbindliche Konsequenzen nach sich zieht, ist eine klare Darstellung der Gefährdungslage erforderlich.

Auf den Karten der Phänomene werden die massgebenden Prozesse aufgrund objektiver, phänomenologischer Kriterien erfasst und dargestellt. Dies geschieht mittels Kartierung im Gelände, eventuell in Kombination mit Luftbildinterpretation. Allerdings ist eine geomorphologische, oberflächenbezogene Geländeanalyse kaum ausreichend. Erst der Einbezug des geologischen Kontextes (Fest- und Lockergesteinsbeschaffenheit, Trennflächengefüge, Verlauf der Felsoberfläche, Hydrogeologie etc.) ermöglicht es, einen Prozess in seinem dreidimensionalen Ausmass ausreichend zu erfassen. Generell ist eine gesamtheitliche Betrachtung anzustreben, da verschiedene Prozesse miteinander oft eng verknüpft sind (z.B. Rutschungen und Wildbachprozesse).

Vor allem als Vorstufe oder im Sinne von Übersichtskarten ist es auch denkbar, Prozessräume basierend auf einem Digitalen Höhenmodell (DHM) mit Hilfe eines Geografischen Informationssystems (GIS) zu modellieren, wie dies z.B. im Kanton Bern zur Zeit im Massstab 1:25'000 durchgeführt wird.

Je nach den spezifischen Bedürfnissen des Benutzers bzw. der Problemstellung beinhaltet die Stufe der Gefahrenerkennung und -dokumentation inhaltlich und darstellerisch einen gewissen Spielraum, unter anderem in folgenden Punkten:

- **Erfasste Prozesse**: Erfassung einer (1-Prozess-Karte, z.B. Lawinengefahrenkarte) oder mehrerer Gefahrenarten (z.B. Karte der Bodenbewegungsgefahren; Bollinger und Noverraz, 1996). Je nach Prozessdichte ist es aus darstellerischen Gründen (Lesbarkeit der Karte) oft sinnvoll, die Prozesse auf mehreren Kartenblättern darzustellen, wie dies bei der Karte der Bodenbewegungsgefahren der Fall ist.
- **Räumliche Abgrenzung**: Flächendeckende Erfassung eines Gebietes oder nur von Teilgebieten (z.B. Gebiete mit Schadenpotentialen. Es gilt aber zu beachten, dass Ursachen und Wirkung eines Prozesses z.T. weit voneinander entfernt sein können).
- **Detaillierungsgrad**: Kleinmassstäbliche Karten (z.B. 1:100'000) dienen vorab der groben Übersicht. Für die heutigen Schweizer Verhältnisse sind solche Karten zu wenig detailliert und die räumliche Auflösung nicht ausreichend. Mittlere Massstäbe (z.B. 1:25'000) eignen sich dagegen für Übersichtskarten mit summarischer Darstellung von Prozessräumen (z.B. Rutschgebiete) und können auf Stufe Richtplanung Verwendung finden. Grossmassstäbliche Karten (z.B. 1:2000) dienen primär der detaillierten Darstellung von Naturgefahren in räumlich begrenzten Gebieten. Aufgrund ihres differenzierten Informationsgehaltes bilden sie eine wichtige Grundlage für die Massnahmenplanung.

Die Bestrebungen zu einer gesamtschweizerisch einheitlichen Erfassung und Darstellung verschiedener Phänomene und Prozesse sind weit fortgeschritten. Eine harmonisierte Legende, basierend auf Legendenkonzepten der Landeshydrologie und -geologie für die Bodenbewegungsgefahren (Bollinger und Noverraz, 1996), des Bundesamtes für Wasserwirtschaft und der Eidgenössischen Forstdirektion wurde 1995 in einer 1. Ausgabe publiziert (Bundesamt für Wasserwirtschaft und Bundesamt für Umwelt, Wald und Landschaft; 1995).

Der Gefahrenkataster ist ein Verzeichnis beobachteter Prozesse und beinhaltet unter anderem Angaben zum festgestellten Wirkungsbereich und zu allfälligen Schadenwirkungen. Er bildet ein wichtiges Hilfsmittel zur Ausscheidung von Prozessräumen sowie zur Beurteilung der Häufigkeit und Intensität von Prozessen. Allerdings darf dabei nicht übersehen werden, dass die Wahrnehmung und Überlieferung von Naturereignissen subjektiver Art sind. Ausserdem werden verschiedene Prozesse nicht gleich wahrgenommen. Brutale Prozesse (z.B. Felssturz) bleiben aufgrund ihres plötzlichen Auftretens und stärkeren *impacts* im allgemeinen eher im Gedächtnis haften als permanente (z.B. Rutschungen). Desgleichen geraten lokale Ereignisse schneller in Vergessenheit als regionale oder gar überregionale. So schlugen sich beispielsweise Erdbeben in der Schweiz oder in angrenzenden Gebieten in der Regel stets in Chroniken nieder, welche eine wichtige Grundlage für den Erdbeben-Gefahrenkataster von Montandon 1942/1943 bildeten.

5.2.2. Gefahrenbeurteilung

Auf Gefahrenkarten werden räumliche Einheiten (Gefahrenzonen) dargestellt, in denen eine Gefährdung durch eine oder mehrere der in Kap. 5.1. erwähnten Prozesse besteht. Die Gefährdung einer räumlichen Einheit ist in der Regel umso grösser, je grösser die Intensität eines Einzelereignisses und je häufiger ein solches eintritt. Naturgefahren werden im allgemeinen durch ihre Intensität (Ausmass, Stärke) und ihre Eintretenswahrscheinlichkeit (Häufigkeit) beschrieben. Unter Intensität wird die Art und Weise verstanden, mit welcher sich ein Prozess physikalisch auf die Umgebung auswirkt (z.B. Druckwirkung). Die Eintretenswahrscheinlichkeit gibt an, mit welcher Wahrscheinlichkeit sich ein Prozess mit einer bestimmten Intensität und innerhalb einer bestimmten Zeitperiode an einem bestimmten Ort manifestiert. Mit Ausnahme der Erdbeben erfolgt die Beurteilung der Eintretenswahrscheinlichkeit bzw. Häufigkeit für die in Kap. 5.1 erwähnten Gefahrenarten zweckmässigerweise analog zur Skala bei der Beurteilung der Lawinengefahr (Wiederkehrdauer bis 300 Jahre).

Mit den Richtlinien zur Beurteilung der Lawinengefahr (Bundesamt für Forstwesen, Eidg. Institut für Schnee- und Lawinenforschung, 1984) hat sich in der Schweiz das Schema mit drei Gefahrenstufen (starke, mittlere, geringe Gefährdung) eingebürgert. Um brutale und permanente Prozesse voneinander zu trennen, verwendet die mehrere Gefahrenarten beinhaltende Karte der Bodenbewegungsgefahren (Bollinger und Noverraz, 1996) insgesamt 6 Gefahrenstufen, welche aber gut in das dreistufige Schema integriert werden können. Im Rahmen der gegenwärtigen Diskussionen zwischen den Bundesämtern wird ebenfalls ein Modell mit drei Gefahrenstufen favorisiert.

Gefahrenkarten dienen diversen Benutzern in verschiedenen Fachbereichen. Sie sollten daher bezüglich Inhalt und Aussage allgemein vergleichbar sein. Die Beurteilung und raumplanerische Berücksichtigung der verschiedenen Prozesse muss nach einheitlichen Kriterien und Massstäben erfolgen. Im Klartext: Durch Lawinen erheblich gefährdetes Gelände wird gemäss den Richtlininen zur Beurteilung der Lawinengefahr der roten (= höchsten) Gefahrenzone zugeordnet. Im Rahmen der Nutzungsplanung dürfen in diesen Gebieten keine Bauzonen ausgeschieden werden. Analog sollte ein z.B. durch Murgänge erheblich gefährdeter Bereich eines Schuttkegels dieselben raumplanerischen Konsequenzen nach sich ziehen, sei es im Kanton Graubünden oder im Kanton Wallis.

5.2.3. Gefahrenmanagement

Gefahrenkarten bilden eine Grundlage für die Planung und Abstimmung raumwirksamer Tätigkeiten. Die Erfassung und Darstellung von Naturgefahren macht nur dann einen Sinn, wenn daraus Konsequenzen für raumwirksame Tätigkeiten gezogen werden. Die in den Richtlinien zur Lawinengefahr (Bundesamt für Forstwesen, Eidg. Institut für Schnee- und Lawinenforschung, 1984) für Siedlungsgebiete formulierten Anforderungen für verschiedene Gefahrenstufen gelten im wesentlichen auch für andere Gefahrenarten sowie sinngemäss für andere Nutzungen.

Stark gefährdete Gebiete sollten grundsätzlich gemieden werden, denn Menschen sind in hohem Masse gefährdet, auch innerhalb von Gebäuden. Im Rahmen der Nutzungsplanung dürfen dort keine Bauzonen ausgeschieden werden. Für bestehende Bauten sind bestmögliche, für die zu erwartenden Prozesswirkungen geeignete, bauliche Schutzmassnahmen zu treffen (Objektschutz). Bezüglich der Nutzung drängen sich extensive Bewirtschaftungsformen auf.

In **Zonen mittlerer Gefährdung** sind Menschen gefährdet, insbesondere im Freien. Bauzonen sind nur zurückhaltend auszuscheiden, vor allem dann, wenn Alternativen in weniger gefährdeten Gebieten bestehen. Bauen ist mit Auflagen verbunden, vor allem was die bautechnischen Schutzmassnahmen betrifft (Objektschutz). Bei anderen Nutzungen kann durch Auflagen (z.B. landwirtschaftliche Anbauvorschriften) erreicht werden, dass das Schadenpotential limitiert bleibt.

In **Zonen geringer Gefährdung** sind Menschen kaum in Gefahr. Mit dieser Zone wird primär darauf hingewiesen, dass in diesem Gebiet eine entweder schwache oder allenfalls eine wenig wahrscheinliche Gefährdung durch Naturgefahren besteht. In solchen Gebieten können Bauten durchaus errichtet werden, allerdings mit baulichen Empfehlungen (z.B. Vermeidung von grossen bzw. tiefen Hanganschnitten in wenig aktiven, substabilen oder in potentiellen Rutschgebieten). In der Regel bestehen keine Nutzungseinschränkungen.

Bei der Planung von Massnahmen hat sich in neuester Zeit ein Sinneswandel vollzogen, der z.B. beim Hochwasserschutz zum Tragen kommt (vgl. Willi und Loat, 1994). In erster Priorität gilt nämlich, dass Bestehendes sachgerecht unterhalten wird und Naturgefahren in der Richt- und Nutzungsplanung durch das Ausscheiden von Gefahrenzonen mit Bauverbot oder durch Objektschutzmassnahmen vermehrt berücksichtigt werden. Die intensive Nutzung des Raumes lässt den Naturgefahren indes nur mehr wenig Platz, so dass Schutzdefizite nicht allein mit raumplanerischen Massnahmen behoben werden können. Bauliche Eingriffe in den Prozessbereich werden deshalb oft unumgänglich bleiben. Sie sollten allerdings minim sein und wenn immer möglich sind naturnahe Ausführungen anzustreben. Ferner muss sichergestellt werden, dass der Unterhalt dieser Anlagen gewährleistet bleibt. Wesentliches Element ist auch die Differenzierung der Schutzziele. So hat im Wasserbau das traditionellerweise angewandte Jahrhunderthochwasser für die Dimensionierung von Bauwerken keine allgemeine Gültigkeit mehr, denn nicht alle Raumeinheiten benötigen denselben Schutz (z.B. Siedlungsgebiete vs. landwirtschaftliche Extensivflächen).

6. Ausblick

Gegenwärtig sind in der Schweiz viele Projekte im Gang, die sich mit der Erfassung und Darstellung von Naturgefahren oder mit der entsprechenden Grundlagenforschung befassen. Einige wurden vor kurzem abgeschlossen, andere werden in nächster Zeit folgen. Grundlagenforschung, geologisch-geomorphologische Grundlagenkarten und Gefahrenkataster allein gewährleisten jedoch die raumplanerische Umsetzung zum Schutz vor Naturgefahren nicht. Voraussetzung sind Gefahrenkarten, auf denen die massgebenden Prozesse und die gefährdeten Zonen klar dargestellt sind. Für die adäquate Umsetzung muss ausserdem aufgezeigt werden, welche Bedeutung den einzelnen Gefahrenstufen im Hinblick auf die Nutzungsperspektiven der entsprechenden, gefährdeten Zone zukommt und mit welchen Massnahmen allenfalls eine Reduktion der Gefährdung erreicht werden kann. In diesem Zusammenhang wichtig ist, dass die Erfassung, Darstellung, Dokumentation und Beurteilung der gefährlichen Prozesse gesamtschweizerisch einheitlich gehandhabt wird und dass Ersteller wie Benutzer von Gefahrenkarten unabhängig ihres Fachbereiches dieselbe 'Sprache' sprechen.

Literaturreferenzen

Bollinger, D., und F. Noverraz, 1996: *Vereinheitlichung der Aufnahme von Naturgefahren in der Schweiz. Pilotstudie: Karte der Bodenbewegungsgefahren 1:25'000, LK-Blatt 1247 - Adelboden.* - Geologische Berichte der Landeshydrologie und -geologie, Bern.

Bundesamt für Forstwesen, Eidg. Institut für Schnee- und Lawinenforschung, 1984: *Richtlinien zur Berücksichtigung der Lawinengefahr bei raumwirksamen Tätigkeiten.* - EDMZ, Bern.

Bundesamt für Raumplanung, 1994: *Schutz vor Naturgefahren, Informationsheft 1/94.*

Bundesamt für Wasserwirtschaft (BWW) und Bundesamt für Umwelt, Wald und Landschaft (BUWAL/LHG), 1991: *Ursachenanalyse der Hochwasser 1987, Schlussbericht, Ergebnisse der Untersuchungen.* - EDMZ, Bern.

Bundesamt für Wasserwirtschaft (BWW) und Bundesamt für Umwelt, Wald und Landschaft (BUWAL), 1995: Naturgefahren, Empfehlungen: Symbolbaukosten zur Kartierung der Phänomene, Ausgabe 1995.

Hostettler, B., und T. Peter, 1994: *Welche Naturrisiken bedrohen die Gemeinschaft ?* - In: Bundesamt für Raumplanung: Schutz vor Naturgefahren, Informationsheft 1/94.

Huber, A., 1992: *Der Val Pola Bergsturz im oberen Veltlin vom 28. Juli 1987.* - Eclogae geol. Helv. 85/2, 307-325.

Kienholz, H., 1992: *Naturgefahren in den Alpen - von der Bedrohung zum lästigen Hemmnis ?* - Mitt. Natf. Ges. Bern, Bd. 49, 67-89.

Montandon, F., 1942/1943: *Les séismes de forte intensité en Suisse. Revue pour l'étude des calamités.*- Bull. de l'Union intern. de secours.

Sägesser, R., und D. Mayer-Rosa, 1978: *Erdbebengefährdung in der Schweiz.* - Schweiz. Bauzeitung 98/7, 107-123.

 Schindler, C., Y. Cuénod, T. Eisenlohr, und Ch.-L. Joris, 1993: *Die Ereignisse vom 18. April und 9. Mai 1991 bei Randa (VS) - ein atypischer Bergsturz in Raten.* - Eclogae geol. Helv. 86/3, 643-665.

Schindler, C., D. Mayer-Rosa, J.J. Wagner, C. Beer; Rüttener, E., J.M. Jaquet, und C. Frischknecht, 1993: *Earthquake Hazard Assessment in the Canton Obwalden using a Geographic Information System (GIS).* - In: Floods and Geological Hazards, Swiss National Committee of the UN International Decade for Natural Desaster Reduction (IDNDR), Report on the Studies 1991-1993.

Schweizerischer Ingenieur- und Architekten-Verein (SIA), 1989: *Norm SIA 160, Einwirkungen auf Tragwerke.*

Willi, H.P., und R. Loat, 1994: *Hochwasserschutz und Raumplanung.* - In: Bundesamt für Raumplanung: Schutz vor Naturgefahren, Informationsheft 1/94.

Dr. Daniel Bollinger, Kellerhals + Haefeli AG, Geologen SIA/ASIC, Kapellenstrasse 22, 3011 Bern, Schweiz.

Kartierung und Risikobeurteilung von Instabilen Hängen in der Slowakei

Renáta Adamcová

Die geologisch-geomorphologische Entwicklung der slowakischen Karpaten, ähnlich wie die der Alpen, führte zu einem gegliederten, jungen Relief, in welchem unter der Mitwirkung der Erosion, der neotektonischen Bewegungen usw. immer wieder neue Erscheinungen der Instabilität zu beobachten sind. So hat man schon vor 10 Jahren 9194 Hangsdeformationen von einer Gesamtfläche von 1500 km^2 (3 % der Oberfläche der Slowakei) registriert.

Die ersten Sanierungsmaßnahmen wurden schon im 19. Jh. durchgeführt. Schriftliche und graphische Dokumente blieben erst nach 1920 erhalten (Andrusov). In den folgenden Jahren hat man die Forschung der Hangbewegungen in zwei Richtungen realisiert, im Zusammenhang mit der:

- geologischen und geomorphologischen Kartierung (Erdwissenschaftler Andrusov, Kuthan, Matejka, Luknis, Mazúr);
- Realisierung verschiedener technischen Eingriffe (Záruba, Mencl, Andrusov).

Erst nach der katastrophalen Rutschung in Handlová, wobei in den Jahren 1960-1961 bis 150 Häuser vernichtet wurden, begann eine systematische regionale Forschung der Hangbewegungen.

Die Kartierung der Hangdeformationen hat sich als eine der bedeutendsten Methoden der regionalen Forschung erwiesen. Das Risiko der Neuaktivierung von alten Hangdeformationen kann so minimiert werden und durch Kenntnisse der rutschungsanfälligen Gebiete ist es möglich, neuen Deformationen vorzubeugen.

Dem Inhalt entsprechend kann man folgende ingenieurgeologischen Karten der Standsicherheit unterscheiden:

- Registrierungs- und Dokumentationskarten
- komplexe Grundkarten der Hangsdeformationen
- Karten der Stabilitätsbeurteilung
- Karten der Stabilitätsprognose.

Dem Maßstab nach teilt man die Karten wie folgt ein: 1:100'000 und kleiner = Übersichtskarten, 1:25'000 - 1:50'000 = Karten des mittleren Maßstabes, 1:5'000 - 1:10'000 = Karten
des großen Maßstabes, 1:500 - 1:2'000 = Detailkarten.

Der einfachste Typ der Standsicherheitskarten sind die **Registrierungskarten**. Als erste in
Europa wurde in den Jahren 1961-62 eine Registration der Hangsdeformationen in der
CSSR durchgeführt (62% der Staatsoberfläche) und immer neue werden kartiert. Dieses
erfolgt in den topographischen Karten 1:25'000, grössere Deformationen als Flächen, kleine
nur als Punkt mit graphischem Symbol dargestellt (Fig. 1). Jeder Hangdeformation wird eine
Nummer zugeordnet und sie wird in einem Stammdatenblatt eingehend dokumentiert. Eine
solche Dokumentation ist für alle kartierenden Personen verbindlich und wird im Archiv des
Geofonds in Form einer automatisierten Datenbank registriert.

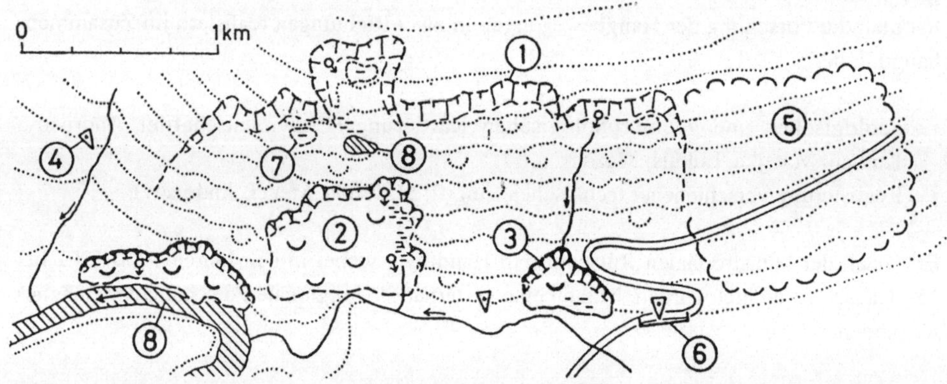

Figur 1: Symbole für Darstellung verschiedener Hangbewegungen in einer Karte
im Massstab 1: 25'000. 1. Abrisskante einer fossilen Rutschung, 2. stabilisierte
Rutschung, 3. aktive Rutschung (rot) 4. massstäblich kleine Rutschung (Punkt),
5. Gebiet mit Tendenz zur Bewegung (rot), 6. durch Hangbewegungen bedrohte
Objekte, 7. Nackentälchen, 8. Seen und Wasserflächen.

Die **komplexen Übersichtskarten** bieten eine allgemeine Information. Die Ergebnisse der ersten Registration wurden in den Karten der Rutschgebiete 1:200'000, mit der Charakteristik der meistbedrohten technischen Objekte, und später in einer ingenieurgeologischen Karte 1:500'000 verarbeitet (Matula, 1965). Unter anderem zeigt sie die Dichte und die Verteilung dieser Deformationsphänomene auf dem slowakischen Gebiet.

Nächster Schritt war die übersichtliche Karte der Hangdeformationen in den slowakischen Karpaten 1:1'000'000 (Nemcok, 1969). Sie berücksichtigt die ingenieurgeologische Gliederung der slowakischen Karpaten (Matula, 1965), ihre Verteilung in 4 Regionen: Kerngebirge, Flyschzone, vulkanische Gebirge, sowie innenkarpatische Becken und Ebenen. Jede Region ist durch gewisse Ähnlichkeit der geologischen Entwicklung und des Makroreliefs gekennzeichnet, so sind auch die Formen der Hangdeformationen für jede Region spezifisch und sie werden in der Karte in 4 Gruppen aufgeteilt. Der auch im Ausland bekannten (Nemcok, Pasek, Rybár, 1977) Klassifikation entsprechend (Fig. 2) werden in jeder Gruppe die typischen Formen genannt. Wie aus der Karte ersichtlich ist, konzentrieren sich die

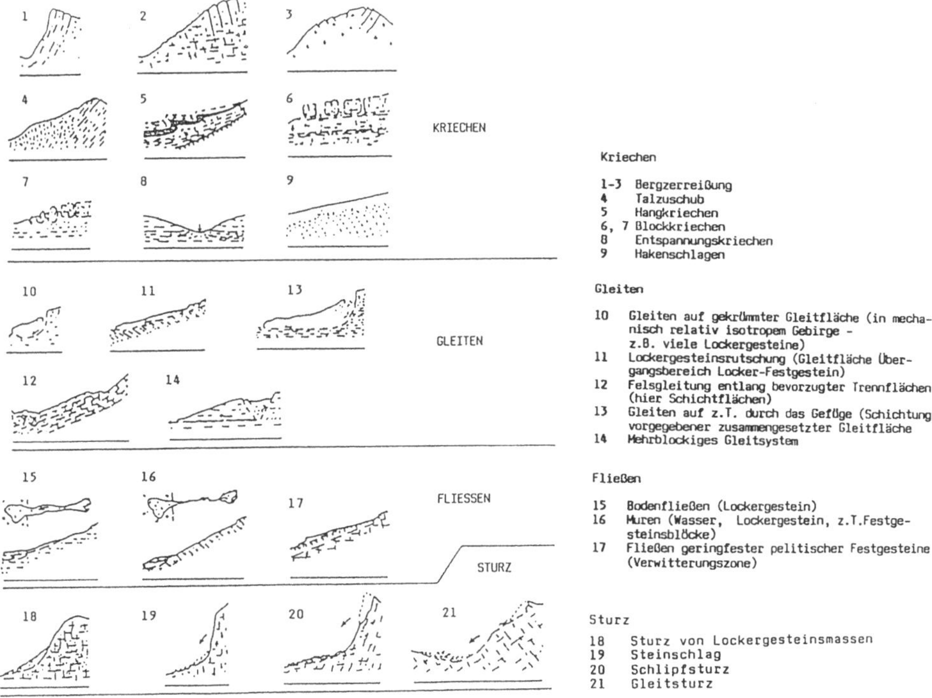

Figur 2: Klassifikation der Hangbewegungen nach (Nemcok et al., 1977). Beispiele für die Grundtypen - Kriechen, Gleiten, Fliessen und Fallen (Sturz).

Hangdeformationen meistens in die Flyschzone, am Rande der vulkanischen Gebirge und in
die innenkarpatischen Becken, neuerlich wurden auch zahlreiche Deformationen in Kernge-
birgen festgestellt.

Komplexe Mittel- und Großmaßstabskarten ermöglichen schon eine detailliertere
Darstellung der Hangdeformationen: ihr Ausmaß und ihre Form, sowie die entscheidenden
Auslösefaktoren. Sie sind sehr wichtig bei der Siedlungsplanung, Führung der Kommunika-
tionen oder Fernleitungen usw. Für den Inhalt und die Methodik ihrer Zusammenstellung
gibt es keine genaue Regel. In diesem Maßstab wurden zahlreiche Gebiete kartiert: die
Hochgebirge (Fig. 3), die Ränder der Neovulkanite (Fig. 4), einige Becken usw.

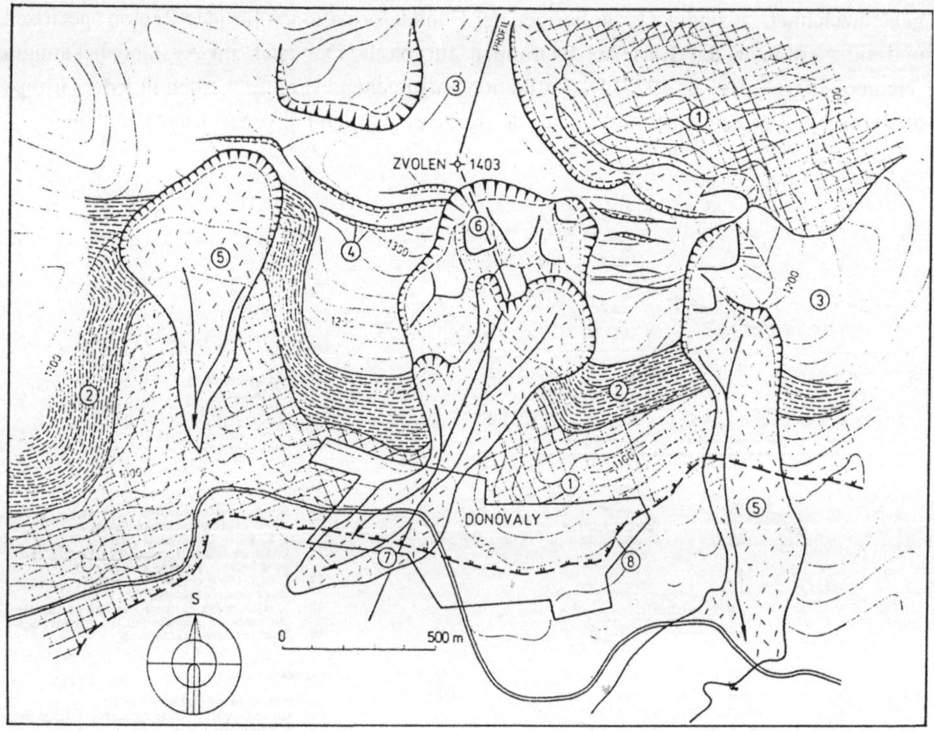

*Figur 3: Karte der Hangbewegungen am Bergkamm von Zvolen (Nemcok, Baliak,
1981).*
*1. Dolomite (Ladin), 2. bunte Schiefer mit Quarzit und Dolomiteinlagerungen -
Karpatenkeuper (Karn - Nor), 3. organogene quarzitische mergelige Kalksteine
und Mergel (Rät, Lias, Dogger - Malm, Neokom) (1. - 3. Krizna-Decke),
4. Felsstufen, Risse - Abrisskanten und abgedeckte Gleitflächen, 5. Rutschung im
Fels, 6. Blockfeld, 7. Schuttstrom, 8. tektonische Überschiebungslinie.*

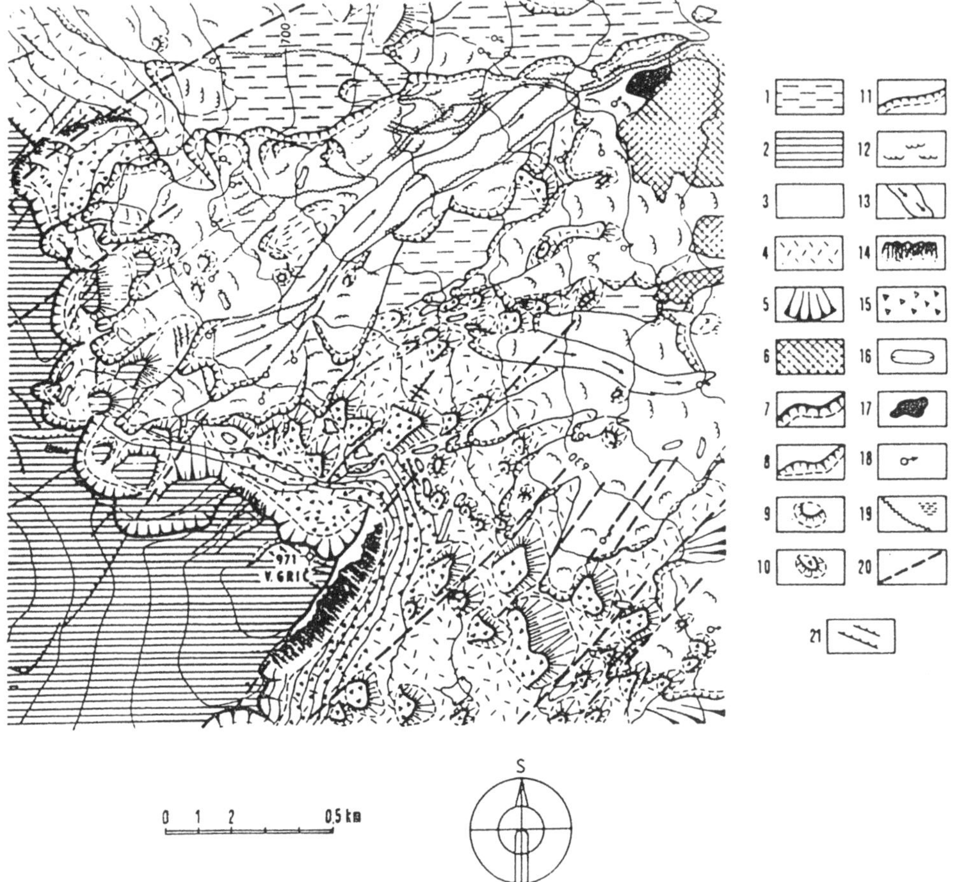

Figur 4: Karte der Hangdeformationen am Rand der Neovulkanite bei Handlova
(Nemcok, 1982)
1. Tone, Schluffe, Sande (Torton), 2. Agglomerattuffe und Andesite (Sarmat),
3. lehmig Material der Rutschungen mit Kies, 4. kiesig-lehmiges Material der
Blockfelder mit Lehm, 5. Schwemmkegel, 6. Halden, 7. Hauptabrisskanten, 8.
Abrisskanten der Blöcke, 9. markante Blöcke im Blockfeld, 10. Blöcke, in Schutt
zerfallen,
11. Abrisskanten der Rutschungen, 12. Akkumulationen des Rutschmaterials,
13. Bodenstrom, 14. Abrisskanten der Felsstürze, 16. Nackentälchen, 17. Seen,
18. Quellen, 19. Wasserläufe und nasse Gebiete, 20. tektonische Linien,
21. deutliche Risse entlang der tektonischen Linien.

Karten der Stabilitätsbeurteilung können nach mehreren Verfahren hergestellt werden:

- Durch komplexe Beurteilung der geologisch-geomorphologischen Bedingungen im Gebiet kann man dieses in Zonen gliedern, die in der *Karte der Stabilitätszonen* durch Farbe charakterisiert werden: rot = instabil, gelb = relativ stabil, grün = stabil.
- Die Zahl oder die Flächengröße der registrierten Hangdeformationen zur ganzen Gebietsfläche ergibt einen Koeffizient, der als Kriterium für die Konstruktion der *Karten der Bewegungstendenz* dient. Nach seinem Wert wird das Gebiet semiquantitativ in verschiedene Kategorien eingeteilt.
- Der Grad der Rutschunsgefahr, die ein Bauobjekt bedroht, wird semiquantitativ in einer *Risikokarte* dargestellt.
- Durch qualifizierte Beurteilung ihres Einflusses werden die Faktoren der Hangbewegungen in Gruppen gegliedert, ihre Kombinationen im Gebiet werden statistisch verarbeitet und ihre Summe ergibt das sogenannte Rutschungspotential. Man kann Computertechnik verwenden, die auch das graphische Ergebnis in Form einer *Karte des Rutschungspotentials* produzieren kann.

Prognosekarten sind spezielle Karten, die nicht nur den aktuellen Zustand, sondern auch die Wahrscheinlichkeit der möglichen Neubewegungen darstellen. Dabei müssen verschiedenste Faktoren berücksichtigt werden, wie z. B. der Einfluß des Untertagebaues bei der Kohlenförderung in der Karte der Prognose der Aktivierung der Hangdeformationen in Vtácnik Gebirge 1:10'000 (Malgot, Baliak, Mahr, 1983).

Literaturreferenzen

Malgot, J., und F. Baliak, 1991: *Regionálne hodnotenie stability svahov*. In Zb. Inzinierska geológia - vyskum a prax. SGS, Bratislava, S. 88-92.

Matula, M., 1969: *Regional engineering geology of Czechoslovak Carpathians*. Vydavatelstvo SAV, Bratislava, 225 S.

Nemcok, A., 1982: *Zosuvy v slovenskych Karpatoch*.Veda, Bratislava, 319 S.

Nemcok, A., J. Pasek, und J. Rybár, 1979: *Regionálne zhodnotenie svahovych pohybov v CSSR. In Inzinierskogeologické stúdium horninového prostredia a geodynamickych procesov*. Ed. M. Matula. Veda, Bratislava, s.111-133.

Ondrásik, R., und J. Rybár, 1991: *Dynamická inzinierska geológia*. SPN, Bratislava, 267 S.

Záruba, Q., und V. Mencl, 1987: *Sesuvy a zabezpecování svahu*. Academia, Praha, 338 S.

Dr. Renáta Adamcová, Lehrstuhl für Ingenieurgeologie, Naturwissenschaftliche Fakultät der Komensky-Universität, Mlynska' dolina 6, 84215 Bratislava, Slowakei

Aussergewöhnliche Rutschungen, Felsstürze und Murgänge

Conrad M. Schindler

In der einleitenden Übersicht (C. Schindler: Einführung in die Grundtypen von Instabilität) wurden die wichtigsten Grundtypen von Instabilität kurz vorgestellt. Dabei wurde auf die natürliche Vielfalt der Erscheinungen hingewiesen welche bewirkt, dass jeder Fall von Instabilität detailliert untersucht werden muss. Zusätzlich aber gibt es markante Abweichungen von den gängigen Grundtypen - einige davon seien in der Folge skizziert.

1.   Rutschungen

1.1.   Merkmale der "Normaltypen"

- Typische Morphologie mit Abrissbord, Rutschstirn, buckliger Oberfläche etc.
- Grundtypen der Bewegung sind Rotation oder hangparallele Verschiebung; oft treten sie kombiniert auf. Bei grösseren Rutschungen treten in der Regel zusätzliche räumliche Komplikationen auf.
- Neben einer Hauptgleitfläche finden sich häufig sekundäre Bewegungsflächen. Zwischen diesen bleiben meist schollenartig Verbände zusammenhängend erhalten.
- Die Gleitflächen folgen bevorzugt Lagen, in welchen Ton, Glimmer oder andere Schichtsilikate gehäuft vorkommen.
- Die Grundwasserverhältnisse beeinflussen die Hangstabilität.
- Die meisten Rutschungen waren schon in der Vergangenheit aktiv, durchlaufen aber längere Ruhephasen und bleiben häufig sehr labil.
- Bei erneuter Bewegung können sie gesamthaft oder partiell aktiviert werden, aber auch dann überschreitet die Bewegungsgeschwindigkeit selten 1 m/Jahr.

1.2.   Sonderfall hochplastische, tonreiche Gleitmasse

Der tiefere Teil einer solchen Gleitmasse bleibt stets sehr plastisch. Sie kann mit Steinen oder Blöcken durchsetzt sein, welche in der feinkörnigen Matrix schwimmen. Solche Rutschmassen können lang und schmal sein (Stromrutschung), sich aufspalten oder vereinigen und erinnern in der Morphologie und im Spaltenbild an Gletscher. Die Bewegungsgeschwindigkeit variiert sehr stark, mit Spitzen über 1 m/Tag. Im Extremfall besteht die Gefahr des Zusammenbruchs zu einem Murgang oder zu einem Schlammstrom. Solche Rutschungen treten insbesondere in Flyschgebieten und in der subalpinen Molasse auf.

1.3.   Sonderfall einer Rutschmasse oder Sackung, welche sich ungewöhnlich beschleunigt

Unter aussergewöhnlichen Umständen kann eine Rutschmasse in rasche Bewegung geraten und das Vorfeld weiträumig mit katastrophaler Geschwindigkeit überfahren, was im Extremfall zu einem klassischen Bergsturz führen kann (z.B. Sturz von Rossberg-Goldau 1806). In andern Fällen wurde die Masse dagegen wieder abgebremst, so dass der Rutschkörper weitgehend zusammenhängend erhalten blieb, ebenso dessen typische Morphologie. Bei Giswil (1986) wurde eine labile Schuttmasse durch einen Seitenbach unterschnitten und glitt mit steigender Beschleunigung ab. Die grobkörnige Rutschmasse überfuhr daraufhin eine trockene, blockreiche, bewaldete Schutthalde, wobei der zerquetschte Laubwald als Gleitschicht diente (A. Wildberger 1988). Bei Vajont wurde 1963 eine gewaltige Sackungsmasse in ihrem Fussgebiet durch den erstmaligen Aufstau eines Sees und durch nachfolgende rasche Spiegelschwankungen destabilisiert. Sie glitt daraufhin mit sehr hoher Geschwindigkeit ins Seebecken und löste dabei eine Flutwelle aus, welche im Piavetal katastrophale Folgen hatte.

1.4.   Sonderfall einer Rutschung in strukturempfindlichem Material

Strukturempfindliche Böden weisen ein unstabiles Gefüge auf und können bei Überbelastung oder Erschütterung schlagartig zusammenbrechen. Dabei entsteht ein viskoser Brei, welcher schon bei geringem Gefälle in Bewegung gerät. F. Madsen geht in seinem Artikel (in diesem Buch publiziert) auf den Fall des Quickclays ein, ein Material, welches in der Schweiz glücklicherweise nicht vorkommt. Dagegen findet sich bei uns in Seen und Ufergebieten häufig Seekreide. Dieses aus chemisch ausgefällten Kalkteilchen aufgebaute, ausserordentlich locker gelagerte Sediment ist ebenfalls strukturempfindlich, selbst wenn es stark durch detritisches Material (Silt und Ton) verunreinigt ist. Dies war z.B. der Fall bei der Katastrophe von Zug im Jahre 1887 (C. Schindler und M. Gyger 1987).

Beim Strukturzusammenbruch entsteht ein wässriger Brei, so dass die abgelöste Masse mit grosser Beschleunigung in den See fährt, ohne dass sich dabei eine klassische Gleitfläche ausbilden kann.

1.5. Sonderfall einer durch innere Erosion verursachten Rutschung

Unter innerer Erosion versteht man den Abtrag von Lockergestein durch ausfliessendes Grundwasser, wobei die Erosion einer bestimmten Schicht folgt und unterirdisch stattfindet. Bedingung für diesen Vorgang ist ein genügendes Druckgefälle des Wassers vom Berg zur Oberfläche (günstig relativ geringe Durchlässigkeit) und eine leichte Erodierbarkeit der betroffenen Schicht (nicht bindig, feinkörnig). Am häufigsten ereignet sich innere Erosion in Lagen oder Linsen von Silt und Feinsand, zwischen bindigem, sehr wenig durchlässigem Material, so in Seebodenablagerungen, Überschwemmungs- oder Tümpelsedimenten oder in sandig-siltigen Linsen innerhalb von Grundmoräne. Diese Erscheinung kann bei Baugruben zu grossen Problemen führen, sofern der Nachfluss des Wassers nicht rasch unterbunden wird (Fig. 1). Wo natürliche Erosion solche Schichten zerschneidet wie z.B. im Lorzetobel (ZG) stellt sich ebenfalls Instabilität ein.

Figur 1: Innere Erosion in einer Baugrube mit flachgelagerten, glazial vorbelasteten eiszeitlichen Seebodenablagerungen, in der Nähe von Gossau (SG).

Figur 2: Blockdiagramm eines Gebiets mit natürlich auftretender innerer Erosion.

Falls die Auswaschung und Höhlenbildung grösseres Ausmass annimmt, erfolgen Nachbrüche mit horizontaler Bewegungskomponente. Die Morphologie erinnert an eine Rutschung (Fig. 2). Die Verschiebungen erfolgen sehr ungleichmässig und beschränken sich zur Hauptsache auf Perioden ungewöhnlich hohen Anfalls an Grundwasser.

1.6. Sonderfall von Periglazialböden, welche nach dem Abschmelzen des Permafrosts unstabil blieben

In unvergletschert bleibenden Bereichen kann sich bei Durchschnittstemperaturen wesentlich unter 0° C Permafrost, d.h. dauernd gefrorener Boden entwickeln (Periglazial-bereich). Die oberflächennahen Schichten können saisonal auftauen und in durchnässtem Zustand langsam talwärts kriechen (Solifluktion, Fig. 3). Die Untergrenze des Permafrosts kann je nach Klimabedingungen einige 100 m tief oder aber in bescheidener Tiefe liegen. Innerhalb des dauernd gefrorenen Bereichs sind die Poren der Lockergesteine mit Eis gefüllt (25 - 30 % Eis). Zudem können aber auch an Eis angereicherte Zonen oder Lagen auftreten (40 - 90 % Eis). Im Extremfall schwimmen die detritischen Körner in einer Eismatrix, was günstige Voraussetzungen für Kriech- und Gleitbewegungen schafft. Derartige Verschie-bungen können zur Bildung eines Blockgletschers führen (Fig. 4). Der Periglazialschutt kann sich also auf verschiedene Weise langsam talwärts verschieben, dies unter intensiver interner Verformung. Solche Verhältnisse können noch heute im Hochgebirge studiert werden, fossile Periglazialablagerungen sind dagegen in tieferen Lagen bis zu den Talsohlen hin verbreitet. Die wechselvolle Klimageschichte des Jungquartärs führt dazu, dass spätglaziale, aber auch interstadiale, teilweise von Moräne überdeckte Ablagerungen dieser Art entstanden (z.B. bei Quarten, Fig. 5).

Figur 3: Aktive Solifluktion mit typischer Wulstbildung und Anhäufung von Material am Hangfuss (Val Bergalga/Avers GR).

Figur 4: Aktive Blockgletscher, welche sich aus Schutthalden und Moränen entwickeln und eine ausgeprägte, langsam vorstossende Stirn aufweisen. Man beachte auch die charakteristischen internen Wülste und den Blockgletscher am jenseitigen Talrand (Val Starlera ob Inner Ferrera GR).

Nach Ch. Kapp (1991) weist fossiler Periglazialschutt folgende Merkmale auf:

- sehr heterogen entstanden, oft nicht durchmischt (Hangschutt, Bergsturz, Bachschutt, Solifluktion, Blockgletscher, Moräne)
- Wechselhafte Kornverteilung; gesamthaft gesehen ähnlich Moräne, aber mit noch grösserer Streubreite (Diamikt)
- oft deutlich geschichtet und intensiv verfältelt (Fig. 5)
- sehr wechselhafte Wasserdurchlässigkeit, unberechenbar verlaufende Wasserleiter
- Lagerungsdichte selbst unter einer Moränendecke sehr wechselhaft: Dicht gelagert (einst wenig Bodeneis) oder recht weich (einst reichlich Bodeneis oder aufgelockert durch spätere Rutschvorgänge)
- Verbreitete Tendenz zu Rutschbewegungen, welche bis heute andauern können. Näher untersucht wurden solche instabilen Massen von fossilem Periglazialschutt insbesondere bei Braunwald (C. Schindler und R. Rageth 1990) und im Gotschnahang bei Klosters (zusammengefasst in Ch. Kapp 1991)

Figur 5: Fossiler Periglazialboden, aufgeschlossen im Quartentunnel an der Autobahn entlang dem Walensee. Man beachte die verbogenen hellen und dunklen Bänder, welche in Wirklichkeit bunt erscheinen und verschiedenartige lithologische Zusammensetzung aufweisen. Die steilstehenden Rillen dagegen entstanden durch den Bagger (Photo Dr. P. Streiff).

Wo heute Hangverschiebungen stattfinden, spielen sie sich unter gänzlich andern Randbedingungen ab als während der Permafrostperiode. Das Bodeneis schmolz zu Ende der letzten Eiszeit sowohl von unten durch Erdwärme wie auch von der Oberfläche her ab. Beim Auftauen ist eine ausgeprägte Auflockerung des Schutts zu erwarten, begleitet von totaler Durchnässung nahe über der Eisgrenze. Unter diesen Bedingungen scheinen sich in vielen Fällen mehrere sukzessiv immer tiefer liegende Gleithorizonte gebildet zu haben. Wo Messungen möglich waren, stellte man aber fest, dass heute nur noch eine einzige, tiefliegende Basisgleitfläche auftritt. Der Vorschub des Rutschhangs erfolgte relativ gleichmässig und summierte sich in rund 10'000 Jahren bei Braunwald auf ca. 100 m, beim Gotschnahang auf mehrere 100 m.

Da infolge steigender Durchschnittstemperaturen die Permafrostgrenze heute zurückweicht, können auf ähnliche Weise neue gefährliche Instabilitäten entstehen.

1.7.   Sonderfall einer Sackung mit Einschwemmung von Silt und Sand

Rutschungen und insbesondere auch grosse Sackungen finden sich auch in Gebieten, wo wegen einer hochgradigen alpinen Metamorphose keine Tonmineralien mehr zu erwarten wären, die Voraussetzungen für die Ausbildung eines Gleithorizonts also ungünstig sind. Auf der Exkursion wurden zwei derartige Beispiele aus dem nördlichen Tessin vorgeführt. Bei Campo Vallemaggia wurde das Gebirge nachträglich durch späte, postmetamorphe tektonische Bewegungen zerbrochen. Dabei entstanden einerseits verschiedene Systeme steilstehender Brüche, andererseits breite, ähnlich der Hauptschieferung verlaufende Scherflächen, entlang welchen der Fels intensiv zertrümmert wurde. Hier konnten durch Verwitterung frische Schichtsilikate entstehen. Als primärer Auslöser der sehr komplexen Sackungsbewegungen wirken solche Scherzonen, aber auch sehr ungünstige Wasserverhältnisse (L. Bonzanigo, 1990).

Die überaus steile Sackung von Dirinei im Centovalli dagegen (mittlere Neigung der Gleitfläche 43°) löste sich entlang von Entspannungsklüften ab. Diese verlaufen hangparallel und sind rauh-uneben-wellig ausgebildet, was eine sehr hohe Reibung erwarten lässt (Fig. 6). Erstaunlicherweise verhielt sich die zerspaltene Gneismasse trotzdem wie eine klassische Rutschung. Der Bewegungsbetrag erhöhte sich insbesondere bei langanhaltenden, intensiven Niederschlägen. Entgegen der Erwartungen konnte aber in der Gleitfläche zu keiner Zeit ein stark gespannter Wasserspiegel beobachtet werden. Des Rätsels Lösung brachte die Sanierung mit dem teilweisen Abtrag der Sackungsmasse: In der freigelegten Gleitfläche wie auch in den direkt darüberliegenden, klaffenden Spalten lag eine Schicht von Silt, Sand und wenig Feinkies, also offensichtlich von Einschwemmungen durch Grundwasser (Fig. 6).

*Figur 6: Durch Abtrag freigelegte Basis der Sackung von Dirinei. Die wirr
zerbrochene Gleitmasse wird durch mehrere hangparallel verlaufende Entspan-
nungsklüfte gegliedert. Die Obergrenze des gesunden Felsens entspricht einer
solchen Kluft und steigt schräg nach rechts auf (unter den Betonhöcker in der
Bildecke). In dieser Gleitfläche auf mittlerer Bildhöhe dunkle Einschaltungen,
welche eingeschwemmtem Material entsprechen.*

Diese nicht bindige Füllmasse konnte bei starkem Wasseranfall umgelagert werden, was
seinerseits Rutschbewegungen in der darüberliegenden Trümmermasse ermöglichte
(A. Baumer & C. Schindler, 1992; siehe auch Fig. 7 oben).

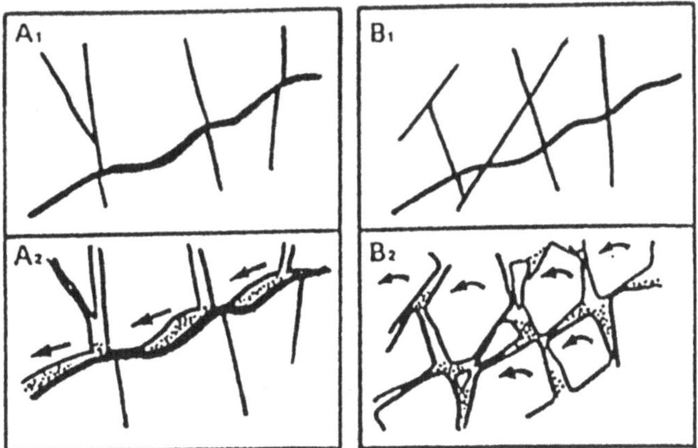

Figur 7: Schematische Darstellung der Bewegungsmechanismen unter Berücksichtigung der Einschwemmungen.
A - Fall Centovalli: Rutschen auf undulöser Gleitfläche.
B - Fall Randa: Internes Verkippen des zerlegten Felsverbandes.

2. Felsstürze, Bergstürze

2.1. Merkmale der "Normaltypen"

Felsstürze ereignen sich häufig, wobei die abstürzenden Felsmassen einen Trockenschutt-kegel bilden, grössere (> 1 m³), annähernd kubische Blöcke aber dank Drall bis ins Vorland hüpfen können. Echte Bergstürze dagegen sind seltene Katastrophen, welche einerseits grössere Kubaturen als ein Felssturz aufweisen, andererseits aber eine andersartige Art der Bewegung und der Morphologie der Schuttablagerung zeigen. Ein "normaler" Bergsturz ist durch hohe Geschwindigkeit, eine vorauseilende Luftdruckwelle und überwiegend fliegende bis fliessende Bewegung gekennzeichnet. Die Ablagerungen bilden keinen Kegel, sondern prallen weit ins Vorland, lassen sich durch Hindernisse umleiten und bilden zuletzt eine bucklige, unruhige, von Depressionen durchsetzte Oberfläche.

2.2. Sonderfall - Bergstürze von Randa 1991

Die Bergstürze von Randa wurden eingehend beschrieben (C. Schindler et al., 1993). Hier sei nur auf einige ungewöhnliche Aspekte dieser Ereignisse eingegangen. Trotzdem hier mit 30 Mio m³ eine Kubatur ähnlich jener der Bergstürze von Rossberg-Goldau 1806 oder im Veltlin 1987 abbrach, entsprechen die Ablagerungen einem klassischen Trockenschuttkegel.

Besonders bemerkenswert sind:

* Das aus teils massiven, teils stark schiefrigen Gneisen bestehende Gebirge wies trotz des für die Stabilität günstigen bergeinwärtigen Fallens von Schichtung und Schieferung einen ungewöhnlich hohen Grad der Zerrüttung auf. Das Kluftvolumen erreichte vor dem Absturz 7 - 15 %.

* Die klaffenden Klüfte, Scherflächen und Brüche waren häufig mit eingeschwemmtem, nichtbindigem Material gefüllt (z.H. Silt und Sand), was an die Sackung im Centovalli erinnert. Bei den im oberen Teil der Abrissnische teilweise flach liegenden Diskontinuitäten führten die Einschwemmungen zu Verkippungen und zu einer tiefgreifenden Zerrüttung (Fig. 7, Mitte). Im unteren, mehr massigen Teil dagegen öffneten sich die hier steilstehenden, meist hangparallelen Brüche und Klüfte und wurden allmählich mit Sand und Silt verfüllt. Dies steigerte den bei hohem Grundwasserspiegel eintretenden hydrostatischen Druck massiv (Fig. 7, unten).

* Es ereignen sich hier überdurchschnittlich viele, z.T. kräftige Erdbeben. Trotzdem diese die Abstürze von 1991 nicht direkt auslösten, bleibt die Frage offen, ob sie zur Zerrüttung des Gebirges beitrugen.

* Grosse Bedeutung für die Hangstabilität hat die Lage des Bergwasserspiegels. Im Fall von Randa spricht vieles dafür, dass während der "Kleinen Eiszeit", in den Jahren 1600-1880, die Hänge oberhalb der heutigen Absturznische teilweise in den Permafrostbereich gerieten. Dadurch wurde die Zufuhr von Grundwasser gedrosselt, und es trat eine Phase der Beruhigung auf, während welcher am Hangfuss Hochwald aufkommen konnte.

* Die 30 Mio m^3 Fels brachen in zwei Hauptstürzen ab, welche wiederum in zahlreiche Teilstürze gegliedert waren. Somit erreichte kein Einzelereignis die kritische Kubatur und Beschleunigung, welche für einen echten Bergsturz erforderlich wäre. Es scheint, dass sich vor den Stürzen keine durchgehende Ablösungsfläche ausbilden konnte, weshalb das Gebirge stufenweise zusammenbrach.

3.   Murgänge

Im Artikel von M. Zimmermann (in diesem Buch publiziert) wird auf Murgänge im alpinen Raum eingegangen, so insbesondere auf die Ereignisse von 1987.

Hinzugefügt sei hier eine Murgangkatastrophe ungewöhnlicher Intensität aus Neuseeland. Diese ist deswegen bemerkenswert, weil dort die geologischen Rahmenbedingungen besonders einfach und für die Untersuchung sehr günstig waren. Die Katastrophe ereignete sich 1988 auf der Nordinsel nahe der Stadt Napier. Untersucht wurde das Einzugsgebiet des Lake Tutira, welcher vor 6000 - 7000 Jahren durch eine Rutschung gestaut worden ist. Bohrkerne aus diesem See können dank der Jahresschichtung sowie einzelnen Lagen mit Holz

Figur 8: Murgänge, entstanden nach extremen Niederschlägen im März 1988 bei Napier, Nordinsel Neuseeland. Zahllose Aufplatzungen des Hanges, teilweise nahe den Gräten. Die dunkeln, waldbedeckten Hänge links unten blieben von Schaden weitgehend verschont.

oder vulkanischer Asche zuverlässig datiert werden. Die Kerne geben aber auch Auskunft über frühere Murgänge und erlauben eine grobe Abschätzung der dabei in den See verfrachteten Schlammengen. Folgende Daten sind bemerkenswert:

- Der Fels liegt mit Ausnahme der Talböden hoch. Anstehend sind marine bis brackische Ablagerungen aus dem Pliozän und Altquartär. Sie sind flach und ruhig gelagert und bestehen aus schwach zementierten Sandsteinen (wenig Konglomerat) und aus Siltsteinen bis Feinsandsteinen, dies im Wechsel mit Mergeln.
- Der mittlere Jahresniederschlag liegt um 1440 mm. Der Zyclon Bola brachte im März 1988 innert vier Tagen über 750 mm Regen!
- Bei 32 km^2 Einzugsgebiet wurden dabei 1.3 - 1.4 Mio m^3 Material umgelagert, was einem mittleren Abtrag von 4 - 5 cm entspricht. Berücksichtigt man nur die Gebiete wo Erosion möglich ist, so steigt der mittlere Abtrag auf 8 - 9 cm. Solche Beträge werden in der Schweiz glücklicherweise bei weitem nicht erreicht.
- Rund 1/4 des Materials stammt aus erodierten Lockergesteinen (Terrassen, Rutschungen etc.) 50 - 60 % aus mässig bis stark geneigten Felshängen.
- In den Felshängen sind zahllose Wunden zu beobachten, wo die flachgründige Verwitterungs- und Vegetationsschicht aufgeplatzt ist. Dies erfolgte in der Regel über

Sandstein oder Silt-Feinsandstein, also in Bereichen mit erhöhter Wasserdurchlässigkeit. Diese Ausbruchstellen sind entlang bestimmter Schichten besonders häufig, dies z.T. nahe unter einem Grat. Einzelne Aufplatzungen dieser Art lassen sich auch in der Schweiz gelegentlich beobachten, dies besonders in von Moränen bedeckten Hängen.

- Beim Aufplatzen entstanden vielerorts kleine, flachgründige Rutschungen, welche talseits aber sehr rasch in einen Murgang übergingen.

- Ähnlich extreme Niederschläge ereigneten sich dort auch in der Vergangenheit. Vorerst prasselten sie auf einen Urwald, welcher mit der polynesischen Besiedlung vor 800 Jahren zu einem Buschwald degenerierte, dies ohne wesentlichen Einfluss auf die Erosionsrate. Vor 120 Jahren wanderten Europäer ein, welche das Land rodeten und zu Weiden umwandelten. Daraufhin stieg die Erosion auf das Siebenfache! Die Schutzwirkung des Waldes lässt sich auch aus Luftbildern ablesen, welche kurz nach der Katastrophe von 1988 aufgenommen wurden. Im Wald finden sich nur wenige Aufplatzstellen und Murgänge.

Literaturreferenzen

Baumer, A., and C. Schindler, 1992: *Complex, steep rock slide of Dirinei: Stabilization, experiences with methods of investigation, mechanism.* Proc. 6th int. Symp. Landslides, Christchurch, Editor D. Bell, Balkema Rotterdam, 1992.

Bonzanigo, L., 1990: *Lo slittamento di Campo Vallemaggia.* Bull. Schweiz. Petroleum-Geologen und Ing., Vol. 57, Nr. 131, 1990.

Kapp, CH., 1991: *Zur Geologie und Geotechnik periglazialer Lockergesteine,* Diss. ETH Nr. 9422, 1991.

Schindler C., und M. Gyger, 1987: *Die Katastrophe von Zug. Die Zuger Vorstadt, Gedenkschrift zum 100. Jahrestag der Vorstadtkatastrophe vom 5. Juli 1887.*

Schindler, C., und R. Rageth, 1990: *Braunwald (Swiss Alps): Investigation, analysis and partial stabilization of a big landslide.* Proc. 6th Int. Congress IAEG, Amsterdam, Editor D. Price, Balkema Rotterdam, 1990.

Schindler, C., Y. Cuénod, Th. Eisenlohr, und CH.-L. JORIS, 1993: *Die Ereignisse vom 18. April und 9. Mai 1991 bei Randa (VS) - ein atypischer Bergsturz in Raten.* Eclogae geol. Helv. 86/3, 1993.

Wildberger, A., 1988: *Der Bergrutsch vom 8. September 1986 bei Giswil.* Schweiz. Ing. und Architekt, Nr. 24, 1988.

Prof. Dr. Conrad Schindler, Ingenieurgeologie, ETH-Hönggerberg, CH-8093 Zürich

Grundlagen und Anwendungen des Navigationssystems GPS

Hans-Gert Kahle, Marc Cocard und Alain Geiger

1.   Einleitung und Systembeschreibung

Weltraumunternehmungen der NASA und ESA, wie z.B. die bemannten Mondlandungen, die Flüge der PIONEER- und VOYAGER-Sonden durch unser Planetensystem, die bemannten Shuttle-Missionen oder die ersten Fernerkundungssatelliten ERS1/2 der ESA, haben seit jeher die Aufmerksamkeit der Öffentlichkeit auf sich gelenkt. Inzwischen ist auch der Aufbau des neuen U.S. Satellitensystems GPS in der Öffentlichkeit bekannt geworden, nachdem sich weitreichende Konsequenzen für die Navigation und Geodäsie aufgezeigt haben.

Etwa im Jahre 1973 wurde mit der Entwicklung des Satelliten-Navigationssystems NAVSTAR GPS (**NAV**igation **S**ystem with **T**iming **a**nd **R**anging) durch das Department of Defense (DoD) begonnen. Neben der dreidimensionalen Positionsbestimmung sollte das System auch eine hochgenaue Zeitsynchronisation ermöglichen.

Dabei wurden folgende Anforderungen an das System gestellt :

*   weltweit an jedem Ort anwendbar
*   rund um die Uhr
*   wetterunabhängig
*   beliebige Anzahl gleichzeitiger Benutzer möglich

Das System soll eine 2σ -Positionierungsgenauigkeit von circa 15 m (militärischer Benutzer) und 100 m (ziviler Benutzer) erlauben. Dabei ist die 2σ Positionierungsgenauigkeit so definiert, dass bei einem Messzeitraum von mindestens einem Tag in 95% der Fälle die Positionsabweichungen innerhalb der angebenen Fehlerschranken liegen.

Das System besteht aus einer Anzahl Satelliten *(Raumsegment)*, die mit Atomuhren ausgerüstet sind und ein kontinuierliches Signal aussenden. Sie übernehmen die Funktion von Fixpunkten, die im Gegensatz zu herkömmlichen Fixpunkten nicht stationär sind, sondern sich auf fast kreisförmigen Umlaufbahnen um die Erde bewegen. Um dieses System einsetzen zu können, bedient sich das *Benutzersegment* eines oder mehrerer GPS-Empfänger, die fähig sind, die Laufzeiten der von den Satelliten ausgesendeten Signale zu bestimmen. Eine Bestimmung der Position ist aber nur möglich, wenn die Positionen der Fixpunkte, im Falle von GPS der Satelliten, bekannt sind. Für diese Aufgabe ist das *Kontrollsegment* zuständig.

Raumsegment: Die ersten Testsatelliten wurden 1978 in Umlauf gebracht. Seither hat die Anzahl verfügbarer GPS-Satelliten beständig zugenommen. Verzögert durch die Challenger-katastrophe (28.1.1986) stagnierte der Ausbau des Systems bis 1989 bei einer Gesamtanzahl von 6 verfügbaren Satelliten. In den darauffolgenden Jahren (1989 bis 1994) wurden über 20 Satelliten mit Delta Raketen auf ihre Umlaufbahn gebracht. Seit Dezember 1993 ist der Vollausbau von 24 Satelliten erreicht, wobei es sich um eine Kombination von Block I (älteres Modell) und Block II (neueres Modell / SA[1] fähig) handelt. Fig. 1.1. zeigt die zeitliche Entwicklung des Aufbaus des Raumsegmentes.

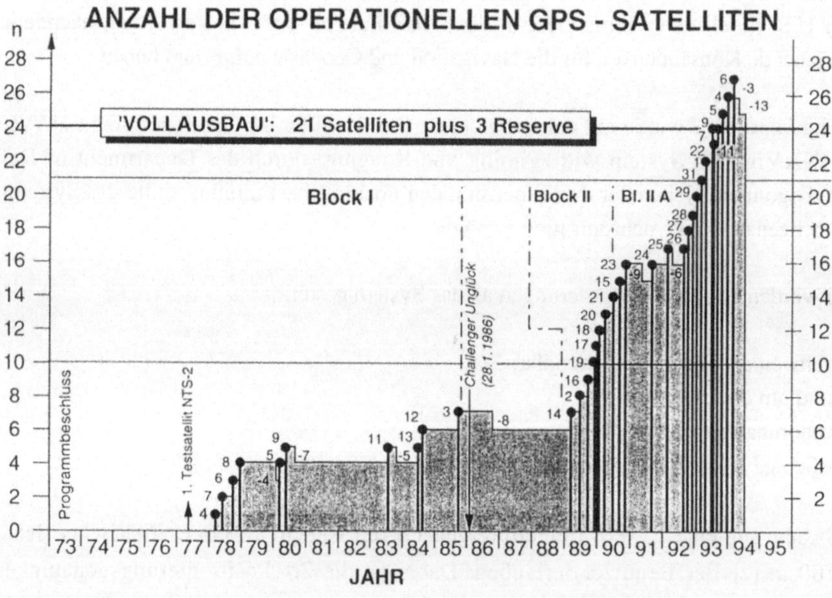

Figur 1.1: Zeitliche Entwicklung des Aufbaus des GPS-Systems.

---

[1] SA = Selective Availabilty (künstliche Verschlechterung des Systems für zivile Benutzer)

Die GPS-Satelliten umkreisen die Erde auf fast kreisförmigen Bahnen in einem Abstand von circa 26'000 km vom Erdzentrum (Radius der Erde 6'300 km). Ihre Umlaufzeit beträgt 11h 58 min. Angeordnet sind sie auf 6 Bahnen mit jeweils vier Satelliten pro Bahn.

Kontrollsegment: Die Aufgabe des Kontrollsegments (siehe Fig. 1.2.) besteht in der Bestimmung der Satellitenbahnen. Fünf um die Erde verteilte Kontrollstationen liefern ihre Messdaten zur Hauptstation in Colorado Springs. Hier wird die Umkehraufgabe gelöst: aus GPS-Messungen von bekannten Referenzstationen werden die unbekannten Positionen der Satelliten bestimmt. Die aktuelle Information über die Satellitenbahnen, die mit Hilfe von Kepler- und zusätzlichen Störparametern beschrieben werden, wird in den Bordcomputer des jeweiligen Satelliten übermittelt.

Das operationelle GPS - Kontrollsegment (OCS)

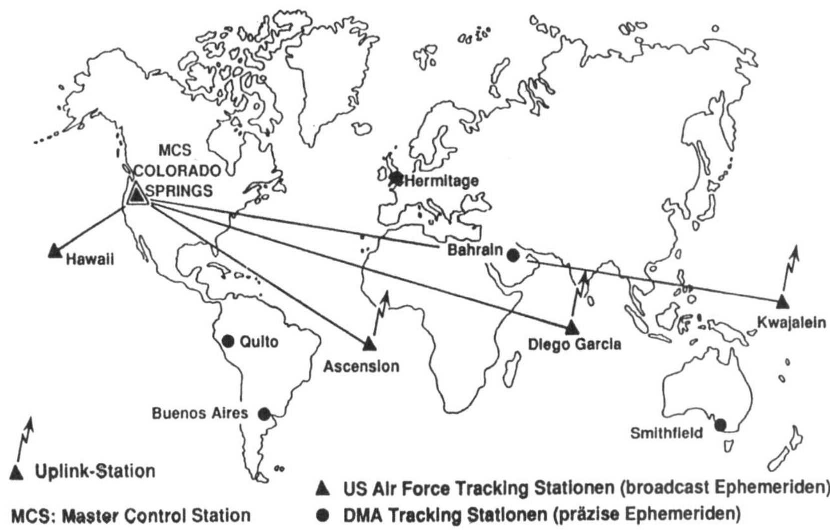

Figur 1.2: Verteilung der Beobachtungsstationen des Kontrollsegments.

Die vom Satelliten ausgestrahlten 'Broadcast'-Ephemeriden enthalten neben den Bahnparametern auch Informationen über den Uhrenfehler und den 'Gesundheits'-Zustand des Satelliten. Aufmoduliert auf das vom Satelliten ausgesendete Signal, steht die Navigationsnachricht dem Benutzersegment zur Verfügung und ermöglicht letzterem die eigene Positionsbestimmung.

Benutzersegment: Zum Benutzersegment zählen alle Anwender, die bestimmen wollen, wo sie sich befinden und zwar auf dem Land, auf hoher See, in der Luft wie im Weltraum. Mit dem Aufbau der vollen operationellen Satellitenkonfiguration gab es parallel eine stürmische

Entwicklung auf dem Sektor der Empfängerherstellung, die mit einer Miniaturisierung der Geräte verbunden war. Dabei können folgende Empfängertypen unterschieden werden:

- Navigationsempfänger, die ihre Position von Codemessungen ableiten. Hierbei unterscheidet man Geräte für militärische Anwendung mit höherer Genauigkeit (P-Code Empfänger) und für zivile Anwendungen mit reduzierter Genauigkeit (C/A-Code Empfänger). Letztere stellen den grössten Markt dar.
- Geodätische Empfänger, die fähig sind, zusätzlich zu den Code-, auch Phasenmessungen an der Trägerwelle vorzunehmen. Sie sind vergleichsweise teuer und stellen nur einen kleinen Marktanteil dar.

2. Messprinzip

Zwei Trägerwellen L1 (1.575 GHz) und L2 (1.228 GHz) werden von der Grundfrequenz der Atomuhr an Bord des Satelliten abgeleitet. Diesen Trägerwellen werden sogenannte PRN (Pseudo random noise)-Sequenzen aufmoduliert. Hierbei werden folgende verschiedene Codes verwendet : (a) der C/A- Code (C/A = clear acquisition) ist jedem Benutzer zugänglich; (b) der P-Code (P = precise oder protected) ist militärischen Anwendern vorbehalten. Letzterer besitzt eine um einen Faktor 10 höhere Chiprate und somit auch eine entsprechend bessere Auflösung der Messung.

Codemessung: Für beide Codes ist das zugrunde liegende Messprinzip dasselbe: Im Empfänger wird ein Signal erzeugt, dass dem des Satelliten entspricht. Durch Korrelation des empfangenen mit dem Referenzsignal wird die um den Synchronisationsfehler des Empfängers und des Satelliten verfälschte Laufzeit bestimmt. Diese Messgrösse wird als Codemessung oder auch Pseudodistanzmessung bezeichnet, wobei das Anhängsel 'Pseudo' darauf hindeutet, dass es sich nicht um eine reine Distanzmessung handelt. Der Synchronsisationsfehler des Empfängers ist im Gegensatz zum Uhrfehler des Satelliten, der in der Navigationsnachricht enthalten ist, unbekannt. Er hängt aber nur vom Messzeitpunkt ab und verfälscht zu einem gegebenen Zeitpunkt alle Messungen zu unterschiedlichen Satelliten um denselben Betrag. Zu den dreidimensionalen unbekannten Koordinaten gesellt sich somit eine vierte Unbekannte. Um dieses Gleichungssystem zu lösen, ergibt sich eine Minimalanforderung von vier gleichzeitig sichtbaren Satelliten.

Phasenmessung: Hier wird direkt auf die Trägerwelle zurückgegriffen. Der Vorteil der Phasenmessungen ist die hohe Auflösung in der Grössenordnung von einem Prozent der Wellenlänge. Dies entspricht bei einer Wellenlänge von 19 cm für L1, resp. 24 cm für L2, einer Auflösung im Millimeterbereich. Der Nachteil der Phasen- gegenüber den Codemessungen ist die Mehrdeutigkeit. Beim Einschalten kann der Empfänger die Phasenlage nur innerhalb einer Wellenlänge bestimmen. Die gesamte Pseudodistanz Satellit-Empfänger, die durch die Codemessung eindeutig, aber ungenauer gemessen wird, setzt sich aus dem gemessenen Phasenwert und einem ganzzahligen Vielfachen der Wellenlänge, der Phasenmehrdeutigkeit (engl. ambiguity) zusammen. Solange der Empfänger das Signal des Satelliten kontinuierlich messen kann, bleibt diese anfängliche Mehrdeutigkeit gültig. Diese Ambiguities müssen bei der Phasenauswertung als zusätzliche Unbekannte mitbestimmt werden.

3. Anwendung in der Navigation

Absolute Positionierung mit Codemessungen: Die Absolutpositionierung mit Codemessungen ist die Standardanwendung, für die das System entwickelt wurde. Der Empfänger führt Codemessungen zu mindestens vier Satelliten durch und ermittelt daraus Position und Synchronisationsfehler. Die hohe Genauigkeit, die das System während der Testphase aufwies, wollte der militärische Betreiber dem zivilen Benutzer aber nicht zugänglich machen. Deshalb wurden die neuen Block II Satelliten mit Einrichtungen versehen, die das Signal mit einem für den zivilen Benutzer unvorhersehbaren und unkorrigierbaren Fehler versehen. Diese Verschlechterung des GPS-System wird als Selective Availability (SA) bezeichnet. Die Genauigkeit der Position ist somit im absoluten Modus nicht so sehr von der Qualität der Codemessungen als vielmehr von der künstlichen Verschlechterung durch SA abhängig. Fig. 3.1. zeigt den Positionierungsfehler als Funktion der Zeit abgeleitet von einem stationären Empfänger mit bekannter Position.

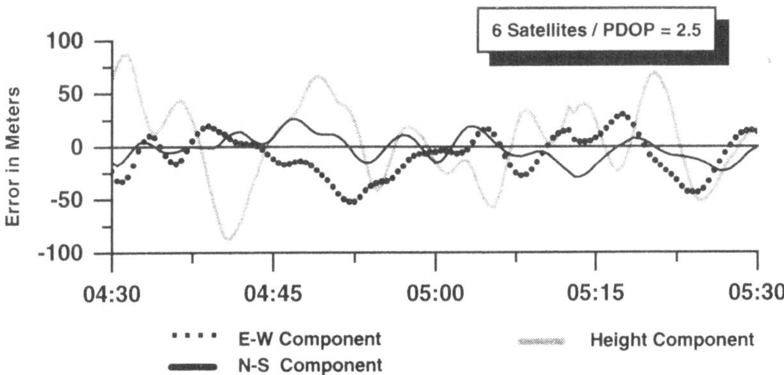

Figur 3.1: Beispiel eines absoluten Positionierungsfehlers unter Selective Availability (SA).

Differentielle Positionierung mit Codemessungen: Da SA das Messignal bei jedem Empfänger in gleichem Masse verfälscht, kann ihr Einfluss im differentiellen Modus eliminiert werden. Im Fall der Navigation bedeutet dies, dass man aus den Messungen auf einer Referenzstation mit bekannten Koordinaten Korrekturwerte für jeden Satelliten berechnen kann. Diese Korrekturwerte werden übermittelt und bei der Berechnung der Position im mobilen Empfänger vorgängig berücksichtigt. Dadurch werden neben der Verfälschung durch SA auch eine ganze Reihe von anderen systematischen Fehlern eliminiert oder wenigstens stark reduziert: Einfluss der Ionosphäre und Troposphäre, Bahnfehler. Das Messrauschen der Codemessung wird wieder zu einem wichtigen Faktor für die erreichbare Genauigkeit. Typisch können im differentiellen Modus Genauigkeiten von 1-5 m erreicht werden. Fig. 3.2. zeigt die Schwankungen in der Positionsbestimmung, berechnet aus denselben Daten wie in Fig. 3.1., aber unter Berücksichtigung von Korrekturwerten einer Referenzstation.

Organisationen, die solche Korrekturwerte kommerziell aussenden und den Benutzern entsprechende Decoder anbieten, gibt es schon seit einigen Jahren in vielen Ländern. Initiiert durch die Schweizerische Geodätische Komission (SGK) wurde 1994 eine Arbeitsgruppe DGPS (Differential GPS) ins Leben gerufen, die sich aus Vetretern des Bundesamtes für Landestopographie (L+T), der TELECOM PTT, den Technischen Hochschulen sowie Vertretern der Industrie und interessierter Anwenderkreise zusammensetzt. Ziel ist die landesweite Übertragung von Korrekturwerten über RDS[2], die dem Benutzer eine Online-Genauigkeit im 2-5 m Bereich ermöglichen soll. Geplant ist in einer ersten Phase, sich auf eine einzige Referenzstation (Zimmerwald) zu beschränken.

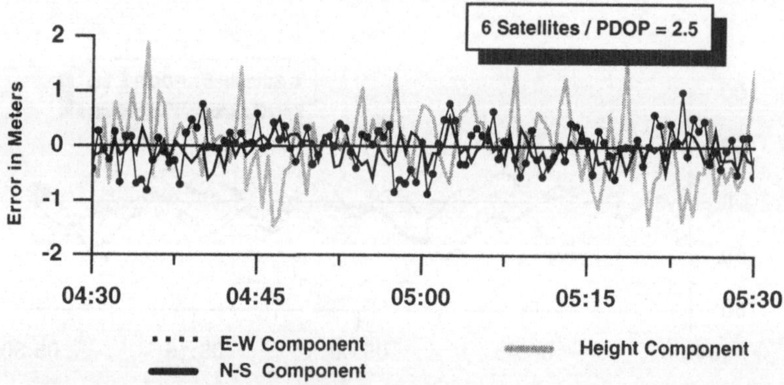

Figur 3.2: Beispiel eines differentiellen Positionierungsfehlers unter Selective Availability (SA).

---

[2] RDS = Radio Data System

4. Anwendung in der Geodäsie

Neben den primären Navigationsanwendungen, die bis anhin fast ausschliesslich auf Code-messungen basieren, wird das GPS auch in der Geodäsie eingesetzt. Hier steht die hochpräzise statische Punktbestimmung im Vordergrund.

Stationäre Messungen: Wie schon erwähnt, können neben den Code-, auch Phasen-messungen mit höherer Messauflösung durchgeführt werden. Die geodätische Punktbestim-mung stützt sich vor allem auf Phasenmessungen, die man im differentiellen Modus auswertet. Das Hauptproblem ist die Lösung der Ambiguities. Entsprechend den räumlichen Dimensionen können folgende Kategorien von Netzen unterschieden werden:

An erster Stelle sind weltumspannende Permanentnetze zu nennen, insbesondere das IGS[3]-Netz. Initiiert von der Internationalen Assoziation für Geodäsie wurde es ab 1992 aufgebaut und umfasst heute weltweit etwa 60 permanent operierende Zweifrequenzempfänger (Beutler, 1992). Die Permanentstation Zimmerwald ist Bestandteil dieses Netzes. Die Messungen werden von Sammelzentren (operational data centers) aufbereitet und in die Berechnungs-zentren (analysis centers) überspielt. Eines dieser Berechnungszentren befindet sich am Astronomischen Institut der Universität Bern (Beutler et al, 1994). Die Ergebnisse der einzelnen Zentren werden anschliessend zu einem definitiven Resultat kombiniert und den Benutzern zur Verfügung gestellt. Es handelt sich hierbei um präzise Bahndaten (precise ephe-merides), Erdrotationsparameter (Polschwankungen und Tageslänge), sowie auch langfristige Bewegungen der Permanentstationen. Eng mit diesem Netz verbunden ist auch die Definition des ITRF (International terrestrial reference frame).

In grossräumigen Netzen mit Distanzen zwischen 50 km und 1000 km beträgt die Messdauer mindestens einige Stunden. Oft werden sogar 24 Stunden Sessionen über einige Tage beo-bachtet. Dabei kommen nur Zweifrequenzgeräte zum Einsatz. Solche Datensätze erlauben eine relative Koordinatenbestimmung im Subzentimeterbereich. Bei der Auswertung von solchen Netzen kann auf die Resultate des IGS-Dienstes zurückgegriffen werden. Einerseits kann man bei der Berechung der Satellitenpositionen die genauen Ephemeriden benutzen, was zu einer Verbesserung der Qualität der Koordinaten führt. Andererseits können benachbarte Permanentstationen des IGS-Netzes in die Auswertung integriert und somit eine saubere Verknüpfung mit dem ITRF-Referenzsystem hergestellt werden. Netze von dieser Ausdehnung kommen z.B. in Landesvermessungen oder auch in geodynamischen Projekten vor. Es sei hier das LV95-Netz des Bundesamtes für Landestopographie erwähnt, das aus rund 100 homogen über die Schweiz verteilten Punkten besteht und ein neues Grundlagennetz

---

[3] IGS = International GPS Service for Geodynamics

darstellt. Ein Beispiel eines geodynamischen Netzes, das vom GGL aufgebaut und wiederholt gemessen wurde, wird im Kapitel 6.2. präsentiert.

Aber auch für kleinräumige Vermessungsaufgaben kommt GPS zum Einsatz. Hierzu wurden Auswerteverfahren entwickelt, die die nötige Messzeit drastisch reduzieren (rapid static mode). Über Distanzen von einigen Kilometern reicht eine Beobachtungsdauer von wenigen Minuten aus, um eine Positionsbestimmung im Zentimerbereich durchzuführen (Frei, 1991). Bis anhin wurden diese Verfahren im Offline-Modus angewendet. Die Messungen wurden im Feld registriert und im Büro ausgewertet. Neue Entwicklungen von Empfängerherstellern erlauben neuerdings einen Online-Einsatz. Dabei werden die Messungen der Referenzstation über Funk an die mobile Station übermittelt, wo eine differentielle Auswertung durchgeführt wird. Der Vorteil ist einerseits die Kontrolle über die Qualität der Koordinaten der aufgenommenen Punkte, andererseits wird neben der Aufnahme auch die Absteckung ermöglicht.

Kinematische Messungen: Neben den statischen, treten in der Geodäsie auch vermehrt kinematische Anwendungen auf. Im Unterschied zu den navigatorischen Applikationen im absoluten und differentiellen Modus, wo meistens nur auf die Codemessungen im Online-Modus zurückgegriffen wird, geht es hier um eine hochgenaue Bestimmung der Trajektorie eines Fahrzeuges (Cocard, 1994). Dabei werden in die Auswertung neben Code- auch Phasenmessungen im differentiellen Modus einbezogen. Ein wesentlicher Unterschied zum statischen Fall besteht in der Tatsache, dass für jeden neuen Zeitpunkt ein neues unbekanntes Koordinatentripel der Position auftritt, wohingegen die Koordinaten im statischen Modus während der gesamten Messperiode invariant bleiben. Dies erschwert die Auswertung, insbesondere die Bestimmung der Ambiguities, die oft auf sophistizierten Suchalgorithmen basiert. Dieselben Suchalgorithmen werden auch im Rapid-static-Modus angewandt. Sie nutzen die unterschiedliche Wellenlängen von L1- und L2-Phasenmessungen aus.

5. Systematische Fehler

Die Auflösung der Phasenmessungen liegt im Millimeter- oder sogar Submillimeterbereich. Wären also bei GPS-Messungen nur zufällige normalverteilte Fehler für die Genauigkeit der Positionsbestimmung verantwortlich, so wäre die Genauigkeit einer statischen Basislinie nach einer Messperiode von einigen Stunden im Submillimeterbereich. Da in vielen Auswertungsansätzen eine unabhängige Normalverteilung der Fehler angenommen wird, ergeben sich entsprechend kleine formale Fehler. Dabei ist die formale Genauigkeit der Höhenbestimmung allgemein um einen Faktor 3 grösser als die der Lagekoordinaten, was auf die geometrische Verteilung der Satelliten zurückzuführen ist. Der Hauptanteil der Fehler, die nicht in diesem formalen Fehler enthalten sind, stammt von systematischen Einflüssen, die im folgenden kurz erläutert werden.

Bahnfehler: Fehler in der Position der Satelliten verfälschen die berechneten Positionen der Bodenstationen, wobei dieser Einfluss mit wachsender Basislinienlänge zunimmt. Durch die obenerwähnte Möglichkeit, präzise Ephemeriden des IGS-Bahndienstes zu verwenden, ist der Bahnfehler in den meisten Fällen vernachlässigbar. Anzumerken bleibt, dass dies nur im Postprocessing möglich ist, da die genauen Bahndaten nur im nachhinein zur Verfügung stehen.

Ionosphärischer Einfluss: Die Verfälschung der Messungen durch die Ionosphäre, einer ionisierten Schicht der Atmosphäre, nimmt mit wachsender Basislinienlänge zu. Ihr Einfluss auf die L1- und L2-Frequenz ist unterschiedlich. Im Fall von Zweifrequenzmessungen kann aus den ursprünglichen L1- und L2-Messungen eine ionosphärenfreie Kombination gebildet und in der Auswertung benutzt werden. Andererseits kann man diese Unterschiede aber auch zur Modellierung der Ionosphäre verwenden (Wild, 1993). Bei Nichtberücksichtigung des ionosphärischen Einflusses, z.B. bei Einfrequenzmessungen, ergibt sich in erster Näherung ein Massstabsfehler.

Troposphärischer Einfluss: Die GPS-Messungen erfolgen im L-Band des Mikrowellenspektrums und sind von der Refraktion betroffen. Der troposphärische Einfluss auf L1- und L2-Messungen ist identisch und kann somit nicht einfach durch Kombinationsbildung eliminiert werden. Eine möglichst gute Berücksichtigung dieses Effektes stellt nach wie vor das Hauptproblem zur Genauigkeitssteigerung in der geodätischen GPS-Auswertung dar (Geiger, 1987). Dabei kann man zwei mögliche Ansätze, die auch kombinierbar sind, unterscheiden. Einerseits versucht man diesen Effekt möglichst gut aus Zusatzmessungen (Druck, Temperatur, Feuchtigkeit) zu modellieren. Hierbei spielt die Wasserdampf-Radiometrie eine zentrale Rolle (Bürki et al., 1994). Sie ermöglicht eine direkte Bestimmung der integralen Weglängenverzögerung, die durch den Feuchtanteil der Troposphäre, einen mit Bodenwerten schlecht modellierbaren Parameter, hervorgerufen wird. Andererseits können in der GPS-Auswertung zusätzliche unbekannte Parameter eines Troposphärenmodelles mitgeschätzt werden (Geiger et al. 1995). Diese zweite Variante zeigt vor allem bei Permanentnetzen gute Resultate und eröffnet zudem eine neue interessante Anwendungsmöglichkeit für GPS : die Bestimmung des Wasserdampfgehaltes der Luft, eine für Meteorologen wichtige Grösse.

Multi path: Die einfache geometrische Vorstellung, dass das Signal entlang der direkten Verbindungslinie Satellit-Antenne verläuft, wird in Wirklichkeit durch Auftreten von Mehrwegausbreitungen (multi path) relativiert. Das gemessene Signal ist eine Überlagerung des direkten mit dem an Umgebungsobjekten (Hauswand, Seeoberfläche usw.) reflektierten Signal. Damit hängt das Auftreten von multi path mit der spezifischen Reflektionseigenschaften der Umgebung zusammen. Zum Unterbinden dieses Effektes wurden spezielle Antennenkonstruktionen und empfängerinterne Messverfahren entwickelt. Bei langer Beobachtungsdauer wird das Problem auch oft durch Ausmittlung entschärft. Bei kurzen Zeitintervallen aber kann es ein Störfaktor bleiben.

6. Einige Beispiele von durchgeführten GPS-Projekten

Im folgenden werden zur Illustration Resultate von drei ausgewählten Projekten, die in den letzten Jahren am GGL durchgeführt wurden, präsentiert.

6.1. Hangrutschungsmessungen in Campo Valle Maggia

Der Rutschhang von Campo wird seit 1927 geodätisch überwacht. In den letzten Jahren massen Ingenieure vom Büro Meier, Minusio, regelmässig ein Netz von 14 Rutschpunkten, welche von einigen als stabil angenommenen Bezugspunkten umrahmt werden. Zudem hat die Firma VERAMESS ein Messsystem eingerichtet, welches auf Abruf einen Beobachtungsplan vollautomatisch abarbeitet. Es stehen zusätzlich Messepochen von 1927, 1961, 1976, 1980, 1986 und 1992 zur Verfügung. 1992 wurden GPS-Messungen des GGL im Rahmen eines Diplomvermessungskurses durchgeführt. Für die hier vorliegenden Berechnungen konnten 22 gemeinsame Punkte der Epochen 86 und 92 verwendet werden.

Klassifikation von Schollen: In einem ersten Schritt wird versucht, Gebiete mit kohärentem Verschiebungsmuster zu detektieren. Der Algorithmus, basierend auf der robusten Schätzung von Ähnlichkeitstransformationen (Danuser, 1992, Danuser et al., 1993), wurde in einer Diplomarbeit auf das Beispiel 'Campo' angewendet. Bei der Schollendetektion geht es darum, im gesamten Verschiebungsfeld Teilgebiete zu detektieren, die sich entsprechend einem festen Block oder einer Scholle bewegen. Man findet ein den Erwartungen der Ingenieur-geologen entsprechendes Resultat. Zwischen der Scholle von Cimalmotto und einer sich stark bewegenden Scholle östlich von Campo, findet man eine Zwischenzone mit nichtklassifizier-baren Punkten. Diese zieht sich vom Punkt 153 (siehe Fig. 6.1.), welcher sich unmittelbar über der Erosionskante der steilen Frana befindet, westlich am Dörfchen Campo vorbei, bis weit hinauf in den Berghang über der Ortschaft. Der Bach, welcher exakt dieser Linie entlang fliesst, deutet topographisch auf diese stark verzerrte Zone hin.

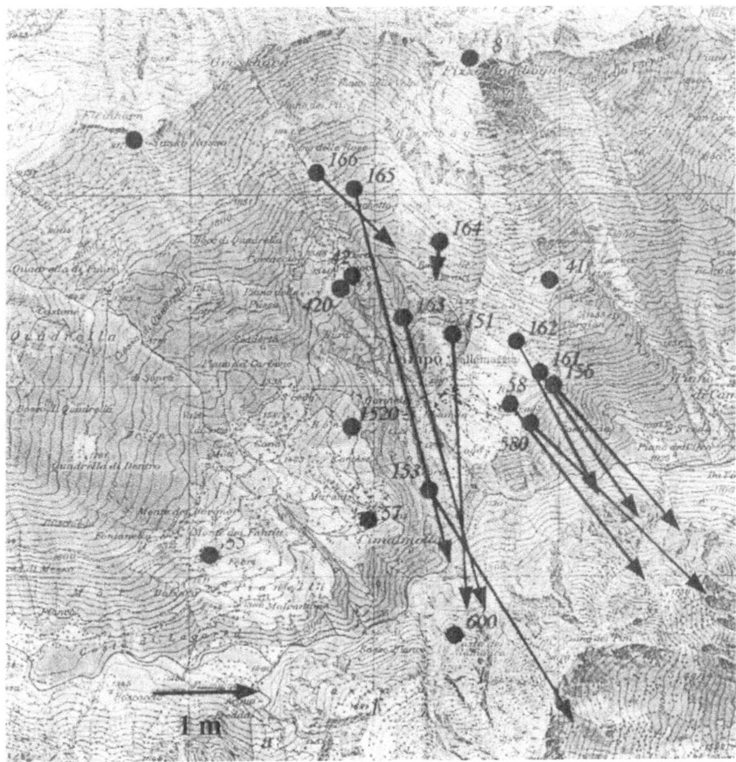

Figur 6.1: Verschiebungsfeld berechnet aus den Epochen 86 und 92 (Karte reproduziert mit Bewilligung der Landestopographie vom 3.10.95).

Dreidimensionale Strainanalyse: Um von den Verschiebungsmessungen zu geologisch interpretierbaren Daten zu gelangen, ist es von grossem Nutzen, Verzerrungsfelder und, wenn möglich, Spannungsfelder zu berechnen. Während für die Verzerrungsberechnungen oder Strainanalyse lediglich die Kenntnis des Verschiebungsfeldes nötig ist, müssen zur Spannungsberechnung rheologisch/mechanische Eigenschaften des Gebietes bekannt sein. Das Verfahren, das für die Verzerrungsanalyse entwickelt wurde, stützt sich auf die Methode der Kollokation oder des Kriging. Die Methode wurde so umgearbeitet, dass direkt Ableitungen des Verschiebungsfeldes interpoliert und damit auch die Berechnung der Verzerrungen ermöglicht werden. Die Berechnungen können sowohl in drei Dimensionen als auch in zwei Dimensionen durchgeführt werden. Fig. 6.2 zeigt die Projektionen der drei Hauptachsen auf die x/y-Ebene (Grundriss).

Im Aufriss sind kaum Verzerrungen in der Normalenrichtung zum Hang vorhanden. Die Verzerrungen erfolgen demnach hauptsächlich parallel zur Hangfläche. Zudem liegt die eine

Hauptachse fast ausschliesslich in der Fallinie und die zweite hangparallel. Anhand des Verzerrungstensors lassen sich auch die Volumendilatationen bzw. -kompressionen bestimmen. Dilatationen weisen auf Abschiebungen hin, während Kompressionen auf Aufschiebungen hindeuten. Oberhalb der Messpunkte 166 und 165 ist die Anrisszone des Rutschanges als Extensionsgebiet deutlich identifizierbar (vergl. Fig. 6.1, 6.2 und 6.3).

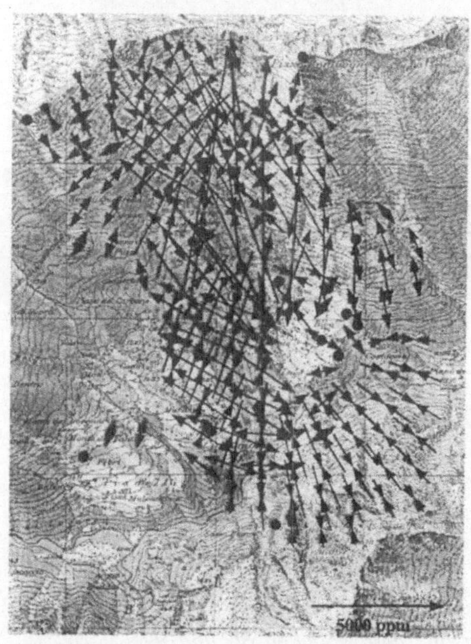 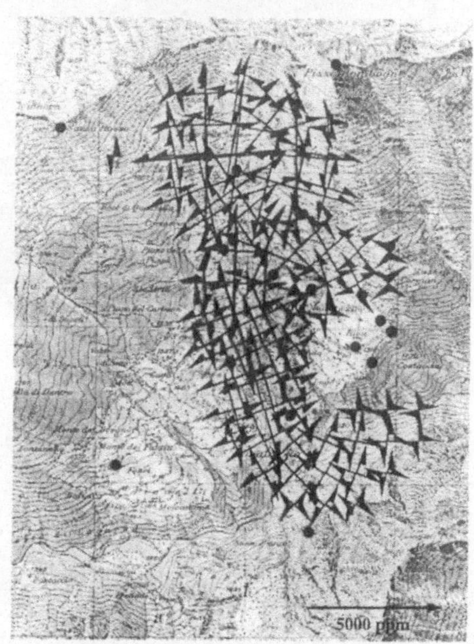

Figur 6.2: Projektion der Hauptachsen des 3D-Deformationstensors

Figur 6.3: Richtung und Betrag der maximalen Verscherungen

(reproduziert mit Bewilligung der Landestopographie vom 3.10.95).

Es ist interessant, festzustellen, dass sich oberhalb des Dorfes Campo eine wellig-unruhige Hangstruktur mit Aufwölbungen gebildet hat, welche durch die Aufschiebung der oberhalb liegenden, steileren Rutschzone auf die anschliessende, flachere entstanden ist. Diese Kompressionszone ist auch im Verzerrungsbild sichtbar.

Die maximale Dilatation erscheint etwa 200 m hangaufwärts oberhalb des Dorfes Campo. Diese Zone entspricht in etwa der Nordgrenze der detektierten Scholle von Riva, die mit geringer elastischer Verformung als Ganzes der Frana entgegenrutscht. Die Schäden an Bauwerken dürften hier eher klein sein.

Eine zweite Kompressionszone (Aufschiebung) erkennt man im Gebiet der Frana. Tatsächlich verhindert dort die Erosion der Rovana aber Aufschiebungen.

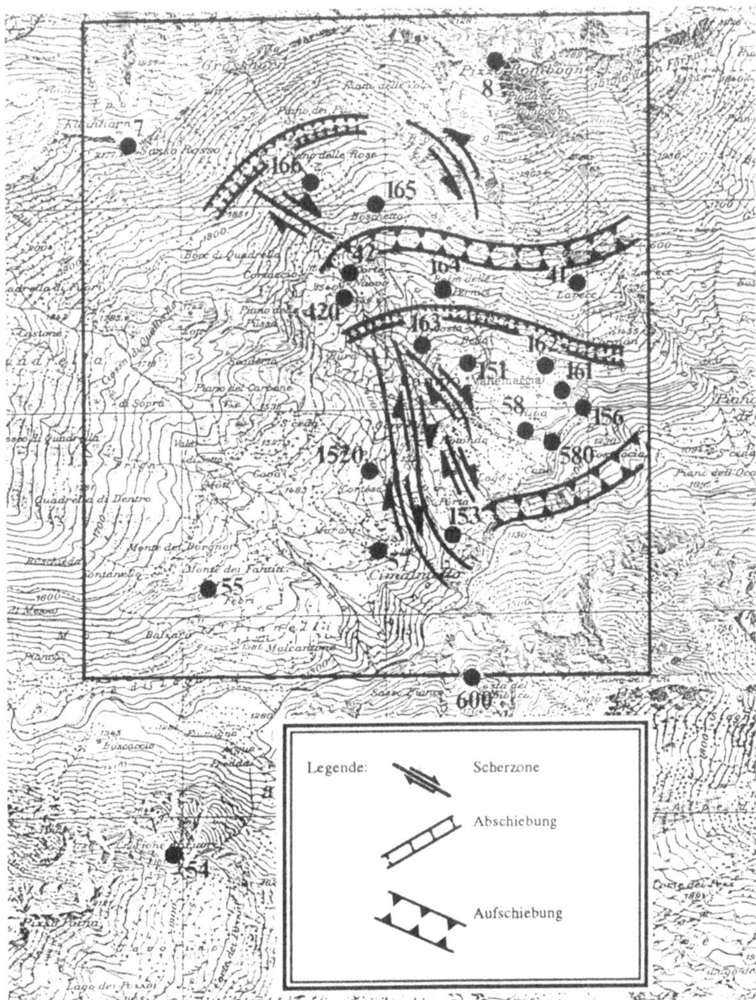

Figur 6.4: Übersicht über die tektonischen Verhältnisse im Rutschgebiet von Campo, basierend auf der Strainanalyse von geodätischen Verschiebungsmessungen (Topographische Grundlagenkarte reproduziert mit Bewilligung der Landestopographie vom 3.10.95).

In der Zone zwischen den Orten Campo und Cimalmotto entstehen aufgrund der relativen
Bewegungsunterschiede sehr grosse Verscherungen (Fig. 6.3). Diese äussern sich in einem
breiten Band von Gitterpunkten, welches sich von der westlichen Seite der Anrisszone, die
Ortschaft Campo streifend, bis in den Ansatz der Frana hinunterzieht.

Tektonische Karte : Abschliessend wird versucht, die Resultate der Strainanalyse in Form
einer einfachen tektonischen Karte zusammengefasst zu interpretieren.

Westlich von Campo befindet sich eine breite Scherzone (in Fig. 6.4. durch mehrere Scher-
brüche angedeutet). Die Bauwerke, welche in dieser Zone liegen, werden durch die Rut-
schungen stark in Mitleidenschaft gezogen. Demgegenüber dürften die Schäden in der Region
Riva, welche in sich geschlossen abrutscht, kleiner ausfallen. Schliesslich wird die Anrisszone
westlich und östlich durch zwei Scherzonen ziemlich scharf abgegrenzt. Der Hangabschnitt im
Gebiet von Cimalmotto scheint im behandelten Zeitabschnitt stabil geblieben zu sein. Diese
Aussage muss jedoch auf Grund der geringen Punktdichte in diesem Gebiet mit grosser
Vorsicht aufgenommen werden.

Im Gesamtüberblick findet man fünf Hauptzonen mit tektonisch grosser Aktivität:
In der Anrisszone entsteht eine Abschiebung. Oberhalb der Ortschaft Campo liegen eine Aufschiebung und eine Abschiebung in nächster Nachbarschaft. Topographisch findet man dort
Aufwölbungen im Hang, welche auf eine Kollision zwischen einer steileren, höher gelegenen
und einer flacheren, tiefer liegenden Hangscholle hinweisen. Im Gebiet dieser Kollisionszone
treten auch die Maxima der Deformationsenergiedichte auf.

6.2. Geodynamisches GPS-Netz in Griechenland

Die klassischen Vermessungsmethoden konnten früher nur wenig im Bereich der globalen
geodynamischen Forschung beitragen. Mit dem Aufkommen von GPS hat sich aber die
Situation schlagartig geändert. Ein ökonomisches hochpräzises Ausmessen von Punktfeldern
über mehrere Hundert Kilometer ist möglich geworden. Ein solches Projekt wurde im Jahre
1989 am GGL gestartet. Die Wahl fiel dabei auf Griechenland. In der Kollisionszone zwischen
Afrika und Eurasien gelegen, sind hier europaweit die grössten Verschiebungen zu erwarten.
Das von uns gewählte Gebiet zwischen Korfu und Kreta ist seismisch enorm aktiv; verschie-
dene grössere Erdbeben haben auch in der zweiten Hälfte dieses Jahrhunderts verschiedentlich
Tod und Verwüstung gebracht.

1989 wurde das GPS-Netz rekognosziert, vermarkt und erstmals vermessen, anschliessend
wurden drei Messkampagnen in den Jahren 1991, 1993 und 1994 durchgeführt. In einem
ersten Schritt galt es, pro Messepoche einen Satz von Koordinaten (mit zugehörigen Genauig-

keiten) zu bestimmen, um anschliessend aus den Unterschieden die Verschiebungen zu ermitteln. Ein zweiter Schritt bestand darin, die Ergebnisse zu analysieren und zu interpretieren (Kahle et al., 1993, 1995). Dies beinhaltet die Strain/Stressanalyse, das Bestimmen von Zonen maximaler Deformationsenergiedichten und das Modellieren von tektonischen Strukturen.

Fig. 6.5. zeigt die relativ zu Matera (Süditalien) ermittelten Verschiebungen zwischen 1989 und 1993 (Müller, 1995). Aus den Resultaten geht hervor, dass es zwei deutlich unterschiedliche Gebiete gibt, deren Trennzone im Bereich der Insel Kephalonia liegt. Dabei bewegt sich der süd-östlich gelegene Teil (Zentralgriechenland und Peloponnes) mit einer Geschwindigkeit von bis zu 40 mm/a Richtung Südwesten gegenüber dem nördlichen Teil (Süditalien und Nord-West-Griechenland).

Für eine weitere Interpretation wurde das untersuchte Gebiet als elastisch deformierbarer Körper modelliert und die Deformationsenergiedichten ermittelt. Die Analyse ergab ein um die Insel Lefkada zentriertes Maximum. Es ist interessant, festzustellen, dass am 25. Feb. 1994 ein Erbeben mit einer Magnitude von 5.6 (siehe Fig. 6.6.) Lefkada heimsuchte. Weitere Erdbeben folgten am 29. Nov. 1994 (Magn. 5.4) und am 1. Dez. 1994 (Magn. 5.3).

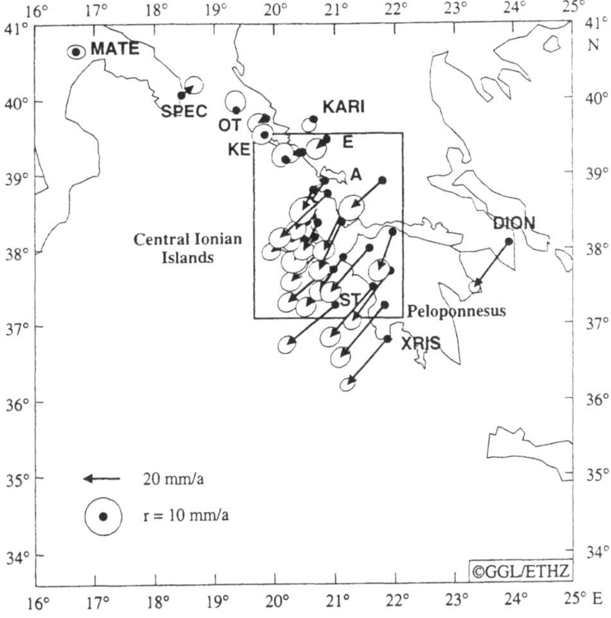

Figur 6.5: Beobachtete Verschiebungsraten (1989 - 1993), relativ zum Referenzpunkt Matera in Süditalien.

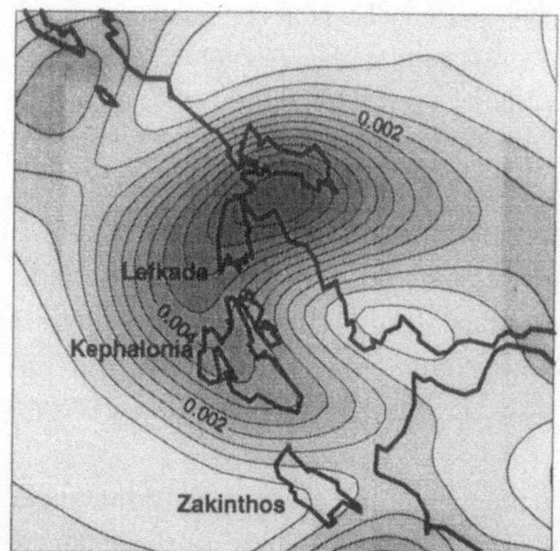

Figur 6.6: Berechnete maximale Deformationsenergiedichte und Erdbeben von Lefkada vom 25.2.1994.

Zur Zeit wird in einem 100 km x 100 km grossen Gebiet, zentriert um die Kephalonia-Verwerfung, für eine längere Zeitdauer (mehrere Monate) ein permanent messendes GPS-Netz aufgebaut, um zeitlich hochauflösende Informationen über die Bewegungsmechanismen in dieser kritischen Zone zu erhalten.

Ein weiteres Netz ist im Marmara-Gebiet vermessen worden und zeigt die Deformation in der westlichen Verlängerung der Nordanatolischen Verwerfungszone (Staub et al., 1995).

6.3. GPS-gestützte Aerophotogrammetrie

Die Anwendungen von kinematischem GPS sind mannigfaltig. Bei flugzeuggestützen Anwendungen stellen die mit GPS berechneten Koordinaten oft eine wertvolle Zusatzinformation zu einem anderen Messsystem dar. So stellt z.B. die Auswertung von SAR[4]-, Laser-Profiler- ,Laser-Scanner- oder Gravimetermessungen (Klingelé et al., 1995), die an Bord eines Flugzeugs aufgenommen wurden, zum Teil sehr hohe Genauigkeitsanforderungen an die jeweilige Trajektorie des Flugzeuges.

Der Einsatz von kinematischem GPS während photogrammetrischer Befliegungen ermöglicht

---

[4] SAR = Synthetic Aperture Radar

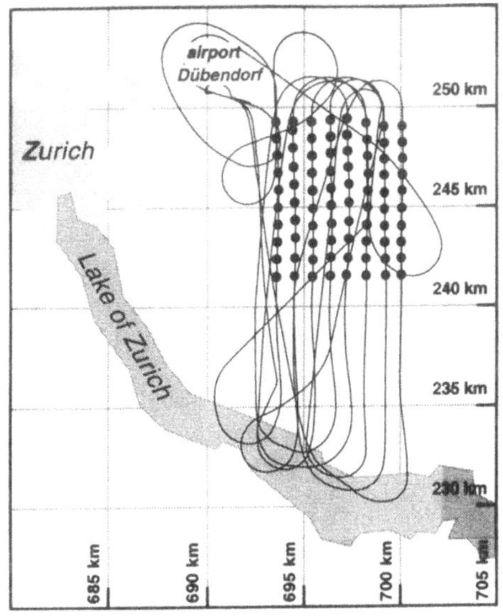

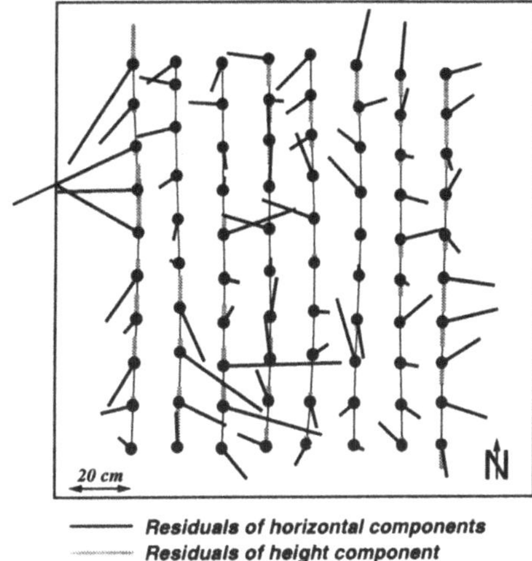

Figur 6.7: GPS-Trajektorie mit Projektionszentren des Aerophotogrammetrie fluges vom März 1992 (Landeskoordinaten in [km]).

Figur 6.8: Klaffungen in Lage und Höhe der Projektionszentren (externer Vergleich GPS versus Photogrammetrie).

eine hochpräzise Bestimmung der Koordinaten der Projektionszentren der Kamera während den Aufnahmen. Diese Information wiederum kann direkt in der photogrammetrischen Auswertung benutzt werden und erlaubt die Reduktion der Anzahl benötigter Passpunkte am Boden.

Die Resultate einer GPS-gestützten Befliegung des Testgebietes Uster (ZH) im Bildmassstab 1:10'000 haben gezeigt, dass es unter Einbezug der GPS-Information ohne Genauigkeitsverlust möglich war, mit nur vier, in den Blockecken verteilten, Passpunkten auszukommen (Grün et al, 1993).

Dieses Beispiel wurde gewählt, weil es einen interessanten externen Vergleich ermöglichte. Da in dem Projekt circa 100 Kontrollpunkte am Boden zur Verfügung standen, konnte dieser photogrammetrische Block (8 Streifen à 10 Bildern) auf konventionelle Art und Weise ausgewertet werden. Dies führte zu einer von GPS unabhängigen Bestimmung der Koordinaten der Projektionszentren. Fig. 6.8 zeigt die erhaltenen Klaffungen, wobei darauf hinzuweisen ist, dass auch die photogrammetrisch bestimmten Koordinaten nicht fehlerfrei

sind und sich die Fehler beider Systme daher überlagern. Dennoch stellt die Aerophotogrammetrie eine der wenigen Möglichkeiten dar, unter realen Flugbedingungen mit GPS
bestimmte Koordinaten zu überprüfen.

7. Zusammenfassung, Stand der aktuellen Forschung

Landesvermessung: Im Vordergrund des Forschungsinteresses stehen hier Untersuchungen zur Integration von GPS in die Praxis der Landesvermessung: Lage- und Höhenbe-
stimmungen, Transformationen terrestrischer und satellitengestützter Höhensysteme, Geoid-
bestimmung, Überprüfung von Verzerrungen des Landestriangulationsnetzes sowie das Erarbeiten von Theorien zur Behandlung richtungsabhängiger Messfehler (troposphärische Refraktion, Ionosphäreneinfluss). Die Nutzbarmachung von GPS in der Landesvermessung verlangt nach einem neuen Höhensystem für die Schweiz, einem dazugehörenden hochpräzisen
Geoid, der Errichtung permanenter GPS-Stationen als Referenzstationen mit fixen Koordinaten
und einem Europäischen Bahndienst.

Navigation: Das Anwendungs-Spektrum der GPS-Navigation erstreckt sich von der
Strassenkartierung bis zur Flugradarkalibrierung, von der Seekabelverlegung bis zur Gewäs-
servermessung. Es umfasst sämtliche Methoden von der fluggestützten Geländeaufnahme bis
zur Aerogeophysik (z.B. Aerogravimetrie, Aeromagnetik, Aeroradiometrie, Gammastrahlung
von Kernkraftwerken). Von besonderer Bedeutung ist die hochpräzise Positionsberechnung im
kinematischen Modus bei der Aerogravimetrie, in welcher die Flugzeugbeschleunigungen
korrigiert werden müssen, um die Gravitationssignale der Erde zu detektieren.

Geodynamik: Dank den aufgezeigten hohen Genauigkeiten können GPS-Messverfahren zur
Bearbeitung von bisher ungelösten geodynamischen Fragestellungen eingesetzt werden. Z.B.
sollten Bewegungsraten, die mit der aktiven Alpentektonik im Zusammenhang stehen, in
einigen Jahren detektierbar sein. Die leichte Portabilität der GPS-Empfänger und die kurzen
Messzeiten erlauben es, relativ schnell auch unwegsame Gebiete der Hochalpenregionen mit
GPS-Messpunkten homogen zu überdecken. Eine kinematische Kontrolle der tektonisch
aktiven Erdoberfläche wäre dadurch im Rahmen der GPS-Genauigkeiten gewährleistet. Diese
Informationen stellen wichtige Randbedingungen für geodynamische Modellbildungen im
Zusammenhang mit der Erdbebenforschung dar. Da es hier auf die höchstmögliche
Genauigkeit ankommt, müssen die systematischen Fehler besonders gründlich untersucht
werden. Ein Problemfeld bleibt dabei die Berücksichtigung des Feuchtanteils der Troposphäre.

Erwähnenswert ist in diesem Zusammenhang das NASA-Projekt 'Dynamics of the Solid Earth
(DOSE)'. Als Nachfolgeprojekt vom globalen 'Crustal Dynamics Project' wird in 'DOSE' als
ehrgeiziges Teilziel neben der Erforschung von geodynamischen Prozessen auch der Problem-

kreis der globalen Meeresspiegeländerungen angesprochen. Langfristiges Ziel der NASA ist es, entsprechend ihrem Aufruf zur internationalen "Mission zum Planeten Erde" vom Weltall aus regelmässig Parameter zu messen, welche die Land- und Meeresoberfläche, die Atmosphäre und Biosphäre quantitativ erfassen und Umweltveränderungen vorhersagen lassen sollen.

Meeresspiegeländerungen: Für die Detektion von Meerespiegeländerungen bedarf es hochpräziser Höhenanschlüsse zwischen den weltweit verteilten Gezeitenpegelstationen, um tektonische und isostatische Krustenbewegungen vom Meeressignal trennen zu können. Beiträge zum Erreichen dieses Zieles sind nur über Weltraumtechniken möglich. Im Rahmen des von der Commission of the European Communities (Directorate General for Science Research and Development) finanzierten Programms 'Environment 1990-94', sind entsprechende Arbeiten in den Küstenbereichen des Mittelmeeres angewandt worden [Zerbini et al., 1995]. Dies erfolgt zudem im Rahmen der von der Inter-Union Commission on the Lithosphäre eingesetzten Task Group 'Space Geodesy and Global Sea Level', in der Grundlagen erarbeiten werden, um einen Beitrag zum Problemkreis 'Meeresspiegeländerungen' zu leisten.

Kurze GPS-Bibliographie

Bauer, Manfred (1992) : *Vermessung und Ortung mit Satelliten, NAVSTAR-GPS und andere satellitengestützte Navigationssysteme*, 2. Auflage, Wichmann Verlag Deutschland ISBN 3-87907-245-0.

Schrödter, Frank (1994) : *GPS Satelliten Navigation*, Franzis-Verlag, ISBN 3-7723-6682-1.

Seeber, Günther (1989) : *Satellitengeodäsie : Grundlagen, Methoden und Anwendungen*, Verlag Walter de Gruyter, Berlin, N.Y. ISBN 2-11-010082-7.

GPS World : *News and Application of the Global Positioning System*. (Zeitschrift).

Literaturreferenzen

Beutler, G., (1992): *The Impact of 'The International GPS Geodynamics Service (IGS) on the Surveying and Mapping Community*, XVII ISPRS Congress Washington.

Beutler, G., E. Brockmann, W. Gurtner, U. Hugentobler, L. Mervart, M. Rothacher and A. Verdun, (1994): *Extended orbit modeling techniques at the CODE processing center of the international GPS service for geodynamics (IGS): theory and results*, manuscripta geodaetica 19: 367-386.

Bürki, B., H. Hirter, M. Cocard, H.-G. Kahle, (1994): *Mikrowellen-Radiometrie und deren Anwendung in der Geodäsie. Teil I: Verfahren, Hard- und Softwarebeschreibung*, Institut für Geodäsie und Photogrammetrie, Bericht Nr 234, ETH Zürich.

Cocard, M., (1994): *High Precision GPS-Processing in Kinematic Mode*. Dissertation ETH No 10874.

Danuser , G., (1992): *Robuste Schätzer mit hohem Bruchpunkt*, Institut für Geodäsie und Photogrammetrie, Bericht Nr 207, ETH Zürich.

Danuser , G., A. Geiger, M. Müller, (1993): *Modellierung von Verschiebungs- und Verzerrungsfeldern*, Institut für Geodäsie und Photogrammetrie, Bericht Nr 218, ETHZ.

Geiger, A., (1987): *Einfluss richtungsabhängiger Fehler bei Satellitenmessungen*. Institut für Geodäsie und Photogrammetrie, Bericht Nr 130, ETH Zürich.

Geiger, A. et al., A. Wiget et al., M. Rothacher et al., (1995): *Mitigation of Tropospheric Effects in Local and Regional GPS Networks,* Proceedings of IUGG General Assembly, Boulder.

Glaus, R., B. Bürcki and H.-G. Kahle, (1995): *Recent results of water vapor radiometry in assessing vertical lithospheric movements by using space geodetic radioware techniques.* J. Geodynamics, 20, No. 1: 31-39.

Grün, A., M. Cocard, H.-G. Kahle, (1993): *Photogrammetry and Kinematic GPS: Results of a High Accuracy Test,* in: Photogrammetric Engineering and Remote Sensing PE&RS, Nov. 1993, Special Issue: GPS Photogrammetry, pp 1643:1650.

Frei, E., (1991): *Rapid Differential Positioning with the Global Positioning System (GPS),* Geodätisch-geophysikalische Arbeiten in der Schweiz, SGK-Publikation, Band 44.

Kahle, H.-G., M.V. Müller, St. Mueller, G. Veis, (1993): *The Kephalonia transform fault and the rotation of the Apulian platform:* Evidence from Satellite Geodesy. Geophysical Research Letters, vol. 20, No. 8: 651-654.

Kahle, H.-G., M.V. Müller, A. Geiger, G. Danuser, St. Mueller, G. Veis, H. Billiris and D. Paradissis, (1995): *The strain field in NW Greece and the Ionian Islands: result inferred from GPS measurements.* Tectonophysics.

Klingelé, E. M. Halliday, M. Cocard, H.-G. Kahle, (1995): *Airborne Gravimetric Survey of Switzerland,* in Vermessung Photogrammetrie und Kulturtechnik, 4/95 : 248-253.

Müller, M. V., (1995): *Satellite Geodesy and Geodynamics: Current Deformation along the West Hellenic Arc.* Dissertation ETHZ No. 11358.

Wild, U., (1993): *Ionosphere and Geodetic Satellite Systems: Permanent GPS Tracking Data for Modeling and Monitoring,* Geodätisch-geophysikalische Arbeiten in der Schweiz, SGK-Publikation, Band 49.

Straub, C. and H.-G. Kahle, (1995): *Active crustal deformation in the Marmora Sea region, N.W. Anatolia, inferred from GPS measurements.* Geophys. Res. Letters, 22, 18: 2'533-2'536.

Zerbini, S. et al, (1995): *Sea level in the Mediterranean: a first step towards separating crustal movements and absolute sea level variations.* in: Global and Planetary Change. In press.

Prof. Dr. H.-G. Kahle, Dr. M. Cocard, Dr. A. Geiger, Institut für Geodäsie, ETH Hönggerberg, CH-8093 Zürich

Geomechanische Instrumentierung und automatische Ueberwachung von instabilen Hängen

Arno Thut

Zusammenfassung

Geomechanische Messungen sind für die Untersuchungen von instabilen Hängen eine wesentliche Grundlage. Die meist gemessenen Verschiebungsgrössen sind Dehnungs- und Neigungsänderungen. Es wird zwischen linienweisen und punktweisen Messungen unterschieden. Die linienweise Messung ermöglicht bei der Ermittlung aller drei orthogonalen Verschiebungskomponenten entlang der Messlinie eine detaillierte Interpretation des Bewegungsmechanismus, wie Scherung mit oder ohne Konsolidation, Kriechen etc.

Die punktuellen Messungen sind zusammen mit automatischen Messanlagen besonders für die kontinuierliche, permanente Erfassung der Verschiebungsgrössen von Bedeutung. Der zeitliche Verlauf kann Hinweise auf die Entwicklung des Abbruches geben. Die Eingabe von Grenzwerten für die Auslösung von Alarmsignalen sind ein Bestandteil der Sicherheit.

Alle Messungen können nur auf der Basis geologischer und hydrogeologischer Untersuchungen interpretiert werden, andererseits können die Messresultate die geologischen bzw. hydrogeologischen Untersuchungen ergänzen.

1.   Einleitung

Instabilitäten von Hängen, stehen Felsformationen oder Lockergestein an, werden immer durch Spannungsänderungen hervorgerufen. Die Erosion am Fusse einer Böschung und die damit verbundene Entlastung kann das Gleichgewicht des Hanges empfindlich beeinflussen. Spannungsänderungen treten auch bei Aenderungen der piezometrischen Höhen durch äussere Einflüsse auf.

Für die Beurteilung des Risikos einer Rutschung stehen dem Geologen und Ingenieur folgende Beobachtungsmethoden zur Verfügung:

- Visuelle Beobachtungen von Rissen an Hangkanten, des Pflanzenwuchses der Geomorphologie etc.
- Geodätische Vermessung von Hangbewegungen
- Geophysikalische Messungen, insbesondere Mikroseismik
- Geomechanische und hydrogeologische Messungen.

Die visuelle Beobachtung sowie die geodätische Vermessung geben Aufschluss über die Verschiebungen an der Oberfläche. Mit den geomechanischen Messungen werden die Verschiebungen im Massiv, im Rutschhang selbst jedoch mit speziellen Instrumenten ebenfalls an der Oberfläche gemessen.

2.   Ziel geomechanischer Messungen

Treten an der Oberfläche, z.B. bei der Abrisskante eines Rutschhangs Risse auf, haben schon grössere Verschiebungen stattgefunden und höchstwahrscheinlich haben sich schon Gleitebenen ausgebildet. Für die Risikoanalyse müssen in diesem Falle zusätzliche Beobachtungen hinzugezogen werden. Langfristige Kriechbewegungen oder Gleitbewegungen in der Anfangsphase manifestieren sich häufig nicht mit Oberflächenveränderungen. Allein hochpräzise geomechanische Messungen in Bohrungen geben in diesen Fällen Aufschluss über die Bewegungen und die potentielle Gefährdung.

Mit geomechanischen Messungen werden primär Verschiebungs- und Neigungsänderungen in Bohrungen oder auch an der Oberfläche erfasst. Das Ziel dieser Messungen ist Kenntnis zu erhalten;

- über die Lage der Gleitebenen, über den Bewegungsmechanismus,
- über das Volumen der Rutschmasse,
- über die Geschwindigkeit bzw. Beschleunigung der Gleitbewegung und
- über potentielle Rutschungen bevor Geländeverformungen der Oberfläche zu beobachten sind.

Zusammen mit der Topographie der Geologie und den hydrogeologischen Verhältnissen bilden die geomechanischen Messungen die Grundlage für die Risikoanalyse von Rutschhängen.

Hangbewegungen können jedoch ohne Anzeichen von Abgleiten wie das Beispiel des Gotschnahangs in Klosters zeigt, über grosse Zeiträume, d.h. über mehrere 100 Jahre auftreten. Hier werden die geomechanischen Messungen zur Abklärung der Bewegungsmechanismen für die Projektierung von Tunnels und auch für die Fundation von Lehnenviadukten herbeigezogen.

3.   Messprinzipien

Für geomechanische Messungen und Beobachtungen steht je nach Messaufgabe eine Vielzahl von Instrumenten zur Verfügung. Es wird zwischen der linienweisen und der punktuellen Beobachtung unterschieden (Fig. 1). K. Kovari 1981. Beispielsweise ist ein Bohrlochinklinometer (z.B. Slope Indicator) ein Messgerät für die linienweise Beobachtung und der Extensometer, wenn der Anker als "Fixpunkt" betrachtet werden kann, ein Instrument für die punktuelle Messung. Bei der linienweisen Beobachtung werden Verschiebungsgrössen Meter für Meter z.B. entlang einem Bohrloch ermittelt. Mit der punktuellen Messung werden Oberflächenverschiebungen erfasst.

Beide Messprinzipien haben ihre spezifische Bedeutung und können sich gegenseitig ergänzen. Mit der Linienmessung (Fig. 1a) kann die Scherfläche im Hang genau lokalisiert, und es können eventuelle Kriechvorgänge ermittelt werden. Die punktuelle Beobachtung erlaubt die permanente, automatische und kontinuierliche Erfassung der Verformungsgrössen in Abhängigkeit der Zeit, sie ist eine wesentliche Massnahme für die Ueberwachung der Sicherheit.

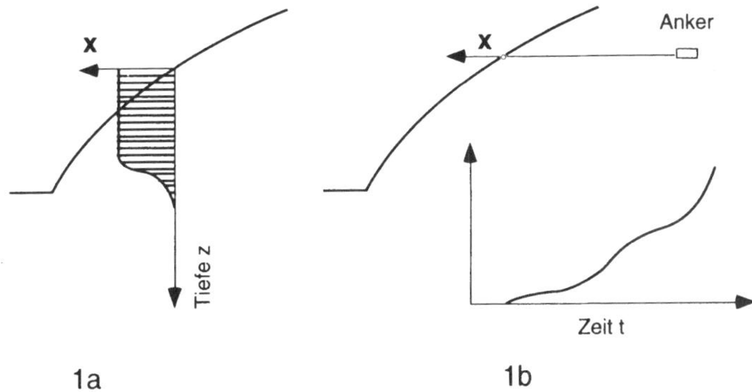

Figur 1: Linienweise und punktuelle Messung.

Die linienweise Messung wird bis heute mit portablen Instrumenten durchgeführt. Die Messungen sind zeitaufwendig, andererseits verfügen sie über die wesentlichen Vorteile der umfassenden Aussagekraft und der jederzeit möglichen Eichung der Instrumente. Durch Umschlagsmessungen bei Neigungsmessungen und durch die Eichungen der portablen Instrumente kann eine hohe Genauigkeit und Langzeitstabilität erreicht werden.

4. Messverfahren zur Ermittlung des Profiles von Verschiebungsgrössen entlang Messlinie

Der Bohrlochinklinometer (Hanna, 1985) ergibt die Verteilung der horizontalen Verschiebungskomponenten entlang einer Bohrlochachse. Dieses Instrument arbeitet mit Inklinometern und wird vorwiegend in senkrechten Bohrungen eingesetzt. Es ist ein weit verbreitetes Hilfsmittel zur Lokalisierung von Rutschflächen und zur Ermittlung der Oberflächenverschiebung in Bezug auf das Bohrlochende.

4.1. Gleit-Curvometer

Ein neues Instrument ist das Gleit-Curvometer (Fig. 2), es besteht aus zwei 1 m langen Elementen, die in der Mitte über ein Gelenk verbunden sind. Das Gelenk ist als Messelement für die Verschiebunsgrössen Dx und Dy ausgebildet. Mit diesem Instrument werden neue Möglichkeiten eröffnet. Besonders in unwegsamem Gelände – Rutschhänge sind dies meist – (Fig. 3) ist es wegen der Installation kostengünstiger, z.B. am Hangfuss subhorizontale Bohrungen zu erstellen. Bei diesem Instrument ist zu beachten, dass ein offener Polygonzug gemessen wird, entsprechend ist die Fehlerfortpflanzug ungünstig. Für die Ermittlung der Lage der Gleitebene bzw. für die Untersuchung der betroffenen Grösse der Rutschmasse werden jedoch primär die differentiellen Verschiebungen direkt betrachtet.

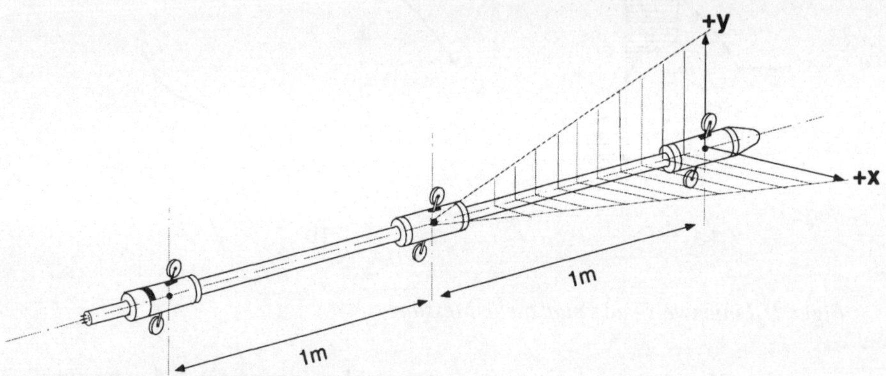

Figur 2: Gleit-Curvometer.

Figur 3: Ueberwachung instabiler Hänge mit Gleit-Curvometer in subhorizontalen Bohrungen.

4.2. Trivec

Die Ermittlung aller drei Verschiebungskomponenten entlang einer vertikalen Bohrlochachse erfolgt mit der Trivec-Sonde (Köppel et al. 1983) (Fig. 4). Die gemessenen Verschiebungsgrössen sind die Dehnung Dz entlang der Bohrlochachse und die horizontalen Auslenkungen Dx und Dy in zwei vertikalen Ebenen. Das Instrument ist eine Weiterentwicklung des Gleit-Mikrometers (Kovari et al. 1979, Kovari und Fritz 1984), mit welchem allein die axialen Dehnungen entlang beliebig geneigten Bohrungen gemessen werden. Im wesentlichen ist das Trivec deshalb ein Gleit-Mikrometer mit zwei Inklinometersensoren für die Messung von Dx und Dy. Die beiden Sensoren sind in der Sonde in der Richtung der x-Achse und der y-Achse orientiert. Im Gegensatz zum üblichen Bohrloch-Inklinometer bei dem glatte Rohre mit Rillen für die Führung des Klinometers verwendet werden, ist das Trivec Messrohr mit einer Kette von Referenzpunkten in der Form von kegelförmigen Messmarken versehen (Fig. 5). Gegenüber dem Bohrlochinklinometer ist dadurch die Position der Sonde eindeutig definiert und exakt reproduzierbar. Die Messmarken befinden sich in den teleskopartig verschieblichen Kupplungselementen der HPVC-Rohre.

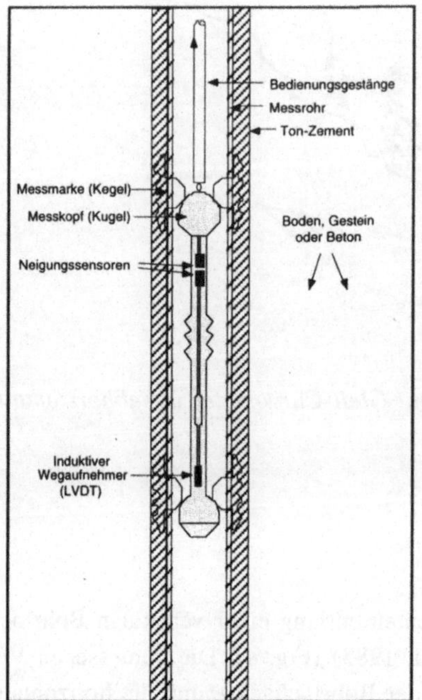

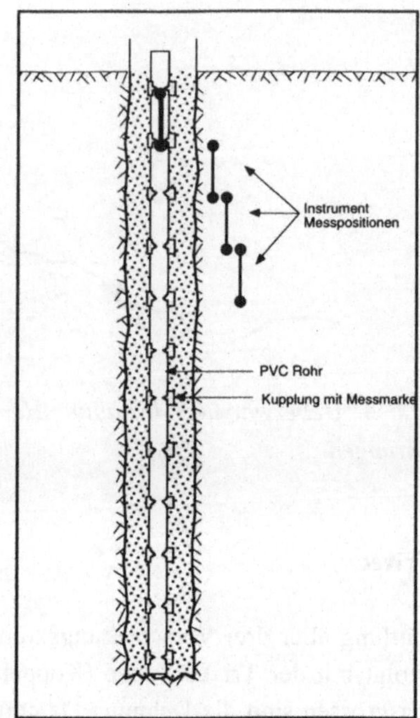

Figur 4: TRIVEC.   *Figur 5: Schrittweises Setzen des*
                                 TRIVEC.

Die Messmarken halten die zwei Köpfe der Sonde für den kurzen Moment der Messung. Verschieben sich die Messmarken relativ zueinander infolge der Verschiebung im Lockergestein oder im Fels wird die Aenderung der Distanz (Dehnung) und die Aenderung der Neigung als Differenz zwischen zwei Messungen ermittelt. Die Messmarken sind kegelförmig und die Oberflächen der Köpfe der Messonden kugelförmig. Mit dem Kugel-Kegel Setzprinzip ist die Lage des Zentrums der Kugel genau definiert. Dieses einfache Setzsystem erklärt die hohe Messgenauigkeit des Messsystems.

4.3.   Gleit-Mikrometer, Gleit-Deformeter kombiniert mit Bohrlochinklinometer

Der Gleit-Mikrometer und der Gleit-Deformeter sind ebenfalls portable Messgeräte und dienen der Ermittlung der Dehnungsverteilung entlang der Bohrlochachse. Die Messverrohrung ist gleich konzipiert wie für die vorher beschriebenen Instrumente. Die Wahl, ob Gleit-Mikrometer oder Gleit-Deformeter richtet sich nach der gewünschten Genauigkeit. Der Gleit-Mikrometer mit der hohen Genauigkeit von ±0.003 mm/m wird vorwiegend im

Fels und Beton mit hohen Verformungsmoduln und der Gleit-Deformeter mit der Genauigkeit von ±0.03 mm/m in verformbareren Formationen eingesetzt.

Die Dehnungsmessungen lassen sich bei der Verwendung von Rillenrohren und mit den Kupplungen der Gleit-Mikrometer oder Gleit-Deformeter mit der Bohrlochinklinometermessung kombinieren, damit können ebenfalls 3 Komponenten des Verschiebungsvektors ermittelt werden. Wegen der unterschiedlichen Position der Instrumente werden die horizontalen Komponenten nicht exakt am gleichen Ort gemessen. Der Inklinometer wird ca. 10 cm unterhalb des Sitzes des Gleit-Mikrometers gesetzt.

Der Vorteil der Kombination dieser beiden Instrumente liegt in der hohen Genauigkeit der Dehnungsmessungen entlang der Bohrlochachse. Da der Verschiebungsvektor mit wenigen Ausnahmen eine vertikale Komponente aufweist, können damit Verschiebungen frühzeitig erfasst werden.

5.   Verschiebungsmechanismen

Nur mit der Ermittlung des Profils der räumlichen Verschiebungsvektoren entlang der Bohrlochachse kann der Bewegungsmechanismus einer Rutschmasse (Kovari 1984) genau interpretiert werden. Zusammen mit der Geologie und der Topographie werden, wie die folgenden Beispiele zeigen, grundsätzliche Erkenntnisse über das Verformungsverhalten der einzelnen durch die Rutschung beanspruchten Formationen erhalten.

Befindet sich eine Rutschzone mit einer Stärke <1.0 m zwischen zwei Trivec- Messmarken (Fig. 6) hängen die beobachteten Verschiebungen von der Neigung der Rutschfläche, der Bewegungsrichtung und vom Verformungsverhalten der beanspruchten Zone ab. Findet während dem Schervorgang in der Scherzone keine Veränderung der Schichtstärke statt, d.h. der Schervorgang ist volumenkonstant (Fig. 6a), dann verläuft der differentielle Verschiebungsvektor parallel mit der Scherfläche. Hier ist zu beachten, dass bei einer nach oben gerichteten Scherung (Fig. 6b) die vertikale Verschiebungskomponente (in Bohrlochachse) eine Verlängerung zeigt und im Gegensatz dazu bei einer nach unten gerichteten Scherung eine Verkürzung zu beobachten ist. Besonders dort, wo aufgrund der Geologie beispielsweise eine nach oben gerichtete Scherung nicht erwartet wird, gibt die präzise Messung der vertikalen Verschiebungskomponente einen wesentlichen Hinweis, wie die Bewegung gerichtet ist. Mit dem Bohrlochinklinometer allein werden die vertikalen Verschiebungskomponenten nicht gemessen. Ist die Scherzone kompressibel, d.h. findet während der Scherung eine Konsolidation statt, wird die oben genannte vertikale Verschiebungskomponente durch eine zusätzliche Komponente überlagert, und der Verschiebungsvektor ist bei abwärtsgerichteter Bewegung nicht mehr parallel zur Scherfläche, sondern steiler als die Scherfläche.

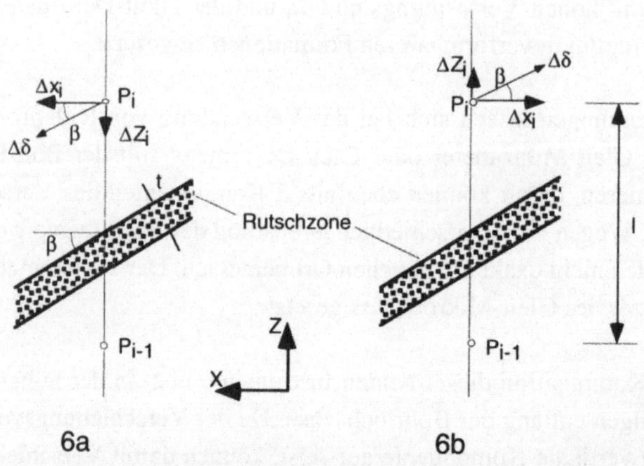

Figur 6: Gleitzone zwischen zwei benachbarten Messmarken.
a) Gleiten nach unten mit Verkürzung
b) Gleiten nach oben mit Verlängerung

5.1. Trivec Messungen an Beispielen

Der Gotschnahang in Klosters am linken Ufer der Landquart wird seit 50 Jahren geodätisch vermessen. Die Verschiebungen betragen bis zu 50 mm pro Jahr. Im Hinblick auf neue Tunnels für die Rhätische Bahn und für die Umfahrung Klosters wurden an mehreren Stellen Trivec-Messungen durchgeführt. Ein Bohrloch wurde vom bestehenden Eisenbahntunnel bis zu einer Tiefe von 40 m mit Trivec-Messrohren ausgerüstet (Fig. 7). Die Messlinie durchquert die Rutschzone.

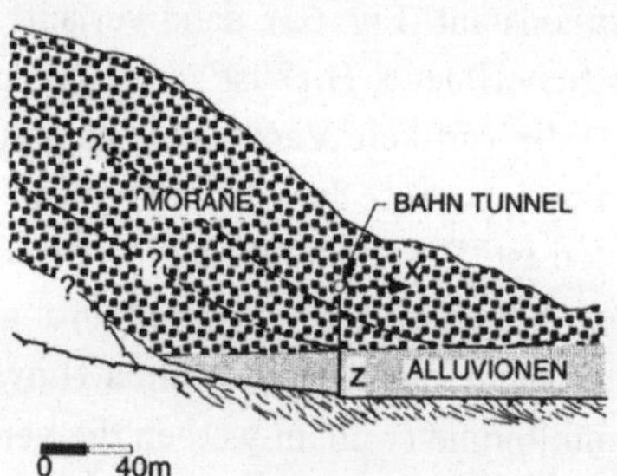

Figur 7: Lage der instrumentierten Bohrung im Tunnel der RhB, Klosters.

Die Messresultate sind in der Fig. 8 enthalten. Es sind die differentiellen gemessenen Verschiebungen in x- und z-Richtung sowie das Profil der Verschiebungsvektoren dargestellt. Es ist das typische Bild einer Rutschung mit zwei eindeutigen Rutschflächen, interessant ist der Vergleich der differentiellen Verschiebungen in der z-Achse mit den Horizontalverschiebungen in der x-Achse. In der Tiefe von 10 m sind in Bezug auf die differentiellen Setzungen 2 Spitzen, und bei der Horizontalverschiebung nur eine Spitze zu beobachten. Die Scherung scheint unterhalb der Scherebene von einer Konsolidation oder eventuell einer Erosion begleitet zu sein.

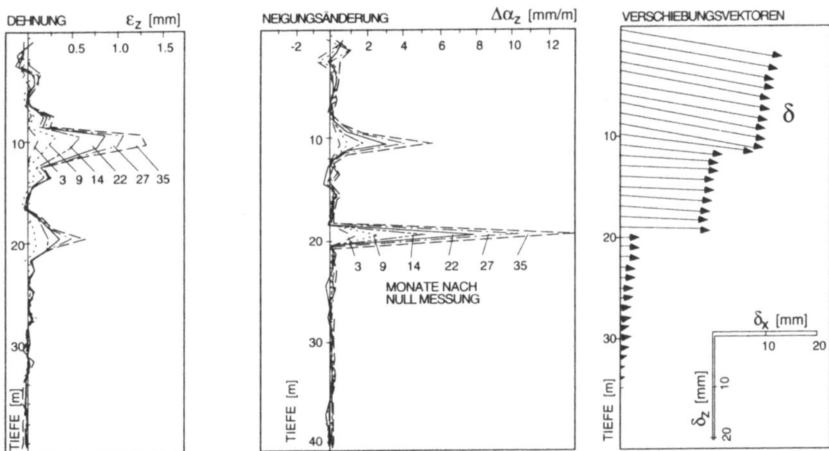

Figur 8: Verschiebungen im Rutschhang mit der Verteilung der Dehnungen und den Verschiebungsvektoren.

In zwei anderen Zonen des Gotschnahanges wurden 4 weitere Bohrlöcher mit Trivec-Messrohren (Fig. 9) ausgerüstet. Herr Prof. C. Schindler (ETH Zürich) hat die Messlinien für die Untersuchungen als Experte angeordnet. Die Bohrungen B17 und B18 zeigen die vorher aufgezeigten typischen Bilder der Verschiebungsvektoren bei einer nach oben gerichteten Scherung.

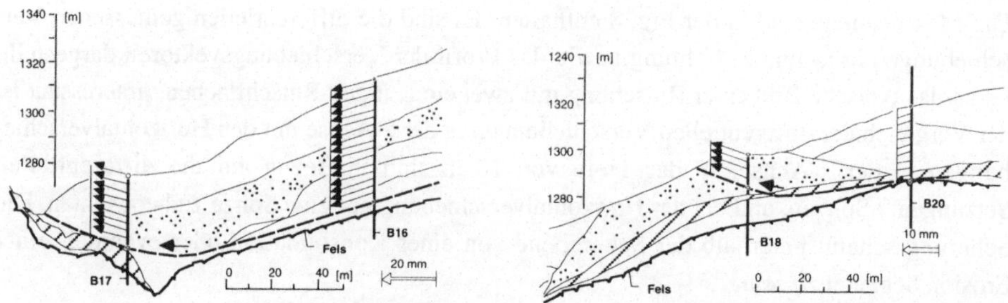

Figur 9: Verschiebungsvektoren in einem Querschnitt des Rutschhanges Klosters, Bohrungen 17 und 18 zeigen aufwärtsgerichtete Gleitflächen.

Für eine Stabilitätsuntersuchung in der Ostschweiz wurden 4 Bohrungen bis Tiefen von 85.0 m mit Trivec-Messrohren ausgerüstet. Abb. 10 zeigt die Verschiebungsvektoren für zwei Bohrungen im Hangquerschnitt. Bei der Bohrung SB2 ist ein erster Gleithorizont in der Tiefe von 72 m und ein zweiter weniger ausgeprägter Horizont in der Tiefe von 25 m zu beobachten. Die Verschiebungsvektoren verlaufen parallel. Die Bohrung SB3 befindet sich im Bereich einer Auffüllung des Nackentälchens. Die gemessenen Verschiebungen sind als Nachrutschung des Blockmaterials infolge der Gleitbewegung des talseitigen Massives zu betrachten.

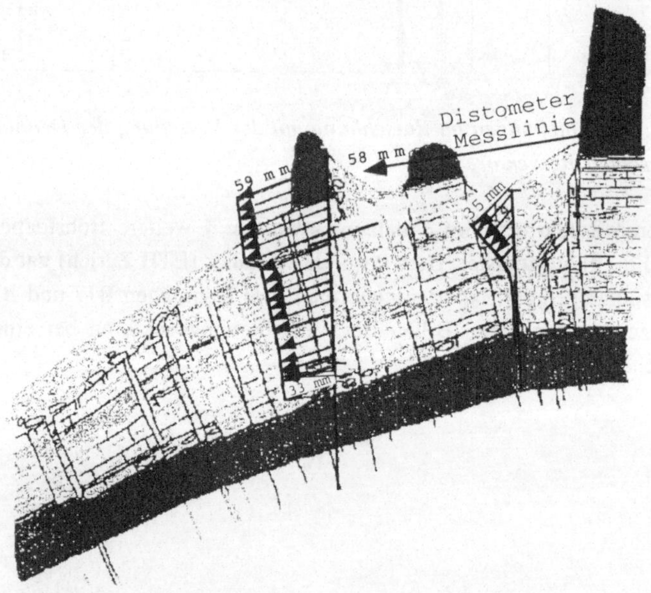

Figur 10: Verschiebungsvektoren in einem Felshang in der Ost-Schweiz.

6. Automatische und Permanente Überwachung

Für die Sicherheitsaspekte werden bei potentiellen Gefahren für die Oeffentlichkeit, z.B. Strassenführung oder Siedlungen unterhalb von instabilen Hängen ergänzend zu den Linienmessungen oder auch unabhängig davon permanente Messsysteme mit diversen Sensoren und automatischer Speicherung der Messwerte installiert. Diese eingangs als punktuell bezeichneten Messungen, betreffen in erster Linie Verschiebungsmessungen z.B. mit Extensometern, optische Verschiebungsmessungen mit automatischen Nivelliergeräten, Theodoliten oder Neigungsmessungen mit fest installierbaren Klinometern, jedoch auch die Messung von piezometrischen Höhen. In vorhandenen Trivec-Messrohren können in den kritischen Verschiebungszonen ebenfalls fest installierbare Dehnungs- oder Neigungssonden eingebracht werden. Ein solches automatisches System, der GeoMonitor, wird stellvertretend für andere beschrieben (Fig. 11). Das Herz der Anlage ist ein PC mit der entsprechenden Software und der Datalogger SDC (Solexperts Data Controller), mit dem die Sensoren angesteuert werden. Jeder Sensor hat eine eigene Adresse. Der Data Logger steuert die einzelnen Sensoren über eine einzige Leitung (Busleitung) einer nach dem anderen an. Bei diesem System können beliebig viele Sensoren im Baukastensystem in Serie angeschlossen werden.

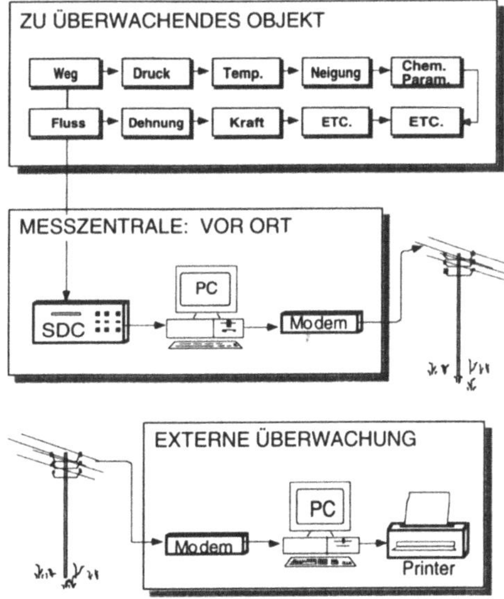

Figur 11: GeoMonitor informatikunterstütztes automatisches, permanentes Messsystem mit Bus-Kabel.

Die Messwerte werden automatisch gespeichert, ausgewertet sowie graphisch und numerisch dargestellt. Mit dem Modembetrieb können die Messungen in beliebiger Distanz in
einer zentralen Ueberwachungsstelle z.B. im Geologie- oder Ingenieurbüro jederzeit überwacht und eingesehen werden. Bei Ueberschreiten von definierten Grenzwerten wird ein
Alarm ausgelöst, der seinerseits einen Telefonalarm, ein Lichtsignal u.a.m. betätigt.

6.1.   Sensoren für automatische Messungen

6.1.1.   Stangen-Extensometer

Bei genügend tiefer Anordnung des Ankers, er muss ausserhalb der möglichen Rutschzone
als Fixpunkt dienen, wird die Oberflächenverschiebung bzw. die Relativverschiebung
zwischen Anker und Messkopf über ein Gestänge mit fest installiertem Wegaufnehmer erfasst. Mehrfach Extensometer erlauben die Messung von Verschiebungen zwischen bis zu 8
Verankerungspunkten in einem Bohrloch .

6.1.2.   Fest Installierbare Klinometer

Die Absturzgefahr von Felsblöcken ist neben der Translation meist auch mit einer Rotation
verbunden. Die Neigungsänderungen solcher Blöcke werden bei mit fest installierten Inklinometern permanent und automatisch erfasst. Hier bleibt zu erwähnen, dass Neigungsmessungen auch mit portablen Neigungsmessgeräten wie z.B. dem Klinometer BL 200 A durchgeführt werden können. Bei dem potentiellen Felssturz am Oelberg (Axenstrasse) wurde zur
Ueberwachung der Verschiebungen neben Extensometern dieser portable Klinometer eingesetzt.

6.1.3.   Fest installierbare Dehnungs- und Neigungsmessgeräte für Gleit-
         Mikrometer- und Trivec-Messrohre

Für die Messrohre der Linienmessgeräte, Trivec, Gleit-Mikrometer etc. wurden speziell fest
installierbare Instrumente für die permanente Ueberwachung von Verschiebungen entwikkelt.

Die Instrumente, das FIM (Fig. 12) (Fest Installierter Mikrometer) und das FIN (Fest Installiertes Neigungsmessgerät) werden in Zonen grosser Verformungen im Messrohr installiert
und mit der automatischen Messanlage GeoMonitor permanent erfasst. Die Messinstrumente

hoher Präzision können für Nacheichungen oder im Falle eines Einsatzes in einer anderen Messverrohrung ausgebaut werden (Naterop et al. 1991).

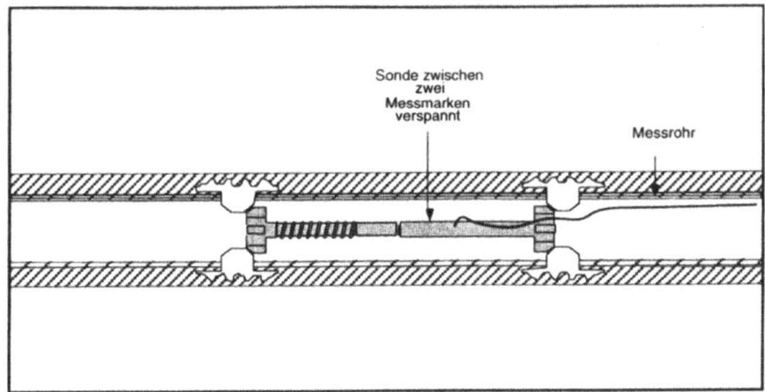

Figur: 12: FIM, Fix Installierbare Mikrometer in Trivec- oder Gleit-Mikrometer Messrohren.

6.1.4. Kettendeflektometer

Mit dieser Neuentwicklung werden Richtungsänderungen ebenfalls permanent entlang von Messlinien gemessen (Fig. 13). Die Instrumente sind für die Nachkalibrierung wieder ausbaubar. Das Messprinzip ist ähnlich wie beim Gleit-Curvometer.

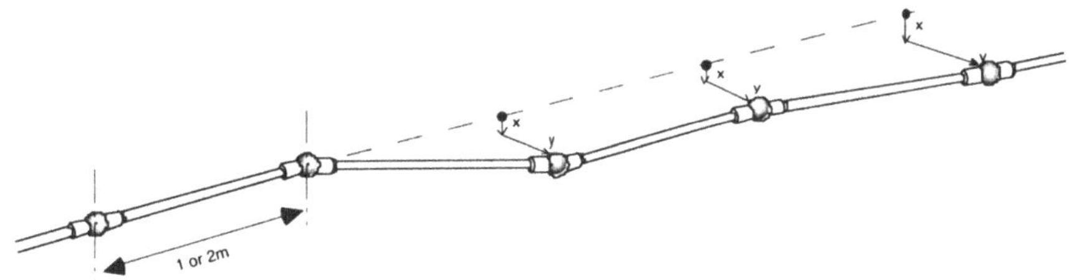

Figur 13: Kettendeflektometer.

6.1.5. Drucksensoren

Die piezometrischen Höhen können in einem Bohrloch in bis zu 5 Etagen gemessen werden. Zur Anwendung kommen vor allem piezoresistive Druckaufnehmer. Bei der Installation ist darauf zu achten, dass die Geber möglichst ausbaubar sind.

6.1.6. Automatisierte, motorisierte Digital Nivelliergeräte

Für das automatische, permanente Nivellement kann z.B. das digitale Nivelliergerät NA 3003 der Firma Leica oder DiNi 10 der Zeiss angeschlossen werden, beide Instrumente wurden durch Solexperts motorisiert. Mit den Orientierungs- und Fokusmotoren können mit einem Instrument beliebig viele Messlatten automatisch gemessen werden.

6.1.7. Optische automatische geodätische Messung

Motorisierte Theodolite erlauben die automatische Beobachtung von Hangverschiebungen.

6.1.8. Blitzschutz

Automatische permanente Anlagen sind bei Blitzschlägen durch die grossen Potentialdifferenzen zwischen den Sensoren und der Messanlage stark durch Ueberspannungen gefährdet. Aus diesem Grunde ist dem Blitzschutz der gesamten Anlage höchste Priorität zu geben.

Literaturreferenzen

Hanna, T.H., 1985: *Field Instrumentation in Geotechnical Engineering*, Trans Tech Publ.

Köppel, J., Ch. Amstad, K. Kovari, 1983: *The Measurements of Displacement Vectors with the "Trivec" Borehole Probe*, Proc. Int. Symp. on Field Measurements in Geomechanics, Vol. 1, Zurich, Balkema, Rotterdam.

Kovari, K., Ch. Amstad, J. Köppel, 1979: *New Developments in the Instrumentation of Underground Openings*, Proc. 4th Rapid Excavation and Tunneling Conference, Atlanta, U.S.A.

Kovari, K., Ch. Amstad, 1983: *Fundamentals of Deformation Measurements*, Proc. Int. Symp. on Field Measurements in geomechanics, Vol. 1, Zurich, Balkema, Rotterdam.

Kovari, K., P. Fritz, 1984: *Recent Developments in the Analysis and Monitoring of Rock Slopes*, Prac. IV Int. Symp. on Landslides, Vol. 1, Toronto, Univ. of Toronto Press.

Kovari, K., 1988: *Methods of monitoring Landslides; Vth International Symposium of Landslides*, Lausanne.

Naterop, D., J. Köppel, 1991: FIM: *A new Precision Fix Installable and again Removable Strain Meter*.

Field Measurments in Geomechanics: *3rd International Symposium 9-11 September 1991*, Oslo, Balkema, Rotterdam

Dr. Arno Thut, Solexperts AG, Ifangstr. 12, Postfach 230, CH-8603 Schwerzenbach

Geophysikalische Methoden

Erwin Scheller

1.   Einführung

Geophysikalische Verfahren stellen das Bindeglied zwischen der Oberflächenerkundung und der Bohrkampagne dar. Dabei ist die Reihenfolge des Einsatzes der Untersuchungsmittel nicht streng fixiert:

Klassisch folgt nach der Oberflächenerkundung bei günstigen Voraussetzungen eine geophysikalische Untersuchungskampagne. Die danach optimal plazierten Bohrungen bilden - allenfalls mit entsprechenden Bohrlochversuchen - das Schlussglied der Erkundungskette.

Es kann aber zuweilen sinnvoll sein, nach der Phase der Oberflächenerkundung direkt eine Bohrkampagne anzusetzen. Je nach Resultaten der Bohraufschlüsse kann daran anschliessend - wenn die geeigneten Parameter in den Bohrungen angetroffen worden sind - mit einer geophysikalischen Untersuchung die bereits gewonnene, lokal geprägte Information über den Untergrund flächenhaft ausgedehnt und vernetzt werden.

Der Einsatz von geophysikalischen Verfahren im Problemkreis „instabile Hänge" ist keineswegs so klar standardisiert wie bei der Erkundung von Erdöl, Erzen oder Grundwasser. Deshalb sollte, wer sich an den Einsatz von geophysikalischen Messverfahren heranwagt, sich zuallererst darüber klar werden, ob - und allenfalls welche - physikalische Parameter durch die Phänomene, die er untersuchen will, beeinflusst werden oder wurden. Sofort schliesst die Frage an, ob diese Parameter am konkreten Beispiel überhaupt einer Messung zugänglich sind oder ob sie hoffnungslos im Störpegel anderer Phänomene, bzw. im Rauschen, untergehen.

Gelingt wenigstens die Messung, so ist noch lange nicht alles gewonnen: Die Resultate müssen sich auf vernünftige Weise interpretieren lassen. Dies gelingt umso leichter und zuverlässiger, je besser das Ausgangsmodell formuliert werden kann, das von der Oberflächenbeobachtung und von ersten Bohrbefunden hergeleitet wird.

In der bisherigen Erfahrung haben sich Erkundungsverfahren bewährt, die auf einer der beiden folgenden physikalischen Parametergruppen basieren:

- elastische Kennziffern,   Seismik
  d.h. Geschwindigkeit der P- oder S-Wellen:

- elektromagnetische Kennziffern,   Geoelektrik, z.T. auch
  d.h. spezifischer elektrischer Widerstand   VLF und Georadar
  und/oder Dielektrizitätskonstante

Es ist im Rahmen dieses Beitrages nicht angebracht, auf die formellen Grundlagen einzelner Verfahren einzutreten. Vielmehr sollen die Probleme einer sinnvollen Anwendung anhand von praktischen Beispielen beleuchtet werden. Ein genereller Überblick über die einzelnen Verfahren findet sich in Ward (1990).

2.   Seismische Verfahren

Die seismischen Verfahren werden in zahlreichen Lehrbüchern ausgiebig und detailliert dargestellt, z.B. in Sjögren (1984) oder Stone (1994). Hier werden lediglich die Unterschiede in der möglichen Geschwindigkeitsbestimmung bei Refraktions- und Reflexionsseismik kurz erläutert.

Aus Fig. 1 geht hervor, welche Bereiche der Laufzeitkurven bei den beiden Methoden benützt werden.

Bei der heutigen Reflexionsseismik beschränkt man sich auf den quellpunktnahen Bereich, wo sog. Steilwinkelreflexionen auftreten. Denn nur in diesem Bereich sind die Vorteile der modernen Messtechnik (Mehrfachüberdeckung mit CDP) ohne Genauigkeitsverlust nutzbar. Die gesamte Geschwindigkeitsinformation muss somit aus dem schwach gekrümmten hyperbelähnlichen Kurvenverlauf in der Scheitelnähe „herausgequetscht" werden. Es ist deshalb verständlich, dass die bei der Auswertung der Reflexionsseismik anfallenden Schichtgeschwindigkeiten, bzw. die interaktiv bestimmten Werte, beträchtlich von den wirklichen Geschwindigkeiten abweichen können.

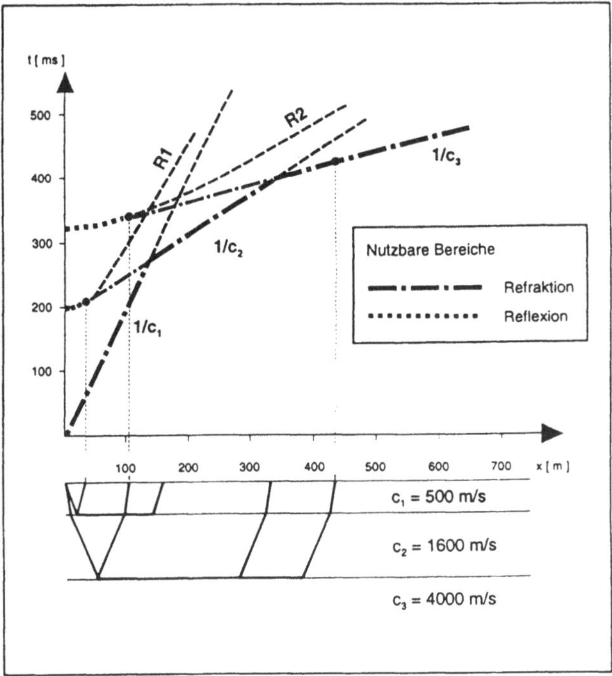

*Figur 1: Geschwindigkeitsinformation in den Laufzeitkurven von Reflexions -
(R1, R2) und Refraktionsseismik. Dargestellt ist ein theoretisches Beispiel mit
drei planparallelen Schichten mit den Geschwindigkeiten c_1, c_2 und c_3.*

Bei der Refraktionsseismik sind die notwendigen Messauslagen viel länger bezüglich der zu
bestimmenden Schichttiefen. Dies ist rein arbeitstechnisch ein Nachteil. Für die Geschwindigkeitsbestimmung dagegen resultiert ein gewaltiger Vorteil, weil für die einzelnen Schichten klar definierte Scheingeschwindigkeiten abgeleitet werden können, die sich bei der
Kombination von Schuss- und Gegenschuss an verschiedenen Stellen zu gesicherten
Schichtgeschwindigkeiten umrechnen lassen. Die Kenntnis möglichst genauer Schichtgeschwindigkeiten ist bei der Bestimmung von Schichtmächtigkeiten und bei der Beurteilung
der mechanischen Eigenschaften eines Schichtkomplexes von entscheidender Bedeutung.

Ob im Einzelfall Reflexions- oder Refraktionsseismik einzusetzen ist, soll nicht nur vom
Geldbeutel abhängen noch eine Glaubensangelegenheit sein. Beide Verfahren weisen ihre
Vor- und Nachteile auf und es hängt weitgehend von der Problemstellung und vor allem von
den Randbedingungen ab, wie vorzugehen ist.

Bei stark heterogenen Verhältnissen, verbunden mit wechselndem Oberflächenrelief, im Tiefenbereich von weniger als 200 m, sind mit Refraktionsseismik vielfach bessere Resultate zu erzielen. Vor allem gelingt es mit diesem Verfahren - wie soeben erwähnt - direkt relativ zuverlässige Geschwindigkeitswerte für einzelne Schichtpakete zu bestimmen. Dies erlaubt es, die erfassten Pakete hinsichtlich ihres Instabilitätsgrades bereits vor dem anschliessenden Abteufen von Bohrungen grob einzustufen.

Wenn die Schichtgeschwindigkeiten nicht mit der Schichttiefe zunehmen, sind refraktionsseismische Messungen nicht mehr zuverlässig interpretierbar. Dies ist der grosse Nachteil dieser Methode. Allerdings ist bei Problemen von Hanginstabilitäten diese Voraussetzung in den meisten Fällen generell erfüllt.

Reflexionsseismik empfiehlt sich überall dort, wo ausreichend homogene Verhältnisse vorliegen, vor allem im Bereich der Terrainoberfläche, so dass die notwendigen statischen Korrekturen einigermassen zuverlässig vorgenommen werden können. Wenn dies gelingt, ist eine lückenlose Verfolgung einzelner Horizonte und das Erfassen von allfälligen Versetzungen möglich.

Die für die automatische Datenverarbeitung vorzugebenden Geschwindigkeiten können von den effektiven Schichtgeschwindigkeiten stark abweichen, so dass eine Charakterisierung der Eigenschaften einzelner Schichten ohne Bohrungen unsicher ist.

Grundsätzlich ist die Tiefenwirkung nicht beschränkt. Weil aber im Bereich von instabilen Hängen meist aufgelockerte Schichten an der Oberfläche vorliegen, sind hier hochfrequente Untersuchungen in der Regel kaum möglich, so dass Tiefenbereiche von weniger als 50 m quantitativ nur schwierig zu meistern sind.

Zur genaueren Charakterisierung von kleinräumig angeordneten instabilen Massen kann auch seismische Tomographie eingesetzt werden. Normalerweise scheitert ein Einsatz dieses Verfahrens aber an der relativ grossen Anzahl an kostspieligen Bohrungen, die für eine optimale tomographische Auflösung unbedingt notwendig sind. Beispiele von Tomographie-Anwendungen ausserhalb des hier vorliegenden Themenkreises finden sich ebenfalls in Ward (1990).

3.   Geoelektrische Verfahren

Die geoelektrischen Verfahren nach Schlumberger und Wenner eignen sich vor allem im Lockergesteinsbereich, am besten im Zusammenhang mit Vernässungserscheinungen oder Permafrost. Vorteilhafterweise werden im Lockergesteinsbereich kombinierte Untersuchungen durchgeführt: So hat sich die Kombination von Refraktionsseismik und Geoelektrik im Sommer 1988 bei den Untersuchungen der Murgangproblematik in den Schweizer Alpen im Anschluss an den Katastrophensommer 1987 gut bewährt.

In letzter Zeit hat das VLF-Verfahren infolge seines einfachen Messvorganges und der damit verbundenen geringen Kosten stark an Bedeutung gewonnen. Wegen der geringen Ausdehnung des Messdispositivs (in der Regel nur wenige Meter) eignet sich diese Methode besonders gut für engräumige Untersuchungszonen. Andererseits ist das Auflösungsvermögen für einzelne Schichten gegenüber den klassischen geoelektrischen Methoden wesentlich kleiner.

Weil bei instabilen Hängen meist, oder zumindest sehr oft, die instabile und die stabile Zone lithologisch identisch sind, sich bestenfalls nur in ihren mechanischen Eigenschaften wesentlich unterscheiden, sind die verschiedenen geoelektrischen Verfahren nicht so häufig einsetzbar wie die seismischen.

4. Georadar (Ground Penetrating Radar, GPR)

Das Georadar-Verfahren scheint auf den ersten Blick die Vorteile von Reflexionsseismik und VLF zu vereinen: Kontinuierliche Information auf beliebigen Profilen, verbunden mit einem kleinräumigen Messdispositiv. Der entscheidende Nachteil dieses Verfahrens ist die sehr beschränkte Tiefenwirkung, insbesondere in vernässten Zonen. Probleme von geringer Ausdehnung hingegen, z.B. bei instabilen Felsschwarten, können mit GPR erfolgreich untersucht werden. Praktische Anwendungen sind in Grasmück (1992) beschrieben.

5. Beispiele

5.1. Rutschgebiet von Cerentino (Maggiatal)

Der Hang von Cerentino, beim Zusammenfluss der beiden Rovana-Flussarme im Maggiatal, ist seit einiger Zeit in Bewegung. Um die Mächtigkeit der Rutschmasse zu bestimmen, wurden vom Istituto geologico cantonale del Ticino refraktionsseismische Untersuchungen angeordnet: Ein Profil im Hangfallen und zwei im Streichen. Trotz des stark coupierten Geländes konnten die Profile einwandfrei interpretiert werden. Drei nach den seismischen Messungen abgeteufte Bohrungen bestätigten den seismischen Befund gut, insbesondere, wenn man bedenkt, dass die Bohrungen nicht genau auf dem Profil im Hangfallen angeordnet waren.

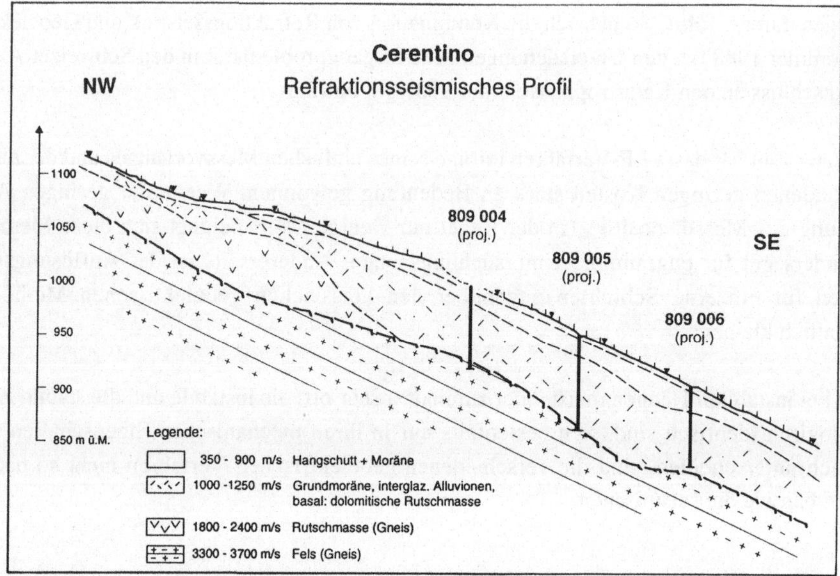

Figur 2: Refraktonsseismisches Profil von Cerentino.

Interessant waren die Geschwindigkeitsverhältnisse im Bereich der Rutschmasse: Im oberen Profilteil lagen sie bedeutend höher. Zudem konnte eine deutliche Geschwindigkeitsanisotropie festgestellt werden: Die Geschwindigkeiten betrugen im Fallen rund 20 % weniger als im Streichen. Derartige Anisotropien treten in der Regel eher im festen Fels, nicht innerhalb von Rutschmassen, auf. Diese Anisotropie könnte mit Zugeinwirkung in Fallrichtung auf das Rutschpaket plausibel erklärt werden, ein objektiver Beweis fehlt aber.

Gemäss Informationen des Istituto geologico cantonale del Ticino ist die Rutschmasse recht kompliziert aufgebaut: Im oberen Bereich des Hanges scheinen versackte Gneise zu dominieren. Weiter talwärts herrschen Moräne- und fluvioglaziale Relikte vor. Offensichtlich rutscht die ganze Masse auf einer dolomitischen Triaszone. In der Bohrung 809006 ist diese Trias von der Gneisunterlage abgeschert.

5.2.   Campo Vallemaggia

Der Rutsch von Campo Vallemaggia stellt eines der augenfälligsten Rutschprobleme in der Schweiz dar. Eine Neubearbeitung im Rahmen einer ETH-Dissertation (Bonzanigo, in Bearbeitung) wird die neueren Untersuchungen beleuchten.

Geophysikalische Untersuchungen haben sich auf mehrere Phasen verteilt:

- Eine erste Phase fand anfangs der achtziger Jahre statt und umfasste nebst oberflächennaher Refraktionsseismik auch einige Profile mit geoelektrischen Widerstandsmessungen ohne weiterführende Resultate.
- Die erste Hauptphase mit Refraktionsseismik wurde im Jahre 1986 im Bereich des östlichen Teiles oberhalb von Campo abgewickelt.
- 1988 folgte eine zweite Hauptphase im westlichen Teil bei Cimalmotto.
- Im Rahmen der Untersuchungen für das Projekt des Entwässerungsstollens wurden 1990 refraktionsseismische Untersuchungen im östlichen Bereich vorgenommen.
- Ebenfalls 1990 wurden ergänzende Zusatzprofile im äussersten Westbereich bei Cimalmotto untersucht.
- Eine reflexionsseismische Kampagne im Rahmen des NFP 20 wurde im Spätherbst 1990 durchgeführt.
- Für den geplanten Umleitungsstollen der Rovana wurden 1988 und 1991 kleine refraktionsseismische Profilserien zur Erkundung der Felsoberfläche untersucht.

Die Resultate der ersten beiden Hauptphasen bestätigten die erwartete tiefe Lage des Felsverlaufes. Im Laufe der Zeit abgeteufte Sondierbohrungen zeigten eine gute Übereinstimmung der Befunde von Seismik und Bohrungen, bis auf Bohrung CVM 4, wo anfänglich ein beträchtlicher Widerspruch zur Seismik bestand. Mit einem 1990 durchgeführten Well shooting in dieser Bohrung konnte für den Hauptanteil der Rutschmasse eine Geschwindigkeit von rund 2660 m/s ermittelt werden. Die infolge der ruppigen Terrainoberfläche schwierige Interpretation des Profils 88/2 (Fig. 3) konnte damit zuverlässig verbessert werden.

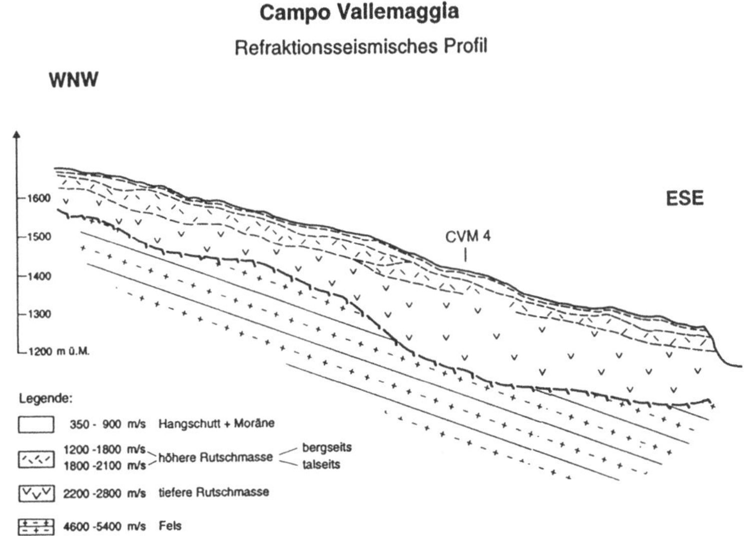

Figur 3: Refraktionsseismisches Profil Campo/Cimalmotto 1988.

Im Vergleich mit dem Beispiel von Cerentino fällt in Campo die hohe Geschwindigkeit im tieferen Rutschmassenbereich auf.

Das 1990 reflexionsseismisch erfasste Profil zeigt die Möglichkeiten und Grenzen dieser Methode in stark coupiertem Gelände mit heterogenen Geschwindigkeitsverhältnissen im oberflächennahen Bereich. Im östlichen, topografisch ruhigeren Teil ergeben sich noch relativ gute Einblicke in die vom Geologen postulierte gestaffelte Untergrundstruktur. Eine zuverlässige Bestimmung von Schichtgeschwindgkeiten gelingt hier aber nicht. Der westliche Teil mit den beträchtlichen Höhenunterschieden an der Oberfläche bringt noch dürftigere Resultate (Fig. 4).

Mit beiden seismischen Verfahren sind wesentliche Informationen über die Untergrundverhältnisse, insbesondere die Gliederung der Rutschmassen, geliefert worden.

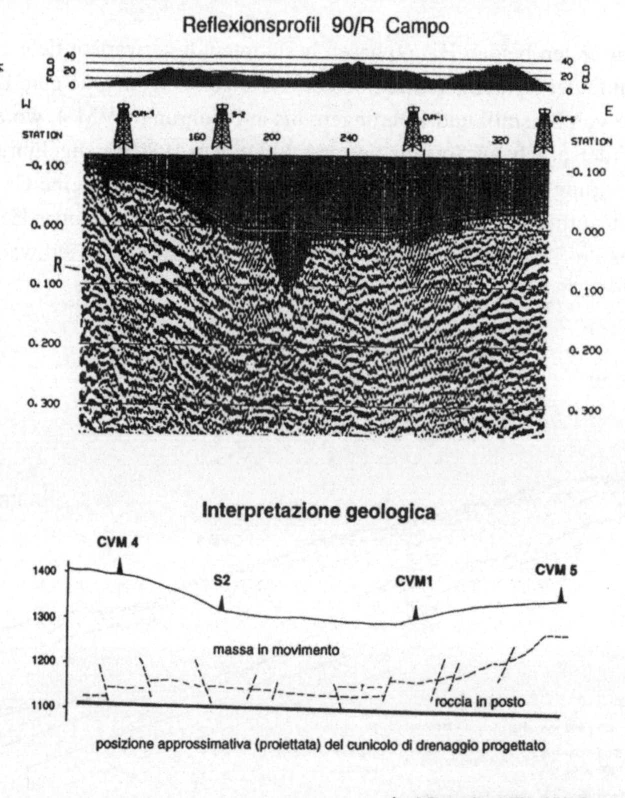

Figur 4: Reflexionsprofil Campo mit Zeitschnitt (oben) und Interpretation (unten).

5.3. Murgangzonen

Nach den katastrophalen Murgängen des Sommerhalbjahres 1987 war für den Zeitraum 1988/89 ein interdisziplinäres Forschungsprojekt über Murgänge beschlossen worden (Haeberli, 1992). Im Rahmen dieses Projektes wurden im Spätsommer 1988 refraktionsseismische und geoelektrische Untersuchungen in den Entstehungszonen der seinerzeitigen starken Murgänge im Val Varuna (Puschlav) und im Witenwasseren am Fusse des Lucendrogletschers (Urseren) sowie im Gerental (Goms) durchgeführt. Dabei standen folgende Fragenbereiche im Zentrum:

- Verlauf der Felsoberfläche im Untergrund
- Gliederung der Quartäranteile, insbesondere bezüglich Wasserführung (Grund-/Hangwasserverhältnisse)
- Nachweis von allfälligen Permafrost- und/oder Eisbereichen

Gerental
Das Profil in der Murgang-Hauptachse (Fig. 5) zeigt niedrige Geschwindigkeiten im Schuttbereich, die 1000 m/s nicht übersteigen. Lediglich lokal lassen sich linsenförmige Zonen mit Geschwindigkeiten zwischen 1000-2000 m/s erkennen, die als begrenzte Eisrelikte zu deuten sind.

Geoelektrisch nachgewiesene hohe Widerstände von 50-60 kΩm weisen auf oberflächennahen Permafrost hin. Auffallend die hohen spezifischen Widerstände im Schuttmaterial, die offensichtlich auf das trockene quarzreiche Verwitterungsprodukt des Rotondogranites zurückzuführen sind. Im tieferen Teil des Profiles steigen diese Widerstände noch an, so dass hier eine trockenere, grobblockigere Schuttmasse angenommen werden muss.

Sämtliche der angeführten praktischen Beispiele betrafen ausgedehnte instabile Hänge mit mehr oder weniger komplexen Rutsch- oder Schuttmassen. Mit seismischen und geoelektrischen Untersuchungen konnte der Verlauf der intakten Felsoberfläche gut bestimmt und die Rutschmasse bezüglich ihres Aufbaus charakterisiert werden (grobkörnig/feinkörnig, feucht/trocken). Der eigentliche Bewegungshorizont konnte mit diesen geophysikalischen Methoden aber nicht direkt bestimmt werden, dafür ist das Auflösungsvermögen zu gering. Dieser Horizont verläuft jedoch oft unmittelbar über einer deutlichen Geschwindigkeitszunahme, so dass seine Lage indirekt abgeleitet werden kann.

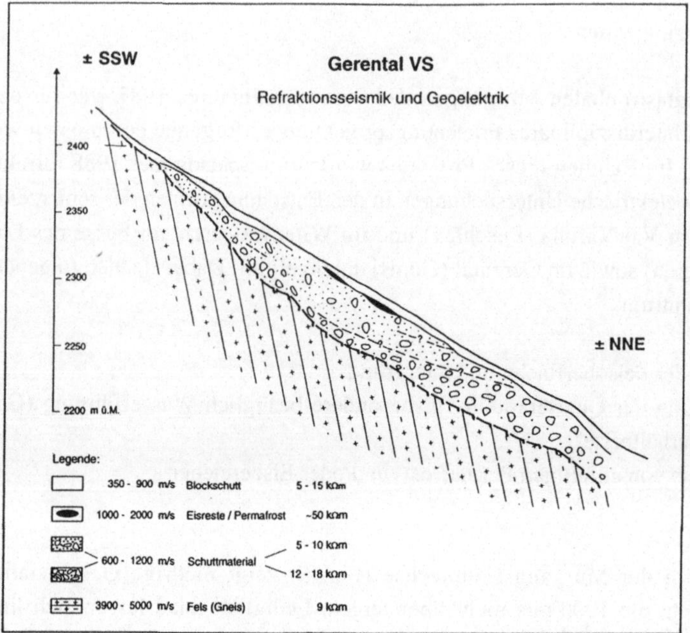

Figur 5: Kombiniertes Profil Gerental VS: Geoelektrik und Refraktionsseismik.

5.4.   Ein Beispiel für die Anwendung von Georadar

Probleme mit instabilen Hängen können auch im Kleinbereich entstehen, z.B. in Steinbrü-
chen oder in Strassen- oder Bahneinschnitten. Wenn es dabei geht, potentielle Gleitflächen
hinter instabil gewordenen Platten oder Felsschwarten festzustellen, kann Georadar wertvolle Dienste leisten. Das nachfolgende Beispiel (Fig. 6) betrifft ein Radarprofil von Grasmück (unveröffentlicht) in einem Kalksteinbruch.

Das Profil ist auf einer 31 m hohen Terrasse, ca. 5 m von der Kante entfernt aufgenommen
worden. Es zeigt, obwohl die Daten nicht speziell prozessiert worden sind, recht schön den
Verlauf der Bankung und des Bruches. Dieser zeichnet sich infolge der erhöhten Durch-
feuchtung als breites Reflexionsband ab. Schlüsseldaten:

- Schichtfallen 330/25
- Bruchorientierung 110/56
- Profilrichtung 305 (von links nach rechts auf dem Bild)
- Antennentyp: 100 MHz, bistatisch
- mittlere berechnete Ausbreitungsgeschwindigkeit rund 11 cm/ns, ergibt eine Wellen-
  länge von ca. 1.1 m

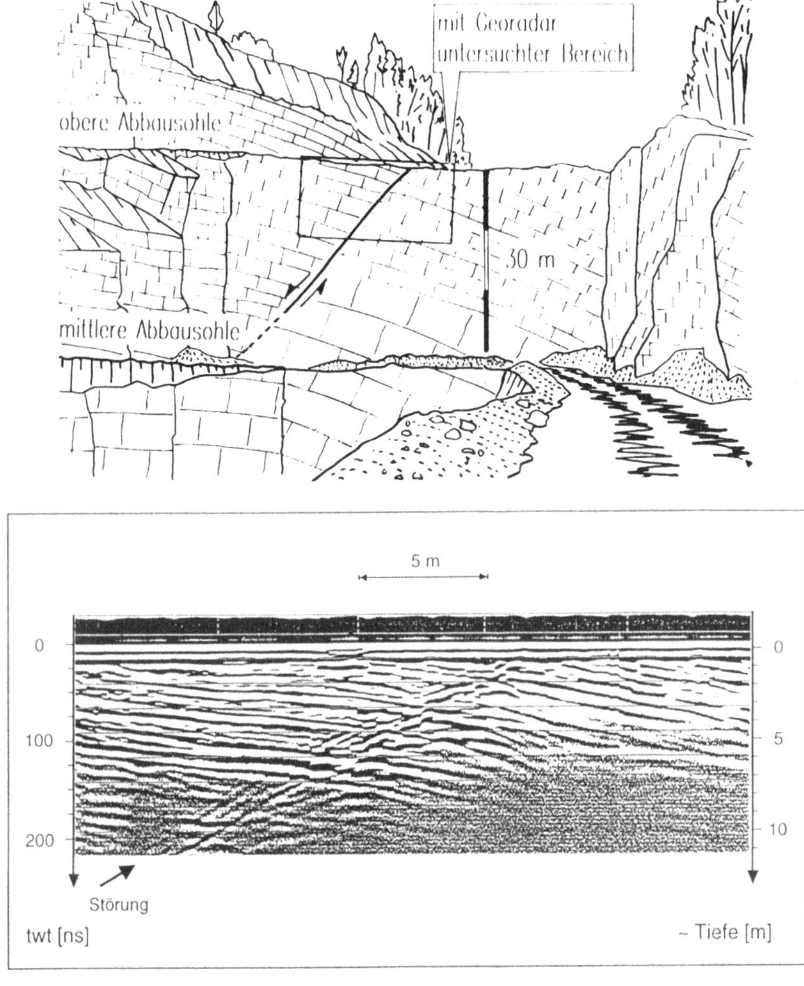

Figur 6: Radarprofil in einem Kalksteinbruch. Die nach rechts fallende Bankung und die Störung sind gut zu erkennen.

Das vorliegende Beispiel lässt die prinzipiellen Anwendungsmöglichkeiten von Georadar bei instabilen Felsplatten erkennen und zeigt gleichzeitig, dass für eine einwandfreie quantitative Auswertung und Interpretation in nicht schulmässig aufgeschlossenen Beispielen ein beträchtlicher Aufwand für Processing notwendig wird, analog demjenigen in der hochauflösenden Reflexionsseismik. Dank der methodischen Verwandschaft der beiden Verfahren kann Georadar von der vielfältigen Auswertungstechnologie der Reflexionsseismik profitieren.

6.   Überwachung von akuten Bergsturzrisiken

Als Ergänzung zu den bewährten automatisierbaren Messverfahren zur laufenden Überwachung von instabilen Hängen wie Inklinometer, Extensometer, Gleitmikrometer, Neigungs-
messer oder der geodätischen Kontrolle ist auch eine seismische Überwachung möglich:

Instabile Felsmassen, insbesondere solche mit fortgeschrittener Entwicklung von Absturz-
risiken, zeigen schwachseismische Phänomene im hörbaren Frequenzbereich, die unter dem
Begriff "Akustische Emission" (AE) zusammengefasst werden. Verglichen mit Nahbeben-
signalen („Mikroseismik") sind die Frequenzen deutlich höher, von wenigen Hz bis über
1000 Hz, je nach Lithologie und mechanischem Zustand bzw. Spannungsverhältnissen.
Wegen der generellen Tiefpassfilter-Wirkung des Untergrundes ist die räumliche Abnahme
der AE-Signalstärke sehr ausgeprägt und damit die Reichweite entsprechend gering
(Dekameter- bis Kilometerbereich).

Die praktischen Möglichkeiten sollen ebenfalls anhand eines praktischen Beispiels, des
Bergsturzes von Randa, dargestellt werden. Da über diesen Bergsturz schon viel berichtet
und geschrieben worden ist (z.B. in Schindler (1992)), wird das allgemeine Geschehen als
bekannt vorausgesetzt.

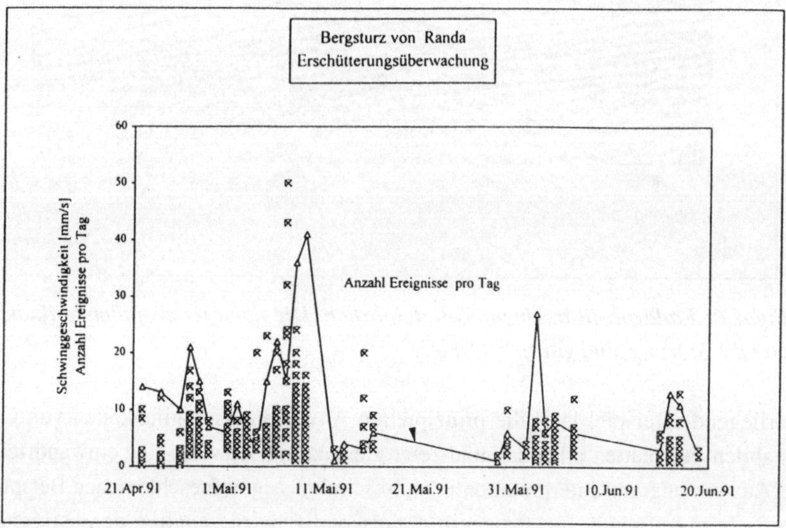

*Figur 7: Bergsturz Randa: Diagramm der Schwinggeschwindigkeiten bzw. der
Anzahl Ereignisse pro Tag.*

Nach dem überraschenden Niedergang des ersten Hauptsturzes am 18. April 1991 ging es darum, mit behelfsmässigen Mitteln und unmittelbar verfügbarem Material ein Überwachungsdispositiv einzurichten. Anhand der dabei gemachten Erfahrungen ist es möglich, ein Überwachungssystem für ähnliche Fälle vorzuschlagen.

Das seismische Überwachungssystem im Beispiel Randa bestand aus 3-4 Erschütterungsmessgeräten mit je einem direkt im gefährdeten Bereich aufgestellten Seismometer. Diese extreme Aufstellung wurde deshalb gewählt, damit in jedem Fall ein rechtzeitiges Ansprechen gewährleistet war.

Beim Überschreiten von vorgegebenen Schwinggeschwindigkeitslimiten sprach ein optoakustischer Alarm mit Drehleuchten und Signalhorn an, so dass das anwesende Kontrollpersonal mit Natel bzw. Funkgeräten die verantwortlichen Organe im Tal in Randa informieren konnte. Dieses System hatte sich bei den zwei massgebenden Nachstürzen am 22. April und 9. Mai 1991 bewährt, müsste aber für einen späteren analogen Fall den modernen messtechnischen Möglichkeiten entsprechend neu konzipiert werden.

Zur Zeit stehen dem Autor Messysteme zur Verfügung, die folgenden Anforderungen gerecht werden:

- Minimum sechs Kanäle
- Erfassung von Seismogrammen und Pegelwerten
- Ausgeklügelte Triggermöglichkeiten, Datenvorselektion
- Digitale Verarbeitung: Ereignishäufigkeit und -Stärke, Frequenzanalyse, Herdbestimmung
- Programmierbare Alarmfunktionen
- Netzunabhängiger Betrieb (Solaranlage)
- Automatische Datenfernübertragung, externe Steuerungsmöglichkeit
- Automatische Kontrolle der Betriebsbereitschaft

Für die Aufstellung einer derartigen Anlage müssten folgende Kriterien beachtet werden:

- Zuverlässigkeit und gewährleistete Betriebssicherheit (Registrierstation)
- Sichere Positionierung der Seismometer bei optimaler Signalausbeute
- Räumliche Anordnung der Stationen für eine einwandfreie Herdbestimmung
- Günstige Nutz-/Störsignal-Verhältnisse

7.   Schlussbemerkungen

An dieser Stelle sei mit allem Nachdruck darauf hingewiesen, dass erfolgreiche geophysikalische Untersuchungen bei ingenieurgeologischen Problemstellungen einer engen Zusammenarbeit zwischen den beteiligten Fachleuten bedürfen. Besonders im Falle von instabilen
Hängen sind die topografischen und messtechnischen Randbedingungen oft derart ungünstig, dass die Untersuchungen im Grenzbereich des theoretisch Möglichen abgewickelt werden müssen. Eine offene gegenseitige Information über die technischen Möglichkeiten und
Grenzen, bzw. über das geologische Ausgangsmodell, basierend auf einem wirklichen Ver-
trauensverhältnis, sollte selbstverständlich sein.

Leider werden heute geophysikalische Untersuchungsprogramme wie Bohrprogramme aus-
geschrieben, basierend auf fixen, z.T. am grünen Tisch festgelegten Profilverläufen. Die
Untersuchungen werden dem Billigstanbieter übertragen, der vielfach aufgrund der ge-
drückten Preise die angebotenen Arbeiten „abwickelt". Die erwähnte unbedingt notwendige
Zusammenarbeit und das gemeinsame Mitdenken am Projekt werden auf diese Weise gefährdet.

Literaturreferenzen

Bonzanigo, L., und W. Frei, (1992): *PNR 20, Prospezione sismica con il metodo a riflessione sullo slittamento di Campo Vallemaggia.* Bull. VSP, vol. 59, no 134: 9-17.

Grasmück, M. P., (1992): *Beispiele zur Anwendung von Georadar in der Quartärgeologie.*
Eclogae geol. Helv. 85/2: 471-490.

Haeberli, W., (1992): *Murgänge 1987, Dokumentation und Analyse: Geophysikalische Sondierungen.* Bericht Nr. 97.6, Versuchsanstalt für Wasserbau, Hydrologie und Glaziologie der ETH Zürich, Band 2: 265-303.

Schindler, C., (1992): *Bergsturz Grossgufer bei Randa.* Expertise Ingenieurgeologie ETH-
Hönggerberg, 8093 Zürich (unveröffentlicht).

Sjögren, B., (1984): *Shallow Refraction Seismics.* Chapman and Hall, London New York.
ISBN 0-412-24210-9.

Stone, D. G., (1994): *Designing Seismic Surveys in Two and Three Dimensions.* Soc. of.
Exploration Geophysicists, Tulsa OK, ISBN 0-931830-47-8

Ward, St. H., Editor (1990): *Geotechnical and Environmental Geophysics,* (3 Bände). Soc.
of Exploration Geophysicists, Tulsa OK, ISBN 0-931830-99-0.

Dr. Erwin Scheller, Geotest, Birkenstr. 15, CH-3052 Zollikofen

Klimaveränderung im 21. Jahrhundert: Folgen für die alpine Landschaft?

Helmut Weissert

Zusammenfassung

Zukünftige Klimaänderungen müssen bei der Analyse von Oberflächenprozessen und bei der Prognose von Landschaftsentwicklungen als wichtige Parameter in verstärktem Masse berücksichtigt werden. Aus der Perspektive des Paläoklimatologen scheint die Feststellung gerechtfertigt, dass Kohlendioxid als klimakontrollierender Faktor von grösster Wichtigkeit ist. Eine erdgeschichtliche Perspektive und verbesserte Kenntnisse der Biographie der Erde werden uns neue Einblicke in die Dynamik des Klimasystems eröffnen und über Konsequenzen von Klimaveränderungen für den alpinen Lebensraum aufklären.

1.   Einleitung

Eine immer tiefer absinkende Schneegrenze und eine zunehmende Verwilderung von Alpweiden drohte anfangs des 19. Jahrhunderts die Alpwirtschaft in der Schweiz entscheidend zu schwächen. Die Schweizerische Naturforschende Gesellschaft wurde veranlasst, mit Hilfe eines Preisausschreibens im Jahre 1817 Antworten auf Ursachen und Konsequenzen möglicher Klimaveränderungen zu suchen: "Die Wichtigkeit dieses Gegenstands, in Hinsicht sowohl auf die allgemeine Physik unseres Erdballs, als auch auf das für unser Vaterland so bedeutende Gewerbe der Viehzucht, veranlasst die allgemeine Gesellschaft Schweizerischer Naturforscher, denselben zum Vorwurf folgender Preisaufgabe zu machen: "Ist es wahr, dass unsere höheren Alpen seit einer Reihe von Jahren verwildern?" Die Naturforschende Gesellschaft erhielt jedoch erst nach einer nochmaligen Ausschreibung der Frage einen Bericht des Strasseninspektors von Sitten, Ignaz Venetz, der überzeugend dokumentierte, dass die Alpen schon in der Vergangenheit beträchtlichen Klimaschwankungen ausgesetzt waren (Vögele, 1987).

Weniger als 200 Jahre später sind es wieder offene Fragen zur zukünftigen Klimaentwicklung, mit denen wir uns aus ökonomischen und gesellschaftlichen Gründen auseinan-
dersetzen müssen. Im Gegensatz zum frühen 19. Jahrhundert sind die prognostizierten
Klimaveränderungen durch menschliche Aktivität verursacht. Im Alpenraum haben der
Tourismus und der Verkehr als wichtigste ökonomische Faktoren die Alpwirtschaft abge-
löst. Fragen wir nach dem Einfluss des zukünftigen Klimas auf die Landschaft und auf verschiedenste Oberflächenprozesse im Alpenraum, dann müssen wir einerseits unsere
Kenntnisse über die mögliche regionale Klimaentwicklung verbessern und wir müssen
Verwitterungs- und Erosionsprozesse und ihre Verknüpfung mit dem Klima und der Witte-
rung und der Vegetation im alpinen Raum besser kennenlernen (Fig. 1).

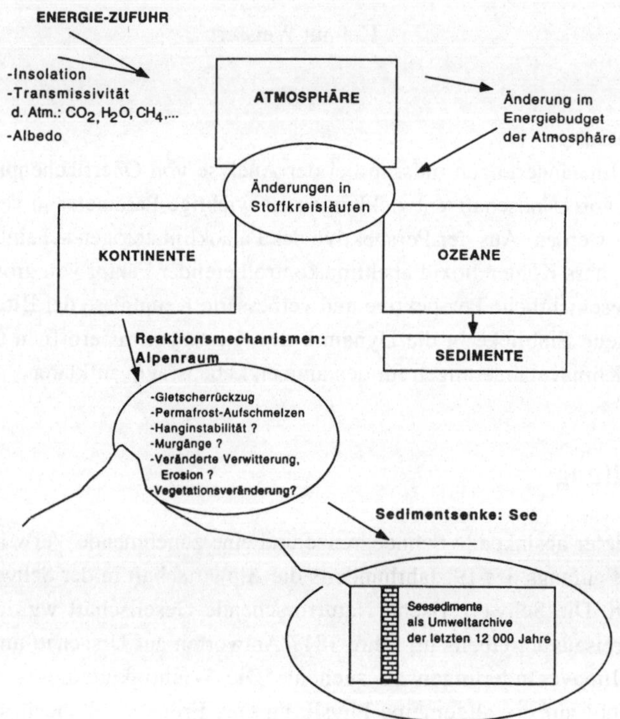

Figur 1: Das Klimasystem.

2.   Kohlendioxid und Klima

In Pennsylvania wurde im Jahr 1858 die erste Erdölbohrung erfolgreich abgeteuft. Erdöl
sollte in den nächsten 100 Jahren zur bedeutendsten Energiequelle für die moderne
Industriegesellschaft werden. Etwa zur selben Zeit hat der Chemiker J. Tyndall (1863)

experimentell nachgewiesen, dass Kohlendioxid- und Wassermoleküle Infrarotstrahlung absorbieren können und dadurch temperaturregulierend wirken. Tyndalls experimentelle Untersuchungen dienten dem schwedischen Chemiker S. Arrhenius als Ausgangspunkt für seine Untersuchungen über den Zusammenhang zwischen Atmosphärenchemie und Globaltemperatur. Arrhenius deckte die Bedeutung von Kohlendioxid als möglichem Treibhausgas auf und er berechnete, dass bei einer Verdopplung des atmosphärischen Kohlendioxid-Gehaltes die Erdoberflächentemperatur bis um 5°C höher sein würde (Kellogg, 1987). Die einzige Möglichkeit, die Bedeutung von Kohlendioxid in der Atmosphäre als klimakontrollierendem Faktor zu überprüfen, lag in der Rekonstruktion des Klimas in der Erdgeschichte. T.C. Chamberlin, Professor an der Universität von Chicago, hat um die Jahrhundertwende die Gedanken von Arrhenius aufgenommen, und die Hypothese formuliert, dass Veränderungen im atmosphärischen Kohlendioxid-Gehalt die starken Klimaschwankungen in der erdgeschichtlichen Vergangenheit verursacht hätten. Chamberlin glaubte damit, eine physikalisch fundierte Erklärung für die seit bald 100 Jahren bekannten Klimaschwankungen in der Erdgeschichte gefunden zu haben. Er erklärte unter anderem, dass ein hoher Kohlendioxid-Gehalt das warme und feuchte Klima der Kreidezeit verursacht habe (Chamberlin und Salisbury, 1906). Chamberlin hat seinen Blick für die Entwicklung des Erdplaneten an der Analyse der Erdgeschichte geschärft und die Konsequenzen beschleunigter Verbrennung fossiler Brennstoffe durch den Menschen erkannt: "It is even possible that the climate of the future is much dependent on the agency of man, as implied above, however little ground there may be to suppose that he will, with altruistic purpose, control his action with a view to its bearing on the generations that may live tens of thousands of years hence." (Chamberlin & Salisbury, 1906, p. 644).

Anzeichen für eine bedeutende Veränderung der Chemie der Atmosphäre gab es anfangs Jahrhundert noch nicht, und die Hypothesen zur Rolle des Kohlendioxids in der Klimageschichte blieben nicht überprüfbar. Erst die seit 1954 durchgeführten Messungen des atmosphärischen Kohlendioxid-Gehaltes stimulierten die Kohlendioxid-Forschung neu. Mehr als ein halbes Jahrhundert nach den Studien von Arrhenius und Chamberlin wurden Kohlendioxid, Wasser und verschiedene Spurengase in der Atmosphäre endgültig als klimaregulierende Gase identifiziert (Kellogg, 1987).

Als 1979 erstmals Fluktuationen im Kohlendioxid-Gehalt von fossilem Atmosphärengas in Eiskernen der Antarktis gefunden wurden, realisierten die Klimawissenschaftler, dass die Wichtigkeit von Kohlendioxid in der Klimatologie und vor allem in der Paläoklimatologie zu lange unterschätzt worden war. Eiskernarchive dokumentieren, wie sich Warmzeiten in den letzten 150 000 Jahren durch hohe atmosphärische Kohlendioxid-Gehalte auszeichneten, während die Konzentration von CO_2 in Eiszeiten tiefere Werte anzeigte (Neftel, et al., 1982, Dansgaard et al., 1993). Kohlendioxid scheint im Eiszeitalter zu einer Vergrösserung der Amplitude der Warmzeit-Kaltzeit-Zyklen beigetragen zu haben. Die durch die anthropogen verursachten Veränderungen der Atmosphärenchemie sensibilisierten Paläoklimaforscher studierten mit neuen Methoden nicht nur die Archive des Eiszeitalters sondern auch Sedimente der Kreidezeit, die von Chamberlin als "Treibhaus"-Zeit beschrieben wurde. Dank geochemischen Untersuchungen an Tiefseesedimenten, an organischem Material und an Paläoböden und dank modernen Klimamodellen konnten Chamberlins Vermutungen in den letzten Jahren bestätigt werden (siehe Weissert, 1994). Paläoklimatologen vermuten heute, dass atmosphärisches Kohlendioxid in der weiter zurück liegenden Erdgeschichte der wichtigste klimaregulierende Faktor war (Berner, 1994). In der Kreidezeit dürfte der atmosphärische Kohlendioxid-Gehalt etwa den heutigen Wert um das 4-fache übertroffen haben, wobei variierender vulkanische Aktivität als Ursache schwankender Kohlendioxid-Konzentrationen im Erdmittelalter angesehen wird. Hohe Kohlendioxid-Gehalte erklären Episoden warm-feuchten Klimas, die v.a. in der Zeit zwischen 120 -80 Millionen Jahren den Planeten Erde prägten.

3.   Dynamik von Klimaänderungen

Neben dem Kohlendioxid beeinflussen Variationen in den Orbitalparametern das Global-klima. Seit 2.5 Millionen Jahren wird das Erdklima durch orbital gesteuerte Kalt-Warm-zyklen geprägt, die mit Eisvolumenschwankungen und damit gekoppelten Meeresspiegel-Aenderungen von bis zu 150 Metern verknüpft sind (z.B. Oeschger, 1987). Im Zusammenhang mit den bevorstehenden Klimaverschiebungen interessiert uns, wie das Klima auf natürliche Veränderungen im Insolationsmuster reagiert hat. Der Uebergang von der letzten Eiszeit ins Holozän kann als Beispiel dienen, wie das Klima von einem Kaltzeit-Modus in einen Warmzeit-Modus wechselt. In der Schweiz finden wir hochauflösende Klimaarchive in Seesedimenten, die Klima- und Umweltbedingungen in einer Uebergangszeit wie jener von der Würm-Eiszeit ins Holozän dokumentieren. In den Seesedimenten sind Veränderungen in der Vegetation, in den Wasserabflussraten, im Eutrophierungsgrad der Seen und in den Verwitterungs- und Erosionsraten archiviert (Bsp. Lotter et al., 1992; Niessen et al., 1992, Leemann, 1993). Isotopengeochemische Signaturen, fixiert in Seekreide, zeichnen die Dynamik der Klimaveränderungen detailliert nach. Untersuchungen an Schweizer Seen, die mit Studien an polaren Eiskernen verglichen werden, zeigen, wie die Erwärmung des Klimas, welche das Ende der letzten Eiszeit anzeigte, vor etwa 12000 Jahren plötzlich abgestoppt wurde (Fischer & McKenzie, 1995; Dansgaard et al., 1989). Innerhalb von Jahrzehnten bis Jahrhunderten kühlte sich das Klima weltweit bis um mehrere ^{o}C ab. Nach einer bis 1000 Jahre dauernden Kühlphase, die in der Klimaforschung als Jüngere Dryas bekannt ist, sprang das Klima innerhalb von nur 30-60 Jahren in einen neuen "Funktionsmodus". Die Temperaturen stiegen in diesem kurzen Zeitraum bis um mehrere ^{o}C an, die Niederschlagsmuster veränderten sich ebenso wie die Windmuster und die Verteilung der Stürme (z.B. Kapsner, et al., 1995). Mit der sprunghaften Klimaänderung vor

11 000 Kalenderjahren begann eine in der jüngeren Klimageschichte äusserst stabile Episode. Das Holozän-Klima scheint im Vergleich mit anderen Warmzeiten durch sehr geringe Klimaschwankungen gekennzeichnet zu sein (Dansgaard et al., 1993).

Holozäne Klimaschwankungen mit verhältnismässig geringer Amplitude hatten bedeutende Konsequenzen für die geschichtliche Entwicklung in den letzten Jahrtausenden (z.B. Hodell et al., 1995). Die jüngste dieser Klimaschwankungen ist als die "Kleine Eiszeit" bekannt und sie dauerte von Mitte des 16. Jahrhunderts bis etwa in die Mitte des 19. Jahrhunderts (Pfister, 1984).

4.   Klima und Oberflächenprozesse

War es vor 200 Jahren die Sorge um die damals für die Schweiz sehr bedeutende Alpwirtschaft, so sind es heute andere wichtige Wirtschaftsfaktoren, die uns zwingen, mögliche Folgen der zu erwartenden Klimaveränderungen abzuschätzen. Die Erkenntnis, dass Kohlendioxid als Klimafaktor von grosser Bedeutung ist, und die Lektion über die Dynamik von Klimaänderungen zwingen uns, Hydrologie und Hydrogeologie sowie landschaftsbildende Prozesse und deren Kontrolle durch das Klima im klimatisch sensiblen Alpenraum besser kennenzulernen. Der Alpenraum gehört zu einem der weltweit wichtigsten Tourismusgebiete. Ebenso gilt der Alpenraum als Wasserschloss Europas und damit auch als wichtige Quelle erneuerbarer Energie. Zunehmend werden Alpentäler auch als Energiespeicher genutzt und weitere, allerdings umstrittene neue Talsperren für zukünftige Stauseen sind geplant. Im Alpenraum sollen nach Plänen der NAGRA in Zukunft auch hochgiftige radioaktive Abfälle gelagert werden.

Im Jahre 1992 wurde durch den Schweizerischen Nationalfonds das Schwerpunktprogramm Umwelt initiiert, mit dem Ziel, mögliche Konsequenzen veränderter Umweltbedingungen für die Schweiz aufzuzeigen. In der 1995 gestarteten zweiten Phase wurden zentrale Problemkreise zum Teilprojekt "Umgang mit möglichen klimatischen Veränderungen im Alpenraum" wie folgt formuliert:

* Wasserkreislauf im alpinen Raum: Sensitivität bei Klimaänderungen
* Klimadynamik im alpinen Raum: historische Perspektive
* Die Reaktion des alpinen Oekosystems auf Umweltveränderungen
* Industrielle Innovation und Oekologie
* Gesellschaftliche Konsequenzen bei Klimaänderungen

Die Ziele, die sich das Schwerpunktprogramm-Umwelt im Bereich der Klimaforschung gestellt hat, können nur durch Zusammenarbeit von Forschergruppen aus den Sozial- und

Geisteswissenschaften und den Natur- und Ingenieurwissenschaften sowie mit Einbezug der Politik und der Bevölkerung in die laufende Forschungsarbeit erreicht werden. Wichtig ist der Versuch des Projektes, neue Datenreihen in hochauflösende Klimamodelle zu integrieren, die eine verbesserte Prognose über die zu erwartenden Umweltveränderungen im Alpenraum geben sollen.

Die Paläoklimatologen werden, obwohl nur marginal in SPP-U integriert, verschiedene Beiträge zur aktuellen Klimadiskussion liefern: Im Rahmen von laufenden Forschungsprojekten sollen mit Hilfe von Bohrkernuntersuchungen an Seen im Schweizerischen Mittelland und im alpinen Raum unter anderem folgende Probleme untersucht werden:

1. Wie wirkte sich die schnelle Erwärmung am Ende der Jüngeren Dryas auf Niederschlagsmuster, auf die regionale Gletscherdynamik, auf die Erosionskapazität der Gletscher und der proglazialen Fliessgewässer aus?
2. Bisherige Daten aus Seestudien im Engadin deuten darauf hin, dass die Erwärmung nach der Jüngeren Dryas in einer Warmphase kulminierte, in welcher die Gletscher im Raum Engadin verschwunden sind (Leemann,1993). Ist das frühe Holozän ein mögliches historisches Beispiel für die Klimaverhältnisse und die damit gekoppelten Landschaftsprozesse im 21. Jahrhundert?
3. Finden sich in Ablagerungen von Vorgletscherseen Hinweise auf eine reduzierte oder eine vergrösserte Erosionsaktivität zu Zeiten von zurückgebildeten oder fehlenden Gletschern?
4. Finden sich in Archiven vergangener Warmzeiten Anzeichen beschleunigten Aufschmelzens von Permafrost-Gebieten, welche eine Destabilisierung von Hanggebieten zur Folge gehabt hätten?
5. Wie verändert sich im alpinen Raum das Erosionsbudget bei einer Klimaerwärmung?
6. Können geochemische Signaturen in Seeablagerungen (z.B. Sauerstoff-Isotope) als Indikatoren für Veränderungen im Niederschlagsmuster verwendet werden?
7. Wie schnell reagierte das alpine Oekosystem in der Vergangenheit auf Klimaänderungen?

Die Seearchive eignen sich nicht nur, um Fragen zur Klimaentwicklung und zur Interaktion von Klima mit Landschaft-bildenden Prozessen in den letzten 12000 Jahren zu beantworten. Ebenso bedeutend ist die detaillierte Analyse der jüngsten Klimageschichte, die seit 100 Jahren zunehmend durch menschliche Aktivitäten beeinflusst wird. Informationen aus See-Sedimentkernen können mit meteorologischen Messreihen und mit historischen Daten kombiniert werden. Ebenso werden Studien an diesen jungen Sedimenten Antworten liefern, wenn es darum geht, die Dynamik von Oberflächenprozessen in einer zunehmend anthropogen geprägten Zeit des Uebergangs zu charakterisieren.

5. Klima-Forschung und Politik

Alte, lang vergessene Hypothesen, neue durch die aktuellen Umweltveränderungen ausge-löste Fragestellungen an die Erdgeschichte, neue Untersuchungsmethoden und die Entdek-kung neuer Archive (Eiskerne, Seeablagerungen, Tiefsee-Sedimente) haben nach einem halben Jahrhundert der Stagnation in den letzten zwei Jahrzehnten eine Neuschreibung mancher Aspekte der Klimageschichte ermöglicht. Wichtige Erkenntnisse über die grosse Bedeutung des Kohlendioxids als klimakontrollierendem Faktor sind durch die Analyse von erdgeschichtlichen Archiven gewonnen worden. Erkenntnisse aus der Paläoklimatologie werden in der heutigen Umweltdebatte oft vernachlässigt. Historische Daten scheinen manchen Wissenschaftlern und Politikern nicht im streng naturwissenschaftlichen Sinne gesichert. Deshalb überrascht es nicht, dass einzelne Wissenschaftler, und manche Oeko-nomen und Politiker, welche die anthropogenen Eingriffe in die Chemie der Atmosphäre als unbedeutend disqualifizieren, klimahistorische Daten aus ihrer Argumentation ausblenden, weil dies ihr gesuchtes Resultat stören würde (z.B. Michaels, 1993).

Umstritten bleibt die Frage, ob die zu erwartende Klimaveränderung für die Menschheit als Fluch oder als Segen betrachtet werden soll, und ob es überhaupt sinnvoll sei, die Oekono-mie auf Grund noch nicht absolut gesicheren Fakten zur zukünftigen Klimaentwicklung mit Umweltauflagen zu belasten. Die Kontroversen um den Handlungsbedarf im Umweltsektor sind weitgehend ideologisch begründet. Manche Oekonomen rechnen uns vor, dass es wirtschaftlicher sei, bei klimabedingten Umweltveränderungen punktuell einzugreifen und nicht heute schon Massnahmen zu beschliessen, die das Wirtschaftswachstum einschränken könnten. Viele Klimaforscher und mit ihnen einzelne Oekonomen und Politiker weisen auf die schwer abschätzbaren Folgen hin, die eine Störung des globalen Klimas haben könnte. Ebenso machen Klimaforscher auf die zu erwartenden nicht-linearen Reaktions-mechanismen im globalen Klimasystem aufmerksam, die auch mit modernen Klima-modellierungen kaum erfassbar sind und deren Konsequenzen für regionale Oekosysteme wie etwa den Alpenraum noch nicht abschätzbar sind.

Literaturreferenzen

Berner, R.A., (1994): GeocarbII: *A revised model of the atmospheric CO_2 over Phanerozoic time.* American Journal of Science, 294, 56-91.

Chamberlin, T.C., and R.D. Salisbury, (1906): *Geology,* in three volumes, John Murray, London.

Dansgaard, W., J.W.C. White, and S.J. Johnsen, (1989): *The abrupt termination of the Younger Dryas climate event.* Nature, 339, 539-543.

Dansgaard, W., S.J. Johnsen, H.B. Clusen, D. Dahl-Jensen, N.S. Gundestrup, C.U. Hammer, C.S. Hvidberg, J.P. Steffensen, Sveinbjörnsdottir, J. Jouzel, G. Bond, (1993): *Evidence for general instability of past climate from a 250ky ice-core record.* Nature, 364, 218-220.

Fischer, A., and J.A. McKenzie, (1995): *Evidence for rapid climate change at the Younger Dryas/Preboreal transition from high resolution oxygen isotope stratigraphy in chemically varved lacustrine sediments,* terra abstracts, p.217.

Hodell, D.A., J.H. Curtis, M. Brenner, (1995): *Possible role of climate in the collapse of classic Maya civilisation.* Nature, 375, 391-394.

Kapsner, W.R., R.B. Alley, C.A. Shuman, S. Anandakrishan, P.M. Grootes, (1995): *Dominant influence of atmospheric circulation on snow accumulation in greenland over the past 18'000 years.* Nature, 373, 52-55.

Kellogg, W.W., (1987): *Mankinds impact on climate - the evolution of awareness.* Climatic change, 10, 113-136.

Leemann, A., (1993): *Rhythmite in alpinen Vorgletscherseen - Warvenstratigraphie und Aufzeichnung von Klimaveränderungen.* Dissertation ETH-Zürich, Nr. 10386. 129 p.

Lotter, A., U. Eicher, U. Siegenthaler, H.j.B. Birks, (1992): *Late-Glacial climatic oscillations as recorded in Swiss lake sediments.* Journal of Quaternary Science, 187-204.

Michaels, P., (1993): *Global warming: failed forecasts and politicized science.* Center for the Study of American Business, Policy Study Number 117. 23p. Washington University, St. Louis.

Neftel, A., H. Oeschger, J. Schwander, B. Stauffer, und R. Zumbrunn, (1982): *Ice core sample measurments give atmospheric CO_2 content during past 40 000 years.* Nature, 295, 220-223.

Niessen, F., L. Wick, G. Bonani, C. Chondrogianni, C. Siegenthaler, (1992): *Aquatic system response to climatic and human changes: productivity, bottom water oxygen status, and sapropel formation in Lake Lugano over the last 10 000 years.* Aquatic Sciences, 54, 257-276.

Oeschger, H., (1987): *Die Ursachen der Eiszeiten und die Möglichkeit der Klimabeeinflussung durch den Menschen.* Mitteilungen der Naturforschenden Gesellschaft Luzern, 29, 51-77.

Pfister, C., (1984): *Bevölkerung, Klima und Agrarmodernisierung 1525-1860. Das Klima der Schweiz von 1525-1860 und seine Bedeutung in der Geschichte von Bevölkerung und Landwirtschaft.* Bern. Haupt-Verlag.

Vögele, A., (1987): *Die Anfänge der Gletscherforschung und der Glazialtheorie.* Mitteilungen der Naturforschenden Gesellschaft Luzern., 29, 11-50.

Weissert, H., (1994): *Erdgeschichtliche Treibhaus-Episoden.* Gaia, 3, 25-35.

Prof. Dr. Helmut Weissert, Geologisches Institut ETH-Z, CH-8092 Zürich

Räumlich-zeitliche Verteilung von Niederschlägen

Dietmar Grebner

1.   Einleitung

Der Niederschlag ist neben geomorphologischen Bedingungen eine der möglichen Ursachen zur Auslösung von instabilen Hängen. Dabei sind allerdings die unter dem Begriff Niederschlag zusammengefassten Erscheinungsformen nicht gleichermassen von Bedeutung. Niederschlag bezeichnet die aus der Atmosphäre ausfallenden Eis- oder Wasserpartikel. Die festen Niederschlagsarten sind Reif, Graupel, Hagel und Schneefall. Flüssiger Niederschlag tritt als Tau, Nieselregen und Regen auf.

Unter den festen Niederschlägen ist für die Mechanismen an instabilen Hängen der Schnee von Bedeutung. Abgesehen von mechanischen Wirkungen der Schneedecke selbst sind allerdings mit dem Regen vergleichbare Einflüsse bis zum Zeitpunkt des Abtauens verzögert. Das Tauen feuchtet oder füllt die Bodenwasserspeicher auf und wirkt entsprechend auf Gleithorizonte ein. Die Dauer des Einflusses von Schmelzwasser an einem Ort ist im wesentlichen auf die Existenz der Schneedecke begrenzt. Die Schmelzrate ist durch das Angebot an Wärmeenergie in Form von Strahlung sowie latentem und fühlbarem Wärmefluss festgelegt. Namhafte Schmelzraten, die vor ergiebigen Regenfällen auftreten können, haben die Bedeutung eines Vorregens und damit wesentlichen Einfluss auf die Auswirkung des Regens.

Im Gegensatz zum Schneefall wird Regen unmittelbar zum Zeitpunkt des Niederschlags wirksam, und die Intensität (Liter pro m^2 und Stunde = mm/h) von starkem Regen übersteigt die Schmelzrate von Schnee. Ein weiterer Aspekt, der bezüglich Einfluss auf instabile Hänge Regen von Schmelzwasser unterscheidet, ist die räumliche und zeitliche Variabilität. Die Bedingungen für Schneeschmelze sind stark höhenabhängig, vielfach auf Zonen begrenzt, besitzen aber horizontal über grössere Distanzen in vergleichbaren Lagen verhältnismässig schwache Veränderungen. Dementsprechend verhält sich die Schmelzrate bzw. das aus der Schneedecke austretende Wasser. Ihre Abhängigkeit vom Tagesgang der Temperatur und Strahlung, vom Witterungsverlauf und von der Schneedecke selbst bewirken einen im Vergleich zum Regen gleichmässigeren Verlauf.

Regen kann hingegen sowohl räumlich, aber besonders auch zeitlich wesentlich schärfere Intensitätsschwankungen aufweisen. Die Folge sind neben der Gewichtszunahme des Bodens und der Erhöhung von Gleiteigenschaften noch mechanische Einwirkungen durch Tropfen und Erosion im Boden sowie bei Oberflächenabfluss, die für das Verhalten instabiler Hänge mit von Bedeutung sein können (z.B. Häberli et al., 1991). In der nachfolgenden Darstellung ist deshalb mit Niederschlag im wesentlichen der Regen angesprochen, vor allem starker Regen.

Die Erscheinung Niederschlag ist ein komplexer Prozess. Er umfasst atmosphärische Vorgänge von sehr unterschiedlicher Grössenordnung, von der Bildung von Wassertröpfchen im mikroskopischen Massstab (ca. 10^{-6} m) bis zur makroskopischen Strömung der Atmosphäre (10^5 bis 10^6 m). Daraus ergibt sich eine wesentliche Tatsache:
Ein Teil der Ursachen der räumlich-zeitlichen Verteilung entzieht sich aus messtechnischen Gründen und aufgrund chaotischen Verhaltens der Atmosphäre einer deterministischen Beschreibung. Dies macht die Grenzen der Erklärungen von lokalem Niederschlagsverhalten in konkreten Fällen deutlich. Ziel der nachfolgenden Darstellungen ist deshalb das prinzipielle räumlich-zeitliche Verhalten von Niederschlägen, um Kenntnisse über die Aussagemöglichkeiten zu vermitteln, was letztenendes weiterführenden Fragen, auch an die Meteorologie, dient.

2.   Realität und Messung

Wenn man einmal zulässt, Bewölkung und Niederschlag gleichzusetzen, dann zeigt das Satellitenbild (Fig. 1), dass Niederschlag eine Felderscheinung ist. Je nach den thermodynamischen Eigenschaften grenzen sich diese Felder durch ihre räumliche Struktur gegeneinander ab. Vor der Westküste Europas wird in diesem Beispiel die Kaltluft über dem warmen Atlantik vertikal instabil und bildet grossräumig Quellbewölkung, angeordnet in wabenförmigen, sogenannten offenen Zellen. In diesen Gebieten ist die Luft dominierend in turbulenter Bewegung. Ueber Westeuropa hingegen befindet sich an einer Front bis über Schottland hinaus flächenhafte Bewölkung, die durch primär gleitende Strömung der Atmosphäre hervorgerufen wird. Bei Betrachtung einzelner Wolkenelemente liesse sich dieser Unterschied vergleichbar fortsetzen.

Dem Feld und seiner Struktur überlagert ist eine zeitliche Veränderung, z.B. die Entwicklung oder der Zerfall des zugrunde liegenden Strömungs- und Zirkulationsystems (Fig. 2). Die Niederschlagsmenge, die in einem solchen System erzeugt wird, gilt zunächst nur für einen in der Atmosphäre 'fixierten', d.h. mitschwebenden Beobachter. Geht man zum erdfesten Messort über, kommt als weiterer und wesentlicher Einfluss die horizontale Verlagerung des Niederschlagssystems hinzu. Sie bewirkt, dass z.B. zwei Ereignisse mit gleicher Niederschlagsleistung seitens der Atmosphäre für den erdfesten Beobachter völlig unterschiedlich in Erscheinung treten können. Die am erdfesten Messort während einer bestimmten Messdauer (Stunde, Tag usw.) erfasste Niederschlagsmenge (Liter pro m^2 = mm) ist aufgrund der - meist bestehenden - Verlagerung in der Regel geringer als der tatsächlich in einer Säule der Atmosphäre (mit 1 m^2 Grundfläche) erzeugte Betrag.

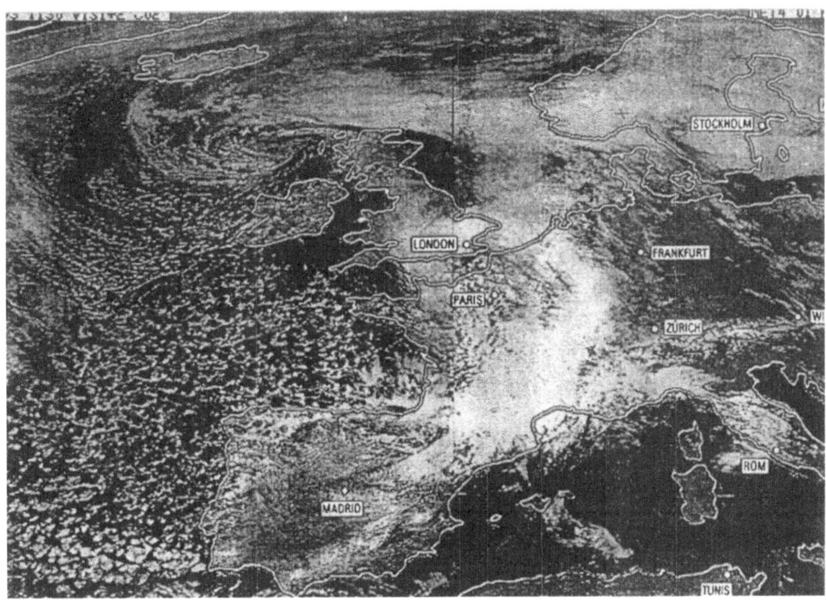

Fig. 1:   In der Atmosphäre tritt der für Bewölkung und Niederschlagsbildung verantwortliche Zirkulationstyp als Feld auf. Er grenzt sich mit einer charakteristischen Verteilungsstruktur der Bewölkung und gegebenenfalls auch des Niederschlags gegen die Umgebung ab: Konvektionsbewölkung in Form 'offener Benard-Zellen' angeordnet über dem Atlantik; frontale Schichtbewölkung als Ursprung von Dauerniederschlag über Westeuropa. Bild: Eumetsat, 1. April 1993, 13.30 MESZ (Neue Zürcher Zeitung).

Stehen gleichzeitig mehrere Messstellen zur Verfügung, so kann für das damit erfasste Gebiet mit Hilfe verschiedener Methoden zu einer gewählten Messdauer der Gebietsniederschlag berechnet werden. Der Gebietsniederschlag ist die über die Fläche des Gebietes fiktiv gleichmässig verteilte Höhe des dort gemessenen Niederschlages. Eine offensichtliche Schwäche dieser Gebietsmittelung ist, dass in der betrachteten Dauer die räumliche Niederschlagsverteilung eliminiert wird.

Die Eigenschaften eines Niederschlagssystems, wie z.B. Ausdehnung und Form seines Grundrisses, die Struktur in diesem Feld, Veränderung, Verlagerung sowie Einflüsse durch die Orographie bestimmen die räumlich-zeitliche Verteilung von Niederschlägen. Da die

Kenntnis über ein so entstandenes Niederschlagsfeld aber auf Messungen beruht, hängt die erfasste Verteilung zusätzlich von den Eigenschaften des Messnetzes (Dichte, Anordnung, Gerätetyp) ab. In Figur 3 wird gezeigt, wie mit einer Erhöhung der Anzahl Beobachtungsstationen z.B. vermehrt höhere Mengen erfasst werden.

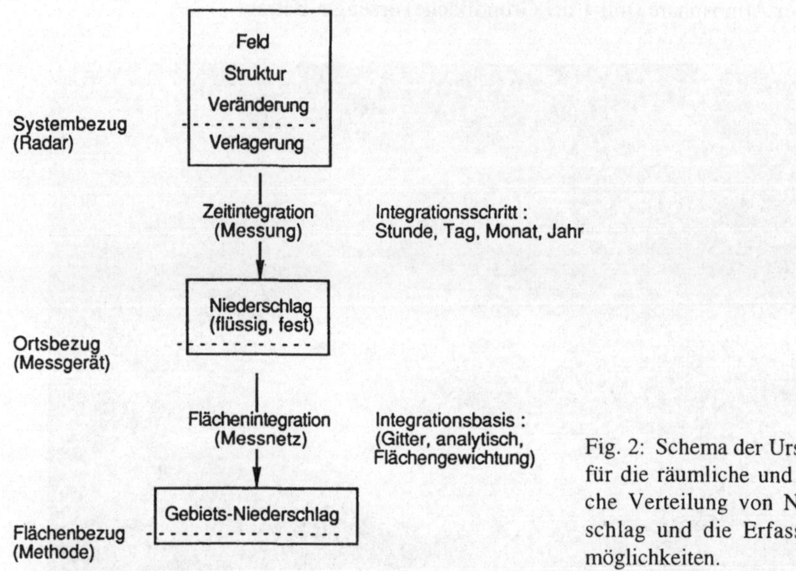

Fig. 2: Schema der Ursachen für die räumliche und zeitliche Verteilung von Niederschlag und die Erfassungsmöglichkeiten.

Es gibt somit je nach Bezug zwei reale Niederschlagsmengen: atmosphärenintern und an der Erdoberfläche betrachtet. Ihr Unterschied hängt von der Verlagerungsgeschwindigkeit eines Niederschlagssystems bezüglich der Erde ab. Messnetze erfassen dieses an der Erdoberfläche entstehende Niederschlagsfeld. Sie geben aber stets nur eine Näherung der realen Feldeigenschaften wieder (siehe auch Kap. 5).

Die Differenzierung zwischen der pro Einheitsfläche (m^2) atmosphärenintern produzierten, der an der Erdoberfläche tatsächlich abgelagerten und schliesslich mit dem Messnetz festgestellten Niederschlagsmenge spielt auch bei der Beurteilung von Extremniederschlägen im Rahmen der Diskussion über eine Klimaveränderung eine erhebliche Rolle. In extremen Niederschlägen gehen die am atmosphäreninternen Niederschlagsprozess beteiligten Komponenten gegen ein Optimum. Der Zustand ist aus diesem Grund naturgemäss bereits selten. Der Seltenheitsgrad nimmt mit der Bedingung zu, dass dieses Niederschlagssystem gleichzeitig verlagerungsfrei ist, und weiter, wenn das Zentrum des Niederschlagsfeldes gerade über einer Messstelle bzw. über einem Messnetz auftritt. Dies bedeutet, allein mit zunehmend dichteren Messnetzen und mit längeren Messreihen sind für eine bestimmte Niederschlagsdauer grössere Mengen zu erwarten, ohne dass sich die Niederschlagsleistung der Atmosphäre ändert.

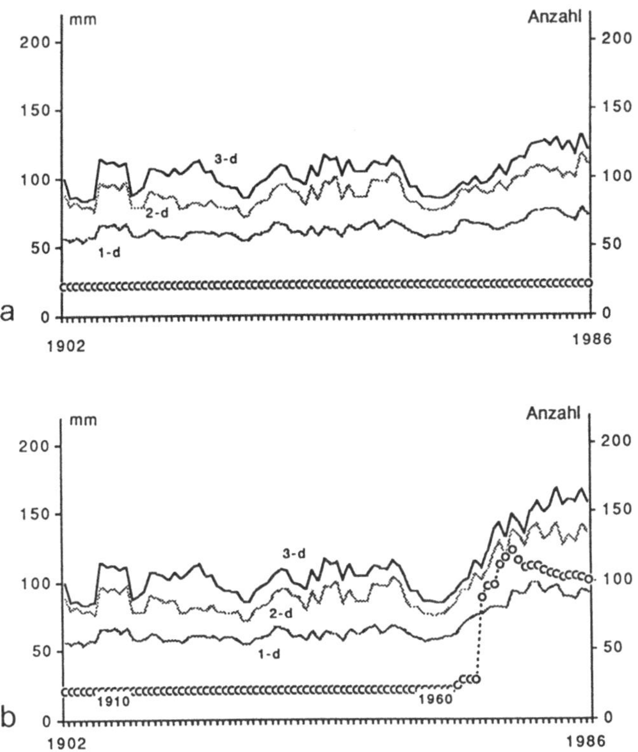

Fig. 3:   Fünfjährige gleitende Mittel der jährlich höchsten über 3 beliebige Stationen
im Westteil der Schweiz gemittelten Werte für 1-, 2- und 3tägige Niederschlagssummen a) bei konstant gehaltener Anzahl Stationen (22), b) bei Verwendung
aller ab dem Jahr 1969 wesentlich erweitert verfügbaren Anzahl Stationen (Linie mit
Kreissignatur, Skala rechts). Periode: 1902 - 1986.

Diese Betrachtung gilt für einzelne unterbrechungsfreie Niederschlagsphasen bis zu mehreren Tagen. Für Perioden, in denen mehrere solche Phasen mit kurzen Unterbrechungen auf-
einanederfolgen, sind zusätzlich Aspekte der planetaren, d.h. grossräumigen, Zirkulation zu
berücksichtigen. Jüngste Beispiele dafür sind die Niederschläge im Zusammenhang mit den
Ueberschwemmungen im oberen Mississippigebiet, Juli 1993 (Grebner, 1993 a), am Lago
Maggiore, September bis Oktober 1993 (Grebner und Roesch, 1994), und im Flussgebiet des
Mittel- und Niederrheins, Januar 1995. Sich ändernde klimatische Bedingungen sind gegebenenfalls eher in der Dauer solcher Perioden zu vermuten, als in den Einzelphasen.

3.   Prozessvarianten und Grössenordnungen

Ausschlaggebend für die Struktur eines Niederschlagssystems ist der Zirkulationstyp in der
Atmosphäre. Er wirkt sich sowohl auf den räumlichen als auch den zeitlichen Massstab
eines Niederschlagsfeldes aus, unabhängig vom erd- oder atmosphärenbezogenen Betrach-
tungsort. Es ist zu unterscheiden zwischen konvektiv ablaufendem (kurz: konvektivem) und
advektiv ablaufendem (d.h. advektivem) Niederschlagsprozess (Tab. 1).

	Schauerniederschlag konvektiv (verlagernd, ortsfest) (flüssig, fest)	Dauerniederschlag advektiv (verlagernd, ortsfest) (flüssig, fest)
mittelräumig	Zellenfeld (10^2 km; 10^2 min)	Aufgleitfeld (10^2 - 10^3 km, 10^3 min)
kleinräumig	Zelle (10^1 km; 10^1 min)	Feldzentrum (10^1 km; 10^3 min)
mikroskalig	Partikelbildung (Tropfen, Kristalle, Flocken, Körner)	

Tab. 1:   Die vertikale und horizontale Schichtungsstabilität der Atmosphäre bestimmt
die Art der Hebung eines Luftpaketes und damit die Niederschlagsform – Schauerniederschlag bzw. Dauerniederschlag – mit ihren räumlichen und zeitlichen Grössenordnungen.

Unter konvektiv ist Schauerniederschlag zu verstehen, der mit und ohne Gewitter auftreten
kann. Bei der Angabe seines räumlichen Massstabes, d.h. der horizontalen Ausdehnung,
sind zwei Grössenordnungen zu berücksichtigen. Der Prozess eines einzelnen, auch als Zelle
bezeichneten Schauers ist eine horizontal sehr begrenzte, z.T. isolierte Erscheinung. Die
horizontale Ausdehnung seines annähernd kreisförmigen bis elliptischen Niederschlagsfeldes besitzt die Grössenordnung 10^1 km, d.h. je nach Stärke und Verlagerungsgeschwindigkeit: bis $3 \cdot 10^1$ km quer zur Verlagerung, bzw. etwa $6 \cdot 10^1$ km längs dazu. Bei geeigneten
atmosphärischen Randbedingungen ist die Entstehung eines Feldes von mehreren Schauern
möglich. Es handelt sich um das gleichzeitige, mehr oder weniger geordnete Auftreten von
einzelnen Schauerzellen. Ein typisches Beispiel über See ist das in Wabenform (offene
Benard-Zellen) organisierte Feld von Konvektionen in Figur 1. Der Durchmesser einer
'Wabe' liegt im Bereich bis 10^2 km, d.h. etwa 40 bis gegen 100 km. Die Ausdehnung eines
ganzen Zellenfeldes erreicht die Grössenordnung bis 10^3 km. Die räumliche Niederschlgs-
verteilung eines Feldes von konvektiven Zellen drückt sich in Form von verstreuten Zentren
der Einzelzellen, mit oder ohne Verlagerung, aus (siehe Beispiel in Fig. 9).

Die charakteristische Eigenschaft eines konvektiven Niederschlages besteht im weiteren, neben der relativ geringen horizontalen Ausdehnung, in seiner geringen Dauer und gleichzeitig möglichen hohen Niederschlagsmenge. Die Dauer eines Konvektionsniederschlages liegt im Bereich von Minuten (etwa bis 90 Minuten). Das Zellenfeld im ganzen sowie der darin erzeugte Niederschlag ist aufgrund von Regenerationen von längerer Dauer, allerdings mit räumlichen und zeitlichen Unterbrechungen.

Der advektive Niederschlag dagegen ist im Mittel zusammenhängend deutlich grossflächiger und länger andauernd als die konvektive Form. Während im konvektiven Fall nur der Niederschlag einer Zelle als räumlich und zeitlich zusammenhängendes Feld angesehen werden kann, ist ein advektives Niederschlagsfeld sowohl in der räumlichen Ausdehnung als auch in der Dauer um eine bis zwei Grössenordnungen grösser (Tab. 1). In jeweils ausgeprägten Fällen ist die Niederschlagsabnahme vom Zentrum zum Rand unter advektiven Bedingungen allgemein flacher als bei Schauern.

Wie die nachfolgende Beschreibung der Niederschlagsprozesse zeigt, ist die advektive Bildungsrate für Niederschlag (Menge pro Stunde) erheblich geringer als die der konvektiven Variante; advektiv z.B. nordalpin: bis 20 mm/h, konvektiv: bis 100 mm/h. Im advektiven Fall übertreffen hingegen, aufgrund der möglichen langen Dauer, über einen Tag aufsummierte Niederschlagsmengen diejenigen von konvektiven Bedingungen deutlich, sowohl lokal, besonders aber auch als Gebietsmittel - zunehmend mit grösseren Gebietsflächen.

4.   Prozessablauf

Weshalb die beiden unterschiedlichen Niederschlagsformen die räumlich-zeitliche Verteilung des Niederschiages grundlegend bestimmen, wird über die Kenntnis der jeweligen Prozessabläufe leicht verständlich.

Niederschlag setzt grundsätzlich ausreichend Wasserdampf in der Atmosphäre voraus. Er entsteht durch Verdunsten von Wasser an der Erdoberfläche. Der Wasserdampfgehalt (kg/m^3) ist im Höchstfall begrenzt durch die Temperatur, die der Dampf besitzt. In der Atmosphäre ist die Temperatur von Dampf und Luft gleich. Wird die Luft abgekühlt, so ist auch weniger Wasserdampfgehalt möglich. Der entstehende Überschuss kondensiert wieder zu Wasser oder sublimiert zu Eiskristallen, bildet Wolken und bei ausreichender Kondensation oder Sublimation und Entwicklung der Partikelgrössen Niederschlag.

In der Atmosphäre sind vier Ursachen für eine Abkühlung möglich: durch Wärmeverlust an kalten Oberflächen, durch Ausstrahlung, durch Mischung unterschiedlich temperierter Luftmassen und durch Expansion. Für die Niederschlagsbildung ist die Expansion entscheidend. Sie tritt auf, wenn ein Luftpaket aus seiner Umgebung in einen tieferen Umgebungsdruck verschoben wird. Diese Bedingung ist am besten bei Hebung erfüllt.

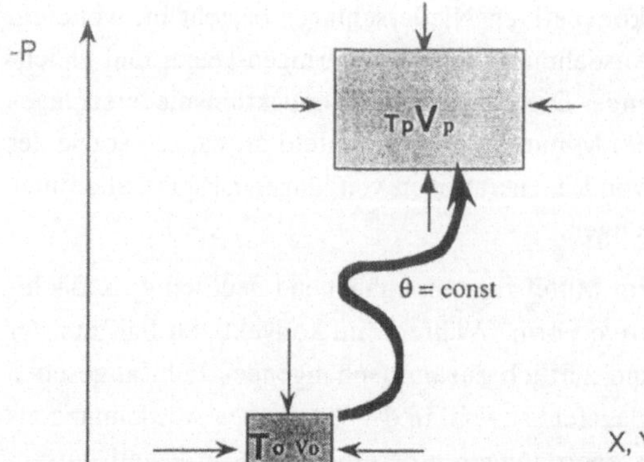

Fig. 4: Schema der Zustandsän-
derung eines Luftpaketes bei Verschiebung aus einem Niveau mit
hohem in eines mit tiefem Umgebungsdruck. Unter der Annahme
der Adiabasie bleibt die potentielle Temperatur θ konstant. Vo-
lumenzunahme (V_0 nach V_p) bedingt Temperaturabnahme (T_0
nach T_p). X, Y: Horizontalebene;
$-P$: Druck als Vertikalachse.

Die zuvor eingeführten Prozessvarianten Konvektion und Advektion (Kap. 3) stellen die beiden charakteristischen Hebungsvorgänge dar. Ausschlaggebend für die Konvektion ist der Zustand der vertikalen Schichtung, also der statischen Stabilität. Konvektion wird deshalb auch als vertikale Umlagerung oder thermische Turbulenz umschrieben. Für die advektiv auftretende Hebung ist hingegen primär der Zustand der horizontalen Schichtung von Bedeutung, z.B. wenn Kaltluft gegen Warmluft geführt wird.

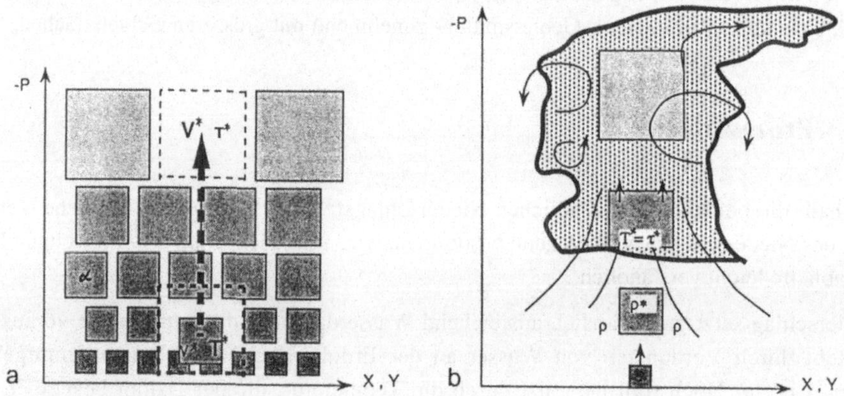

Fig. 5: Schema der Konvektion. a) Ein bezüglich Umgebung zu warmes Luftpaket (*) erfährt einen Auftrieb bis in ein Niveau, dessen potentielle Temperatur gleich der des Luftpaketes ist. b) Auftrieb mit skizzierter Wolkenbildung durch Kondensation wo $T^* \leq \tau^*$ wird. τ^*: Taupunkt; ρ, ρ^* :Dichte; $\alpha=1/\rho$: spezifisches Volumen. Koordinaten, V und T wie Figur 4.

Die physikalische Erklärung der Abkühlung bei Hebung (Expansion) geht davon aus, dass sich der Wärmeinhalt H (Enthalpie) eines Luftpaketes aufteilt in die innere (fühlbare) Energie U und die Volumenarbeit A gegen den Umgebungsdruck: $H = U + A$. Wird der Wärmeinhalt geändert, sind entsprechend die beiden Bereiche betroffen, d.h.: $dh = du + da$.

In erster Näherung gilt in der Atmosphäre, dass der Wärmeaustausch sowie andere Quellen und Senken vernachlässigbar sind: $dh = 0$ und deshalb $du + da = 0$ (Adiabasie). Dies bedeutet, der Wärmeinhalt bleibt konstant. Wird also ein Luftpaket mit der Temperatur T_0 und dem Volumen V_0 angehoben und dadurch in niedrigeren Umgebungsdruck gebracht, nimmt sein Volumen auf Kosten seiner Temperatur zu (Fig. 4).

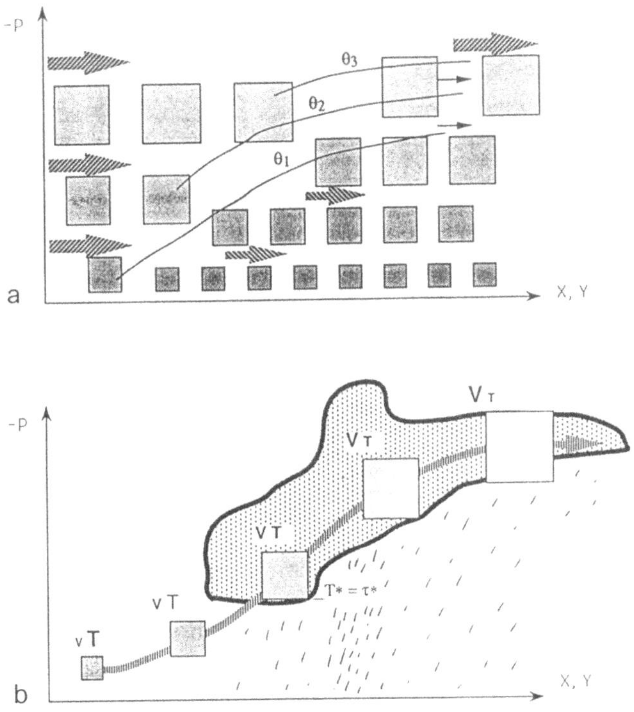

Fig. 6 a, b: Schema der Hebung bei Advektion: a) Warmluft (links) holt Kaltluft (rechts) ein und gleitet dabei auf den durch ihre potentielle Temperatur ($\theta_i = const\ i = 1, 2, 3$) bestimmten Flächen auf. b) Aufgleitvorgang mit skizzierter Wolkenbildung durch Kondensation wo im Luftpaket (*) $T^* \leq \tau^*$ wird sowie mit konvektiver Verstärkung (Wolkenmitte). Koordinaten und Symbole siehe Figur 4.

Eine Umformulierung der Adiabasie-Bedingung zeigt, dass sich die Temperaturen T_0 und T zweier Niveaus verhalten wie die dort herrschenden Drucke p_0 und p. Wird für $p_0 = 1000$ hPa (Hektopascal = Millibar) gewählt, so ist für das Luftpaket $T_0 = $ const und durch die Beziehung $(T_0) = \Theta = T(1000/p)^\kappa$ festgelegt, ($\kappa = 0.286$). Θ wird als potentielle Temperatur bezeichnet und ist ein Mass für den Wärmeinhalt der Luft. Diese Beziehung besagt letztlich: Ein Luftpaket bewegt sich entweder auf der durch seine potentielle Temperatur definierten Fläche (advektives Verhalten) oder in das Niveau mit der ihm entsprechenden potentiellen Temperatur (Konvektion). Die Beziehung sagt auch aus, dass eine bestimmte potentielle Temperatur Θ in Kaltluft $T = T_k$ in vertikal höherem Niveau, d.h. in tieferem Druck $p = p_k$, liegt als in Warmluft mit $T = T_w$ und $p = p_w$ (Fig. 6 c), da wegen $T_k < T_w$ auch $p_k < p_w$ sein muss. Auf Änderungen der Zusammenhänge, die durch Kondensation entstehen, soll hier nicht eingegangen werden.

Tritt konvektive Hebung auf, so heisst dies, ein Luftpaket ist im Vergleich zu seiner Umgebung zu warm (Fig. 5 a). Es steigt bis zu dem Niveau auf, welches die gleiche potentielle Temperatur besitzt wie das Luftpaket. Figur 5 (b) zeigt diesen Auftiebsvorgang mit adiabatischer Abkühlung (0.98 °C/100m) durch Expansion und mit Wolkenbildung durch Kondensation, er ist angenähert senkrecht und er ist horizontal sehr begrenzt.

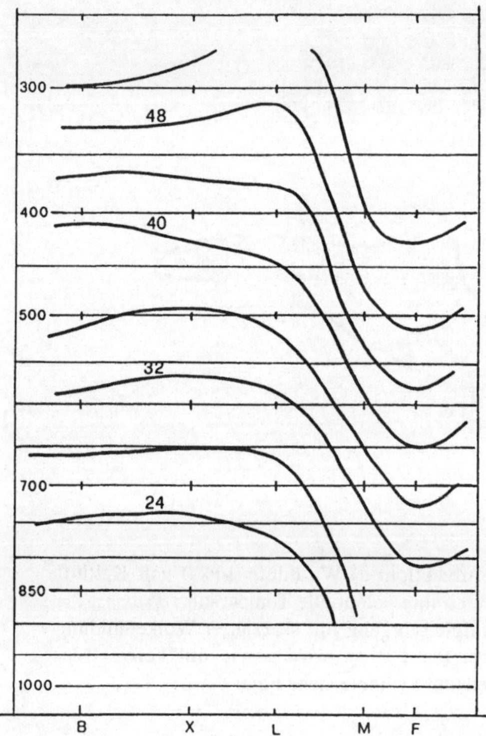

Fig. **6** c: Vertikalschnitt über den Stationen Brest (B), Paris (X), Lyon (L), Mailand (M) und Ferrara (F) durch Flachen gleicher potentieller Temperatur (C). Linker Rand: Bezeichnung der Druckflächen.

Advektive Hebung verlangt in Strömungsrichtung horizontale Temperaturunterschiede, also zwei aneinander grenzende, verschieden temperierte Luftmassen (Fig. 6 a). Ausserdem müssen sich die beiden Luftmassen relativ zueinander bewegen (schraffierte Pfeile), dann gleitet die Warmluft (links) auf die Kaltluft (rechts) entlang der Flächen konstanter potentieller Temperatur Θ_i (dünne Pfeile) auf. In Figur 6 (b) ist der adiabatische Aufgleitvorgang schematisch anhand eines Luftpaketes mit Abkühlung durch Expansion und Wolkenbildung dargestellt. Figur 6 (c) gibt einen realen Vertikalschnitt durch Flächen gleicher potentieller Temperatur auf der Achse Brest (Kaltluft) Ferrara (Warmluft), vom 25.08.87 (00 UTC), d.h. zum Zeitpunkt der Hochwasserkatastrophe an der Reuss, wieder.

Schematisch vergleichbar mit dem adiabatischen Aufgleiten ist die Hebung bei Ueberströmung eines Gebirges. Dabei folgt die Luft jedoch nicht der Hangneigung, sondern überströmt ein Gebirge wesentlich flacher, d.h. die Hebung beginnt schon vor dem Gebirgsfuss und erfasst ausserdem die bodennahe Luftschicht kaum oder nicht.

5.   Subskalige und stochastische Prozessanteile

Bevor auf der Basis der beschriebenen Systematik Fallbeispiele betrachtet werden, sind noch Einflüsse zu nennen, die sich ebenfalls auf die räumlich-zeitliche Verteilung von Niederschlag auswirken. Sie sind aber der verfügbaren Messung nicht zugänglich und ihr Beitrag an der Verteilung des Niederschlags ist im Einzelfall deterministisch nicht nachvollziehbar. Dazu zählen die Turbulenz, konvektive Verstärkungen in adiabatischen Aufgleitvorgängen, Verdunstung von fallendem Niederschlag sowie die scheinbare Variabilität durch Messfehler.

Im weiteren gilt bei der Konvektion, dass der Ort, wo eine Konvektionszelle letztlich entsteht, über flachem Gelände zufällig ist. Orographische Erhebungen sind potentielle Auslösungsorte. Aber auch dabei ist die genauere Lage und Verteilung des entstehenden Niederschlagsfeldes und seines Zentrums mit den verfügbaren Routinemessungen nicht nachvollziehbar.

Die Turbulenz ist in der Wolke, am fallenden Niederschlag unter der Wolke (inder Atmosphäre und durch die Topographie) und am Messgerät bezüglich der Messgenauigkeit aufgrund der Einwirkung des Gerätes auf die turbulente Luftbewegung wirksam.

Aus advektiv erzeugten Bewölkungen ist dem Prinzip nach ein gleichförmiger Niederschlag zu erwarten. Bei diesem Aufgleitvorgang sind aber, abgesehen von den anderen Einflüssen, in mehr oder weniger hohen Schichten auch vertikale Instabilitäten, also Konvektionen, möglich. Sie verursachen lokal und kurzfristig Steigerungen der Intensitäten (Fig. 6 b, symbolisiert durch die Aufwölbung am Oberrand der Wolke und die dichtere Niederschlagssignatur).

Die Verdunstung von fallendem Niederschlag unterhalb der Wolke ist im Sommer häufig als sogenannte Fallstreifen zu beobachten. Sie hängt von der Tropfengrösse, der Fallgeschwindigkeit, der zurückzulegenden Fallhöhe und dem temperaturabhängigen Wasserdampfgehalt, d.h. genauer dem Sättigungsdefizit, ab.

6. Fallbeispiele

6.1. Typische Niederschlagsfelder in der Schweiz

Die klimatischen Eigenschaften in der Schweiz sind vom Einfluss der Alpen geprägt. Dies
gilt auch für das Niederschlagsregime, und zwar in mehrfacher Hinsicht. Einerseits sind die
Alpen bei der Entwicklung von Strömungszuständen in der Atmosphäre beteiligt, welche
später in einer Region der Schweiz zu Niederschlägen führen können. Anderseits können
sich die Alpen während des Niederschlages auswirken. Ausserdem sind sie als Riegel
zwischen den nordalpinen und südalpinen Bedingungen von Temperatur und Feuchte von
Bedeutung.

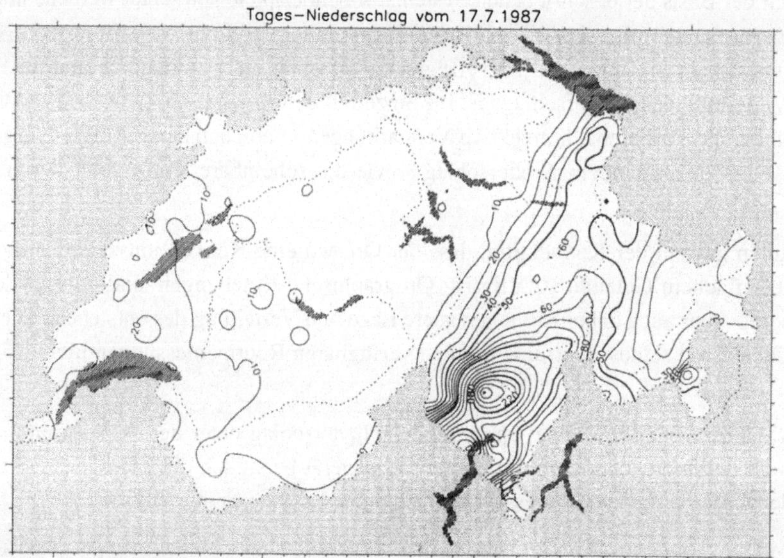

Fig. 7:   Beispiel eines über die Alpen greifenden Niederschlagsfeldes vom 17. Juli
1987. Das Zentrum des atmosphärischen Niederschlagssystems liegt auf der Alpensüdseite, sein advektiver Hebungsbereich mit Niederschlagsbildung erstreckt sich quer
über die Alpen. Die Zahlenwerte bedeuten [mm/Tag].

Es lassen sich 3 prinzipielle Anordnungen von Niederschlagsfeldern feststellen: rein südalpin, rein nordalpin und alpenübergreifend (Grebner, 1993 b). Die alpenübergreifenden
Niederschlagsfelder haben in den massgebenden Fällen hinsichtlich ihrer atmosphärischen
Entwicklung ihr Zentrum auf der Alpensüdseite und reichen z.T. weit über die Alpennordseite (Fig. 7). Während einseitig, d.h. südalpin oder nordalpin, auftretenden Ereignissen ist
die jeweilige Gegenseite nicht notwendigerweise niederschlagsfrei (z.B. Fig. 8). Es ist sogar

möglich, dass auf beiden Seiten gleichzeitig extreme Niederschlagsmengen auftreten, wie z.B. am 7./8. August 1978 (schwere Hochwasserschäden an der Thur und im Tessin). Es handelt sich dann aber atmosphärisch um getrennte Ursachen.

Das in Figur 7 gezeigte Beispiel besitzt auf der Alpennordseite die relativ gleichmässige Mengenverteilung eines advektiven Niederschlagsprozesses in vertikal überwiegend stabiler Schichtung. Ein weiteres Charakteristikum von derartigen zur Alpennordseite übergreifenden Niederschlagsprozessen ist, dass sie dort oberhalb der Kammhöhe stattfinden. Die Niederschlagsmengen zeigen im Messnetz dann keine Höhenabhängigkeit. Dies gilt auch in vertikalen Strömungsschichtungen wie im erwähnten Beispiel vom 7./8. August 1978 (Grebner, 1980).

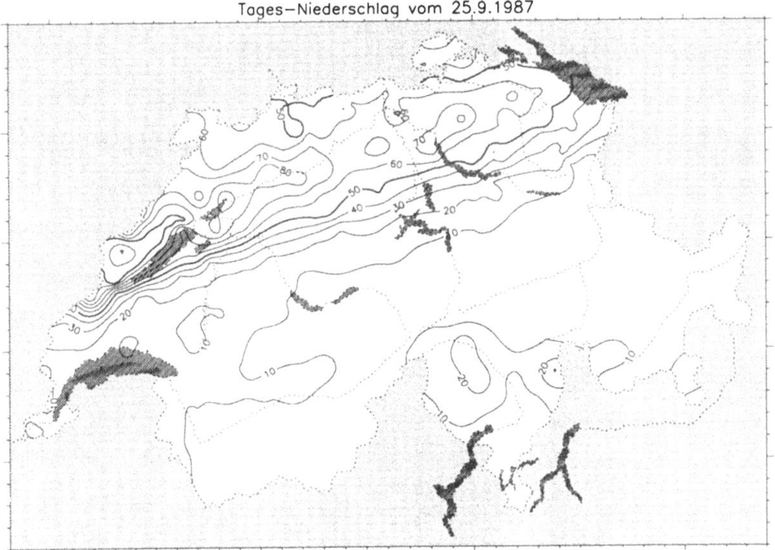

Fig. 8:   Beispiel eines Niederschlagsfeldes mit nordalpiner Lage des advektiven Niederschlagssystems vom 25. September 1987. Die Zahlenwerte bedeuten [mm/Tag].

Auf der Alpensüdseite sind indessen bei advektiven Zuständen wesentliche konvektive Verstärkungen üblich. Dies muss auch an den beiden markanten Zentren in Figur 7 angenommen werden. Das Zentrum über dem Val Poschiavo sowie die Feldausdehnung über die Landesgrenze hinaus ist wegen fehlender Daten nicht gesichert.

Ein rein nordalpiner Niederschlagsprozess liegt im Beispiel vom 25. September 1987 vor (Fig. 8). Das Niederschlagsfeld repräsentiert zwei nennenswerte Eigenschaften. Es ist ausgedehnt zusammenhängend, also als advektiv erzeugt einzuordnen, und seine Lage demonstriert, dass die beachtlichen Tagesmengen bis zu 150 mm ohne direkten Gebirgseinfluss

entstanden sind. Mit direktem Gebirgseinfluss ist der Stau angesprochen, der vermutlich verbreitet als effizientester Niederschlagsprozess angesehen wird. Eine Untersuchung der stärksten nordalpinen Ereignisse zeigt hingegen: Stau als vertraute Vorstellung ist zwar Ursache
vieler kräftiger Niederschläge, bei den stärksten Fällen bezüglich Ausdehnung, Menge und
Dauer ist der Beitrag durch Stauwirkung jedoch nur sekundär oder nicht feststellbar. So
vertritt z.B. Figur 7 Fälle, die bei vorherrschender SW-Strömung auf der Alpennordseite
trotz Lee-Position zu den stärksten Ereignissen zählen.

Auf der Alpensüdseite kommt der Auswirkung von Stau eine andere Bedeutung zu. Die
vertikalen Schichtungszustände machen den Stau zum auslösenden und fortgesetzten An-
trieb für konvektives Verhalten der Strömung.

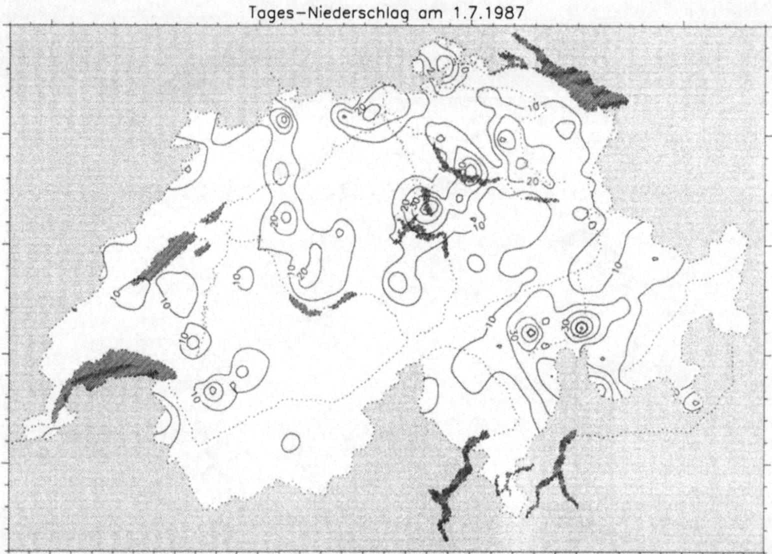

Fig. 9:   Beispiel einer Niederschlagsverteilung aufgrund eines Schauerfeldes vom
1. Juli 1987. Die Zahlenwerte bedeuten [mm/Tag].

Wie bereits im Rahmen der Prozessvarianten und des Prozessablaufes erwähnt, ergibt die
konvektive Niederschlagsentwicklung im Gegensatz zu den Beispielen in den Figuren 7 und
8 eine völlig andere räumliche Verteilung (Fig. 9). Die Bereiche mit Mengen über 10 mm
(niedrigste ausgezogene Isolinie) und mehr sind unzusammenhängend verstreut. Dies ist
umso bemerkenswerter, da es sich um Tagessummen handelt und diese Dauer häufig eine
glättende Wirkung zur Folge hat. Einzelne Zentren lassen sich möglichen orographischen
Ursachen zuordnen, so z.B. am Nordhang des Rigi oder am Bachtel (NO-Ende des Zürich-
sees). Diese Zuordnung kann im Einzelfall die Ursache treffen, ist jedoch keine eindeutige

Erklärung, da die Frage offen bleibt, warum andere typische Konvektionszonen nicht betroffen sind, z.B. der Lindenberg linksseitig der Reuss.

Die Gliederung in nordalpines und südalpines Auftreten im Fall von Schauerfeldern sei in diesem Zusammenhang nur soweit erwähnt, als dass bekanntlich nicht nur die advektiven, sondern auch die konvektiven Niederschlagsmengen südalpin höher sind. Einer stärkeren Betonung bedarf vermutlich die Tatsache, dass die Niederschlagsmengen von extremen Schauern vom tiefer gelegenen, offenen Gebirgsvorland beidseits der Alpen zum Gebirgskamm mit zunehmender Geländehöhe und Gliederung in Taler, z.B. Engadin oder Wallis, abnehmen.

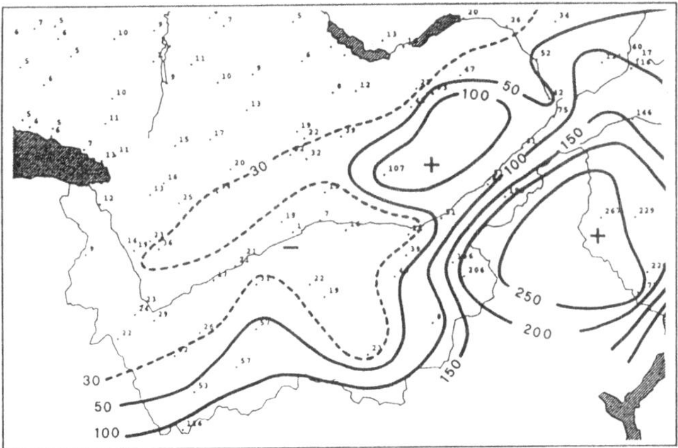

Fig. 10: Beispiel eines Niederschlagsfeldes mit Luv-Lee-Luv-Verteilung bei SSW-Anströmung im Raum Wallis vom 7. Oktober 1977. Die Zahlenwerte bedeuten [mm/Tag].

Eine strömungsdynamisch zum Stau, also zur Niederschlagssteigerung im Luv, gehörende Erscheinung ist die Lee-Wirkung in Form einer Niederschlagsabnahme hinter einem Strömungshindernis. Abgesehen von reiner Abschirmung im lokalen Massstab kann diese Abnahme im Lee dort auftreten, wo das Geländehindernis die massgebende Ursache zur Hebung der überströmenden Luft darstellt. Die Niederschlagsverteilung vom 7. Oktober 1977 zeigt den Luv-Lee-Einfluss im Wallis mit grossen Niederschlagsmengen im Bereich des von Süden angeströmten Alpenkammes, mit einem deutlichen relativen Minimum in der gesamten Talachse und einer weiteren Luv-Wirkung entlang dem nördlichen Gebirgszug des Rhonetales (Fig. 10). Bei kleinräumiger Orographie kann eine zum Abschirmmuster inverse Niederschlagsverteilung auftreten, d.h. die Niederschlagspartikel können durch die Strömungszunahme über dem Geländerücken auf dessen Rückseite abgetrieben und dort abgelagert werden (z.B. Sharon, 1980).

6.2.   Räumliche Variabilität im Niederschlagsfeld

Es wurde bereits darauf hingewiesen, dass mit einem Netz von Niederschlagsmessstationen die verschiedenen Eigenschaften des tatsächlichen Niederschlagsfeldes nur näherungsweise wiedergegeben werden. Zu dieser generellen Tatsache trägt auch die unregelmässige Stationsdichte und die systematische Positionierung an bewohnten Orten bei. Dennoch lassen sich einige allgemeine Eigenschaften feststellen.

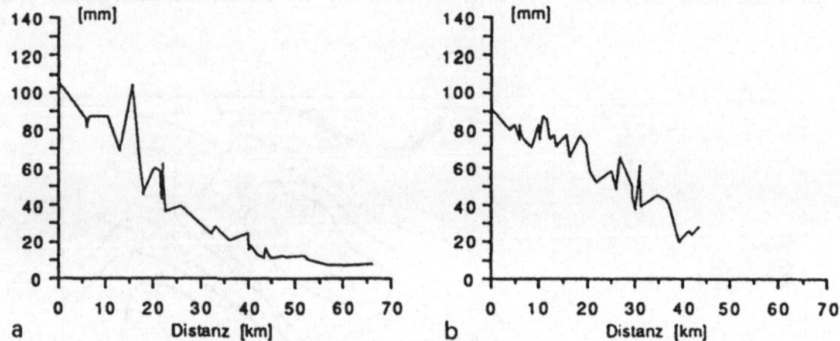

Fig. 11: Stationsniederschlagswerte [mm/24 Stunden] in Abhängigkeit von der Distanz vom Niederschlagszentrum. Gebiet: Thur bis Andelfingen (aus Zanini, 1991). Links: 17. Juli 1987 (siehe Fig. 7), ab 23 h; rechts: 25. September 1987, ab 15 h (siehe Fig. 8).

Die grundsätzliche Niederschlagsabnahme vom Zentrum zum Rand eines Feldes ist eine hinreichend bekannte Erscheinung. In Figur 11 sind zwei Beispiele dazu von advektiv bedingten starken 24stündigen Ereignissen mit Zentrum im Thurgebiet wiedergegeben. Die Darstellung zeigt die Beträge der Stationen in der Reihenfolge der Stationsabstände vom Zentrum und verschafft so einen qualitativen Eindruck von der Variation in einer bestimmten Zentrumsdistanz. In diesen Schwankungen ist noch eine Anisotropie der Niederschlagsfelder enthalten, d.h. die Niederschlagsabnahme ist richtungsabhängig wie dies die Figuren 7 und 8 (von denselben Terminen) zeigen. Es sei darauf hingewiesen, dass sich die Figuren 7 und 8 von 11 in der Definition der Dauer unterscheiden; in 7 und 8 sind Tagesmengen, in 11 hingegen die grössten 24stündigen Mengen der beiden Beispieltage dargestellt.

Mit abnehmender Stärke von Ereignissen ist i.a. eine Abflachung der radialen Mengenabnahmen verbunden sowie schon in relativ geringer Zentrumsdistanz niederschlagsfreie Stellen, während Starkniederschläge eher eine 'stabile' Untergrenze der Abnahmekurve aufweisen (Fig. 11).

Eine speziell für technische Fragestellungen relevante Information bieten die Beziehungen zwischen dem Gebietsniederschlag und der Grösse des Gebiets (Abminderungsverhalten) für eine bestimmte Dauer. Diese Betrachtungsweise unterscheidet sich von der vorangehend erwähnten Abnahme der Stationsniederschläge. In Figur 12 ist das Flächen-Mengen-Verhalten für die Dauern 3, 12 und 24 Stunden der östlichen Alpennordseite der Schweiz wiedergegeben. In jedem Diagramm sind die inneralpinen Eigenschaften (vergl. Fig. 7) den voralpinen Bedingungen (vergl. Fig. 8) gegenübergestellt (Grebner, 1995). Die Kurven sind Generalisierungen in Form von Hüllkurven über die Abminderungskurven der extremsten Einzelereignisse der Periode 1981-1988. Sie geben also pro Fläche an, wieviel Niederschlag über dieser Fläche maximal beobachtet worden ist.

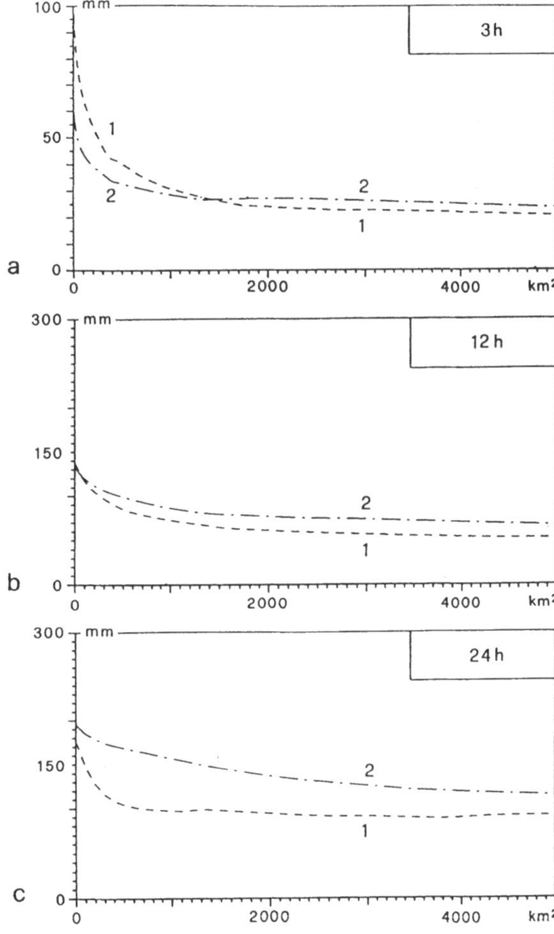

Fig. 12: Absolute Flächen-Mengen-Beziehungen für das nordalpine Mittelland (Kurve 1) und von Ereignissen mit Zentrum im inneralpinen Raum Hinter-/Vorderrhein (Kurve 2) für die Dauern 3, 12 und 24 Stunden. Es handelt sich um Generalisierungen in Form von Hüllkurven über die Flächen-Mengen-Beziehungen der untersuchten Einzelereignisse.

Bei kurzen Dauern (3 h) und kleinen Flächen (bis ca. 800 km²), d.h. bei Schauern, sind die Konvektionen im Mittelland deutlich ergiebiger (Fig. 12, Kurve 1). Dies belegt die bereits erwähnte Abhängigkeit der Konvektion von Höhenlage und thermodynamischen Bedingungen in abgegrenzten Tälern. Die Gebietsniederschläge über grösseren Flächen sind in der

Hüllkurven-Darstellung advektiven Ursprungs. In diesen Fällen zeichnet sich bereits die Ergiebigkeit der alpenübergreifenden Niederschlagsfelder (Kurve 2) gemäss Figur 7 ab. Die Kurven längerer Dauer, d.h. advektiv bedingter Niederschläge, bestätigen die Bedeutung der alpenübergreifenden (staufreien) Niederschlagsproduktion.

6.3.   Zeitliche Niederschlagsvariabilitat

Auf den Unterschied zwischen ausgeprägtem konvektiv bzw. advektiv bedingtem Niederschlag hinsichtlich ihrer Dauer wurde bereits hingewiesen. Ein geeigneter und verbreiteter Zeitschritt zur Betrachtung des zeitlichen Verlaufs eines advektiven Niederschlags ist 1 Stunde. Um bei Schauern entsprechende Details zu erkennen, ist eine wesentlich höhere Auflösung erforderlich, etwa 5 Minuten oder weniger. Werden über den Verlauf der beiden

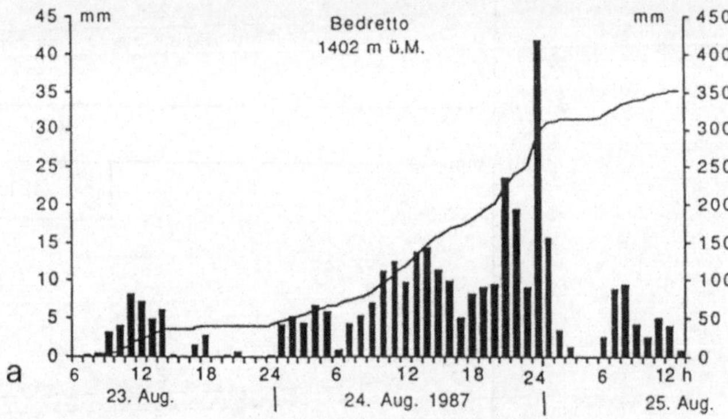

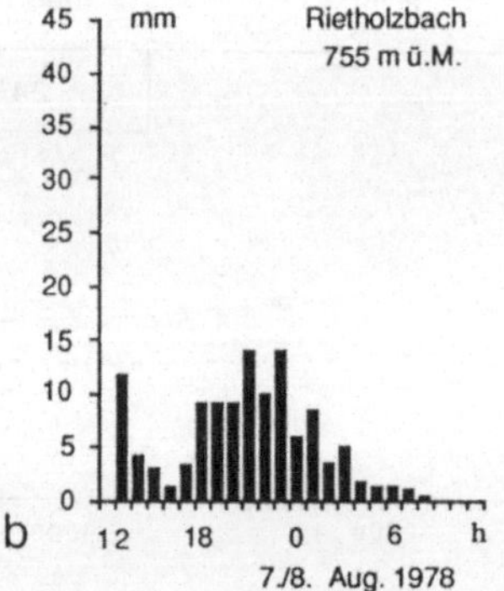

Fig. 13: Beispiele des Niederschlagsverlaufs [mm/Stunde] (a) an der Station Bedretto im gleichnamigen alpenkammnahen Tal der Alpensüdseite und (b) an der voralpinen Station Riethholzbach auf der Alpennordseite.

Niederschlagsformen die prozentualen Summenkurven von Niederschlagsereignissen aufgezeichnet, ergeben sich kaum Unterschiede. Die Hauptphase liegt im ersten bis zweiten Drittel der Dauer - in absoluten Intensitäten entspricht dies Figur 13 (b), ab 16 Uhr [UTC] bei

Schauern eher im ersten Drittel (Huff, 1967). Bei Dauerniederschlägen kann sich in Abweichung von Figur 13 (b) auch ein Verlauf in zwei oder mehr Wellen ergeben. Die Schwankungen von Stunde zu Stunde bei starken Ereignissen auf der Alpennordseite sind aber relativ gering.

Die Bedingungen auf der Alpensüdseite unterscheiden sich davon in folgenden Punkten (Fig. 13 a): Es sind deutlich höhere Intensitäten möglich (z.B. mm/h oder mm/5min). Bei Dauerniederschlägen treten häufig schauerartige Verstärkungen auf und erzeugen relativ grosse Intensitätsschwankungen.

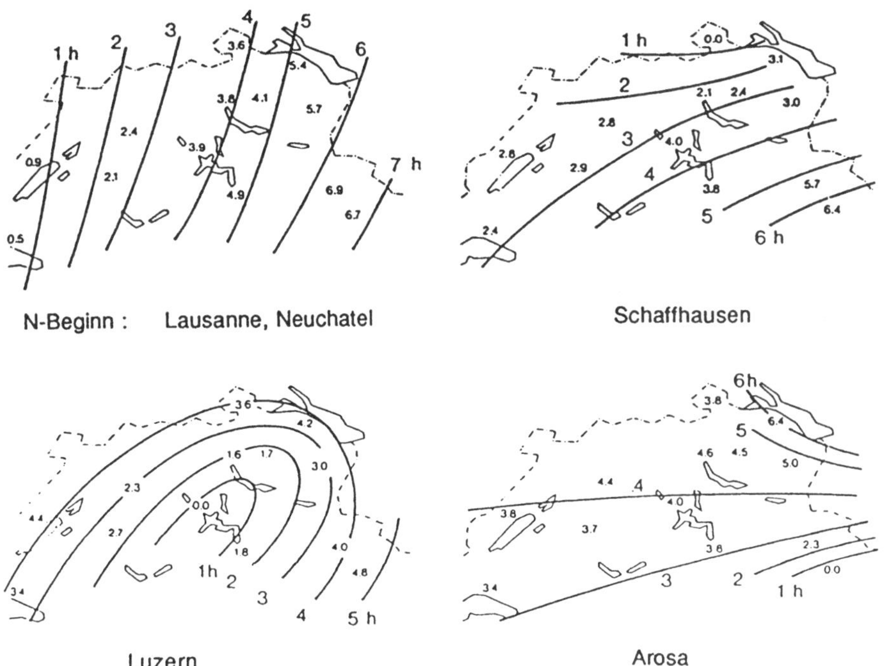

Fig. 14: Mittlere Laufzeiten des Vorderrandes von Niederschlagsfeldern je nach Ort des Niederschlagsbeginns im nordalpinen Raum der Schweiz (Grebner und Jensen, 1979).

Schliesslich ist noch eine Besonderheit im Verlauf südalpiner Dauerniederschläge zu erwähnen. Im Prinzip ist Niederschlag die sichtbare Folge statischer (=vertikaler) oder dynamischer (=quasi-horizontaler) Instabilität, die sich im Laufe des Prozesses abbaut oder über ein Gebiet hinwegzieht. In beiden Fällen ergibt sich am Ende eines Niederschlagsereignisses ein Intensitätsrückgang (Fig. 13 b). In südalpinen Tälern, insbesondere bei West-Ost-Orientierung ist aber im Laufe des für den Niederschlag verantwortlichen Zirkulations-

prozesses eine Entwicklung der vertikalen Schichtung möglich, die am Ende eines Dauer-
niederschlags ausgesprochene Schauerintensitäten zulässt (Fig. 13 a).

Ein abschliessender Blick sei auf das zeitliche Fortschreiten von Niederschlagsfeldern auf
der Alpennordseite gerichtet (Fig. 14). Im abgebildeten Fall handelt es sich um das mittlere
Fortschreiten des Vorderrandes von advektiv bedingten Niederschlagsfeldern, gegliedert
nach dem erstmaligen Niederschlagsbeginn im Bereich Lausanne/Neuchâtel, Schaffhausen,
Arosa oder Luzern (Grebner und Jensen, 1979).

Frontale oder zyklonale Felder überziehen die Alpennordseite von West nach Ost mit einer
Geschwindigkeit von etwa 40 km/h (Fig. 14 'Lausanne/Neuchâtel'). Der Vorgang ist deutlich
langsamer, wenn sich entsprechende Niederschläge von Norden her ausbreiten (20 - 30
km/h; Fig. 14 'Schaffhausen'). Ähnlich sind die Ausbreitungsgeschwindigkeiten der gegen
Norden alpenübergreifenden Felder (Fig. 14 'Arosa') und der als Stau zusammengefassten
Fälle mit Niederschlagsbeginn im Raum Luzern. Daneben gibt es selbstverständlich auch
Niederschlagsfelder mit anderen Anfgangsorten. Bei den 4 Typen handelt es sich jedoch um
die repräsentative Auswahl aus den verschiedenen, in der Referenzperiode (1965-1970)
aufgetretenen Varianten.

Literatur

Grebner, D. (1980): *Starkregensituation vom 7./8. August 1978 im Schweizer Alpenraum;
Entwicklung, Bewertung und Vorhersagbarkeit*. Tagungspublikation 'Interprävent 1980', Bad
Ischl, Band 1 (215-224).

Grebner, D. (1993 a): *Die Flutkatastrophen in Asien und den USA; Stationärer Tiefdrucktrog über
den USA*. Neue Zürcher Zeitung, 27. Juli 1993 (Seite 9).

Grebner, D. 1993 b): *Synoptische Zirkulationen während Extremniederschlägen in der nordalpinen
Schweiz*. In: Grebner, D. (Ed.), Aktuelle Aspekte in der Hydrologie. Zürcher Geographische
Schriften, Heft 53, (39-48). Verlag Geographisches Institut ETH Zürich.

Grebner, D. (1995): *Klimatologie und Regionalisierung starker Gebietsniederschlage in der
nordalpinen Schweiz*. Zürcher Geographische Schriften, Heft 59, Verlag Geographisches
Institut ETH Zürich, (147 S.

Grebner, D. und Jensen, H. (1979): *Der räumlich-zeitliche Ablauf von Niederschlagsfeldern im
schweizerischen Rheingebiet*. Versuchsanstalt für Wasserbau, Hydrologie und Glaziologie,
ETH Zürich, Mitteilungen Nr. 41 (45-57).

Grebner, D. und Roesch, Th. (1994): *Analyse der Niederschlage während des Unwetters im Tessin,
September/Oktober 1993*. Bericht im Auftrag des Bundesamtes für Wasserwirt., Bern. (9 S.).

Häberli, W., Rickenmann, D., Zimmermann, M. und Rösli, U. (1991): *Murgänge. In: Ursachenanalyse Hochwasser 1987; Ergebnisse der Untersuchungen*. Mitteilungen des Bundesamtes
für Wasserwirtschaft Nr. 4 / Mitteilung der Landeshydrologie und -geologie Nr. 14 (77-88).

Huff, F.A. (1967): *Time distribution in heavy storms*. Water Res. Res. 3 (1007-1019).

Sharon, D. (1980): *The distribution of hydrologically effective rainfall incident on sloping ground*. J.
of Hydrology, 46 (165-188).

Zanini, S. (1991): *Zeitliche und räumliche Struktur von 24stündigen Gebietsniederschlägen im Thurgebiet und ihre synoptischen Eigenschaften*. Diplomarbeit am Geographischen Institut der ETH, Zürich (97 S.).

Dr. Dietmar Grebner, Geographisches Institut, Abt. Hydrologie, ETH Zurich, Winterthurerstr. 190, 8057 Zurich

Gletscherschwund, Permafrostdegradation und periglaziale Murgänge im hochalpinen Bereich

Wilfried Haeberli

Zusammenfassung

Periglaziale Murgänge sind meist eng mit klimabedingten Schwankungen des alpinen Eises verknüpft. So ist etwa das Murgangereignis von Münster (1987) erst durch den Rückzug der betreffenden Gletscherzunge möglich geworden. Bei einem Schneegrenzanstieg von knapp 100m hat die Gesamtheit der Alpengletscher seit der Mitte des letzten Jahrhunderts rund einen Drittel ihrer Fläche und die Hälfte ihrer Masse verloren. Die Veränderungen des Permafrostes für die gleiche Zeit sind kaum bekannt aber möglicherweise erheblich. Neben dem temperaturbedingten Eisrückgang im 20. Jahrhundert trägt vor allem der Mensch durch zunehmende Nutzung früher gemiedener Gefahrenzonen wesentlich zur veränderten Gefahrensituation bei.

Nach plausiblen Treibhausszenarien könnte die Schneegrenze in den Alpen bis zur Mitte des kommenden Jahrhunderts um etwa 200m ansteigen. Ein wesentlicher Teil des heute vorhandenen Gletschervolumens könnte dabei abschmelzen und ausgedehnte Permafrost-Hänge oberhalb der Waldgrenze könnten aufzutauen beginnen. In einem solchen Szenario würden sich Murganggefahren im Hochgebirge markant verlagern, wobei die Grenzen der holozänen und historischen Variationsbreite aller beteiligten Phänomene überschritten werden dürften. Die mit dem Eisschwund verbundenen Stabilitätsprobleme in zerrütteten Felsflanken sind noch kaum untersucht.

Aufgrund vorhandener Gletscherinventare, empirischer Vorhersagefunktionen für die Permafrostverbreitung, Gletscher-Parametrisierungs-Schematas und digitaler Geländemodelle können plausible Szenarien des Eisschmelzens räumlich simuliert werden. Um die sich bei solchen Eisschmelz-Szenarien ändernde Disposition für Murgänge im Hochgebirge abzuschätzen, können die jüngst erarbeiteten Kenn- und Grenzwerte für Seeausbrüche und Murgänge verwendet werden. In höchster Priorität muss jedoch die tatsächliche Entwicklung in der Natur mit geeigneten Langfristbeobachtungen und speziellen Analysen von kleineren und grösseren Katastrophenereignissen dokumentiert werden.

1.   Einleitung

In den kalten Hochgebirgszonen der Erde sind die Abtragsprozesse (Fig. 1) am intensivsten. Das Eis der Gletscher und des Permafrostes reagiert zudem ausgesprochen sensibel auf Aenderungen des Klimas. Der weltweite Temperaturanstieg seit dem letzten Jahrhundert hat sich deshalb in der periglazialen und glazialen Höhenstufe besonders markant ausgewirkt (Haeberli 1992a). Die bisher beobachteten und möglicherweise in Zukunft noch verstärkt zu erwartenden Effekte sind wichtige Anzeichen für die Reaktion der alpinen Umwelt auf Veränderungen des globalen Klimas und beeinflussen das entsprechende Potential für Naturgefahren und -katastrophen. Die nachfolgenden Ausführungen stützen sich weitgehend auf eine Vorstudie für das Nationale Forschungsprogramm 31 "Klimaänderungen und Naturkatastrophen" (Haeberli, 1992b).

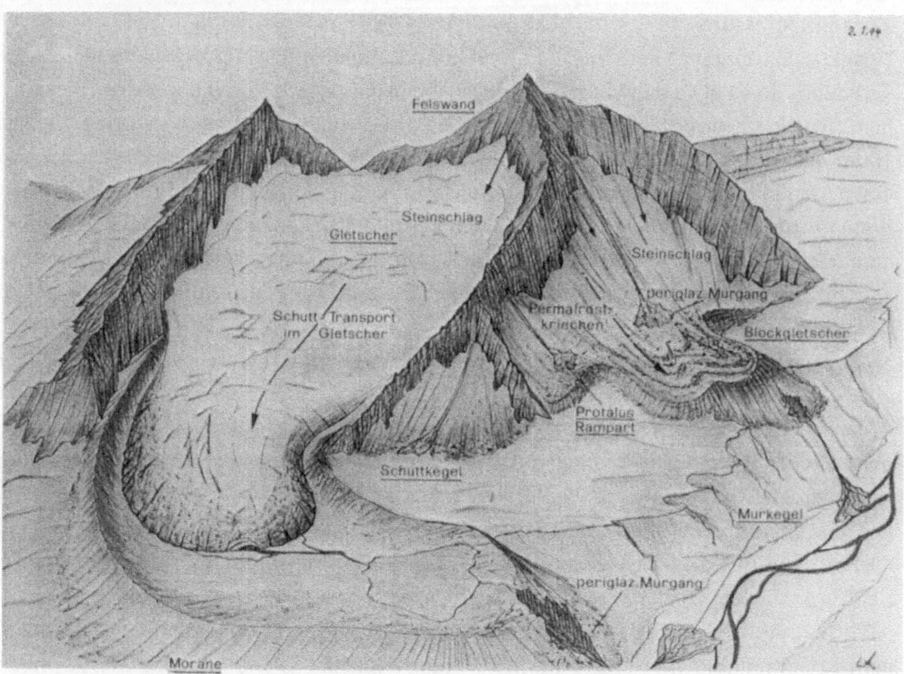

Figur 1: Schema wichtiger Formen (unterstrichen) und Prozesse des Abtrags in kalten Hochgebirgen.

2.   Gletscher-Schwund und Permafrost-Degradation

2.1.   Grundsätzliches

Im natürlichen, durch den Menschen jedoch zunehmend verstärkten Treibhaus der Erde
spielen Gletscher und Eiskappen eine wichtige Rolle. Kontinentale Eiskappen beeinflussen
komplex rückgekoppelt über die Strahlungsbilanz, den Luftmassenaustausch und die
Meeresströmungen aktiv das Klima. Die kleineren Gebirgsgletscher reagieren dagegen weitgehend passiv auf veränderte atmosphärische Bedingungen und stellen aufgrund ihrer Nähe
zum Gefrier-/Schmelzpunkt sensible und repräsentative Indikatoren der Energiebilanz im
globalen Treibhaus dar. Der spektakuläre, weltweite Rückzug der Gebirgsgletscher (Fig. 2)
gehört denn auch nach wie vor zur sichersten Evidenz dafür, dass sich das Klima der Erde
seit dem Ende der "kleinen Eiszeit" markant verändert hat (Haeberli, 1994; Wood, 1990).
Das Verhalten der Alpengletscher ist - historisch bedingt - besonders gut dokumentiert
(Zumbühl und Holzhauser, 1988).

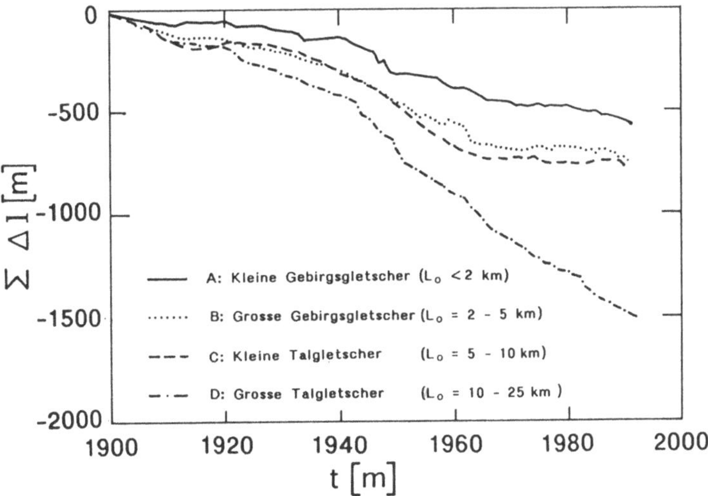

*Figur 2:   Kumulative Längenänderung langfristig beobachteter Gletscher der
Schweizer Alpen. Durch die Mittelbildung innerhalb von Längenklassen werden
lokale topographische Effekte reduziert und unterschiedliche Reaktionszeiten
berücksichtigt. Die Gletscher in den einzelnen Gruppen sind:*

Gruppe A: Pizol, Sardona, Punteglias, Basodino;
Gruppe B: Grand Désert, Lavaz, Kehlen, Valsorey;
Gruppe C: Trient, Saleina, Morteratsch, Zinal;
Gruppe D: Rhone, Gorner, Aletsch.

Die Reaktion von Gletschern auf Aenderungen des Klimas umfasst eine Kette von Prozessen (Energiebilanz→Massenbilanz/Eistemperatur→Fliessverhalten/Geometrie→Vorstoss/Rückzug). Im besten Fall kann diese Prozesskette für wenige detailliert untersuchte Gletscher mit numerischen Modellen einigermassen befriedigend nachvollzogen werden (z.B. Kruss, 1983; Oerlemans, 1988). Ein wesentlicher Teil der Komplikationen fällt hingegen weg, wenn man für die Analyse genügend grosse Zeitintervalle wählt. Insbesondere wird hinsichtlich klimatischer Zeitskalen die instationär-eisdynamische Reaktion weitgehend irrelevant, da in guter Näherung Gleichgewichtszustände betrachtet werden können. Die Lage der Gleichgewichtslinie ("Schneegrenze") auf Gletschern wird in erster Linie durch Temperatur und Niederschlag bestimmt (Kuhn, 1980; Kerschner, 1985). Auf klimatisch bedingte Verschiebungen der Gleichgewichtslinie reagieren Gletscher in feuchten Klimaregionen generell sensibler als in trockenen. Bei einer entsprechenden Aenderung der Massenbilanzverteilung an der Gletscheroberfläche wird das Gletscherende nach einer gewissen Verzögerung, der Reaktionszeit, mit Vorstoss oder Rückzug zu reagieren beginnen. Für kleinere Gletscher liegt diese Reaktionszeit bei einigen Jahren, beim längsten Alpengletscher, dem Aletschgletscher, bei wenigen Jahrzehnten (Müller, 1988). Nach der sogenannten Anpassungszeit wird die Gletscherzunge ein neues Gleichgewicht einnehmen, wobei sich die Länge verändert und die Massenbilanz wieder ausgeglichen hat. Selbst für den Aletschgletscher, den grössten Alpengletscher, beträgt die Anpassungszeit nur rund 80 Jahre. Sie ist damit etwa doppelt so lang wie die Reaktionszeit und wesentlich kürzer als ein Jahrhundert. Für den Gletscherschwund im 20. Jahrhundert und für Szenarien bis ca. Mitte des kommenden Jahrhunderts können deshalb in guter Näherung vereinfachte Schätzmethoden verwendet werden, die auf Gleichgewichtsbetrachtungen basieren. Bei nicht-temperierten Gletschern sind mit diesen Aenderungen der Gletschermasse auch komplexe Veränderungen der Eistemperaturen gekoppelt.

Permafrost oder Dauerfrostboden ist definiert als Lithosphärenmaterial, das während der Dauer von mindestens einem Jahr negative Temperaturen aufweist. Es handelt sich also um ein glaziologisch-geothermisches Phänomen. Der thermische Aspekt verknüpft Permafrost eng mit dem Klima, das im Untergrund vorhandene Eis ist jedoch der direkten Beobachtung entzogen. Letzteres dürfte der Hauptgrund dafür sein, dass die systematische Erforschung von alpinem Permafrost erst in den letzten Jahrzehnten begonnen hat. Oberhalb der Waldgrenze ist Permafrost mit Mächtigkeiten von einigen Metern bis über 100 m in den Alpen verbreitet. Der Eisgehalt von dauernd gefrorenen Schuttmassen übersteigt das Porenvolumen des Materials im ungefrorenen Zustand oft bei weitem und es können massive Eislinsen vorhanden sein. Unter dem Einfluss der Hangneigung kriechen derartige Eis-/ Schuttgemische mit Geschwindigkeiten von einigen Zentimetern bis Dezimetern pro Jahr seit Jahrtausenden talwärts (Wagner, 1992) und bilden dabei auffällige Landschaftsformen, die lavastromartigen "Blockgletscher" (Fig. 3).

Figur 3: Ein klassisches Formkollektiv in der periglazialen Höhenstufe der Alpen: Schutthalden, kriechender Permafrost (Blockgletscher) und Murgänge am Piz Albana, vom Piz Nair aus gesehen. Aufnahme W. Haeberli vom 6. September 1990.

Das Schmelzen von eisreichem Permafrost wird durch Setzungsvorgänge begleitet und ruft drastische Aenderungen des geotechnischen Zustandes im Lockermaterial hervor: Kohaesionsabbau, Wassersättigung über Eisresten, Zunahme der hydraulischen Leifähigkeit um Grössenordnungen, schliesslich Zunahme der inneren Reibung nach Wasserverlust. Die polaren und alpinen Permafrostzonen gehören zu den Gebieten der Erde, die bei einem fortgesetzten oder gar beschleunigten Temperaturanstieg in Zukunft am stärksten betroffen wären.

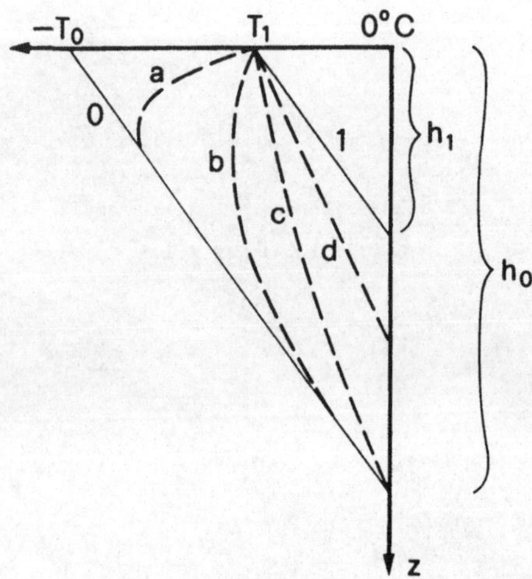

Figur 4: Schema der Entwicklung eines Permafrost-Temperaturprofils als Folge eines stufenförmigen Temperaturanstiegs von T_0 zu T_1; h_0 = Permafrostmächtigkeit im Ausgangsstadium (Gleichgewicht)), h_1 = do im Endzustand (neues Gleichgewicht).

Die Reaktion des Permafrostes auf Aenderungen der Temperatur spielen sich in verschiedenen Tiefenlagen und Zeitskalen ab. Steigt die Permafrosttemperatur an, so wächst die sommerliche Auftautiefe und am Permafrostspiegel (= grösste Tiefe des sommerlichen Auftauens) beginnt Eis zu schmelzen. Gleichzeitig beginnt das Temperaturprofil innerhalb des Permafrostes vom Gleichgewichtszustand abzuweichen (Fig. 4): der Temperaturgradient und damit der Wärmefluss durch den Permafrost nimmt ab. Material an der Permafrostbasis beginnt erst nach einer wärmediffusionsbedingten Verzögerung zu schmelzen (Osterkamp, 1984). Für alpine Bedingungen liegt diese Verzögerung im Bereich einiger Jahrzehnte. Das Schmelzen an der Permafrostbasis ist Ausdruck des (schwachen) geothermischen Wärmeflusses und bleibt im Bereich von wenigen Zentimetern pro Jahr, zumindest solange kein Wärmetransport durch Grundwasser eintritt (vgl. Vonder Mühll, 1992). Schneller vollzieht sich bei einem Anstieg der mittleren Bodentemperatur über 0°C das Schmelzen am Permafrostspiegel, wo sich grössere Wärmeflüsse einstellen können. Der vollständige Abbau eines 50 - 100 m mächtigen eisreichen Permafrostes durch Wärmeleitung allein, d.h. ohne den sehr viel effektiveren aber kaum quantitativ zu erfassenden Wärmetransport durch fliessendes Grundwasser, dauert jedoch aufgrund des Bremseffektes durch latente Wärme auch bei rascher Erwärmung Jahrhunderte. Permafrost reagiert also auf einen Temperaturanstieg:

(a) sofort durch Zunahme der sommerlichen Auftautiefe mit Setzungsbewegungen infolge
    Schmelzens von übersättigtem Material am Permafrostspiegel: Zeitskala = Jahr;
(b) verzögert über Aenderungen des Temperaturprofils: Wärmeflussreduktion, Zeitskala =
    Jahre bis Jahrzehnte;
(c) definitiv durch Anpassung der Permafrostmächtigkeit an neue Temperaturverhältnisse
    infolge basalen Schmelzens, ev. auch vollständigen Abbau von oben (Permafrostspiegel)
    und unten (Permafrostbasis) mit Setzung im übersättigten Permafrost, Zeitskala: Jahr-
    zehnte bis Jahrhunderte, ev. Jahrtausende.

Bei einer Temperaturabnahme sind die Prozesse sinngemäss umgekehrt zu verstehen. Die
heute messbaren Veränderungen im alpinen Permafrost (Temperatur, Hebung/Setzung)
widerspiegeln die Entwicklung der jüngsten Vergangenheit und beeinflussen gleichzeitig die
Entwicklung der nächsten Zukunft. Dies liegt in der ausgesprochenen Trägheit des Systems
begründet. Bei all diesen vereinfachten Betrachtungen muss man berücksichtigen, dass andere Parameter als die Luft-Temperatur - in erster Linie die einfallende direkte Strahlung
(Hoelzle, 1992, 1994) - einen starken Einfluss auf die Verbreitung und die Energiebilanz
von Permafrost haben.

2.2.   Eisabbau im Spätglazial und im 20. Jahrhundert

Die beste Information über vergangene Zeiten mit markantem Eisabbau in den Alpen liegt
für das Spätglazial und das 20. Jahrhundert vor. Die Gletschergeschichte ist durch direkte
Messungen (20. Jahrhundert: Aellen und Herren, 1991; vgl. dazu auch Maisch, 1988, 1992),
historische Quellen (kleine Eiszeit: Zumbühl und Holzhauser, 1988), Moränenkartierungen
(Holozän, Spätglazial: Gamper und Suter, 1982; Maisch, 1982) sowie entsprechende
Rekonstruktionen und Modellrechnungen belegt (z.B. Bader, 1990). Die Veränderungen des
Permafrostes vollziehen sich mehr im Verborgenen und sind bisher noch wenig untersucht.
Die Verschiebungen der Permafrostgrenzen waren aber im Spätglazial offensichtlich we-
sentlich grösser als die Verschiebungen der Schneegrenzen. Dies ist darauf zurückzuführen,
dass das Eiszeitklima bis zuletzt viel kontinentaler getönt war als im Holozän.

Seit 1850 hat die Gesamtheit der Alpengletscher bei einem mittleren Anstieg der Gleichgewichtslinie von knapp 100 m etwa einen Drittel ihrer Fläche und die Hälfte ihrer Masse verloren. Aehnliche Schmelzvorgänge wie im 20. Jahrhundert dürften sich nach dem heutigen
Kenntnisstand über die holozäne und historische Gletschergeschichte (Gamper und Suter
1982, Patzelt 1977, Zumbühl und Holzhauser 1988) in den letzten Jahrtausenden wiederholt
abgespielt haben und machen den raschen Eiszerfall im Spätglazial (Maisch 1982) verständlich. Die Entwicklung im 20. Jahrhundert ist jedoch ausgesprochen schnell und könnte auch
schon einen anthropogen verstärkten Treibhauseffekt enthalten (Haeberli 1994).

2.5 m Tiefe, Murtèl-Corvatsch

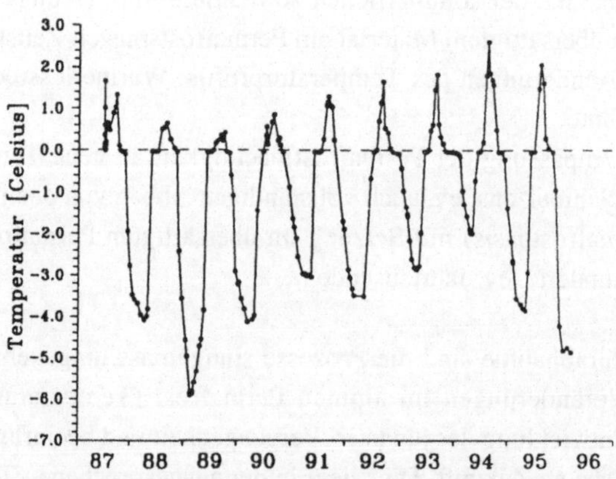

11.5 m Tiefe, Murtèl-Corvatsch

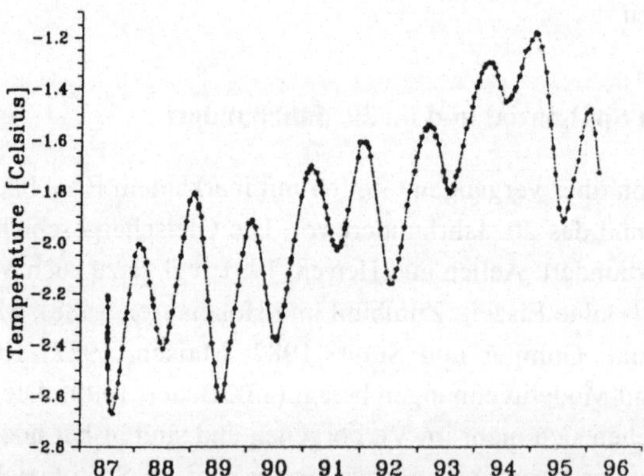

Figur 5: Temperaturentwicklung in 2,5 m (Auftauschicht) und 11,5 m Tiefe des Bohrlochs Murtèl/Corvatsch. Die Unregelmässigkeiten der jahreszeitlichen Schwankungen sind in 10,5 m Tiefe durch die Gesetzmässigkeiten der Wärmeleitung herausgefiltert - mittelfristige Tendenzen (Anstieg der Permafrost-Temperatur um rund 1°C in 7 Jahren) können deshalb besonders gut verfolgt werden.

Erste und noch sehr unsichere Schätzungen weisen darauf hin, dass die Permafrosttemperatur in den Alpen zwischen 1880 und 1950 um 1.0 bis 1.5°C zugenommen haben und seit dann bis Ende der 70-er Jahre etwa stabil geblieben sein dürften. Bei einem mittleren (nicht-adiabatischen) Höhen-Gradienten der Jahresmitteltemperatur der Luft von -0.6°C/100 m muss angenommen werden, dass die Untergrenze der Permafrostverbreitung in den letzten

100 Jahren um 100 bis 250 m angestiegen ist. Die Existenz isolierter und tiefliegender Permafrostlinsen im fraglichen Höhenbereich (z.B. Haeberli et al. 1990, Keller 1987) deutet tatsächlich auf einen derartigen Vorgang hin. Photogrammetrische Beobachtungen an kriechendem Permafrost (Blockgletscher) bestätigen, dass Abbau und Neubildung von Permafrost gleichzeitig an verschiedenen Stellen stattfinden kann, dass aber insgesamt eine Tendenz zum Permafrostabbau mit einer Geschwindigkeit von wenigen cm pro Jahr wohl als Folge des Temperaturanstiegs im 20. Jahrhundert vorherrscht. Die geothermische Analyse der Bohrlochtemperaturen im Blockgletscher Murtèl (Vonder Mühll und Haeberli, 1990) ergeben keinen Widerspruch zu dieser Evidenz (vgl. auch Vonder Mühll 1992). Als Folge der warmen 1980-er Jahre hat die Permafrosttemperatur im Bohrloch Murtèl/ Corvatsch sehr rasch anzusteigen begonnen (Fig. 5).

Zurzeit hat der Schwund der Alpengletscher und wahrscheinlich auch des alpinen Permafrostes etwa die Grenze der Bandbreite nacheiszeitlicher Schwankungen erreicht. Der Fund eines vor rund 5'000 Jahren auf subglazialem Permafrost eines Ostalpengletschers eingebetteten steinzeitlichen Menschen bestätigt, dass heute Eispartien ausschmelzen, die während der letzten Jahrtausende nicht exponiert gewesen sind. Sollte sich die beobachtete Schwundtendenz fortsetzen oder gar beschleunigen, würden in den kommenden Jahrzehnten Verhältnisse und Entwicklungen ohne holozän/historische Präzedenz eintreten.

2.3.   Plausible Szenarien für das 21. Jahrhundert

Ein Temperaturanstieg von 1 bis 2°C bis zum Jahr 2030 könnte die Gleichgewichtslinie auf Gletschern um etwa 150 bis 350 m und die Permafrostgrenzen um 200 bis 700 m ansteigen lassen (VAW 1990). Grosse Teile der heutigen Gletscherfläche würden bei einem solchen Szenario verschwinden (vgl. dazu Maisch, 1992), das Gletschervolumen würde sich drastisch reduzieren und die meisten Permafrosthänge unterhalb von 3000 m Meereshöhe würden aufzuschmelzen beginnen. Der entscheidende Schwachpunkt solcher Abschätzungen liegt bei den Klimavorgaben und beim Prozessverständnis über die Energiebilanz an Permafrostoberflächen. Die grossen Variationsbreiten der Schätzungen widerspiegeln diese Unsicherheit.

3.   Periglaziale Murgänge

Massenumsätze werden im hochalpinen Raum durch Steinschlag, Lawinen, Gletscher, kriechenden Permafrost, Solifluktion und fluvialen Transport vorwiegend stetig, bei Bergstürzen, Hochwasserereignissen und Murgängen hingegen in kurzen Extremereignissen geleistet. Die Extremereignisse sind in der Zeitskala der Jahrtausende Teil eines dynamischen Gleichgewichtes und stellen seit jeher ein Grundrisiko für Siedlungen in Bergregionen dar. Man muss sich jedoch fragen, ob und inwiefern aktuelle Erwärmungstendenzen diese historische Situation verändern. Die wichtigsten Grundlagen zum Problem der periglazialen Murgänge finden sich bei Haeberli (1983, Gletscherhochwasser, vgl. auch Röthlisberger, 1981) und Rickenmann und Zimmermann (1993, niederschlagsbedingte Murgänge; vgl. auch Beitrag Zimmermann und Rickenmann im gleichen Band). Das Problem der Stabilität zerrütteter Felsflanken bei fortgesetztem Gletscher- und Permafrostschwund ist noch kaum untersucht (vgl. dazu Blair 1994, Evans and Clague 1993).

3.1. Disposition und Auslösung

Zusammen mit Felsstürzen und Schneelawinen gehören Murgänge zu den wichtigsten Naturgefahren im Hochgebirge. Murgänge sind in der periglazialen Region besonders ausgeprägt und entstehen in eisfreien Lockermaterialien (v.a. Moränen und Schutthalden) als Folge von Starkniederschlägen meist kombiniert mit intensivem Schneeschmelzen oder im Zusammenhang mit See- und Wassertaschenausbrüchen in Gletschergebieten. Neben einer Grosszahl von kleinen und grösseren Ereignissen haben sich auch schon ganz grosse Katastrophen abgespielt (z.B. Eis/Felssturz-Murgang am Huascaran, Peru 1970: rund 20'000 Tote). Es ist zweckmässig, langfristige Disposition und Auslösung zu unterscheiden.

Ausbrüche von Wassertaschen und Seen im Hochgebirge können lokal bis regional extreme Hochwasser enstehen lassen. Seen entstehen typischerweise am Gletscherrand, im Gletschervorfeld oder als Thermokarstseen im Permafrost. Die Disposition für ein Schadenereignis ist in solchen Fällen langfristig erkennbar. Kurzfristig können Seen auch durch Eisstürze aufgestaut werden. Entsprechend der morphologischen Lage variieren die Ausbruchmechanismen und damit die Auslösebedingungen. Eisgestaute Seen der Alpen entleeren sich meist durch progressive Erweiterung von subglazialen Kanälen (z.B. Gruben/Saas Balen: 1968/70), seltener durch mechanischen Bruch von Eistrümmer-Dämmen (z.B. Giétro/Mauvoisin: 1818) und Ueberfliessen von kaltem Eis (Gruben/Saas Balen: 1958). Moränendämme (z.B. Rottal/Saas Almagell 1953) werden bei hohem Wasserstand und Ueberfliessen (z.B. infolge von Niederschlägen oder Eisabbrüchen) durch eine Kombination von rückschreitender Erosion, Piping und Böschungsinstabilität erodiert (Haeberli (1992c), wobei auch ungeeignete Massnahmen des Menschen mitspielen können (Steinsee/Gadmertal: 1956). Die schärfsten Abfluss-Spitzen werden bei mechanischen Bruchvorgängen beobachtet. Murgänge entstehen vorwiegend bei der Erosion von Moränendämmen und können dann infolge der zur Verfügung stehenden Wasser- und Schuttmengen besonders spektakuläre Ausmasse annehmen (Fig. 6). Für das Schadenausmass entscheidend sind deshalb letztlich oft die Prozesse im Gerinne.

Figur 6: Bresche in holozän/historischer Moränenbastion nach Ausbruch des Sirwoltensees (ca. 2400 m ü.M., Simplon-Südseite, Walliser Alpen) am 24. September 1993. Aufnahme W. Haeberli vom 14. Oktober 1994.

Niederschlagsbedingte Murgänge entstehen bei kritischen Kombinationen von Schutt, Wasser und Gefälle. Wesentlich für die Murgangentstehung in kohäsionslosem Material sind meist die Wasserverhältnisse im Innern der Schuttakkumulationen; sie werden von internen Inhomogenitäten und wechselhafter Durchlässigkeit im Meter- und Dezimeterbereich beeinflusst (Zimmermann, 1990; Rösli und Schindler, 1990). In Schutt- oder Moränenhalden stellt meistens das Wasserangebot den entscheidenden Faktor für die Murgangauslösung dar. In der Kontaktzone Felswand/Schutthalde wird die kritische Faktorenkombination "Wassersättigung und Material im Grenzgefälle" besonders leicht erreicht, daher können dort auch viele kleinere Murganganrisse beobachtet werden. Das Schmelzen von lang in den Sommer hinein liegenden Schneeflecken erleichtert wesentlich die lokale Wassersättigung. In Gerinnen und Couloirs werden durch seitliche Zuflüsse rascher grössere Wassermengen erreicht; in diesem Fall können auch die mangelnde Geschiebeverfügbarkeit und/oder ein ungenügendes Gefälle für die Murgangbildung begrenzend wirken.

3.2. Veränderung des Gefahrenpotentials durch Mensch und Klima

Die markantesten Veränderungen der hochalpinen Landschaft hat in den vergangenen Jahrzehnten der Mensch mit seinen Verkehrserschliessungen, Kraftwerksbauten und Skipistenplanierungen verursacht. Zonen erhöhter Murganggefahr sind mit Dauerinstallationen erschlossen worden. Viele Siedlungen in Tallage sind allerdings historisch auf oder am Rand von Murkegeln angelegt und befinden sich damit definitionsgemäss seit Beginn ihrer Existenz in der Gefahrenzone.

Die Disposition für periglaziale Murgänge hängt von der Geometrie und Temperatur des Eises oberhalb und unterhalb der Erdoberfläche ab. Aufgrund der starken Reaktion von Gletschern und Permafrost sind periglaziale Murgänge deshalb eng mit Klimaänderungen verknüpft: der Ausbruch des Steinsees 1956 (grosse Schäden im Gadmertal) oder der Murgang von Münster (1987) sind nur im Rahmen des Temperaturanstiegs und Gletscherrückgangs im 20. Jahrhundert zu verstehen. Andere Gefahrenherde (z.B. Mattmarksee, Märjelensee) sind durch den Eisrückgang und Kraftwerksinstallationen entschärft worden. Die Situation bei Mattmark ist besonders illustrativ für die Tatsache, dass eine Klimaveränderung die Gefahrensituation verändert und nicht notwendigerweise verschärft oder entschärft. Der Rückzug der Zunge aus dem Talboden hat das Problem der Seeausbrüche zwar zum Verschwinden gebracht, gleichzeitig jedoch die Gefahr von Eislawinen entstehen lassen. Bei den Murgangereignissen von 1987 mit mehr als 1'000 m^3 Massenumsatz waren knapp 50% der Anrisszonen vor 150 Jahren noch gletscherbedeckt (Zimmermann und Haeberli, 1992; vgl. dazu auch Jackson et al., 1989). Murgänge hätten ohne Temperaturanstieg und Eisrückgang an diesen Stellen also nicht losbrechen können. Eine direkte Extrapolation der Entwicklungstendenzen deutet darauf hin, dass sich die Gefahrenpotentiale und Nutzungskonflikte in Zukunft verschärfen könnten.

4.   Risikoerkennung und Gefahrenbeurteilung

4.1.   Grundlagen

Grundlagen für die Beurteilung von Gletscherrisiken wurden durch die vom Bundesrat im Anschluss an die Mattmark-Katastrophe eingesetzte Arbeitsgruppe für gefährliche Gletscher zusammengetragen (Haeberli et al., 1989) und für die Behandlung von periglazialen Murgängen durch das Projekt A6 der Ursachenanalyse Hochwasser 1987 erarbeitet (Haeberli et al., 1991). Es ist damit möglich geworden, die Disposition zu periglazialen Murgängen im Hochgebirge objektiv einzuschätzen, auch wenn die kurzfristige Auslösung nicht vorhergesagt werden kann. Insbesondere können empirische Grenzwerte für kritische Hangneigungen bei bei verschiedenen Anrisstypen von Murgängen, maximal mögliche Abfluss-Spitzen bei Ausbrüchen von rand- und periglazialen Seen, maximal mögliche Erosionsleistungen und Murenfrachten im Lockermaterial (Moränen, Schutthalden, stark zerrütteter Fels), maximale Spitzenabflusswerte und Fliesshöhen von Murenfronten und grösstmögliche Auslaufdistanzen (Pauschalgefälle) von Murgängen abgeschätzt werden. Für Murgänge kann zudem das für Schnee- und Eislawinen schon lange verwendete 2-

Parameter-Modell für Fliessbetrachtungen verwendet werden (Alean, 1984, Rickenmann, 1991).

4.2. Wissens-Transfer in der Praxis

Die gesammelten Schätzwerte und Faustregeln erlauben es, die historische Erfahrung zeitlich und räumlich zu extrapolieren. Dadurch kann die lokal existierende Gefahrensituation bewusst gemacht und idealerweise in Planungs- und Entscheidungsprozesse einbezogen werden. Gemeinde- und Kantonsbehörden stehen in zunehmenden Masse vor dem Problem, die Situation im Hinblick auf veränderte Klima- und Umweltbedingungen realistisch einschätzen zu müssen. Das Murgangereignis in Münster vom Sommer 1987 ist in dieser Hinsicht instruktiv: ein vergleichbarer Murgang ist in den Chroniken nicht verzeichnet und hat sich in der Siedlungsgeschichte des Oberwalliser Dorfes wohl auch gar nicht ereignen können, weil die Murganganrisszone durch den Rückzug des Minstigergletschers in den letzten Jahrzehnten wahrscheinlich erstmals seit vielen Jahrhunderten freigelegt worden ist (vgl. dazu Zumbühl und Holzhauser, 1988).

5.   Zukunftsperspektiven

5.1.   Wissenschaftliche Kenntnislücken und Probleme der Prozessforschung

Die grössten wissenschaftlichen Probleme bestehen beim Umfang resp. der Repräsentativität der untersuchten Stichproben und beim Prozessverständnis von katastrophalen Ereignissen. Umfang und Repräsentativität der in den Schweizer Alpen verfügbaren Stichprobe von erfassten periglazialen Murgängen sind zwar im Vergleich zu den meisten anderen Gebirgsregionen der Welt beträchtlich, sollten jedoch durch systematische Dokumentation und internationalen Erfahrungsaustausch verbessert und ergänzt werden. Es geht dabei vor allem darum, die Grenzen der Anwendbarkeit lokaler Daten im In- und Ausland zu überprüfen. Hinsichtlich Gletscherkatastrophen werden entsprechende Bemühungen durch den World Glacier Monitoring Service koordiniert.Bei den periglazialen Murgängen ist jedoch keine systematische Dokumentation wichtiger Ereignisse institutionalisiert. Entsprechende Aktivitäten hängen nach wie vor von der Interessenlage und den Infrastrukturmöglichkeiten ganz weniger Spezialisten ab.

Gezielte Prozessforschung ist schwierig. Dies ist in der relativen Seltenheit und der ausgesprochenen Instationarität auch Gefährlichkeit der Ereignisse und in den schwierigen logistischen Bedingungen (Zugang) im Hochgebirge begründet. Automatisierte Langfristbeobachtungen (z.B. Luftbilder, automatische Kameras) müssen hier helfen, was meist nur in Zusammenarbeit mit den zuständigen Behörden möglich ist. So werden etwa durch die

Eidgenössische Vermessungsdirektion und das Bundesamt für Landestopographie jährlich Luftbildflüge über einer Anzahl potentiell gefährlicher Gletscher geflogen, um das Verständnis für aussergewöhnliche Ereignisse (Seeausbrüche, Instabilitäten im Eisfliessen) zu verbessern. Feldexperimente, Laborversuche und Computermodelle wären bei Murgängen möglich und sinnvoll. Dabei sollte in erster Linie das Verhalten von Wasser in steilen Lockersedimenten studiert werden. Reibungsparameter für numerische Simulation entlang von Murgangtrajektorien könnten im hydraulischen Modell untersucht werden (vgl. Davis, 1988; Rickenmann, 1990, 1991).

5.2. Gefahrenzonenkartierung und gezielte Beobachtung

Als Folge der Schwierigkeiten bei der Prozessforschung kann der entscheidende Fortschritt zurzeit realistischerweise kaum beim verbesserten Verständnis der Prozesse erwartet werden. Es besteht ohnehin ein zuweilen beträchtliches Gefälle zwischen dem vorhandenen Prozessverständnis und seiner Anwendung in der Praxis. Primär wichtig und dringend ist deshalb, dass das bereits vorhandene und selbstverständlich ständig weiterzuentwickelnde Wissen auch tatsächlich in die Praxis umgesetzt wird. Die heute zur Verfügung stehenden Erfahrungswerte und Faustregeln können zu Gefahrenkarten verarbeitet werden (vgl. Fig. 8).

Figur 7: Murganganriszone im Vorfeld des Bodmergletscher (ca. 2300 m ü.M., Simplon-Südseite, Walliser Alpen), entstanden bei Starkniederschlägen am 24. September 1994. Aufnahme W. Haeberli vom 12 Oktober 1994.

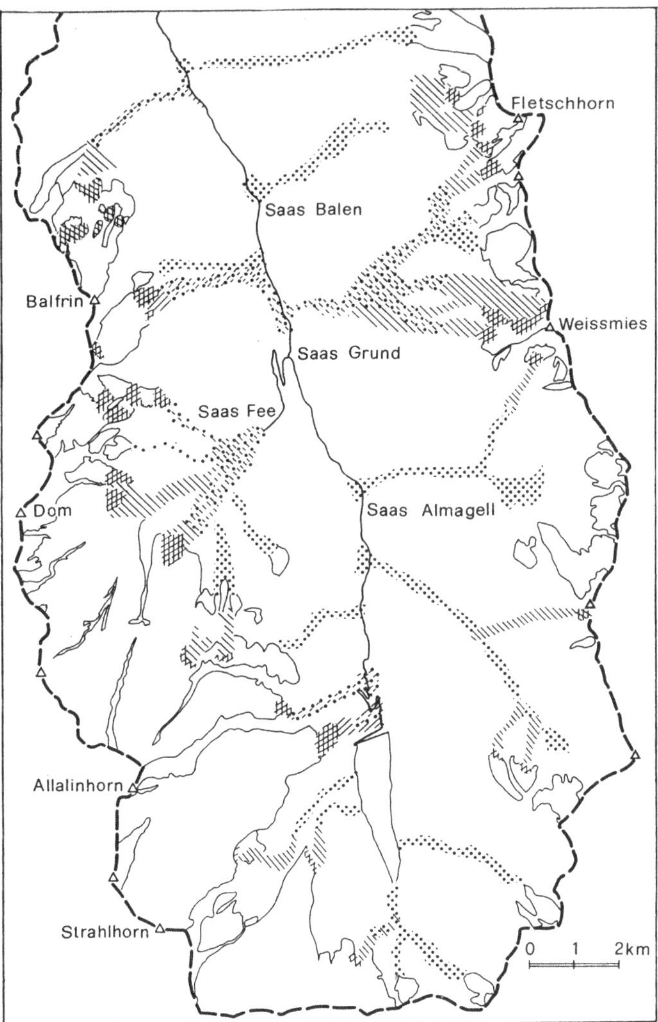

Figur 8: Karte mit potentiellen Gletscher-Murgängen (Kreuzraster), Eislawinen-Anrisszonen (Strichraster) und Eislawinen-Auslaufstrecken (Punktraster) im Saastal. Das Strich/Punktraster stellt kombinierte Gefahrenzonen dar. Ereignisse im 20. Jahrhundert:

(a) = Eislawine Allalingletscher/Mattmark 1965,
(b) = Eislawine Bidergletscher/Saas Bidermatten 1928, gleichenorts
*   Murgang 1982, 1987*
(c) = Murgang Rottalgletscher/Saas Almagell 1953, (d) = Hochwasser und
*   Murgänge Grubengletscher/Saas Balen 1958, 1968, 1970. (Aus Haeberli*
*   et al., 1989).*

Sie sind zudem teilweise computergängig und können mit Geographischen Informationssystemen in Zukunft auch grossflächig angewendet werden, wobei die Interpretation durch den ortskundigen Spezialisten unerlässlich bleibt. Zusammen mit der Simulation von Szenarien des Gletscherschwundes und der Permafrostdegradation (Hoelzle, 1994) können solche Gefahrenkarten im Hochgebirge auch für veränderte Klimabedingungen entworfen werden. Ist die Gefahr erkannt, drängt sich manchmal eher eine gezielte Beobachtung als eine bauliche Massnahme auf. Die instrumentellen Grundlagen für solche Beobachtungen sind heute weitgehend vorhanden. So kann etwa die Entwicklung von potentiell gefährlichen rand- und periglazialen Seen mit Luftbildflügen über Jahre beobachtet werden. Solche Beobachtungen sind vor allem dann wichtig, wenn die klimatischen Gegebenheiten langfristigen Aenderungen unterworfen sind. Der Bedarf an flexiblen Schutzkonzepten (vgl. z.B. Jäggi und Zarn, 1990) kombiniert mit angemessener Beobachtung der langfristigen Entwicklung wird in Zukunft mit grosser Wahrscheinlichkeit zunehmen.

5.3.   Abschätzung klimabedingter Aenderungen von Risiken und Gefahrenzonen

Im Zusammenhang mit Klimaveränderungen ist die Disposition für Murgänge im Hochgebirge stark zeitabhängig. Rückzug/Vorstoss von Gletschern über Steilstufen, Freigabe von Moränenbecken und steilen Schutthalden oder Stabilitätsverringerung von steilen Lockersedimenten bei schmelzendem Permafrost sind Beispiele dafür. Szenarien des Eisschmelzens und der Temperaturentwicklung im Permafrost sind daher wichtigste Grundlage für die Abschätzung veränderter Risikosituationen. Solche Szenarien basieren auf Gletscherinventaren (Müller et al., 1976), digitalen Geländemodellen, Faustregeln für die Verbreitung von Permafrost im Zusammenhang mit geographischen Informationssystemen (z.B. Hoelzle und Keller, 1992), sowie Bohrlochmessungen und Temperaturmodellen im Permafrost (Vonder Mühll und Haeberli, 1990). Wichtigste Testperioden der Vergangenheit sind das Ende der Kleinen Eiszeit (1850) und die jüngere Dryaszeit (10'000 BP). Präzise Rekonstruktionen der Gletscher beim Hochstand von 1850, so wie sie etwa Maisch (1992) für die Bündner Region vorlegt, bilden einzigartige Testmöglichkeiten für vereinfachte Simulationen in grösseren Gebieten (Schweizer Alpen, Alpen insgesamt etc). Simulationen zukünftiger Szenarien können aber nur plausible Spektren möglicher Entwicklungen aufzeigen. Sie müssen der wirklichen Entwicklung aufgrund der direkten Erfassung ("monitoring") der sich verändernden Eisbedingungen laufend angepasst werden. Der weitere Betrieb und angemessene Ausbau der Gletscher-und Permafrostmessnetze bleibt daher eine Aufgabe höchster Priorität (VAW, 1990).

6.   Literaturreferenzen

Aellen, M., und E. Herren, (1991): *Die Gletscher der Schweizer Alpen 1981/82 und 1982/83* (103. und 104. Bericht). Jahrbuch der Gletscherkommission der SANW, herausgegeben durch die VAW/ETHZ.

Alean, J., (1984): *Untersuchungen über Entstehungsbedingungen und Reichweiten von Eislawinen.* Mitteilung 74 der VAW/ETHZ, 217p.

Bader, St., (1990): *Die Modellierung von Nettobilanzgradienten spätglazialer Gletscher zur Herleitung der damaligen Niederschlags- und Temperaturverhältnisse dargestellt an ausgewählten Beispielen aus den Schweizer Alpen.* Physische Geographie, Universität Zürich, Vol. 31, 108p.

Blair, R.W., (1994): *Moraine and valley wall collaps due to rapid deglaciation in Mount Cook National Park, New Zealand.* Mountain Research and Development 14, 4, p. 347 - 358.

Davis, T.R.H., (1988): *Debris flow surges: a laboratory investigation.* Mitteilung 96 der VAW/ ETHZ, 122p.

Evans,S.G., and J.J. Clague, (1993): *Glacier-related hazards and climatic change.* In: The World at Risk: Natural Hazards and Climatic Change (R. Bras, Ed.). American Institute of Physics Conference Proceedings 277, p. 48 - 60.

Gamper, M., und J. Suter, (1982): *Postglaziale Klimageschichte der Schweizer Alpen.* Geographica Helvetica 37/2, p. 105 - 14.

Haeberli, W., (1983): *Frequency and characteristics of glacier floods in the Swiss Alps.* Annals of Glaciology 4, p. 85 - 90.

Haeberli, W., (1992a): *Construction, environmental problems and natural hazards in periglacial mountain belts.* Permafrost and Periglacial Processes Vol. 3, No. 2, p. 111-124.

Haeberli, W., (1992b): *Eisstürze und Murgänge im Hochgebirge.* Vorstudie, No. 8, Nationales Forschungsprogramm 31 (NFP 31): "Klimaänderungen und Naturkatastrophen", 30p.

Haeberli, W., (1992c): *Zur Stabilität von Moränenseen in hochalpinen Gletschergebieten.* Wasser/Energie/Luft 84, 11/12, p.361 - 364.

Haeberli, W., (1994): *Accelerated glacier and permafrost changes in the Alps.* Mountain Environments in Changing Climates (M. Beniston, Ed.); Routledge, London (1994), p. 91-107.

Haeberli, W., J.-C. Alean, P. Müller, and M. Funk, (1989): *Assessing risks from glacier hazards in high mountain regions: some experiences in the Swiss Alps.* Annals of Glaciology 13, p. 96 - 102.

Haeberli, W., D. Rickenmann, M. Zimmermann, and U. Rösli, (1990): *Investigation of 1987 debris flows in the Swiss Alps: general concept and geophysical soundings.* IAHS Publication no. 194, p. 303 - 310.

Haeberli, W., D. Rickenmann, M. Zimmermann, U. und Rösli, (1991): *Murgänge*. In: Ursachenanalyse der Hochwasser 1987. Mitteilungen des Bundesamtes für Wasserwirtschaft Nr. 4 und Mitteilungen der Landeshydrologie, Nr. 14, S. 77-88.

Hoelzle, M., (1992): *Permafrost occurrence from BTS measurements and climatic parameters in the Eastern Swiss Alps*. Permafrost and Periglacial Processes 3:2, p. 143 - 147.

Hoelzle, M., (1994): *Permafrost und Gletscher im Oberengadin - Grundlagen und Anwendungsbeispiele für automatisierte Schätzverfahren*. Mitteilungen VAW/ETHZ Nr. 132, 121p.

Hoelzle, M., und F. Keller, (1992): *Raumanalyse mit ARC/INFO im Periglazial des Oberengadin. In: Geographische Informationssysteme in der Geomorphologie; Fachtagung der SGmG in Bern*. Geographica Bernensia G39, p. 33 - 41.

Jackson, L.E., O. Hungr, J.S. Gardner, and C. Mackay, (1989): *Cathedral mountain debris flows, Canada*. Bulletin of the International Association of Engineering Geology 40, p. 35 - 54.

Jäggi, M.N.R., and B. Zarn, (1990): *A new policy in designing flood protection schemes as a consequence of the 1987 floods in the Swiss Alps*. International Conference on River Flood Hydraulics September 1990. Wiley and Sons, p. 75 - 84.

Keller, F., (1987): *Permafrost im Schweizerischen Nationalpark*. Jahresbericht Naturforschende Gesellschaft Graubünden 104, p. 35 - 53.

Kerschner, H., (1985): *Quantitative paleoclimatic inferences from lateglacial snowline, timberline and rock glacier data, Tyrolean Alps, Austria*. Zeitschrift für Gletscherkunde und Glazialgeologie 21, p. 363 - 369.

Kruss, Ph., (1983): *Climate change in East Africa: a numerical simulation from the 100 years of terminus record at Lewis Glacier, Mount Kenya*. Zeitschrift für Gletscherkunde und Glazialgeologie 19/1, p. 43 - 60.

Kuhn, M., (1980): *Die Reaktion der Schneegrenze auf Klimaschwankungen*. Zeitschrift für Gletscherkunde und Glazialgeologie 16/2, p. 241 - 254.

Maisch, M., (1982): *Zur Gletscher und Klimageschichte des alpinen Spätglazials*. Geographica Helvetica 37/2, p. 93 - 104.

Maisch, M., (1988): *Die Veränderungen der Gletscherflächen und Schneegrenzen seit dem Hochstand von 1850 im Kanton Graubünden (Schweiz)*. Zeitschrift für Geomorphologie, N.F. Suppl.-Bd. 70, p. 113 - 130.

Maisch, M., (1992): *Die Gletscher Graubündens: Rekonstruktion und Auswertung der Gletscher und deren Veränderungen seit dem Hochstand von 1850 im Gebiet der östlichen Schweizer Alpen (Bündnerland und angrenzende Regionen)*. Physische Geographie 33, Universität Zürich.

Müller, F., T. Caflisch, und G. Müller, (1976): *Firn und Eis der Schweizer Alpen, Gletscherinventar*. Geographisches Institut/ETHZ, Publikation 57, 174p.

Oerlemans, J., (1988): *Simulation of historic glacier variations with a simple climate-glacier model*. Journal of Glaciology 34/118, p. 333 - 341.

Osterkamp, T.E., (1984): *Response of Alaskan permafrost to climate*. Permafrost Fourth International Conference, Final Proceedings, p. 145 - 152.

Patzelt, G., (1977): *Der zeitliche Ablauf und das Ausmass postglazialer Klimaschwankungen in den Alpen*. Dendrochronologie und postglaziale Klimaschwankungen in den Alpen, Steiner, p. 248 - 259.

Rickenmann, D., (1990): *Debris flows 1987 in Switzerland: modelling and fluvial sediment transport*. IAHS Publication no. 194, p. 371 - 378.

Rickenmann, D., (1991): *Modellierung von Murgängen*. In: Modelle in der Geomorphologie - Beispiele aus der Schweiz; Fachtagung der SGmG in Fribourg 1990. Rapports et Recherches, Institut de Géographie Fribourg 3, p. 33 - 45.

Rickenmann, D., and M. Zimmermann, (1993): *The 1987 debris flows in Switzerland: documentation and analysis*. Geomorphology 8, p. 175 - 189.

Rösli, U., and C. Schindler, (1990): *Debris flows 1987 in Switzerland: geological and hydrogeological aspects*. IAHS Publication no. 194, p. 379 - 386.

Röthlisberger, H., (1981): *Eislawinen und Ausbrüche von Gletscherseen*. Jahrb. Schweiz. Naturforsch. Gsellsch. 1978, p. 170 - 212.

VAW (1990): *Schnee, Eis und Wasser in einer wärmeren Atmosphäre*. Internationale Fachtagung in Zürich 1990. Mitteilung 108 der VAW/ETHZ, 135p.

Vonder Mühll, D., and Haeberli (1990): *Thermal characteristics of the permafrost within an active rock glacier (Murtèl/Corvatsch, Grisons, Swiss Alps)*. Journal of Glaciology 36, 123, p. 151 - 158.

Vonder Mühll, D., (1992): *Evidence of intrapermafrost groundwater flow beneath an active rock glacier (Murtèl/Corvatsch, Grisons, Swiss Alps)*. Permafrost and Periglacial Processes 3:2, p.125 - 132.

Wagner, S., (1992): *Creep of Alpine permafrost, investigated on the Murtèl rock glacier*. Permafrost and Periglacial Processes 3:2, p. 157 - 162.

Wood, F.B., (1990): *Monitoring global climate change: the case of greenhouse warming*. Bulletin of the American Meteorological Society 71/1, p. 42 - 52.

Zimmermann, M., (1990): *Debris flows 1987 in Switzerland: geomorphological and meteorological aspects*. IAHS Publication no. 194, p. 387 - 3393.

Zimmermann, M., and W. Haeberli, (1992): *Climatic change and debris flow activity in high mountain areas; a case study in the Swiss Alps*. Catena Supplement 22, p.59 - 72.

Zumbühl, H.J., und H. Holzhauser, (1988): *Alpengletscher in der Kleinen Eiszeit*. Sonderheft "Die Alpen" 64/3, p. 129 - 322.

Prof. Dr. Wilfried Haeberli, Versuchsanstalt für Wasserbau, Hydrologie und Glaziologie, ETH Zürich, 8092 Zürich. Seit 1995: Geographisches Institut, Universität Zürich, Winterthurerstr. 190, 8057 Zürich

Murgänge erkennen und bewerten

Markus Zimmermann

1.   Problemstellung - um was geht es?

Murgänge, auch Rüfen oder Laui genannt, gehören zu den dominanten Massenverlagerungs-prozessen in den Alpen. Sie können grosse Schuttmengen innert kürzester Zeit über weite Strecken transportieren. Deshalb sind auch Siedlungen oder Verkehrswege in den Talböden, weit entfernt vom Ursprungsort der Muren, erheblich gefährdet. Für die Verantwortlichen in Forst- und Wasserbau, sowie natürlich für die Bewohner selber waren Rüfen schon immer bekannt und gefürchtet (z.B. Berlepsch 1861). Die Forschung hingegen beschäftigt sich erst seit den 1970er und 1980er Jahren intensiv mit dieser Naturgefahr (z.B. Takahashi 1978, Costa 1988). In der Schweiz gaben sogar erst die Diskussionen um das Waldsterben (VAW/EAFV 1988) und die Unwetter vom Sommer 1987 einen entscheidenden For-schungsimpuls (Haeberli et al. 1990, BWW 1991).

Gängige und umfassende Grundlagen zur Beurteilung dieser Naturgefahr fehlen bis heute in der Schweiz. In den letzten paar Jahren wurden jedoch Daten und Informationen zusammen-gestellt und verarbeitet, die eine differentielle Analyse der Murgänge in einem Wildbach-gerinne erlauben (Rickenmann 1990a,b; Zimmermann 1990; VAW 1992; Lehmann 1993, Rickenmann und Lehmann 1993; Rickenmann und Zimmermann 1993). Neben dieser Schweizer Literatur existieren Ergebnisse umfangreicher Untersuchungen aus Frankreich, Oesterreich, Japan, Kanada und den USA, die auch anwendungsorientiert sind.

Bevor einige dieser verfügbaren Methoden diskutiert werden, sind die wichtigsten Charakte-ristika der Murgänge zu beschreiben und einige Voraussetzungen für die Murgang-Ent-stehung zu definieren. Die am Ende des Aufsatzes aufgeführte Literatur soll dem interes-sierten Anwender einen vertieften Einblick in die komplexe Problematik der Murgänge ermöglichen.

2.   Wie werden Murgänge charakterisiert?

Im seinem Essay von 1861 schreibt H.U. Berlepsch über die Skalära-Rüfe:
"Es ist eine Thätigkeit entfesselter Gewalten in der Natur, die an furchtbarer Grossartigkeit und Zerstörungskraft der schrecklichen Lauine gleichsteht. Das ist nicht jenes schäumende, in tausend Kaskaden herabfluthende, immer wilde Schauspiel eines angeschwollenen Bergstromes - das ist eine dicke schwarze Schlammsuppe, die mit schwerfälliger Geschwindigkeit, mit roher plumper Hast sich bewegt. "
Hinter dieser Beschreibung verbirgt sich ein komplexer Prozess, der noch heute nicht in allen Teilen verstanden wird.

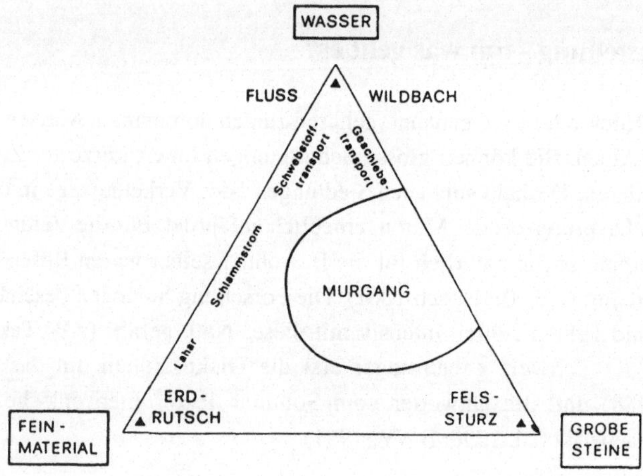

Figur 1: Phasendiagramm mit der Einordnung verschiedener Wasser-Feststoff-Gemische.

Wie aus obenstehendem Wasser-Feststoff-Diagramm ersichtlich ist (Fig. 1), weisen Murgänge ein breites Spektrum an Korngrössen auf und haben einen variablen, in der Regel eher kleinen Wassergehalt (z.B. Costa 1988). Die Fliesseigenschaften sind am ehesten mit frisch angemachtem Beton vergleichbar. Durch die hohe Dichte von über 2000 kg/m³ können Murgänge grosse Felsblöcke, Brücken oder auch Autos mühelos mitschleppen.

Der Abfluss alpiner Murgänge ist instationär, häufig erfolgt er sogar in ausgesprochen diskreten Pulsen mit einer definierten grobklastigen Murenfront. Gegenüber einem in einem Wildbach zu erwartenden Hochwasserabfluss kann der Spitzenabfluss eines Murschubes um ein bis zwei Grössenordnungen höher sein. Die Geschwindigkeiten können mehr als 10 m/s in steilen Gerinneabschnitten betragen. Auf dem Kegel sind es typischerweise 1-5 m/s.

Die Ablagerungsformen der Murgänge heben sich klar von jenen anderer geomorphologischer Prozessen ab (Costa 1988): Die Murenfront hinterlässt ein U-förmiges Gerinne und die sehr deutlich erkennbaren Levees. Diese beidseitig dem Fliessweg entlang aufgehäuften Wälle verleihen dem Murgerinne das Aussehen einer Bobbahn. Auf dem Kegel ist das Material häufig in Loben abgelagert und unsortiert. Grosse Blöcke sind über den ganzen Kegel verstreut.

3.   Ursachen für das Entstehen von Murgängen

3.1.   Grundvoraussetzung (Disposition)

Die Disposition bezeichnet die Veranlagung eines Baches zur Bildung von Murgängen. Für eine Gefahrenbeurteilung ist es unumgänglich zu wissen, ob der entsprechende Bach murfähig oder lediglich geschiebeführend ist. Oesterreichische Literatur (z.B. Aulitzky 1984) unterscheidet dazu noch zwischen murfähigen und murstossfähigen Bächen. Erstere produzieren Murgänge mit wenig ausgeprägten Pulsen und einer eher stationären Abfluss-Charakteristik. Sie kommen hauptsächlich in schiefrigen, sandigen Materialien vor. Alpine Bäche mit einem weiten Spektrum von Korngrössen sind häufig murstossfähig.

Als Grundvoraussetzung für das Entstehen von Murgängen muss ein Geschiebepotential vorhanden sein, das bei entsprechender Wassersättigung als Ganzes oder zumindest in einem grösseren Volumen in Bewegung versetzt werden kann. Damit sich aber eine Schuttmasse überhaupt bewegen kann, ist ein minimales Gefälle des Bachbettes oder des Schutthanges notwendig. Für Schutthänge liegt der Grenzwinkel zwischen 24 und 35°, in Gerinnen ist das Grenzgefälle ca. 27 % (Takahashi 1981), wobei bei grösseren Einzugsgebieten tendenziell geringere Gefälle auftreten (Fig. 2). Bei grossen Einzugsgebieten mit einem hohen Abfluss wurden auch Gefälle von 23 % beobachtet (Rickenmann & Zimmermann 1993).

Prominente Anrissgebiete für Murgänge sind einerseits tiefgründige Schutthalden. Stiny (1931) hat diese als Altschuttherde bezeichnet. Insbesondere die wenig oder gar nicht konsolidierten und kaum bewachsenen Schutthalden und Moränenbastionen der Periglazialzone sind für das Entstehen von grossen Murgängen bekannt (Zimmermann 1990). Gute Beispiele sind etwa im Mattertal (VS) zu finden. Grosse Murgänge können aber auch in tiefgründig versackten Gebieten entstehen. Ein klassisches Beispiel sind die Brienzer Wildbäche im Berner Oberland. Anderseits treten Murgänge häufig in den Jungschuttwildbächen der Alpen und Voralpen auf, insbesondere jene im Flysch oder Bündnerschiefer (z.B. Jäckli 1957). Hier wird das in den steilen Bachgerinnen angehäufte Material durch die Verwitterung immer wieder ersetzt (Jungschutt).

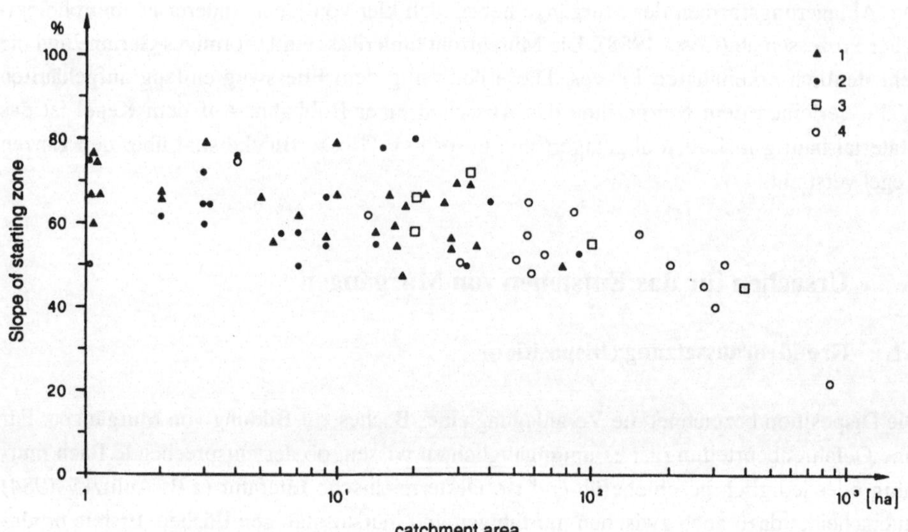

Figur 2: Anrissgefälle von Murgängen (Murgänge des Sommers 1987) im Verhältnis zur Einzugsgebietsgrösse oberhalb der Anrissstelle. Die ausgefüllten Symbole repräsentieren Murgänge in Schutthalden, die offenen Symbole solche, die in definierten Wildbachgerinnen angebrochen sind.

Die Disposition oder Anfälligkeit eines Baches für Murgänge ist in der Regel zeitlich nicht variabel. Gerade im Periglazialraum sind allerdings Prozesse erkennbar, durch die sich die Gefährdung durch Murgänge grundsätzlich verändern kann (siehe Beitrag Haeberli in diesem Band).

3.2. Mittelbare Voraussetzungen

Als mittelbare Voraussetzungen werden Gegebenheiten bezeichnet, die zeitlich variabel sind. Dazu gehören:

* Geotechnische und hydrogeologische Eigenschaften
* Hydrologische Vorbedingungen
* Bachgeschichte

Die Bachgeschichte ist insbesondere in Jungschuttbächen relevant. Ein Murgang kann ein Gerinne mehr oder weniger vollständig ausräumen. Es braucht danach eine gewisse Zeit, bis wieder genügend Geschiebe von den Seiten in das Gerinne gelangt ist. Im Leimbach

(Frutigen, Berner Oberland; ASF 1977) sind die jüngsten Murgänge 1969, 1938, 1907 und 1875 aufgetreten, also in einem einigermassen regelmässigen Abstand von etwa 30 Jahren. Dies dürfte ein Zeitraum sein, der notwendig ist, um wieder ein Geschiebepotential aufzubauen.

Während die Bachgeschichte in der Regel Jahre bis Jahrzehnte berücksichtigen muss, so verändern sich die hydrologischen Vorbedingungen innerhalb von Wochen und Monaten. Nach einer langen Regenperiode ist die Bereitschaft für die Bildung von Murgängen grundsätzlich höher als während Trockenperioden. Die Niederschlagsvorgeschichte kann mehrere Monate umfassen, allerdings ist eine Quantifizierung dieser Vorgeschichte äusserst schwierig (Church and Miles 1987).

Innerhalb von Jahren bis Jahrzehnten können sich auch die geotechnischen Eigenschaften verändern, etwa wenn Permafrost aus einer tiefgründig gefrorenen Schuttmasse langsam verschwindet. Murgänge, die vorher auf die relativ dünne Auftauschicht begrenzt waren, können wesentlich grössere Dimensionen annehmen.

3.3.   Unmittelbare Voraussetzungen

Als unmittelbare Voraussetzungen sind die auslösenden Ereignisse zu bezeichnen. Diese lassen sich unterscheiden in:

niederschlagsabhängig:
- Gewitter
- langanhaltender Starkregen

niederschlagsunabhängig:
- Seeausbrüche
- Intensive Schmelze von Eis oder Schnee

In den Alpen gehören durch Seeausbrüche ausgelöste Murgänge zu den gefährlichsten. Insbesondere das plötzliche Ausbrechen von durch Gletscher oder Moränen gedämmter Seen ist eine seit langem bekannte Gefahr (Haeberli 1983). Weit häufiger treten allerdings Murgänge bei gewittrigen Niederschlägen auf. Ueber die für die Auslösung notwendigen Schwellenwerte sind im Moment nur wenig Daten bekannt. Einen minimalen Schwellenwert definierte Caine (1980) auf Grund weltweiter Daten:

$$I = 14.82 * D^{-0.39} \qquad (1)$$

Dabei bezeichnet D die Niederschlagsdauer in Stunden und I die Regenintensität in mm/h. Diese Beziehung gibt tendenziell einen tiefen Wert.

4.   Methoden zur Beurteilung von Murgängen

4.1.   Grundsätzliches

Recht häufig werden Verbauungen in einem Wildbach in der Folge eines Hochwassers oder Murganges realisiert. Dabei basiert man oft auf der Grösse eben dieses Ereignisses. Die Analyse von abgelaufenen Ereignissen allein genügt jedoch für eine fundierte Beurteilung eines komplexen Prozesses, wie dies Murgänge sind, meistens nicht. Es müssen ergänzende Abklärungen getroffen werden, wie sie z.B. Hungr et al. (1984) oder Kienholz (1981) vorschlagen.

Da einheitliche und umfassende Grundsätze oder Verfahren für das Abschätzen der Murganggefährdung in einem Bach heute noch fehlen, ist man vielmehr auf verschiedene Ansätze angewiesen, deren Kombination einem ein möglichst umfassendes Bild der Murgangsituation in einem Bach vermitteln sollten. Räumlich lässt sich diese Analyse unterteilen in

* das Einzugsgebiet
* das Gerinne
* den Kegel

In diesen drei Raumeinheiten sind die spezifischen Murgangspuren zu interpretieren und zusammen mit den anderen Hinweisen zu verarbeiten.

Das Ziel einer Beurteilung der Murganggefahr liegt generell im Beantworten der folgenden drei Fragen:

(1)   wie gross ist der wahrscheinliche Murgang?
(2)   wie weit fliesst er, bzw. welche Flächen sind betroffen?
(3)   wie häufig tritt er auf?

4.2.   Ansätze zur Beurteilung

4.2.1.   Historischer Ansatz

In den schon seit Jahrhunderten dicht bevölkerten Alpen gibt es zahllose Dokumente und indirekte Hinweise über durch Murgänge verursachte Schäden. Vier Publikationen vermitteln einen ersten guten Ueberblick über die Situation in einem betreffenden Gebiet oder sogar über einen bestimmten Bach:

- Culman (1863)
- Lanz-Stauffer und Rommel (1936)
- ASF (1977)
- Röthlisberger (1991)

In einem weiteren Schritt können Bibliotheken und insbesondere Archive von Gemeinden und von kantonalen Aemtern (Wasserbau) durchsucht werden. Archivarbeiten sind in der Regel zeitaufwendig, können aber gerade für Bäche, in denen Murgänge lange Wiederkehrperioden aufweisen, wertvolle Hinweise geben. Eine relativ detaillierte historische Analyse für die Val Varuna (Poschiavo) ist bei Paravicini et al. (1990) beschrieben.

Interviews mit Anwohnern ergeben zumindest qualitative Information über frühere Murgangaktivität. Allerdings besteht die Tendenz das jüngste Ereignis in seiner Grösse zu überschätzen.

4.2.2. Geomorphologischer Ansatz

Diese Methode basiert einerseits auf einer Analyse des Einzugsgebiets (Geschiebepotential) und anderseits auf einer Interpretation von Spuren abgelaufener Ereignisse ("Stummen Zeugen", Aulitzky 1984) im Gerinne und auf der Kegeloberfläche (Kienholz 1981). Die Erkenntnisse, die in Kap. 3 gewonnen worden sind, haben dabei einen zentralen Stellenwert. Insbesondere die Frage der Disposition ist für das zukünftige Verhalten eines Wilbaches von entscheidender Bedeutung. Für diese Arbeit sind Luftbilder unentbehrlich.

Die Analyse des Einzugsgebiets muss über die vorhandenen Geschiebeherde und deren Lage zum Gerinne Auskunft geben. Im weiteren sind Erosionsspuren und Levees früherer Murgänge zu interpretieren. Eine grossmassstäbige Kartierung dieser Phänomene (1:25'000 oder 1:10'000) ergibt den Ueberblick. Zusammen mit den unten aufgeführten Schätzmethoden sind die Volumen möglicher und wahrscheinlicher Murgänge festzulegen.

Der Kegel ist die Visitenkarte des Wildbaches. Sowohl die gesamte Form als auch Spuren auf der Kegeloberfläche lassen auf die vorherrschenden Prozesse schliessen. Während flachere, stark konkave Schwemmkegel auf eine primär fluviale Bildung deuten, sind die Murkegel steil, gerade bis sogar konvex. Die Kegeloberfläche selber zeigt klassische Murgangspuren: Levees, Murzungen, verstreut grosse Blöcke. Eindeutige Spuren im Gerinne sind Levees, ein U-förmiges Querprofil und ein Breiten zu Tiefen-Verhältnis von weniger als 5.

4.2.3. Quantitativer Ansatz

Es existieren heute bereits einige brauchbare Faustformeln zur Abschätzung von unterschiedlichen Murgangparametern. Einerseits betreffen sie die Interpretation von Spuren zur Rekonstruktion von abgelaufenen Murgängen (z.B. Geschwindigkeit) und anderseits geht es um die Voraussage von wahrscheinlichen Murgängen auf Grund von verschiedenen Einzugsgebietsparametern. Es sollte nie nur auf einer Formel allein basiert werden. Zudem ist das Resultat mit anderen Methoden (v.a. eine geomorphologische Feldanalyse) auf Plausibilität zu prüfen.

Totales Murgangvolumen

Einer der wichtigsten Parameter für jede Gefahrenbeurteilung oder Massnahmenplanung ist das Gesamtvolumen eines Murganges (Ereignisgrösse M). Eine Formel zur Abschätzung des Volumens basiert auf dem Kegelgefälle (VAW 1992, modifiziert).

$$M = (6.4 * J_k - 21)*L \qquad 5\% < J_k <= 15\% \qquad (2)$$
$$M = (110 - 2.5*J_k)*L \qquad 15\% < J_k <= 40\% \qquad (3)$$

wobei M das totale Murvolumen $[m^3]$, $J_k\%$ in [%] das Kegelgefälle und L die aktive Gerinnelänge [m] bezeichnet.

Eine Beziehung von Zeller (1985) basiert für Murgang-Ereignisse mit "sehr starker Geschiebeführung" auf der Einzugsgebietsgrösse (EG):

$$M = 17'000 \dots 27'000 * (EG)^{0.78} \qquad\qquad (4)$$
dabei ist wird EG in $[km^2]$ gemessen.

Eine einfache Beziehung von Kronfellner-Kraus (1982) basiert auf einer allgemeinen Charakteristika des Einzugsgebiets:

$$M = K * EG * J \qquad\qquad (5)$$

J ist das mittlere Gefälle des Gerinnes, K eine Erosionskonstante (500 für grosse Einzugsgebiete, 1500 für steile Bäche mit grossen Schuttvorkommen, 1000 als mittlerer Wert).

Erosionsleistung

Als weiteres Hilfsmittel zur Schätzung des Gesamtvolumens eines Murganges können einerseits Erfahrungswerte für die Erosion in den Murgangentstehungsgebieten (Schutthänge) verwendet werden. Diese können bis 500 m^2 in tiefgründigen und sehr steilen Schutthängen (häufig Moränenbastionen) betragen und etwa 50 m^2 in Schutthalden unterhalb von Felswänden. Anderseits kann eine Beziehung für die maximale Erosionsleistung (Erosionstiefe T in [m]) in einem Gerinne verwendet werden:

$$T = 1.5 + (12.5 *J) \tag{6}$$

wobei J das Gefälle im entsprechenden Bachabschnitt bezeichnet.

Maximalabfluss

Eine Beziehung zur Abschätzung des maximalen Abflusses eines Murganges stellen Mizuyama et al.(1992) auf

$$Q_{max} = 0.135 * V^{0.78} \tag{7}$$

Dabei ist Q_{max} [m³/s] der Spitzenabfluss eines grobkörnigen Murgangs und V [m³] das Totalvolumen.

Murgang-Geschwindigkeit

Aus Abfluss-Spuren entlang der Kurve eines Gerinnes lässt sich mit einer einfachen Beziehung die Geschwindigkeit v bestimmen (Fig. 3):

$$v = (g * R * tan\beta \times cosJ)^{0.5} \tag{8}$$

wobei v in [m/s] angegeben, der Winkel ß der Kurvenüberhöhung und das Bachgefälle J in [°] und der Kurvenradius in [m] gemessen wird (g: Erdbeschleunigung).

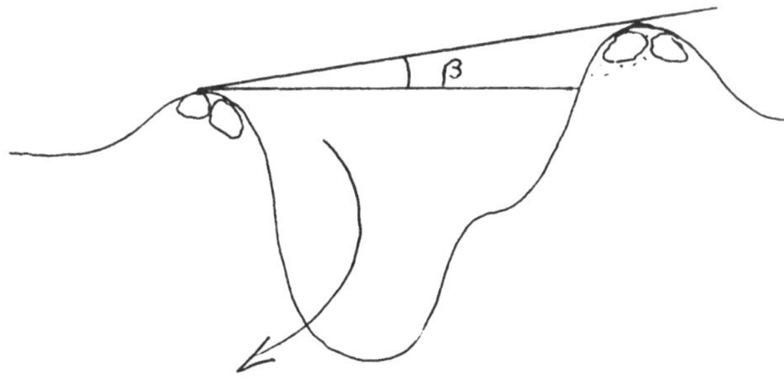

Figur 3: Prinzip der Kurvenüberhöhung. Bei einem Murgang ist das Levee auf der Aussenseite der Kurve deutlich höher als jenes auf der Innenseite. Der Winkel kann einfach gemessen werden.

Reichweite

Aus dem mittleren Gefälle (Pauschalgefälle), ausgehend von einer potentiellen Anrissstelle, kann die Reichweite eines möglichen Murganges bestimmt werden. Minimale Pauschalgefälle (maximale Reichweiten) liegen bei 20 %. Die Reichweite ist abhängig von der Ereignisgrösse (Volumen) und auch von der Einzugsgebietsgrösse, d.h. vom vorhandenen Abfluss. Je mehr Wasser verfügbar ist, desto weiter können Murgänge fliessen. In Fig. 4 kann eine gewisse Abhängigkeit des Pauschalgefälles von der Ereignisgrösse abgelesen werden.

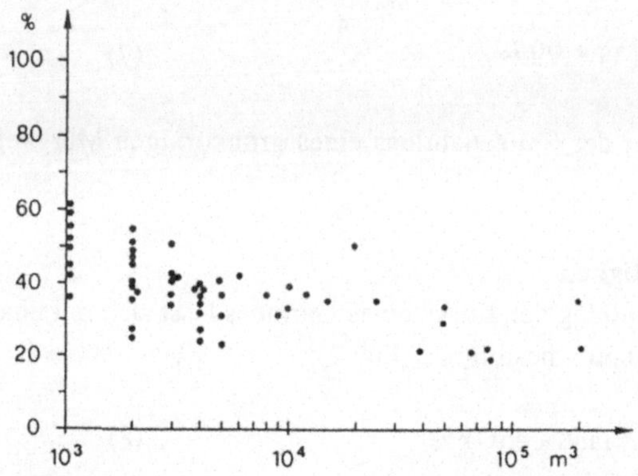

Figur 4: Murgänge 1987: Abhängigkeit der Reichweite (Pauschalgefälle) von der Ereignisgrösse (Volmen).

4.2.4. Modelle

Es gibt heute noch kein Modell, mit dem die Murganggefahr für ein bestimmtes Gebiet mit genügender Genauigkeit vorausgesagt werden kann. Einfache Modelle, ähnlich den Lawinenmodellen, wurden auf einige alpine Murgänge angewendet (Rickenmann 1990b). Diese Modelle werden im Moment primär für die Rückrechnung von abgelaufenen Ereignissen verwendet.

Insbesondere in Japan ist die Forschung auf dem Gebiet der Modellierung fortgeschritten. Mit zwei-dimensionalen Fliessmodellen können primär die feinkörnigen Schlammströme aus vulkanischen Gebieten nachgebildet werden. Diese Modelle basieren alle auf der Fliessformel für Murgänge von Takahashi (1978). Für eine Gefahrenbeurteilung im alpinen Raum sind sie im Moment nur bedingt anwendbar.

Physische Modelle können einen guten Eindruck der Murgang-Entstehung und -Bewegung vermitteln. Eine Modellierung von realen Fällen, wie in der Reinwasserhydraulik üblich, ist heute nur bedingt möglich.

4.3. Definition des Murgang-Ereignisses

Wenn Klarheit herrscht über mögliche und wahrscheinliche Murgänge in einem betreffenden Bach, so kann für Massnahmen ein Referenz- oder Bemessungsereignis erarbeitet werden, das durch die folgenden Grössen definiert ist:

Frequenz   (Wiederkehrdauer)

Magnitude   (Intensität,Zerstörungpotential)

Die Synthese der Resultate aus der in Kapitel 3 und 4.2 aufgelisteten Information ermöglicht eine Quantifizierung des oder der Referenzereignisse. Die Wiederkehrdauer, sofern bei Murgängen von einer Wiederkehrdauer wie im hydrologischen Sinne gesprochen werden kann, ist dabei primär eine Funktion der Geologie (Verwitterung, Bachgeschichte) und sekundär eine Funktion der hydrologischen Bedingungen. In den Altschuttbächen ist die Frequenz dagegen primär eine Funktion der hydrologischen Bedingungen; Material ist in genügender Menge vorhanden. Die Frequenz lässt sich etwa mit Hilfe einer detaillierten historischen oder mit einer Kegelanalyse bestimmen.

Das Zerstörungspotential ist eine Funktion des Gesamtvolumens, der Geschwindigkeit, der Fliesshöhe oder auch der Art des Materials (z.B. Korngrössen). Mit Hilfe der Beziehungen (2) - (6) und einer Feldverifikation lässt sich ein Maximalvolumen abschätzen. Aus der Analyse abglaufener Ereignisse ist z.B. die Murgangeschwindigkeit (Beziehung (8) erhältlich. Den Schutzzielen entsprechend ist für die Planung von Murgang-Massnahmen eine Quantifizierung der wichtigsten Parameter unumgänglich.

5.   Was kann man gegen Murgänge machen?

Eine Diskussion von Massnahmen gegen Murgänge ist nicht Gegenstand vorliegenden Aufsatzes. Es sollen hier deshalb nur einige generelle Konzepte für die Reduktion von durch Murgänge verursachte Schäden aufgezeigt werden (z.B. Zimmermann 1994).

Das Risiko, dem Personen oder Sachwerte durch Murgänge ausgesetzt sind, besteht primär auf dem Kegel. Murgänge können aus dem Gerinne ausbrechen, plötzlich die Richtung ändern und grosse Teile des Geschiebes, oft in einem begrenzten Segment, ablagern. Murgänge können auch bis in den Vorfluter gelangen und diesen mit einem natürlichen Damm verstopfen. Dieses Murgang-Risiko lässt sich reduzieren: (1) Entweder man versucht den Murgang, also die Gefahr, zu vermindern, bzw. ganz zu verhindern oder (2) man meidet die Gefahrenzone temporär oder permanent. Entsprechend dem Bemessungsereignis sind aktive oder passive Massnahmen, oder eine Kombination von beiden, zu planen.

Aktive Massnahmen

Aktive Massnahmen können, ähnlich den Schneelawinen, im Ursprungsgebiet, entlang des Fliessweges oder im Ablagerungsgebiet von Murgängen implementiert werden. Die Bauwerke haben entweder das Auftreten zu verhindern (z.B. Sperrentreppen im Murgang-Entstehungsgebiet) oder einen Murgang zu bremsen, abzulenken oder ganz zum Stillstand zu bringen (Murbremse, Murbrecher, Murleitdamm, Ablagerungsbecken).

Passive Massnahmen

Mit passiven Massnahmen wird der Gefahr temporär (Warnsystem, saisonal) oder permant (Gefahrenzonenplan) ausgewichen. In den immer intensiver genutzen Alpen ist jedoch das Bereitstellen von Platz für das natürliche Auslaufen der Murgänge und das Ablagern von Schutt kaum mehr möglich.

6.   Schlussbemerkungen

Für die Beurteilung der Murganggefahr fehlen bis heute einfache und allgemeingültige Kriterien, obschon Murgänge im Hochgebirge weit verbreitet sind und gerade in einem dicht besiedelten Gebiet wie den Schweizer Alpen eine wesentliche Bedrohung darstellen. Die immer noch bescheidene Kenntnis mag an der Komplexität und Vielgestaltigkeit dieses Prozesses liegen.

Eine Analyse abgelaufener Ereignisse im Feld (Geomorphologischer Ansatz) und im Archiv (Historischer Ansatz) ergeben in der Regel brauchbare bis gute Hinweise für eine spätere Quantifizierung von Referenzereignissen. Gerade bei langfristigen Veränderungen im Entstehungsgebiet von Murgängen (schmelzender Permafrost, abschmelzende Gletscherzungen) können aber Ereignisse entstehen, die keine historische Parallele kennen. Deshalb sollten potentiellen Murganganrissgebieten sorgfältig überwacht werden, damit Veränderungen frühzeitig erkannt und geeignete Massnahmen ergriffen werden können.

Literaturreferenzen

ASF (Amt für Strassen- und Flussbau), 1977: *Hochwasserschutz in der Schweiz. 100 Jahre Bundesgesetz über die Wasserbaupolizei.* Bern.

Aulitzky, H., 1984: *Vorläufige, zweigeteilte Wildbachklassifikation. Wildbach- und Lawinenverbau,* Jg. 48, Sonderheft Juni 1984, p. 7-60.

Berlepsch, H.U., 1861: *Die Alpen in Natur- und Landschaftsbildern.* Zürich.

BWW (Hrsg.), 1991: *Ursachenanalyse der Hochwasser 1987: Ergebnisse der Untersuchungen: Murgänge.* Mitt. BWW Nr.4.

Caine, N., 1980: *The rainfall intensity-duration control of shallow landslides and debris flows.* Geogr. Ann. 62A, p.23-27.

Church, M., M. Miles, 1987: *Meteorological antecedents to debris flow in southwestern British Columbia; some case studies.* In: Debris flows/avalanches: process, recognition and mitigation. GSA, Reviews in Engineering Geology, Vol. VII, p. 63-79.

Costa, J.E., 1988: *Rheologic, geomorphic, and sedimentologic differentiation of water floods, hyperconcentrated flows, and debris flows.* In: Flood Geomorpholgoy, p. 113 - 122. J.Wiley, London.

Culmann, C., 1864: *Bericht an den hohen Bundesrath über die Untersuchung der schweizerischen Wildbäche, vorgenommen in den Jahren 1858, 1859, 1860 und 1863.* Zürcher & Furrer, Zürich.

EAFV/VAW, 1988: *Folgen der Waldschäden auf die Gebirgsgewässer in der Schweiz.* Workshop 1987. Bericht EAFV / VAW, Birmensdorf.

Haeberli, W., 1983: *Frequency and characteristics of glacier floods in the Swiss Alps.* Ann. Glaciol., 4: 85-90.

Haeberli, W., D., Rickenmann, U. Rösli, M. Zimmermann, (1990): *Investigation of 1987 debris flows in the Swiss Alps: General concept and geophysical soundings.* Int. Conf. on Water Res. in Mountainous Regions, Lausanne. IAHS Publ. No. 194, p. 303-310.

Hungr, O., G.C. Morgan, R. Kellerhals, 1984: *Quantitative analysis of debris torrent hazards for design of remedial measures.* Can. Geotech. J., vol. 21, p. 663-677.

Jäckli, H., 1957: *Gegenwartsgeologie des bündnerischen Rheingebiets.* Beitr. zur Geol. der Schweiz, Geotechn. Serie, Lief. 36.

Kienholz, H., 1981: *Zur Methodologie der Beurteilung von Naturgefahren.* Geomethodica - Veröffentlichungen des 6. Basler Geomethodischen Colloquiums.

Kronfellner-Krauss, G., 1982: *Ueber den Geschiebe- und Feststofftransport in Wildbächen.* Oesterr. Wasserwirtschaft, 34, 1/2, p. 12-21.

Lanz-Stauffer, H., C. Rommel, 1936: *Elementarschäden und Versicherung,* Vol. 2. Bern.

Lehmann, Ch., 1993: *Zur Abschätzung der Feststofffracht in Wildbächen. Grundlagen und Anleitung.* Geogr. Bernensia, G42. Bern.

Mizuyama, T., S. Kobashi, G. Ou, 1992: *Prediction of debris flow peak discharge.* Proc. Int. Symp. Interpraevent. Bern, Bd. 4, p. 99-108.

Paravicini, G., D. Rickenmann, M. Zimmermann, (1990): *Murgänge und Hochwasser im Puschlav. Historische und aktuelle Analysen im Val Varuna.* Wasser, Energie, Luft, Vol. 82, Heft 5/6, p. 123-128.

Rickenmann, D., 1990a: *Bedload transport capacity of slurry flows at steep slopes.* Mitt. VAW Nr. 103, ETH, Zürich.

Rickenmann, D., 1990b: *Debris flows 1987 in Switzerland: modelling and sediment transport.* Int. Conf. on Water Resources in Mountainous Regions, Lausanne. IAHS Publ. No. 194, p. 371-378.

Rickenmann, D., Ch. Lehmann, 1993: *Beurteilung von Murgängen.* Kursunterlagen FAN. Unpubl.

Rickenmann, D., M. Zimmermann, 1993: *The 1987 debris flows in Switzerland: documentation and analysis.* Geomorphology, Vol. 8, p. 175-189.

Röthlisberger, G., 1991: *Chronik der Unwetterschäden in der Schweiz.* WSL Berichte 330. WSL Birmensdorf.

Stiny, J., 1931: *Die geologischen Grundlagen der Verbauung der Geschiebeherde in Gewässern.* Springer, Wien.

Takahashi, T., 1978: *Mechanical characteristics of debris flows.* ASCE, Journal of Hydraulics Engineering, Vol. 104: 1153-1168.

Takahashi, T., 1981: *Estimation of potential debris flows and their hazardous zones: soft countermeasures for a disaster.* J. Nat. Disaster Sci., 3 (1): 57-89.

VAW, 1992: *Murgänge 1987 - Dokumentation und Analyse.* Bericht im Auftrag des Bundesamtes für Wasserwirtschaft (unveröff.). VAW, ETH Zürich, Bericht Nr. 97.6.

Zeller, J., 1985: *Feststoffmessung in kleinen Einzugsgebieten.* Wasser, Energie, Luft; Jg. 77, H. 7/8, p. 246-251

Zimmermann, M., 1990: *Periglaziale Murgänge.* In: Schnee, Eis und Wasser der Alpen in einer wärmeren Atmosphäre. Mitt. VAW Nr. 108, ETH Zürich, p. 89-107.

Zimmermann, M., 1994: *Murgänge im Dorfbach von Randa (VS). Beurteilung und Massnahmen.* Wasser, Energie, Luft, Vol. 86, Nr. 1/2, p. 17-21.

Dr. M. Zimmermann, Geo7, Neufeldstrasse 3, CH-3012 Bern

Bautechnische Sanierungsmöglichkeiten bei Hanginstabilitäten

Felix Bucher

1.   Einleitung

Im folgenden sollen die Sanierungsmöglichkeiten, die die Bautechnik bei Hanginstabilitäten als aktive Massnahmen zur Verbesserung der Stabilitätsverhältnisse eröffnen, dargestellt und diskutiert werden. Passive Massnahmen (wie Verbote von gewissen Eingriffen innerhalb des Rutschgebietes, Eigentumsbeschränkungen usf.) kommen damit nicht zur Sprache. Selbst in der Begrenzung auf die aktiven Massnahmen ist man überrascht, wie vielfältig die prinzipiellen Möglichkeiten zur Stabilitätsverbesserung sind. Das darf jedoch nicht darüber hinwegtäuschen, dass im konkreten Anwendungsfall viele Möglichkeiten aus technischen oder wirtschaftlichen Gründen nicht realisierbar sind. Nicht selten gibt es auch Fälle, in denen es keine realisierbare Sanierungsmassnahme gibt.

Falls eine Sanierung geplant wird, sollte die Rutschursache bekannt sein. Je besser dies der Fall ist, umso gezielter kann saniert werden. Der Einfluss von aktiven Sanierungsmassnahmen auf die Gleitsicherheit sollte immer auch quantitativ ermittelt werden. Dazu kann im Prinzip irgendeine der bekannten Berechnungsmethoden verwendet werden. Im folgenden soll für die Diskussion der grundsätzlich möglichen Sanierungsmassnahmen die Formel von Fellenius verwendet werden. Diese lautet in Anlehnung an Lang/Huder (1994):

$$F = \frac{\sum c' \cdot \Delta l + \left[(G + V) \cos\alpha \ - \ u \cdot \Delta l \right] \tan\varphi'}{\sum (G + V) \sin\alpha \ - \ \frac{a}{R} \cdot H}$$

c'	:	effektive Kohäsion
φ'	:	effektiver Reibungswinkel
G	:	Eigengewicht der Lamelle
V	:	Auflast auf Lamelle

H   :   rückhaltende äussere Horizontalkraft
u   :   Porenwasserdruck
α :   Neigungswinkel der Gleitfläche
Δl :   Gleitflächenlänge der Lamelle
a   :   Hebelarm
R   :   Radius des Gleitkreises

Bei bautechnischen Sanierungen von Rutschungen kann man nun eine oder mehrere der in den nachstehenden Abschitten dargelegten Strategien verfolgen.

2.   Änderung der Topografie

Mit einer Veränderung der Topografie ändern sich die Eigengewichte G der Lamellen und damit ändert sich die Gleitsicherheit F. Zur Erhöhung von F muss im allgemeinen das Gewicht der Lamellen im oberen Teil des Hanges reduziert und/oder jenes der Lamellen im unteren Teil des Hanges erhöht werden. Zur Veränderung der Topografie sind Erdbewegungen erforderlich. Die praktische Anwendbarkeit ist begrenzt auf eher kleine Böschungen und eher tiefgründige als flache Bruchfiguren. Zu erwähnen sind aber auch aktive Massnahmen zur Verhinderung von Fussentlastungen durch fliessendes oder stehendes Wasser (Flusserosionen, Wellenschlag).

3.   Änderung der oberflächlichen Belastung

Die Auflasten V gehen in gleicher Weise wie die Eigengewichte G in die Formel zur Berechnung der Hangstabilität ein. Es gelten daher grundsätzlich die gleichen Überlegungen wie dort. Passive Massnahmen (Verbot von Materiallager, Deponien usf. auf dem Böschungskopf) stehen im Vordergrund.

4.   Änderung der Scherfestigkeitsparameter

Die Scherfestigkeit des Materials in der Gleitzone kann durch die Scherfestigkeitsparameter c' und φ' verändert werden, wozu es verschiedene Möglichkeiten gibt. An erster Stelle sind hier die verschiedenen Injektionstechniken (Auffüllinjektionen, Aufpressinjektionen, Verdichtungsinjektionen, Düsenstrahlinjektionen) zu nennen. Sie alle zielen darauf hin, die Scherfestigkeit (insbesondere den Kohäsionsanteil) dauernd zu erhöhen. Die wichtigsten Injektionsmittel umfassen Suspensionen auf Zementbasis, Silikatgele, Harze, Emulsionen. Neben den Injektionen sind auch die mechanischen Bodenverbesserungsverfahren (Tiefenverdichtung) und die Elektroosmose praktisch eingesetzt worden. Vorsicht ist insofern geboten, dass die Erhöhung der Scherfestigkeitsparameter nicht durch die damit einhergehende Verschlechterung der Durchlässigkeit und der Drainagebedingungen wettgemacht wird.

5.   Änderung der Porenwasserdrücke

Es wurde schon früher erwähnt, dass die Grösse der Porenwasserdrücke einen entscheidenden Einfluss auf die Böschungsstabilität hat. Oft ist daher die günstige Beeinflussung der Porenwasserdrücke die einzige praktische Möglichkeit, einen instabilen Hang zu sanieren. Massnahmen, die hier zur Diskussion stehen, umfassen einerseits all die verschiedenen Arten der Oberflächenentwässerungen, die vor allem dazu dienen, die Infiltration von Oberflächenwasser zu reduzieren. Anderseits dienen Tiefenentwässerungsmassnahmen mittels Entwässerungsbrunnen, -bohrungen und -stollen dazu, Wasser im Untergrund zu fassen und abzuleiten. Durch entsprechende Vorkehrungen soll die Entwässerung ohne innere und äussere Erosion erfolgen können.

In gut durchlässigen Böden können die Porenwasserdrücke rasch reduziert werden. In schlecht durchlässigen Böden tritt eine Veränderung hingegen nur sehr langsam ein. Die erforderlichen Zeiten können aufgrund der Konsolidationstheorie ermittelt werden. Bei Böden mit mittlerer Durchlässigkeit (Silte, Feinsande) sind Vakuumentwässerungsverfahren geeignet.

Unter Umständen kann auch die Lage des Wasserspiegels in Flüssen und Seen (insbesondere Stauseen) beeinflusst und damit die Hangstabilität in einem positiven Sinne verändert werden. Dabei kann es vor allem um die Vermeidung von extremen Wasserständen oder Absenkgeschwindigkeiten gehen.

6.   Einleitung rückhaltender äusserer Kräfte

Dies ist der Bereich der konstruktiven Hangsicherung, bei der Kräfte aufgenommen bzw. eingeleitet werden und ausserhalb des rutschenden Gebietes in festen Grund abgegeben werden. In der Formel von Fellenius steht dafür als Beispiel die rückhaltende Horizontalkraft H, die die treibenden Kräfte im Nenner der Formel verkleinert. Eine solche Kraft H kann der auf eine Stützmauer wirkende Erddruck sein, falls die Stützmauer ausserhalb der Rutschmasse fundiert ist. Es kann sich aber auch um Schubwiderstände im Falle einer Hangvernagelung handeln, die Zugkraft in schlaffen Ankern usf. Im Falle von vorgespannten Ankern kann zusätzlich die auf die Gleitfläche wirkende effektive Normalkraft A_N berücksichtigt werden, durch die eine Reibungskraft von $A_N \cdot \tan \varphi'$ mobilisiert wird. Diese Reibungskraft wird den rückhaltenden Kräften im Zähler der Formel zugezählt. Die tangentiale Komponente A_T der Ankerkraft hingegen wird analog der Kraft H im Zähler berücksichtigt (Huder, 1983; Bucher und Nyfeler, 1984).

Zur Sicherung von Hängen gibt es eine grosse Vielfalt von möglichen Stützkonstruktionen (Brandl, 1987). Dazu zählen namentlich:

- konventionelle Stützmauern (Schwergewichtsmauern, Winkel- und Konsolmauern, evtl. verankert)
- Verbundkonstruktionen (Stützmauern aus verfestigten Erdkörpern, Gabionen, Geotextilwände)
- Bodenvernagelung und -verdübelung (Kleindübel, Pfähle, Schächte)
- Ankerwände, aufgelöste Pfahlwände, Sporren usw.

7.   Abschliessende Bemerkungen

Bei der Ausführung von Hangsanierungsmassnahmen gibt es oft Bauzustände, die für die Stabilität eines Hanges kritisch sein können. Es ist zu bedenken, dass das Gelände oft zuerst erschlossen und eine Arbeitsfläche erstellt werden muss. Durch die Bauarbeiten können u.U. auch grössere Mengen von Wasser in den Untergrund gelangen und Erschütterungen verursacht werden.

Konstruktive Stützelemente bilden daher auch aus diesen Gründen oft nur einen Aspekt der Hangsicherung. Zweckmässig ist meist, gleichzeitig oder sogar vorgängig wirkungsvolle Entwässerungsmassnahmen auszuführen.

Schliesslich sei noch auf die grosse Bedeutung von Kontroll- und Unterhaltsmassnahmen im Zusammenhang mit der Sicherung instabiler Hänge hingewiesen.

Die Kontrollmassnahmen beinhalten ein umfassendes Messprogramm zur Überwachung des Rutschgebietes während und auch nach den Sanierungsarbeiten. Die Messungen beziehen sich einerseits auf Verschiebungen in vertikaler und horizontaler Richtung. Neben der Geländeoberfläche ist dabei in der Regel auch der Untergrund in die Beobachtungen einzubeziehen. Dazu werden in Bohrungen flexible Rohre versetzt und mit Sonden vermessen. Anderseits ist es meistens auch angezeigt, die Porenwasserdrücke in den massgebenden Tiefen mittels Piezometer mitzuverfolgen sowie die Ergiebigkeiten von Wasserfassungen und die Niederschlagsmengen in ihrem zeitlichen Verlauf zu erfassen. Im Falle von Verankerungen sind gemäss Norm SIA 191 Kontrollanker zu versetzen und zu überwachen. Die erforderlichen Unterhaltsarbeiten können je nach den ausgeführten Sanierungsmassnahmen mehr oder weniger aufwendig sein. Permanente Anker sowie Entwässerungsleitungen und -schächte müssen aber in jedem Fall auch langfristig unterhalten werden.

Literaturreferenzen

Brandl, H., (1987): *Konstruktive Hangsicherung.* In Grundbau-Taschenbuch, 3. Aufl., Teil 3. Ernst & Sohn, Berlin.

Bucher, F., und J. Nyfeler, (1984): *Die Seeschüttung im Abschnitt Alpnachstad-Wolfort (N8).* Strasse und Verkehr, Nr. 11/84.

Huder, J., (1983): *Stabilisierung von Rutschungen mittels Ankern und Pfählen.* Schweiz. Ing. und Arch., Heft 16/83.

Lang, H.J., und J. Huder, (1994): *Bodenmechanik und Grundbau.* 5. Auflage, Springer Lehrbuch.

Norm SIA 191 (1977): *Boden- und Felsanker.* Schweizerischer Ingenieur- und Architekten-Verein, Zürich.

Dr. Felix Bucher, Institut für Geotechnik-IGT, ETH-Hönggerberg, 8093 Zürich

N4 Flurlingen:
Durch Tunnelbau beschleunigte Kriechbewegungen und deren Konsequenzen für die Bauausführung

Stephan Frank und Roger Rey

Beim Bau der Nationalstrasse N4 im Hang ob Flurlingen ZH wurden entlang diskreter Scherflächen nahe der Basis und innerhalb glazial stark vorbelasteter Seebodenablagerungen Gleitgeschwindigkeiten im Bereich von 1 - 5 mm pro Monat festgestellt, welche spezielle bauliche Gegenmassnahmen notwendig machten. Eine Zusammenstellung der geologischen Beobachtungen sowie die Erläuterung der mineralogischen und geotechnischen Eigenschaften der Seebodenablagerungen, speziell der durch Slope-Indicator-Messungen erkannten Gleitflächen, sollen zum Verständnis dieses Bewegungsprozesses beitragen. Die gemachten Erfahrungen könnten auch für andere Bauwerke in glazial vorbelasteten Seebodenlehmen von Nutzen sein.

Die Analyse aller Deformationsmessungen bis 3 Jahre nach Abschluss der wesentlichen Bauarbeiten lässt folgende Schlüsse zu:

1. Durch die Lastumlagerungen (Aushub, Schüttungen) wurden Bewegungen entlang präexistenter, glazialtektonisch und möglicherweise auch spät- bis postglazial angelegter Gleitflächen ausgelöst bzw. beschleunigt.
2. Das durchschnittliche Bewegungsmass kann heute mit 0.5 mm/Jahr angegeben werden; im Bauwerk selbst sind jedoch praktisch keine Deformationen mehr feststellbar.

1.   Geographische Übersicht

Die Gemeinde Flurlingen liegt im nördlichsten Teil des Kantons Zürich, südlich der Stadt Schaffhausen. Der Cholfirst östlich der Gemeinde bildet einen charakteristischen Hügelzug,

von wo aus der Flurlingerhang mit ca. 10° gegen den Rhein hin abfällt (Fig. 1). Das neue
Nationalstrassenstück der N4 zwischen Uhwiesen und Schaffhausen quert den oberen Teil
des Flurlingerhanges und wurde in 3 verschiedenen Bauweisen erstellt: Von der neuen
Rheinbrücke an unterfährt ein 1 km langer, bergmännisch gebauter Tunnel den Nordteil des
Hanges; darauf folgen ein 250 m langer Tagbautunnel und schliesslich eine rund 600 m
lange, offene Strecke im Süden. In den letztgenannten zwei Bauabschnitten ergaben sich interessante geotechnische Probleme, welche im folgenden erläutert werden sollen.

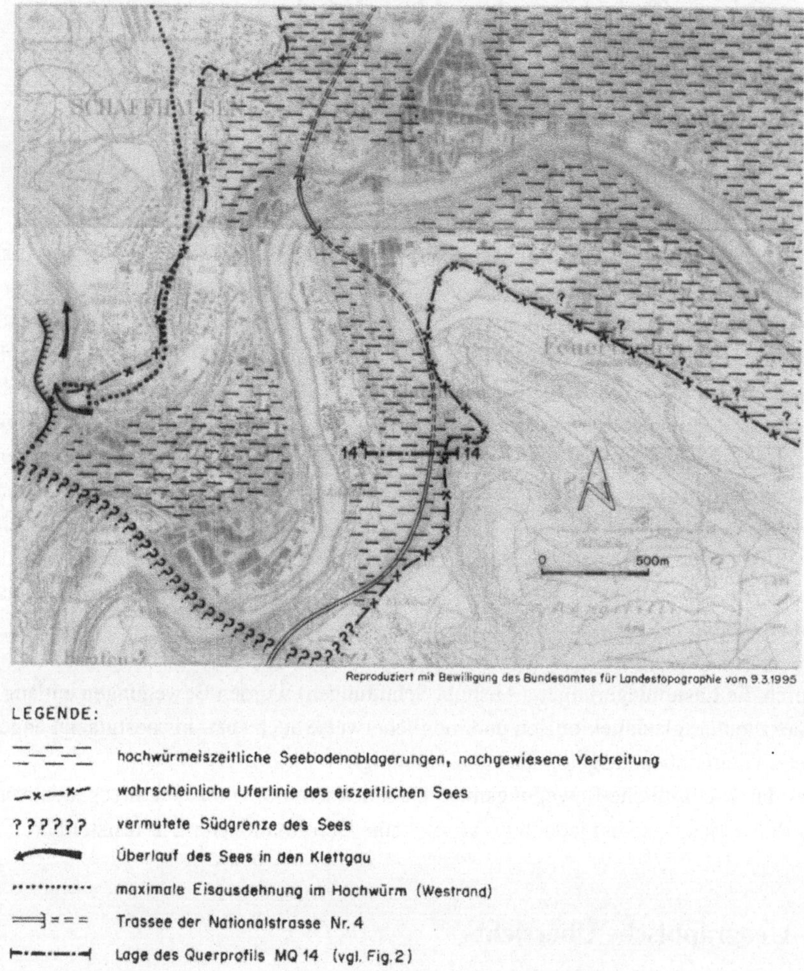

*Figur 1: Kartenausschnitt der Region Schaffhausen mit heutiger Verbreitung der
eiszeitlichen Seebodenablagerungen (nach Rey & Schindler 1993).*

2.　Geologische Einführung

Schaffhausen liegt geologisch betrachtet an der Nahtstelle zwischen den gegen SE abtauchenden Kalken des östlichen Ausläufers des schweizerischen Tafeljuras und dem Nordrand des mittelländischen Molassebeckens. Die Kalke des Oberen Juras bilden in der näheren Umgebung der Stadt Schaffhausen oft steile Felswände und sind zum Teil tiefgreifend verkarstet (Boluston-Vorkommen). Im Bereich des Flurlingerhanges ist der unterste Abschnitt der Molassebeckenfüllung, die sog. Untere Süsswassermolasse (USM) erhalten. Der bergmännische Tunnelteil wurde in den erwähnten zwei Felstypen erstellt.

Über dieser Felsunterlage wurde eine zum Teil mächtige und komplex aufgebaute Lockergesteinsserie abgelagert, die ihre Entstehung verschiedenen Kalt- und Warmzeiten des Pleistozäns verdankt. Für die Problematik des Flurlingerhangs sind die Erosions- und Ablagerungsprozesse der letzten ca. 25'000 Jahre entscheidend. Durch eine grosse Anzahl von kurzfristigen, künstlichen Aufschlüssen im Bereich und in der Umgebung der neuen N4-Trasse konnten wertvolle geologische Erkenntnisse gewonnen werden. Das Querprofil MQ 14 und das Längenprofil entlang der Hangsicherungs-Pfahlwand (s. Kap. 3) geben einen repräsentativen Überblick über den geologischen Aufbau des Flurlingerhanges (Fig. 2).

Der Felsuntergrund besteht aus Gesteinen der Unteren Süsswassermolasse, einer mit 5-10° flach gegen SE einfallenden Schichtabfolge von Mergeln, Silt- und Sandsteinen, welche vor ca. 26 Mio. Jahren abgelagert wurde. Es handelt sich um Sedimente, welche in einer durch mäandrierende Flussrinnen und Überschwemmungsebenen geprägten Landschaft entstanden sind.

Unmittelbar über der Felsoberfläche, welche zumindest bereichsweise durch die eiszeitlichen Gletscher modelliert wurde und ein ausgeprägtes Relief aufweist, finden sich gelegentlich wenige Meter mächtige Relikte aus Grundmoräne, welche altersmässig am ehesten der Risseiszeit zuzuordnen ist. Die Grundmoräne weist viel aufgeschürftes Molassematerial auf und wirkt in einigen Abschnitten als Wasserstauer. Nach dem risseiszeitlichen Gletscherrückzug kam es neben recht tiefgreifender Erosion zur Ablagerung von warmzeitlicheren Sedimenten und im speziellen zur Bildung der Quelltuffe von Flurlingen, welche aufgrund ihres Floreninhaltes von verschiedenen Autoren ins Riss/Würm-Interglazial gestellt werden. Im Hangbereich der erstellten N4-Bauwerke treten die Quelltuffe nicht mehr auf. Hier folgen unmittelbar über der Grundmoräne z.H. Kiese und Sande, die unter anderem viele Schneckenschalen und organisches Material enthalten. Datierungen an zwei verschiedenen Holzproben mittels der ^{14}C-Methode ergaben ein Alter von 25'210 ± 270 resp. 24'890 ± 270 Jahren (Rey 1994) und erlauben demnach die zeitliche Einordnung der im Bauwerksbereich über der Grundmoräne liegenden Schicht in eine "wärmere" Zwischen-

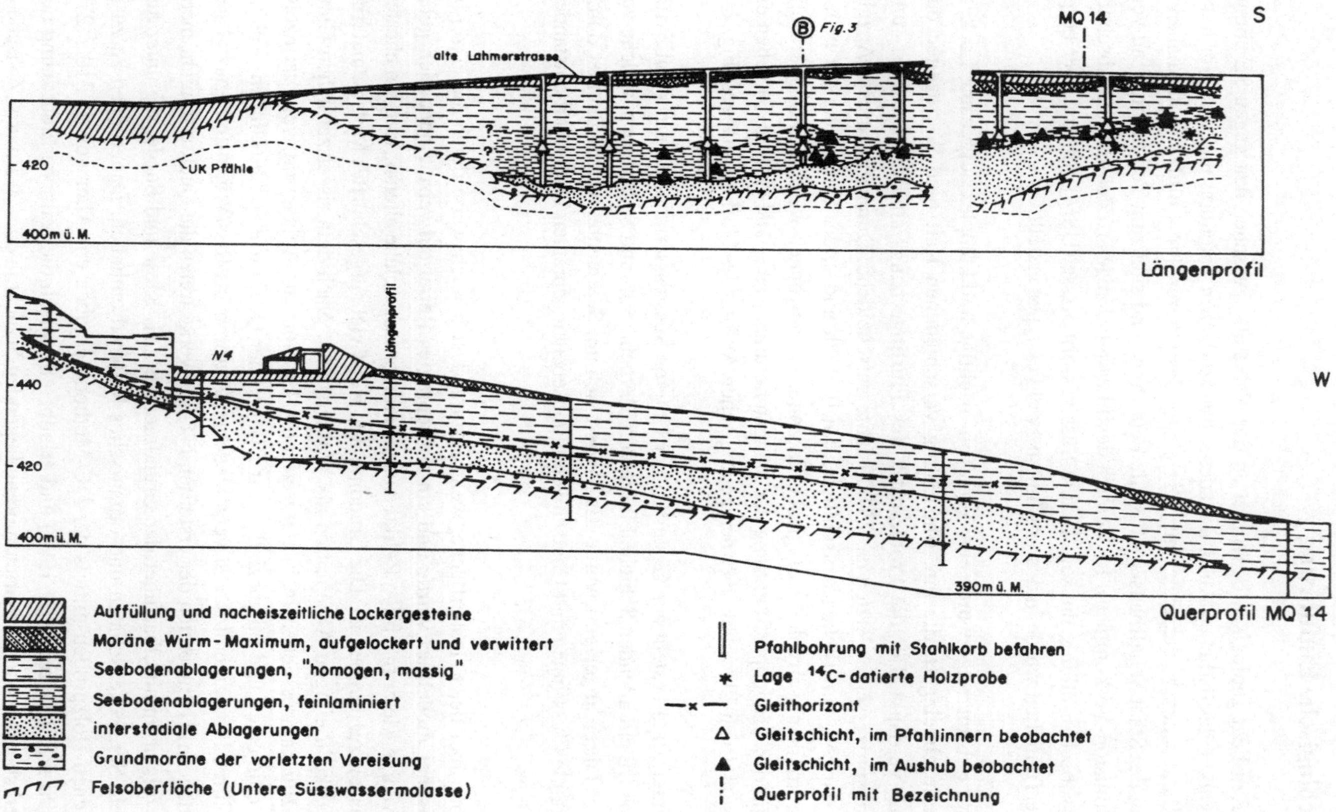

Figur 2: Geologisches Längenprofil "Hangsicherungspfahlwand" und Querprofil "Messquerschnitt MQ 14" (nach Rey 1995).

phase der Würmeiszeit (letztes Interstadial) kurz vor dem Eisvorstoss des Hochwürms. In diesem Lichte scheint es uns denkbar, dass die Flurlinger-Quelltuffe auch jünger sein könnten und ebenfalls in einem Würm-Interstadial gebildet worden sein könnten. Im Bereich des Tagbauteils und im Süden der offenen Strecke zeigen entsprechende Sedimente, dass die interstadialen Lockergesteine mindestens gebietsweise verschwemmt und in lokalen Mulden oder auf einer Überschwemmungsebene ungefähr im Gebiet des heutigen Rheinlaufs abgelagert wurden. Im Hangbereich dieses alten Talbodens - im unterhalb des N4-Trasses liegenden Teil des Flurlingerhangs - wurden häufig auch Grobkomponenten aus den Deckenschottern des Cholfirsts in die sonst vorwiegend sandigen Sedimente eingeschwemmt.

Im Zuge des würmeiszeitlichen Maximalvorstosses (ca. 20'000 Jahre vor heute) des Rhein-Thur-Gletschers kam es zur Bildung eines entweder durch den Thurlappen des Rheingletschers (Schindler 1985) oder dessen Vorstoss-Schotter gestauten Sees, der sich über das ganze Gebiet von Schaffhausen ausdehnte (Fig. 1). In diesem See sammelte sich die Schwebfracht der Gletscherschmelzwässer und der Bäche aus dem Jura, was entsprechend der lokalen Topographie zur Bildung von bis zu 35 Meter mächtigen Seebodenablagerungen führte. Bei dieser für die neuen Bauwerke geotechnisch massgebenden Schicht handelt es sich um generell sehr feinkörnige Sedimente, überwiegend tonige Silte mittlerer Plastizität. Während der maximalen würmeiszeitlichen Eisausdehnung wurden die Seebodenablagerungen glazial beträchtlich vorbelastet sowie stellenweise deformiert und z.T. auch verschoben. Nach dem Eisrückzug grub sich der Rhein ein neues Bett und erodierte diese Sedimente im untersten Teil des Flurlingerhangs wieder vollständig. Makroskopisch lässt sich innerhalb des Seebodenlehms eine untere, "lagige, feinlaminierte Abfolge" von einer oberen, "homogenen, massigen Abfolge" unterscheiden (Fig. 2). Die Richtung des Einfallens der sedimentären Schichtung, welche vor allem in der feinlaminierten Abfolge gut sichtbar ist, variiert stark, ist aber bis auf wenige Ausnahmen hangabwärts gerichtet. An einer Stelle wurden vertikal stehende Schichten beobachtet, welche wahrscheinlich glazial verschürft worden sind. Nebst diesen Strukturen treten auch Diskontinuitätsflächen auf, welche die sedimentäre Schichtung schneiden.

In den Bohrpfählen der sog. Hangsicherungs-Pfahlwand (vgl. Kap. 3) konnten in einmaliger Art und Weise direkt im Pfahl (Rey 1995) zwei Horizonte erkannt werden, welche durch das Auftreten von dunklen, glänzenden, tonreichen Lagen charakterisiert sind. Der untere dieser beiden Horizonte liegt entlang der Pfahlwand nahe der Grenze zu den interstadialen Ablagerungen, fällt jedoch nicht mit dieser zusammen. Der obere Horizont befindet sich etwa 6 m darüber, nähert sich gegen Süden dem unteren und lässt sich schliesslich nicht mehr eindeutig abtrennen (vgl. Fig. 2). Aufschlussbeobachtungen im Aushubbereich des Tagbautunnels zeigten eine diskordant zur sedimentären Schichtung liegende Scherfläche, die vermutlich mit dem oberen der beiden, in den Bohrpfählen beobachteten Tonhorizonte zusammenhängt (Fig. 3).

Dies macht es wahrscheinlich, dass mindestens der obere Horizont einer der Bewegungs-flächen entspricht, welche sich im Laufe der Bauarbeiten in den Slope-Indicator-Messungen sehr deutlich manifestierten (vgl. Kap. 3).

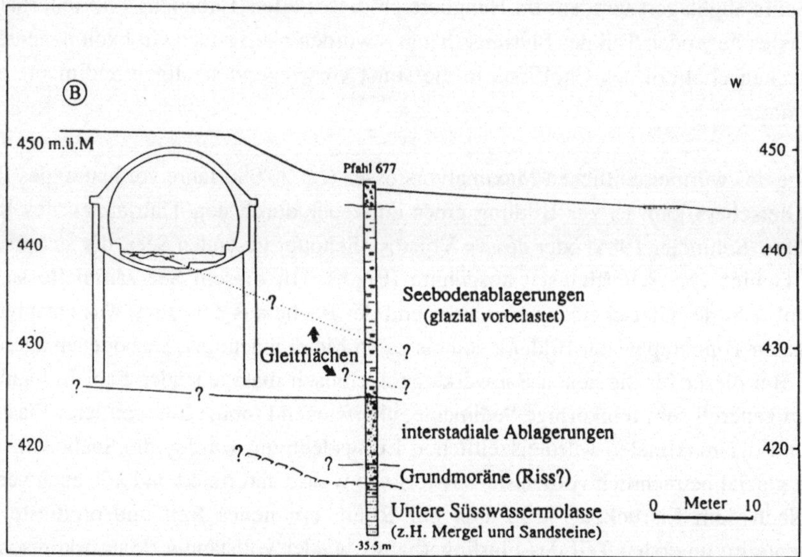

Figur 3: Erkannter Bewegungshorizont im Aushub des Tagbautunnels mit wahrscheinlicher Verbindung zur im Pfahl beobachteten Gleitfläche (aus Rey 1995).

3.   Erfahrungen während der Bauphase

3.1.   Einleitung

Der Flurlingerhang war schon vor dem Bau der N4 als schwieriger Baugrund bekannt. Bei kleineren Hanganschnitten traten oft Rutschungen auf; einzelne Vermessungsfixpunkte zeigten deutliche, hangabwärtige Bewegungen (vgl. Fig. 4). Innerhalb von ca. 60 Jahren senkte sich z.B. ein kantonaler Vermessungspunkt an der Winterthurerstrasse um 52 mm und bewegte sich fast 20 cm talwärts. Aufgrund zahlreicher, im Flurlingerhang ausgeführter Rammsondierungen und den Erfahrungen bei diversen, kleinen Bauwerken konnten diese Hanginstabilitäten dem Grenzbereich verwitterte / ± unverwitterte Seebodenablagerungen in 2 bis maximal 5 m Tiefe unter Terrain zugeordnet werden. In diesen oberflächennahen

Schichten waren häufig auch oxidierte, steilstehende Kluftflächen zu beobachten, welche auf eine erhöhte Wasserzirkulation hinweisen.

Im Bereich des Tagbautunnels und der offenen Strecke der N4 sind die geotechnischen Eigenschaften dieser glazial vorbelasteten Seebodenablagerungen (vgl. Kap. 2) massgebend für die mittlerweile erstellten Bauwerke. Das auf je einer berg- und talseitigen, in den Fels geführten Pfahlreihe ruhende Gewölbe des Tagbautunnels und die Schüttung für die Einfahrt Richtung Winterthur (vgl. Fig. 2 und 4) beim Tunnelsüdportal sind dabei auf eine ausreichende talseitige Bettung angewiesen. Für die Bemessung der verschiedenen Bauwerke war man für die Seebodenlehme von einer schichtparallelen Scherfestigkeit $\phi' = 20°$ bei einer Kohäsion $c' = 0$ kN/m^2 und 20% des maximalen, hydrostatischen Wasserdrucks (0-Niveau 1.5 m unter Terrain) ausgegangen (vgl. Thiry 1989).

Diese Bemessungswerte durften zum Zeitpunkt der Projektierung der durchwegs in die unverwitterten Seebodenlehme reichenden Bauwerke der N4 als konservativ angesehen werden (vgl. Kap. 4). Zur Beobachtung des Baugrundverhaltens waren einige Sondierbohrungen mit sog. Slope-Indicator-Rohren ausgerüstet worden, welche eine sehr genaue Messung der horizontalen Bewegungskomponente in einem Vertikalprofil erlauben. Die wenigen Messungen vor Baubeginn (vgl. Fig. 5) liessen - wenn überhaupt - nur sehr geringe und weit unter der tiefenabhängigen Nachweisgrenze der Methode (ca. 0.2 mm/m) liegende Deformationen erkennen, womit eine Überprüfung des Baugrundmodells nicht notwendig schien.

Durch die Pfahlwand entlang der Winterthurerstrasse und die Hangsicherungspfahlwand wird der Hang (vgl. Fig. 5) in drei Bereiche "I" (Winterthurerstrasse oberhalb N4), "II" (N4 - Bauwerke) und "III" (unterhalb der Hangsicherungspfahlwand) unterteilt, auf welche im folgenden verwiesen wird.

3.2. Reaktionen des Flurlinger Hanges

Im Gefolge erster geringer Aushubarbeiten im Sommer/Herbst 1987 wurden zwischen der Winterthurerstrasse und der N4 (I, vgl. Fig. 4) hangabwärts gerichtete Bewegungen gemessen, welche mit horizontalen Geschwindigkeiten von 5 mm/Jahr (B215) resp. 9 mm/a (B217) das übliche Mass reiner Entspannungsdeformationen zu überschreiten schienen. Dies überraschte insbesondere, weil die in den Slope-Rohren deutlich erkennbaren Gleitzonen in einer relativ grossen Tiefe von mindestens 10 m unterhalb des Aushubbereichs in unverwitterten Seebodenablagerungen lagen (vgl. Fig. 2 und 5). Zur besseren Erfassung dieser Gleithorizonte und zur gezielten Entnahme von Bodenproben für Laborversuche (s. Kap. 4) wurde daher im Frühjahr 1988 eine zusätzliche Bohrkampagne durchgeführt. Die baubegleitenden Untersuchungen (Deformationsmessungen, Rückrechnungen, erste Laborresultate) zeigten, dass wesentlich schlechtere Scherfestigkeiten und / oder Wasserdrücke vorliegen mussten.

Im Frühjahr 1989 entschloss man sich daher zum Bau einer 280 m langen, einfach verankerten Hangsicherungspfahlwand (Fig. 4), welche aus einer hang- und bauwerksparallelen, in den Molassefels geführten Pfahlreihe besteht. Damit liess sich rechnerisch die Gleitsicherheit des gesamten Hanges unterhalb des Bauwerkes (III) um 3 - 7% erhöhen.

Figur 4:   Situation der N4: Tagbaustrecke Süd mit Lage der Slope-Indicator -Rohre.

In Fig. 5 sind anhand des am besten instrumentierten Profils MQ14 die Auswirkungen der einzelnen Bauphasen und der weiteren Bewegungsabläufe nach Abschluss der Bauarbeiten bis zum Sommer 1994 vereinfacht dargestellt.

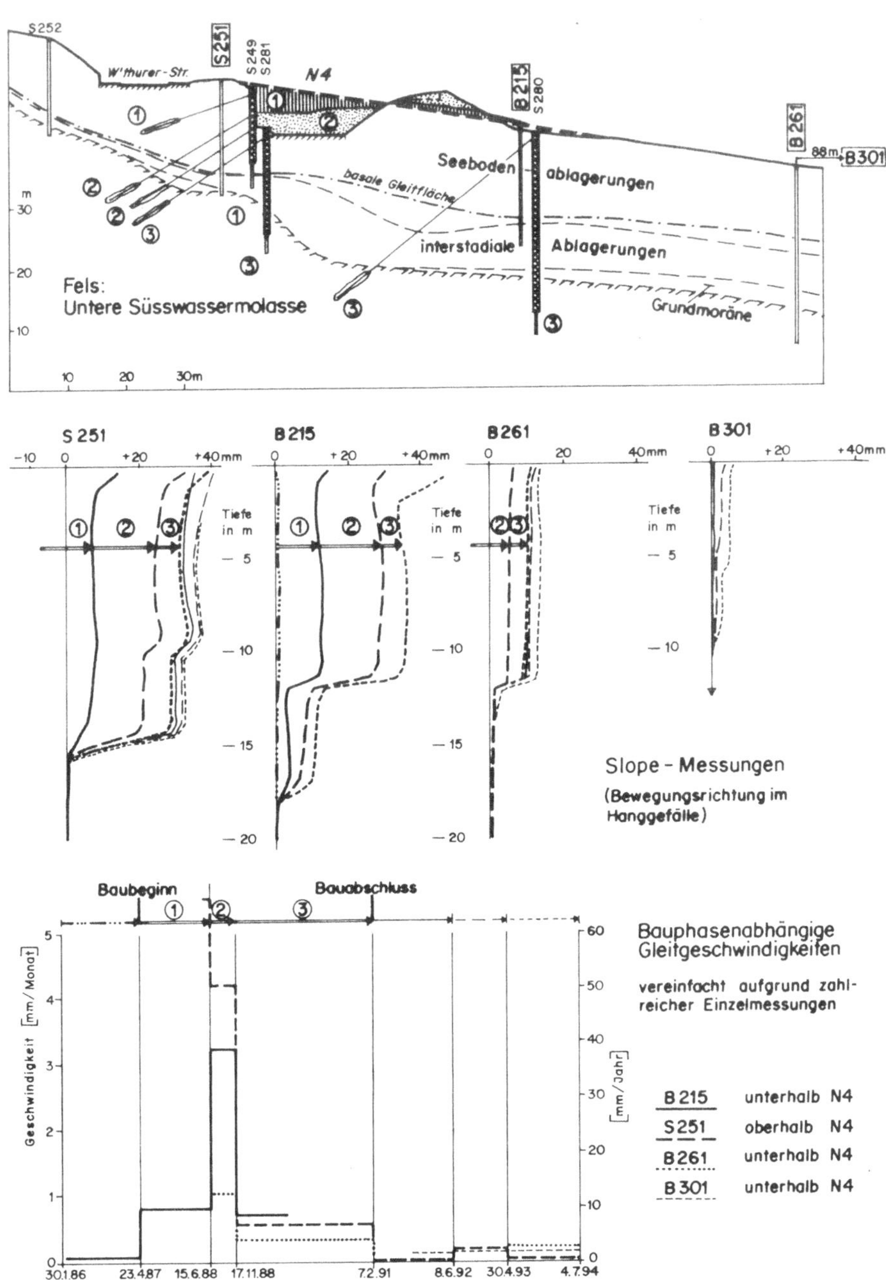

Figur 5: Bauphasen und gemessene Gleitgeschwindigkeiten im Querprofil MQ14.

In einer ersten Bauphase (Frühjahr 1987 - Mitte Juni 1988) wurde eine Rühlwand im Bereich des nördlich gelegenen Tagbautunnels, ein ungefähr 6 m hoher Anschnitt sowie die permanente Pfahlreihe gegen die Winterthurerstrasse (inkl. oberste Ankerlage) ausgeführt. Talseitig erfolgten erste, geringmächtige Schüttungen für die Einfahrtsrampe Richtung Winterthur. Mit diesen Arbeiten war bergseitig (I) eine Geschwindigkeitszunahme der Gleitbewegungen um ca. Faktor 5 - 10 auf 3 - 5 mm/a (B219) verbunden. Talseitig (III, B215) ergaben sich Bewegungen von fast 10 mm/a, was verglichen mit dem Zustand vor Baubeginn einer Geschwindigkeitszunahme um das 10- bis 12-fache entspricht.

Die zweite Phase (Juni 1988 - Nov. 1988) umfasste den grössten Teil des restlichen Aushubs (inkl. 2. und 3. Ankerlage der permanenten Pfahlwand) sowie der talseitigen Schüttungen. Die daraus resultierenden, z.T. frappanten Geschwindigkeitszunahmen in allen Hangberei-chen gehen aus der Fig. 5 unten hervor.

In der dritten Bauphase (Nov. 1988 - Feb. 1991) wurden letzte örtliche Aushubarbeiten (Elektroraum Süd) ausgeführt sowie die erwähnte Hangsicherungspfahlwand talseits der N4 (Fig. 4) vollständig erstellt und deren Anker gespannt. Der Aushub im Tagbautunnel sowie die Überschüttung desselben waren praktisch fertig. Es zeigt sich hier - wie auch in anderen Messquerschnitten - deutlich, dass mit einer Abnahme der baulichen Eingriffe (insbesondere Lastumlagerungen) auch eine markante Abnahme der Gleitbewegungen in den Bereichen I und II verbunden war.

Seit dem Frühjahr 1991 erfolgten im Bereich des Messquerschnitts MQ14 nur noch gering-fügige Terrainveränderungen. Die Anker der permanenten Pfahlwand und der Hangsiche-rungspfahlwand (Teil 1 und Teil 5) zeigten keine wesentlichen Kraftzunahmen. Bergseitig der N4-Bauwerke (Bereich I) sind jedoch noch "ruckartige" Bewegungen (0.5 - 1 mm/a; S251, S249 in der permanenten Pfahlwand) gemessen worden, in der Hangsicherungs-pfahlwand (Teil 1) fanden aber praktisch keine Deformationen mehr statt.

Die natürlicherweise weiterhin hangabwärts kriechenden Seebodenlehme scheinen also gemäss heutigem Kenntnisstand die vierfach verankerte, höhenmässig gestaffelte Doppel-pfahlreihe nicht über Gebühr zu belasten; das gewählte Sicherungssystem scheint sich zu bewähren. Talseitig der N4-Trasse (II) zeigen sich in der Hangsicherungspfahlwand (Teil 5) nur noch sehr geringe Deformationen, auch die Ankerkräfte sind praktisch stabil. Weiter hangabwärts gegen den Rhein hin (III) lassen die Messungen jedoch nach wie vor deutliche Kriechbewegungen erkennen. Interessanterweise zeigt der Slope B261 1992/93 keine Deformation; 1993/94 beträgt die Gleitgeschwindigkeit dagegen fast 3 mm/a. Im noch weiter hangabwärts plazierten Slope B301 wurde eine ± konstante Bewegung von 2 mm/a gemessen. Möglicherweise bewirkten die Jahrhundertniederschläge vom Mai 1994 in den oberen Hangbereichen stark erhöhte Wasserdrücke, während in den tieferen Hangteilen - unterhalb der an die Oberfläche ausstreichenden Gleitfläche(n) - eine ± kontinuierliche Deformation stattfindet.

4. Laboruntersuchungen an Material aus den Gleitschichten

Die aus Direktscherversuchen resultierenden Höchstscherfestigkeiten ϕ'_{max} an ungestörten Proben aus den Seebodenablagerungen liegen im allgemeinen im Bereich zwischen ca. 19° und 26°, die drainierten Restscherfestigkeiten ϕ'_r zwischen 11° und 22° (IGT-Bericht 1989, Thiry 1989). An ungestörten Bohrpfahlproben aus einer Gleitfläche wurden später mit rund 10.5° ebenfalls sehr niedrige Restscherfestigkeiten ermittelt (IGT-Bericht 1991), welche vermuten liessen, dass die mineralogische Zusammensetzung der Gleitfläche mit derjenigen des Nachbarmaterials nicht identisch ist. Dies wurde an Probenmaterial aus der diskordant zur sedimentären Schichtung verlaufenden Gleitfläche im Aushubbereich des Tagbauteils und an Proben aus dem Hangfussbereich des Flurlingerhangs untersucht. Dabei wurde nicht nur das Gleitschichtmaterial, sondern auch das Material aus der unmittelbaren Nachbarschaft analysiert, um auch das Spektrum der ungestörten Seebodenablagerungen zu erfassen.

4.1. Methoden

Für eine Übersicht über die Gesamtmineralogie der Seebodenablagerungen wurden Pulverpräparate, für die tonmineralogischen Analysen der Fraktion < 2µm Schmierpräparate hergestellt und im Röntgendiffraktometer aufgenommen. Bei den Untersuchungen der dunkelgrauen, tonig belegten Scherflächen musste auf eine Entkarbonatisierung und Abtrennung der Fraktion < 2µm verzichtet werden, da nur sehr geringe Probenmengen verfügbar waren. An diesen Proben wurden am Gesamtmaterial die Isothermen bei verschiedenen Gaspartialdrücken gemessen (vgl. dazu Haas 1991). Diese Isothermen zeigen die Abhängigkeit des Wassergehaltes (in Gew.%) in Funktion des relativen Dampfdrucks p/p_0, wobei p den gemessenen Wasserdampfdruck und p_0 den Sättigungsdampfdruck des Wassers bei der Messtemperatur T darstellt (Fig. 6). Zusätzlich wurden die äusseren Oberflächen des Probenmaterials mit der Stickstoff-Tieftemperatur-Methode (BET-Methode) bestimmt. Diese beiden Methoden kombiniert erlauben eine Bestimmung der inneren Oberfläche des Probenmaterials, welche ein indirektes Mass für den Gehalt an quellfähigen Tonmineralen darstellt.

4.2. Resultate

Die mineralogische Zusammensetzung der Seebodenablagerungen war in allen 23 untersuchten Proben sehr ähnlich. Die Tonmineralgehalte schwankten zwischen 30 - 40 % des Gesamtmaterials, wobei zu je 25 - 35 % der Fraktion < 2µm die Tonminerale Illit (zu-

sammen mit Muskovit) und Chlorit sowie mit Gehalten zwischen 30 und 45 % Mixed-
Layer-Tonminerale (i.W. Wechsellagerungen von Illit und Smektit im Verhältnis 2:1) auf-
traten.

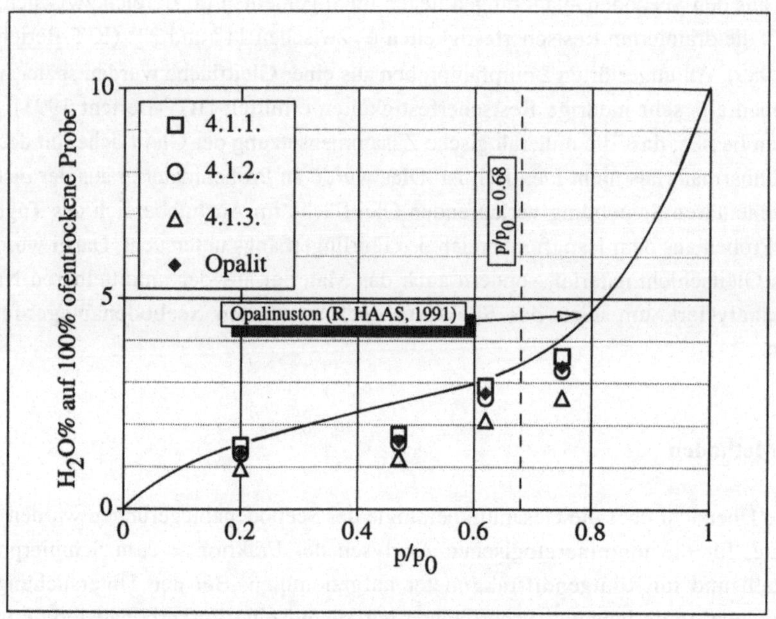

*Figur 6: Wasseradsorptions-Isothermenmessungen an Proben aus der Gleit-
schicht bzw. aus dem Nachbarmaterial (Referenz: Opalit).*

Kaolinit konnte, wenn überhaupt, nur in Spuren nachgewiesen werden. Aufgrund der
Wasseradsorptions-Isothermen (Fig. 6) besitzen die Proben aus den untersuchten Gleitschichten (Proben 4.1.1 resp. 92-1) im Vergleich zum Nachbarmaterial (Proben 4.1.2 und
4.1.3 resp. 92-2) jeweils das grösste Wasseraufnahmevermögen. Auch die über die inneren
Oberflächen bestimmten Anteile an quellfähigen Schichten waren beim Gleitschichtmaterial
jeweils am grössten. Nahe bei resp. auf den Gleitflächen lagen die Gehalte zwischen 5 und
10 % bezogen auf das Gesamtmaterial bzw. zwischen 10 und 20 % bezogen auf die
Fraktion < 2µm.

Wird der Gehalt an quellfähigen Schichten umgerechnet auf den Gehalt an Mixed-Layer-
Tonmineralen Illit/Smektit mit dem Verhältnis Illit:Smektit von 2:1 (2 Teile i.W. nicht
quellfähig, 1 Teil quellfähig), ergeben sich entsprechend dreimal so hohe Gehalte an Mixed-
Layer-Tonmineralen (Tab. 1). Zumindest für die aus dem Aushubbereich des Tagbauteils
des Flurlingertunnels stammenden Proben (Proben 4.1.1 - 4.1.3) ist eine deutliche Zunahme

der inneren Oberflächen gegen die Gleitschicht hin feststellbar. Ähnliche, aus Röntgen-Diffraktogrammen resultierende Schichtabstände der Wechsellagerungen bei diesen Proben deuten ebenfalls darauf hin, dass im Gleitschichtmaterial die höchsten Anteile an Mixed-Layer-Tonmineralen vorkommen.

Probe	w_{tot} bei $p/p_0{=}0.68$ [%]	äussere Oberfl. nach BET [m^2/g]	innere Oberfl. ca. 2.Schicht [m^2/g]	% quellfähige Schichten	% 2:1 ML Illit-Smectit
4.1.1	3.2	32	49	8	24
4.1.2	2.9	30	40	6	18
4.1.3	2.3	25	29	5	15
92-1	3.5	29	63	10	30
92-2	3.2	28	55	9	27

Innere Oberfläche = $35 m^2/g * W_{tot} - 2 * BET m^2/g$ (Haas 1991)

Anteil quellfähige Schichten = $0.158 *$ innere Oberfläche   (Haas 1991)

Tabelle 1: Abschätzung des Anteils an quellfähigen Schichten im Gleitschicht-material mittels Oberflächenbestimmung.

4.3.   Interpretation

Eine eindeutige Erklärung für die höheren Gehalte an quellfähigen Tonmineralen in den untersuchten Gleitflächen ist zum jetzigen Zeitpunkt nicht möglich. Da das untersuchte Probenmaterial aus Gleitschichten entnommen wurde, welche diskordant zur sedimentären Schichtung liegen, kann jedoch eine sedimentäre Anreicherung dieser Tonminerale aus-geschlossen werden.

Eine mögliche Erklärung besteht darin, dass es nach der Ausbildung der Gleitfläche und einem in der Folge erhöhten Wasserfluss zu einer verstärkten Verwitterung der Feldspäte und so zu einer Neubildung von quellfähigen Mineralen kam. Der Chemismus der Poren-lösung innerhalb der Scherfläche, welcher u.U. von jenem der Porenlösung im Nachbar-material abwich, könnte dabei eine wesentliche Rolle gespielt haben. Eine im Vergleich zum Porenwasser des Nachbarmaterials tiefere Aktivität von Kalium in der Porenlösung der Gleitschicht hätte beispielsweise zu einer Umbildung von Illit in Illit/Smektit-Wech-sellagerungen auf Kosten des Kalifeldspates führen können. In den Röntgen-Diffrakto-grammen sind jedoch keine diesbezüglichen Hinweise zu erkennen. Die Möglichkeit, dass quellfähige Tonminerale selektiv aus dem Umgebungsmaterial herausgelöst und durch Wasser in die Gleitflächen eingeschwemmt wurden, scheint uns ziemlich unwahrscheinlich. Aus der Literatur sind uns keine Beschreibungen sekundärer Neubildungen von quellfähigen Tonmineralen innerhalb von Bewegungshorizonten bekannt, so dass die Anreicherung dieser Tonminerale in den z.T. glazialtektonisch entstandenen Gleitflächen bis heute nicht befriedigend erklärt werden kann.

5.   Heutiger Kenntnisstand

5.1.   Bemerkungen aus geotechnischer Sicht

Die Beobachtungen während des Baus der N4 im Flurlingerhang zeigen exemplarisch einige Besonderheiten des geotechnischen Verhaltens glazial vorbelasteter, feinkörniger Lockergesteine auf, welche bei vergleichbaren geologischen Bedingungen auch für andere Bauwerke nützlich sein könnten.

Bereits geringe Lastveränderungen können in bindigen, überkonsolidierten Sedimenten mit "auf den ersten Blick" guten geotechnischen Kennwerten bei Vorliegen alter Gleitflächen namhafte Bewegungen auslösen. Ein Erkennen derartiger Schwächezonen in der Lockergesteinsabfolge - z.B. in Sondierbohrungen - ist praktisch unmöglich. Für Grossprojekte scheint es uns daher bei entsprechendem "Verdacht" unumgänglich, möglichst frühzeitig repräsentative Querschnitte abzubohren, zu instrumentieren (Bewegung, Wasserdrücke) und eine gewisse Zeit vor Baubeginn zu beobachten. Nur so ist es möglich, zusätzliche geotechnische Informationen gezielt und frühzeitig für eine problemangepasste Projektierung zu beschaffen.

Ein spezielles Augenmerk ist bei der ganzen Problematik auf die Porenwasserdrücke zu richten. Beim Flurlingerhang liegt zwar wegen des nahen Rheins die Vorflut weit unter der Projektkote. Bedingt durch die generell sehr schlechte Durchlässigkeit der Seebodenlehme erfolgt nur eine spärliche und stark verzögerte Wasserspeisung der tieferen Schichten; die schichtparallele Durchlässigkeit dürfte dabei allerdings um Faktoren grösser sein als die vertikale. Wohl erreichen die innerhalb der Seebodenablagerungen gemessenen Druckniveaux nirgends mehr als 2 - 3 m Wassersäule. Kurzzeitige, durch die Messungen nicht erfasste Druckanstiege - bedingt durch eine Sättigung der unterliegenden, besser durchlässigen interstadialen Ablagerungen, welche talwärts durch die Seebodenlehme abgedämmt werden (vgl. Fig. 2, MQ 14) - könnten jedoch schubartige Bewegungen auslösen. Entsprechende Hinweise wurden im Abschnitt 3.2. diskutiert. Um eine qualitative "Idee" über die Rolle der Hangwasserzirkulation im gesamten Bewegungsprozess zu erhalten, wäre es im Idealfall wünschbar, eine dichte Messreihe der Bewegungsbeträge und

-richtungen mit einer ± permanenten Ermittlung der Wasserdruckverhältnisse vergleichen zu können. Auch wenn diese Daten allein kaum eine verlässliche Umsetzung in Stabilitätsberechnungen erlauben werden, könnte ein räumlich und zeitlich präziseres Erkennen der Zusammenhänge zwischen Bewegung und Wasserdrücken für die Projektierung und allfällige Gegenmassnahmen während der Bauphase dennoch hilfreich sein.

Heute kann festgehalten werden, dass der Flurlingerhang (Bereich III) weiterhin Richtung Rhein kriecht, dass die entsprechenden Bewegungen sich aber im Gebiet der Bauwerke (Bereiche I und II) vorderhand nicht eindeutig messbar auswirken. Die weitere, langfristig geplante Überwachung wird zeigen, ob die Kriechtendenz des Flurlingerhanges durch die zusätzlich getroffenen Baumassnahmen entscheidend gehemmt werden konnte, oder ob im Laufe der Jahre die Bewegungen der verankerten Pfahlreihen das als zulässig definierte Mass überschreiten.

5.2. Geologisches Modell

Aus den zahlreichen Sondierungen, geologischen Beobachtungen (Aushub, Pfahl-Innenaufnahmen) und Messungen vor, während und nach dem Bau, den spezifischen geotechnischen und tonmineralogischen Untersuchungen (Rey 1995) sowie aufgrund regionalgeologischer Überlegungen scheint uns folgendes Modell für die Genese der beobachteten Gleitflächen wahrscheinlich: Nach der Ablagerung der kaltzeitlichen Seebodenlehme überfuhr der Gletscher im Hochwürm das Schaffhausergebiet (vgl. Schindler 1985), was zu einer starken Vorbelastung der Sedimente führte. Im Konfluenzbereich des Rhein- und Thurgletschers im "Druckschatten" des Cholfirsts östlich Flurlingen kam es dabei zur Bildung von glazialtektonisch zerscherten Paketen aus Seebodenablagerungen, die entlang diskreter Bewegungsflächen voneinander getrennt wurden. Die entsprechenden Bewegungsvektoren könnten dabei sowohl ± hangparallel wie auch hangaufwärts gerichtet gewesen sein. Im Zuge der mit dem Eisrückzug einhergehenden Eintiefung des Rheintals kam es dann zu Gleitbewegungen, welche einen Grossteil der Seebodenablagerungen im Flurlingerhang auf sukzessive tieferem Niveau erfassten. Die vermutlich zahlreichen, schaufelartig an der jeweiligen Terrainoberfläche ausstreichenden, glazialtektonischen Trennflächen wirkten dabei als "Katalysator" und wurden so bis gegen das Ende der Eiszeit zur durchgehend beobachtbaren Gleitfläche nahe über der Basis der Seebodenlehme verbunden. Die kritischste Phase bei dieser "kontinuierlichen" Fussentlastung durch die Erosion des Rheins durchlief der Hang vermutlich zu dem Zeitpunkt, als die Grundwasserspiegelschwankungen im Bereich der auskeilenden, interstadialen Ablagerungen (vgl. Fig. 2) lagen. Periodisch gespannte Wasserspiegel in den überliegenden Seebodenablagerungen hätten hierbei die Gleitbewegungen begünstigt. Da für die Etablierung dieser heute noch feststellbaren Konfiguration der Gleitflächen seit dem

Eisrückzug vor ca. 18'000 Jahren bis zum Ende der Eiszeit vor ca. 11'000 Jahren eine lange Zeitspanne zur Verfügung stand, scheint eine Neubildung von quellfähigen Tonmineralien durchaus denkbar, wenn auch die effektiven Entstehungsprozesse vorläufig noch im Dunkeln liegen.

Literaturreferenzen

Freimoser, M., 1990: *Die geologischen Verhältnisse entlang der N4-Trasse im Gebiet Schaffhausen - Flurlingen.* Mitt. Schweiz. Ges. Boden und Felsmechanik 120, 3 - 6.

Haas, R., 1991: *Bedeutung der Isothermenmessung an Tonen.* Mitt. Inst. für Bodenforschung und Baugeologie, Universität Wien. Reihe: Angewandte Geowissenschaften, Heft 1, 26-40.

IGT-Bericht, 1989: *Nationalstrasse N4.2.3, Flurlingen: Probenuntersuchung* - unveröff. Bericht Nr. 4270/2.

IGT-Bericht, 1991: *Projekt Seebodenlehme: Geotechnische Untersuchungen als Grundlage für die Anwendung zerstörungsfreier Prüfmethoden zur Ermittlung potentieller Gleitflächen.* - unveröff. Bericht Nr. J 396/2.

Rey, R., 1994: *Geotechnische Folgen der glazialen Vorbelastung von Seeboden-ablagerungen.* - Diss. ETH Zürich 10631.

Rey, R., 1995: *Geotechnische Folgen der glazialen Vorbelastung von Seeboden-ablagerungen.* Beiträge Geol. Schweiz, Geotechn. Serie 89.

Rey, R., und C. Schindler, 1993: *Some effects of glacial overriding on the geotechnical properties of fine-grained sediments.* In: Anagnostopoulos et al. (eds.): Geotechnical Engineering of Hard Soils - Soft rocks. Balkema, Rotterdam, 253 - 260.

Schindler, C., 1982: *Baugrundkarte Schaffhausen 1:10'000* in zwei Blättern.

Schindler, C., 1985: *Geologisch - geotechnische Verhältnisse in Schaffhausen und Umgebung* (Erläuterungen zur Baugrundkarte). Beiträge Geol. Schweiz, Kl.Mitt. 74.

Thiry, J., 1989: *Die Stabilität des Flurlingerhanges.* Strasse und Verkehr 6, 343 - 347.

Dr. Stephan Frank und Dr. Roger Rey, Dr. von Moos AG, Beratende Geologen und Ingenieure, Bachofnerstrasse 5, CH-8037 Zürich

Wir danken dem Tiefbauamt des Kantons Zürich für die Bewilligung zur Publikation der verwendeten Daten.

Durch Spiegelschwankungen des Stausees Wägital beeinflusste Kriechbewegungen

Heinrich Jäckli †

Das Kraftwerk Wägital wurde 1922-25 erbaut. Seither wird der künstliche Wägitalersee alljährlich im Winterhalbjahr um rund 18-20 m abgesenkt und im Sommerhalbjahr wieder aufgefüllt. Der See liegt zwischen der Alpenrandkette mit dem Aubrig im Norden und den steilstehenden, aber stabilen Kalkwänden der Drusberg-Decke im Süden in seinem mittleren Abschnitt in der Zone des sog. "Wägitaler Flysches". In diesem relativ flachen, weichen Gelände waren schon vor der Errichtung des Stausees natürliche Rutschungen bekannt.

Auf beiden Seiten des Sees lassen sich rund ein Dutzend Rutschgebiete abgrenzen (Beilage 1), die bis zum Seeufer vorstossen und durch die Seespiegelschwankungen beeinflusst werden. Ueber sie soll im folgenden berichtet werden.

Der Rutschschutt besteht aus einem dunkelgrauen Verwitterungslehm, vermengt mit Sand- und Kieskomponenten aller Grössen. In den obersten 2 m sind die Rammwiderstände gering, Wassergehalt und Plastizität sind am grössten, der Karbonatgehalt nimmt zu; der Rutsch- schutt wirkt dann "trocken" und mager. Seine Durchlässigkeit ist sehr gering.

Im Auftrag der AG Kraftwerk Wägital (AKW) kontrolliert seit 1965, d.h. nun seit 27 Jahren, das Bundesamt für Landestopographie ein Mal pro Jahr mittels eines Triangulationsnetzes mit 11 Hauptnetzpunkten und rund 55 weiteren Kontrollpunkten die Veränderungen von Lage und Kote dieser Rutschungen. Dazu kommen noch rund 50 weitere Punkte an beiden Seeufern, die mittels Nivellement nur auf Höhenveränderungen kontrolliert werden. Ferner gesellen sich dazu noch zusätzliche Bewegungskontrollen, ausgeführt durch die betriebseigene Vermessungsequipe, in einem Sondierstollen und als Nivellements und Visurlinien längs der Uferstrasse. Schliesslich wurden 13 Klinometerrohre von 50 cm, 120 cm und 250 cm Länge in den Boden einbetoniert und an ihnen während eines Jahres zweimal pro Monat die Kippbewegungen gemessen.

Die Horizontalverschiebungen betragen im langjährigen Mittel in Seenähe in "normalen" Jahren am rechten Ufer einige Zentimeter, am linken Ufer in den akuten Rutschgebieten Au und Allmeind einige Dezimeter. Oberhalb des linken Ufers, gegen den Allmeindwald hinauf, sind die Bewegungen grösser und erreichen 160 cm/Jahr und mehr.

Die Bewegungsvektoren verlaufen praktisch hangparallel, was auch für hangparallele Gleitflächen spricht. Irgendwelche Anzeichen kreisförmiger Gleitflächen fehlen völlig. In einem 1968 am rechten Ufer bei der Sennegg erstellten 90 m langen Sondierstollen im Rutschschutt mit anschliessender Kaverne im Flysch, in welchem nun seit 25 Jahren an 10 Fixpunkten Kontrollmessungen durchgeführt werden, zeigt sich folgendes: Eine äussere Partie von 14 m Mächtigkeit in kompaktem Rutschschutt kriecht en bloc hangparallel seewärts. Darunter folgt ca 10 m unbewegter Rutschschutt, darunter ein alter Boden aus humosen Lehm mit fossilem Holz eines Nadelwaldes, Alter 5500-5570 Jahre ± 90 Jahre, und darunter schliesslich der kompakte, unbewegte Flysch. Bei der Heubodenbrücke ca. 500 m nördlich der Sennegg wurde in einer Sondierbohrung mittels Slope Indicator eine heute aktive Gleitfläche in 15 m Tiefe im Rutschschutt festgestellt.

Wichtigste natürliche Ursachen der Kriechbewegungen sind die tonige Beschaffenheit und die sehr geringe Durchlässigkeit des Schuttes und seine intensive Durchnässung bei Schneeschmelze und bei Regen.

Zu diesen natürlichen Wirkungen addiert sich bei jenen Rutschgebieten, die das Seeufer erreichen, die Wirkung der Reduktion der effektiven Scherfestigkeit infolge gespannten Porenwassers und die Wirkung des Strömungsdruckes der Sickerströmung bei alljährlicher Seeabsenkung, da das Porenwasser nur verzögert dem sinkenden Seespiegel als variable Vorflut zu folgen vermag.

Je rascher und je tiefer der See abgesenkt wird, desto stärker ist seine stabilitätsvermindernde Wirkung auf die Uferrutschungen. Deren Kriechbewegungen werden alljährlich in der Schlussphase der Seeabsenkung beschleunigt, mit beginnendem Seeaufstau wieder verlangsamt. Diese Bewegungen weisen demzufolge einen ausgeprägten Jahresrhythmus auf. Um die Kriechgeschwindigkeiten möglichst bescheiden zu halten, sieht deshalb das Staureglement eine Absenkgeschwindigkeit von höchstens 1 m pro Woche und eine maximale Absenkung von 20 m bis auf Kote 880 m vor (technisch bedingte Variation ausgenommen).

Bei bescheidenen Seeabsenkungen, wie z.B. in den Jahren 1971 und 1972 (Beilage 2), zeigen alle vom See beeinflussten Kriechbewegungen eine Verlangsamung. Bei vergrösserter Seeabsenkung umgekehrt weisen sie eine markante Beschleunigung auf. Als 1982 anlässlich einer Revision der Leerlaufelemente der See um rund 6 m tiefer als üblich abgesekt wurde (Beilage 2), reagierten alle ufernahen Kontrollpunkte mit einer spontanen Beschleunigung (Beilagen 3, 4 und 5).

Bei den grossen Rutschgebieten Au und Allmeind am linken Ufer wird die Abgrenzung der Seespiegeleinwirkung hangaufwärts aber schwierig. So zeigen etwa die Kontrollpunkte No. 4 und 41 (Beilage 3) in den letzten Jahren eine erneute Beschleunigung, die aber nicht vom See induziert ist. Jene Rutschungen reichen nämlich teils bis zur Wasserscheide und zeigen in den höheren Partien keine Beeinflussung durch den See und zudem wesentlich grössere Geschwindigkeiten als unten am See. Im Hinblick auf die Haftpflicht ist es aber nicht unerheblich, die Grenze zwischen "natürlichen" und den durch die Seespeigelschwankungen anthropogen beeinflussten Rutschungen zu erfassen.

Die Rutschungen am Wägitalersee werden seit Jahrzehnten systematisch vermessen. Ueber die anthropogene Komponente, die Wirkung der alljährlichen künstlichen Seespiegel-schwankungen, verfügen wir dadurch über eine überaus reiche Dokumentation, aus der aber glücklicherweise hervorgeht, dass durch diese zwar sehr ausgedehnten Kriechbewegungen die Sicherheit der ganzen Staulage doch nicht gefährdet wird.

Prof. Dr. Heinrich Jäckli †, Dr. Jäckli AG, Limmattalstr. 289, CH-8049 Zürich

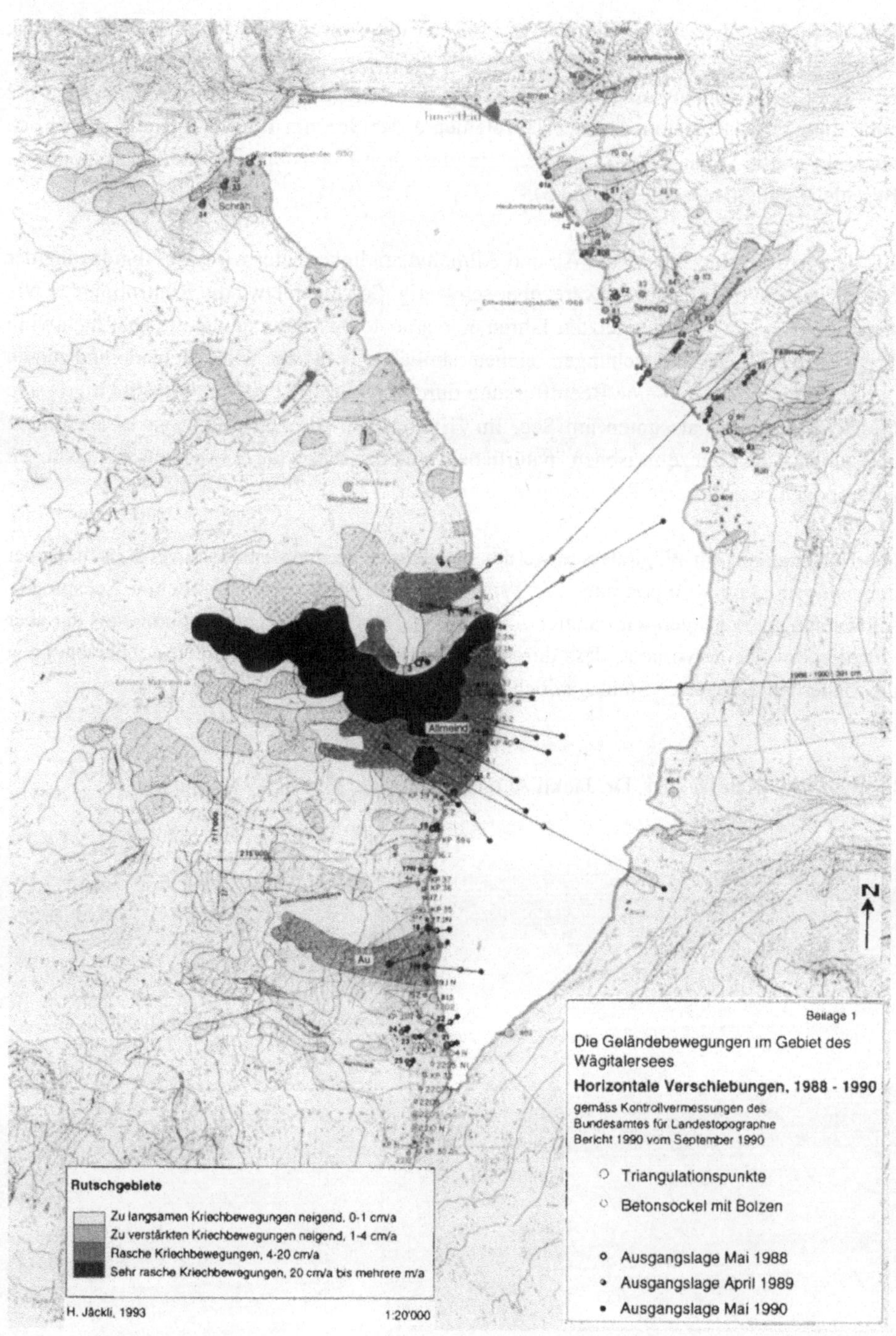
Beilage 1
Die Geländebewegungen im Gebiet des
Wägitalersees
Horizontale Verschiebungen, 1988 - 1990
gemäss Kontrollvermessungen des
Bundesamtes für Landestopographie
Bericht 1990 vom September 1990
Triangulationspunkte
Betonsockel mit Bolzen
Ausgangslage Mai 1988
Ausgangslage April 1989
Ausgangslage Mai 1990
Rutschgebiete
Zu langsamen Kriechbewegungen neigend, 0-1 cm/a
Zu verstärkten Kriechbewegungen neigend, 1-4 cm/a
Rasche Kriechbewegungen, 4-20 cm/a
Sehr rasche Kriechbewegungen, 20 cm/a bis mehrere m/a
H. Jäckli, 1993
1:20'000
Altmeind
Au
Schräh
N

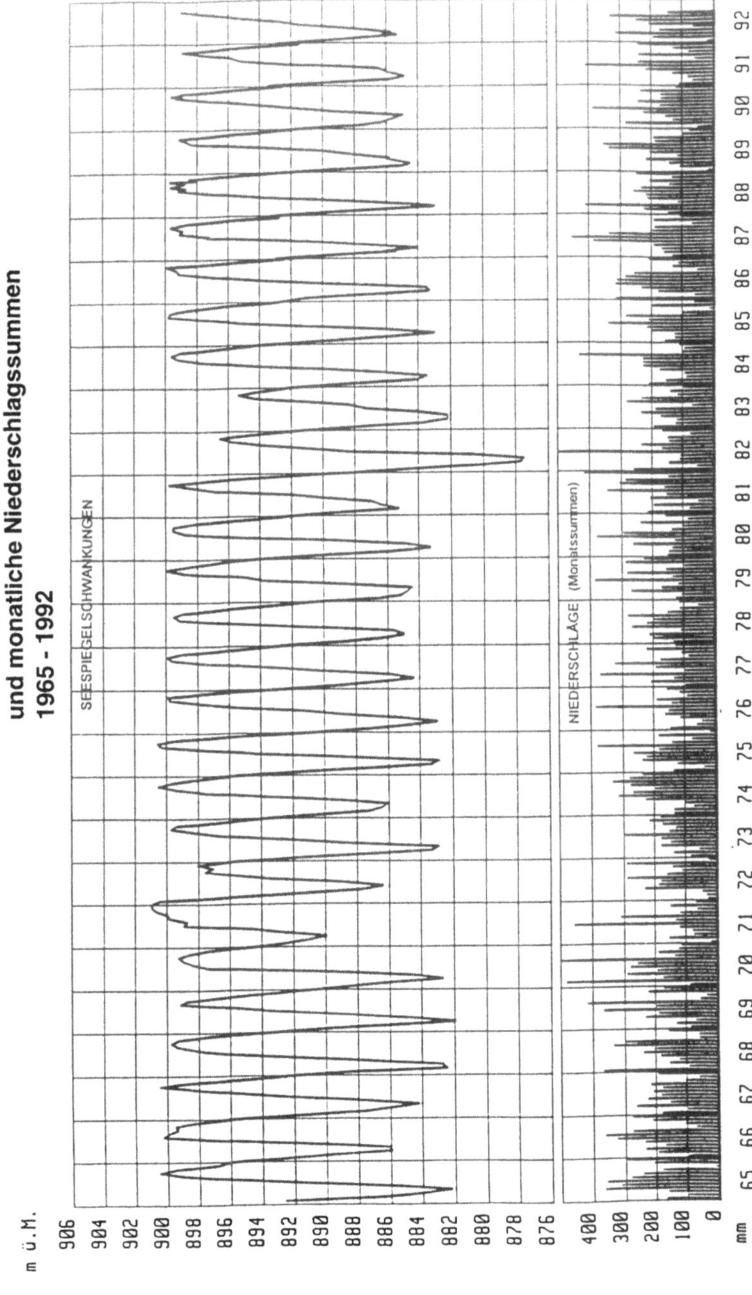
Seespiegelschwankungen des Wägitalersees
und monatliche Niederschlagssummen
1965 - 1992
SEESPIEGELSCHWANKUNGEN
NIEDERSCHLÄGE (Monatssummen)
m ü. M.

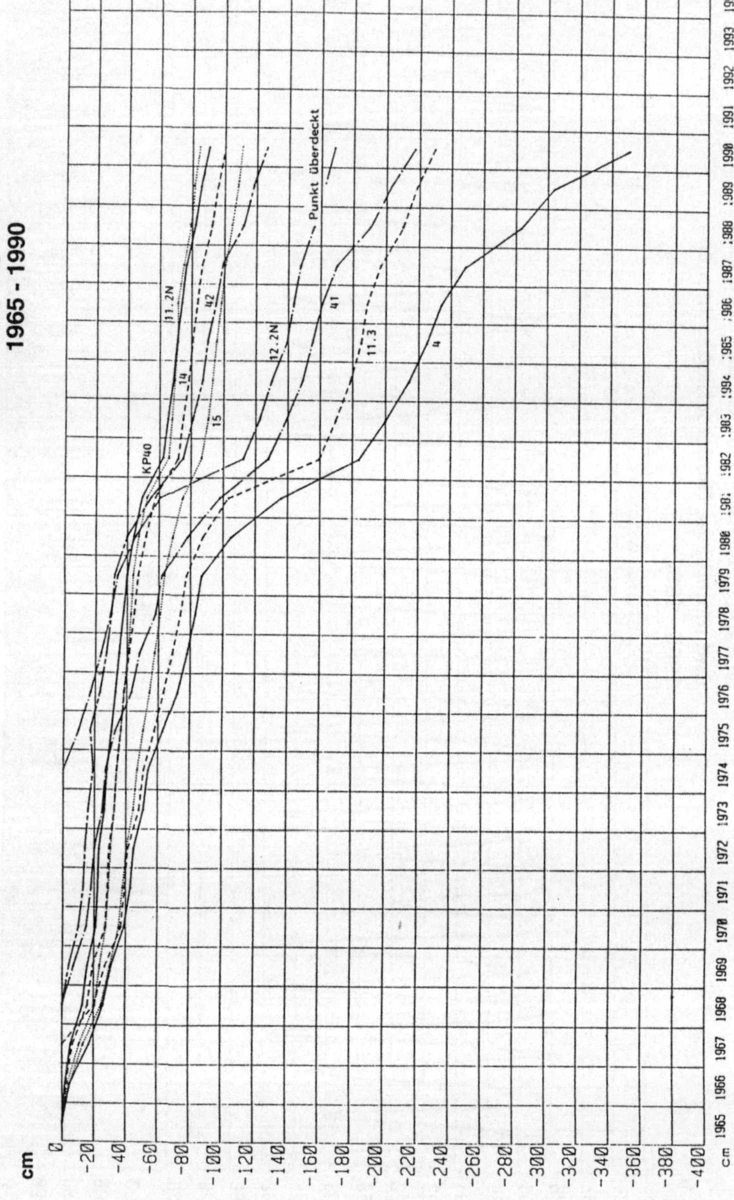

Vertikalbewegungen Allmeind
1965 - 1990
cm
KP40
11.2N
14
15
42
12.2N
41
11.3
4
Punkt überdeckt

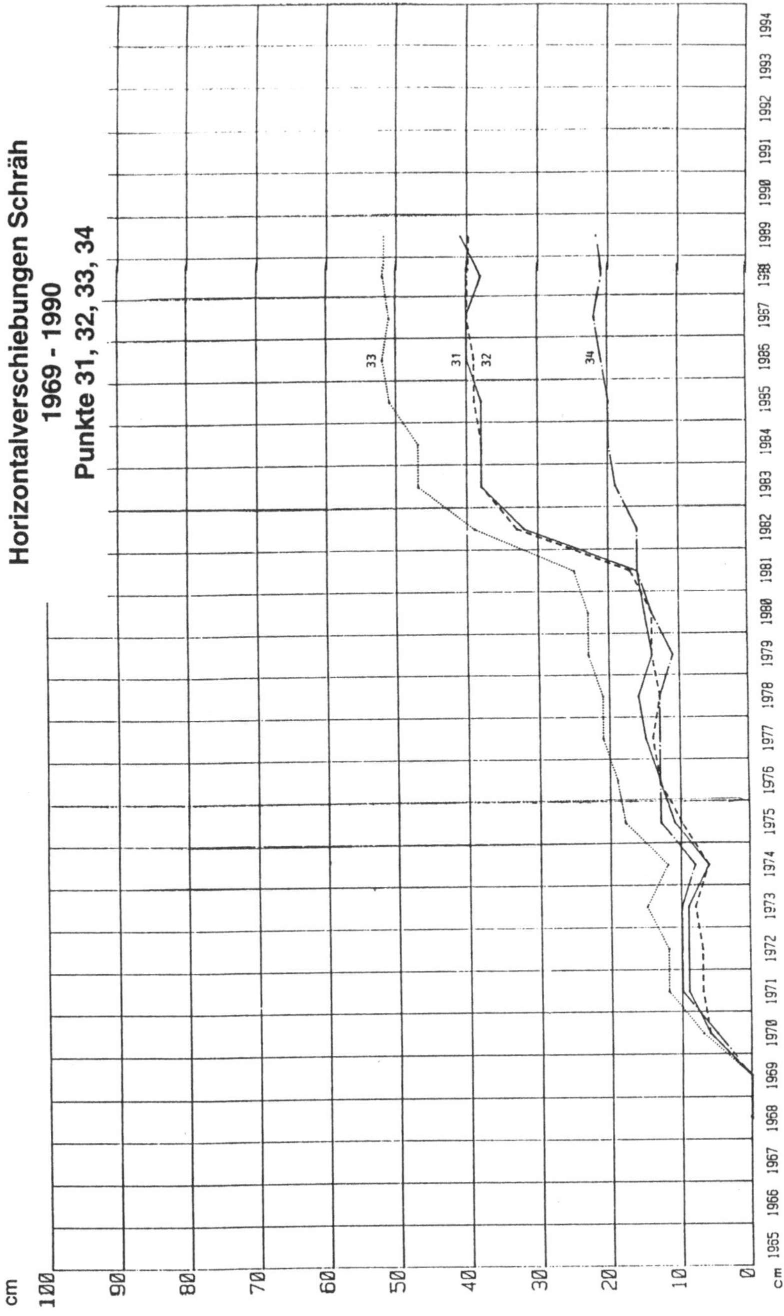
Horizontalverschiebungen Schräh
1969 - 1990
Punkte 31, 32, 33, 34
33
31
32
34
cm
100
90
80
70
60
50
40
30
20
10
0
cm
1965 1966 1967 1968 1969 1970 1971 1972 1973 1974 1975 1976 1977 1978 1979 1980 1981 1982 1983 1984 1985 1986 1987 1988 1989 1990 1991 1992 1993 1994

Spiegelschwankungen Stausee Wägital
und Setzungen Kontrollpunkt 19a im Rutschgebiet
Au

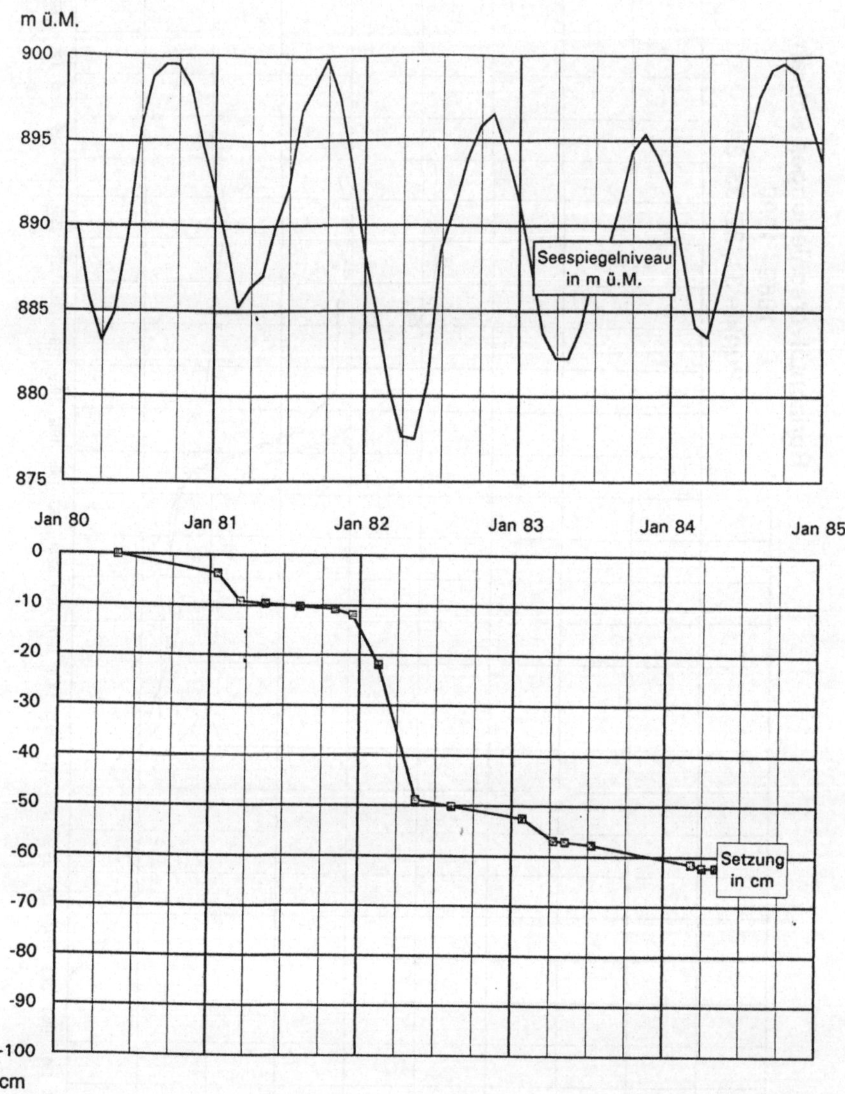

Bergsturz und Steinschlag.
Sturzbahnsimulierung mit dem Computer

Peter Egger

1.   Einleitung

Bei der geomechanischen Untersuchung und der numerischen Simulation von Hanginstabilitäten wird gewöhnlich zwischen zwei Kategorien von Bewegungsformen unterschieden:

* Hangbewegungen, bei denen der Gebirgsverband im wesentlichen erhalten bleibt, und die mit den Werkzeugen der Kontinuumsmechanik untersucht werden können; dazu zählen beispielsweise Rutschungen, Kriechbewegungen, Sackungen, Muren;
* Hangbewegungen, bei denen sich Teile des Gebirges aus dem Verband lösen und deren Bewegungskomponenten (Translation, Rotation) diskret durch Untersuchung jedes einzelnen Gebirgselementes ermittelt werden. Hiebei kommen die Methoden der Diskontinuumsmechanik zur Anwendung.

Der vorliegende Beitrag beschäftigt sich ausschlielich mit letzteren Erscheinungen, wozu typisch Hakenwerfen, Bergsturz und Steinschlag zählen.

2.   Hakenwerfen (toppling, fauchage, ribaltamento)

Das in steilen Gebirgshängen häufig beobachtete Hakenwerfen ist auf eine Rotation der Kluftkörper zurückzuführen und tritt vornehmlich bei steilem Schichteinfallen auf. Das Ergebnis lässt sich entweder mit einem Aufblättern der Schichten (Fig. 1) vergleichen, wenn diese nahezu ungeklüftet sind, oder aber mit einer Faltung in stärker zerteiltem Gebirge (Fig. 2).

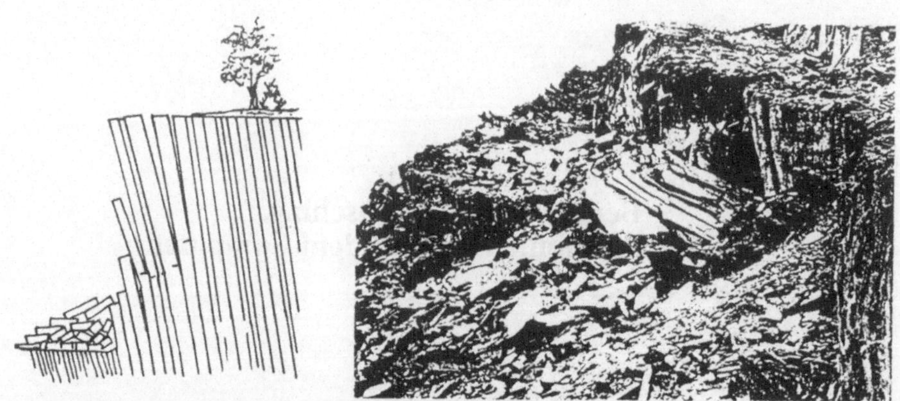

Figur 1: Aufblättern steil einfallender Schichten (Hoek & Bray, 1977).

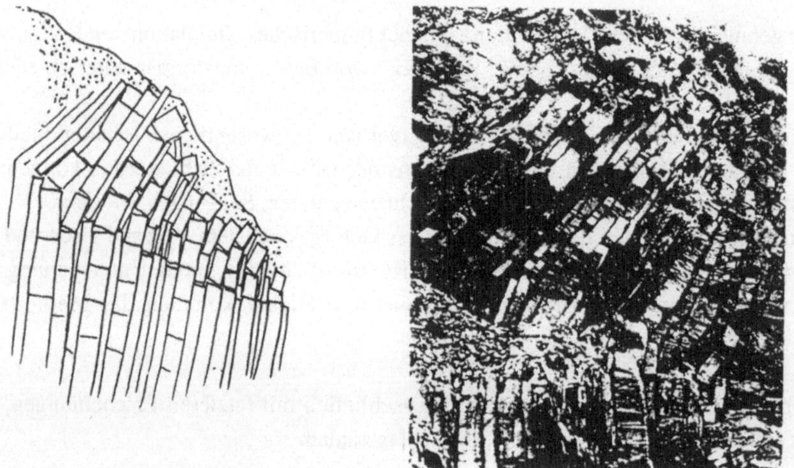

Figur 2: Pseudofaltung stärker geklüfteter Schichten (Hoek & Bray, 1977).

Zur statischen Untersuchung werden die Gleichgewichtsbedingungen der Kräfte und Momente für die einzelnen Kluftkörper aufgestellt. Dabei wird für den Grenzgleichgewichtsfall gewöhnlich vereinfacht angenommen, dass die Kontaktkräfte zwischen den Blöcken punktförmig an den Ecken der betrachteten Blöcke angreifen (Fig. 3). Ausserdem müssen die Kluftwasserdrücke berücksichtigt werden, deren Ermittlung gerade in statisch kritischen gering durchlässigen Gesteinen, z.B. Schiefern, auf Schwierigkeiten stösst. Je nachdem, ob das Kräfte- oder Momentengleichgewicht kritisch ist, kommt als Versagensmechanismus Gleiten oder Rotation (Hakenwerfen) in Frage.

Werden die vom Hakenwerfen betroffenen Gebirgsbereiche nicht gesichert, so lösen sich allmählich die äussersten Blöcke, worin eine häufige Ursache von Steinschlag zu sehen ist.

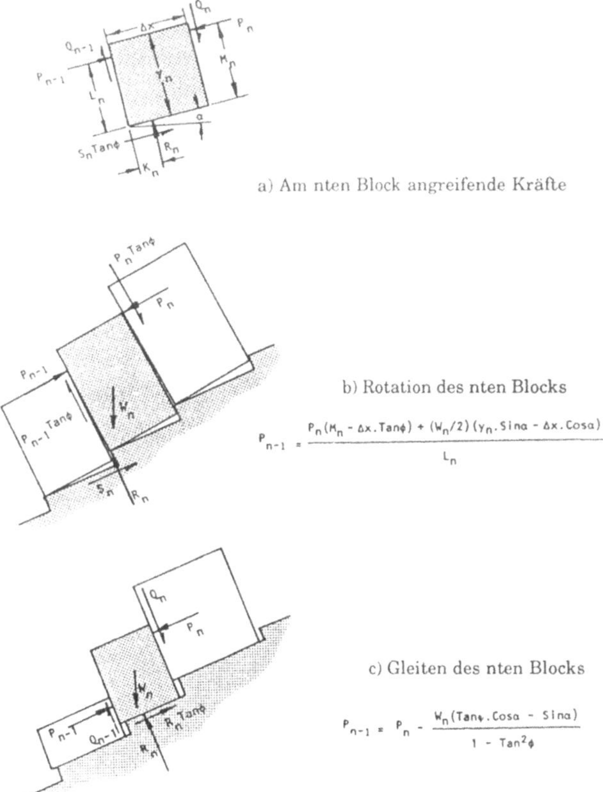

$$P_{n-1} = \frac{P_n(M_n - \Delta x \cdot \tan\phi) + (W_n/2)(Y_n \cdot \sin\alpha - \Delta x \cdot \cos\alpha)}{L_n}$$

$$P_{n-1} = P_n - \frac{W_n(\tan\phi \cdot \cos\alpha - \sin\alpha)}{1 - \tan^2\phi}$$

Figur 3: Grenzgleichgewichtsbedingungen für Rotation und für Gleiten des n-ten Blocks (Hoek & Bray, 1977).

3. Steinschlag, Bergsturz (rockfall, éboulement, crollo)

3.1. Aufgabenstellung

Während Steinschlag selten zu katastrophalen Unglücken führt, stellt er eine in steilen Gebirgstälern häufige Gefährdung dar. Im Hinblick auf die öffentliche Sicherheit sind vor allem Verkehrswege wie Bahn und Strassen betroffen, jedoch auch andere Grundstücksnutzer (in unserem Beispiel der Weinbau).

Für den Entwurf von Schutzmassnahmen bedarf es einerseits der Vorhersage der Grösse und
Form der Blöcke. Diese Aufgabe fällt in den Bereich der angewandten Geologie.

Andererseits wird die Kenntnis der Sturzbahn (Trajektorie) der Blöcke und ihrer wahrscheinlichen Schwankungsbreite benötigt, um Schutzzäune oder -dächer, Gräben und Wälle
rationell entwerfen zu können.
Die Sturzbahn lässt sich gewöhlich in vier Phasen unterteilen:

- Freier Fall,
- Aufschlag und Abprall,
- Rollen und/oder
- Gleiten.

Ein aussagekräftiges mathematisches Modell muss folglich in der Lage sein, alle diese
Phasen und die Uebergänge von einer zur anderen wirklichkeitsgetreu zu beschreiben. Eine
besondere Rolle spielen dabei jene Parameter, die den gedämpften Stoss beim Aufschlag auf
die Geländeoberfläche beschreiben.

Die mathematische Behandlung der Sturzbahn eines Blocks umfasst dynamische Gleichgewichtsbetrachtungen der Kräfte und Momente, wobei die Exzessgrössen translatorische bzw.
Winkelbeschleunigungen verursachen. Zur Beschreibung des gedämpften Stosses sind
ausserdem Energiebetrachtungen vonnöten, und zur Beantwortung der Frage, ob ein nicht
mehr abprallender Block rollt oder gleitet, spielt auch die Form des Blocks eine wichtige
Rolle.

Die in der Literatur beschriebenen Berechnungsverfahren lassen sich in zwei Gruppen
teilen:

- *Punktmasse-Verfahren*: die Masse des Blocks ist in einem Punkt konzentriert; die
  Bewegung nach dem Abprall wird im wesentlichen von jener vor dem Aufschlag und
  den Dämpfungswerten bestimmt (Fig. 4, 5), und
- *Verfahren mit Berücksichtigung des Dralls*: der Aufschlag kann an einer Kante oder
  Fläche, mittig oder ausmittig erfolgen; durch Berücksichtigung des Dralls und seiner
  Aenderung beim Aufschlag werden zusätzliche Einflussfaktoren für die Bewegung nach
  dem Abprall eingeführt (Fig. 6).

Diese Rechenverfahren können zusätzlich noch danach unterschieden werden, ob sie das
ebene oder räumliche Problem betrachten. In letzterem Fall muss selbstverständlich die
Geländeform dreidimensional eingegeben werden, was zu einer entsprechenden Erhöhung
des Rechenaufwands führt.

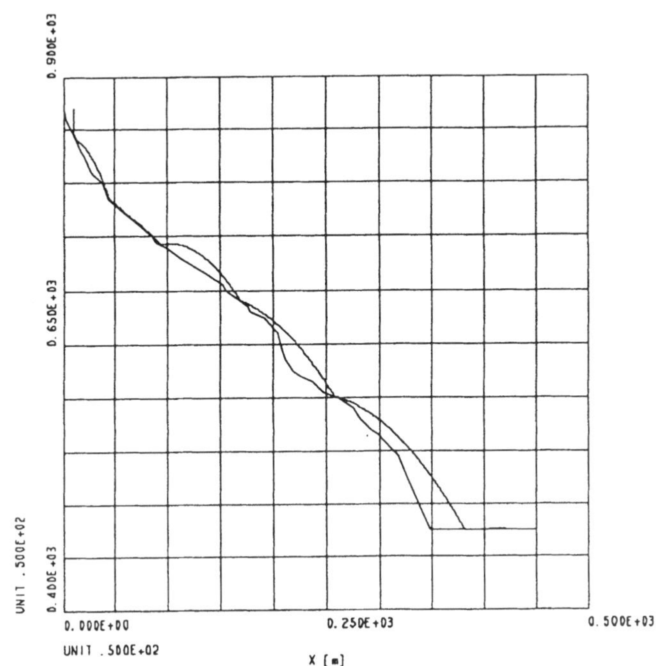

Figur 4: Beispiel einer Sturzbahn (hexagonaler Block, Restitutionskoeffizient normal 0.3, tangential 0.8).

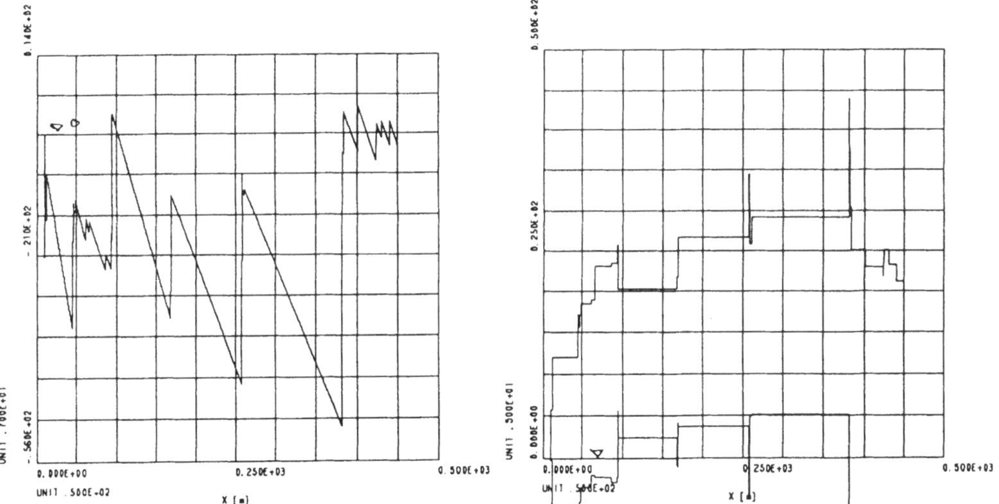

Figur 5: (links) Vertikal- und (rechts) Horizontalgeschwindigkeiten des Blocks von Fig. 4.

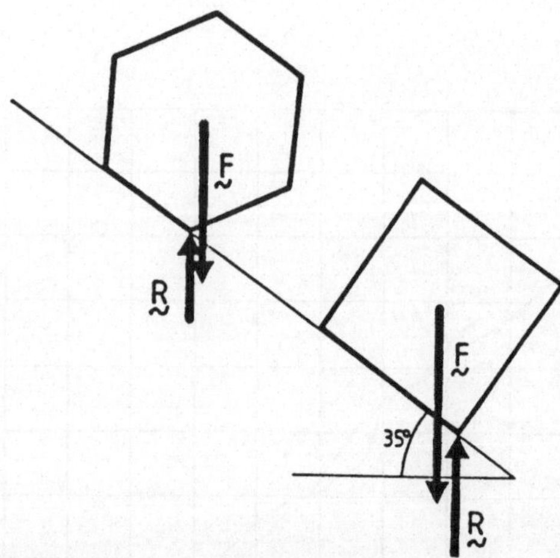

Figur 6: Abhängigkeit der Standsicherheitsbedingungen von der Blockform: hexagonales Prisma nicht standsicher, quadratisches Prisma standsicher (Zimmermann et al., 1989).

3.2.   Punktmasse-Verfahren

Die kennzeichnende Besonderheit der Punktmasse-Verfahren ist - wie der Name sagt - die Betrachtung des Blocks als eines massebehafteten Punkts, der sich mit einer zeitabhängigen Geschwindigkeit fortbewegt, jedoch keine Rotationsenergie besitzt. Diese Annahme vereinfacht die mathematische Behandlung beträchtlich, die Sturzbahn wird im wesentlichen von der Geländeform und der Anfangsgeschwindigkeit des betrachteten Blocks, sowie den Restitutionskoeffizienten des gedämpften Stosses in normaler und tangentialer Richtung bestimmt. Variationen der Sturzbahn infolge Dralländerungen beim Aufschlag können definitionsgemäss nicht berücksichtigt werden.

3.3.   Verfahren mit Berücksichtigung des Dralls

Wird der Block wirklichkeitsnäher mit Berücksichtigung seiner Form und Abmessungen simuliert, so spielt der Drehimpuls (oder Drall) eine nicht zu unterschätzende Rolle für den Bewegungsablauf. Bei gleichbleibender Trajektorie vor dem Aufschlag hängt jene nach dem Abprall zusätzlich zu den oben angeführten Parametern auch von den geometrischen Gegebenheiten des Aufschlags ab. Beispielsweise kann eine nur geringfügig fortgeschrittene Drehbewegung des Blocks zum Zeitpunkt des Aufschlags zur Folge haben, dass der Block nicht abprallt, sondern weiterrollt.

3.4. Bewertung der Rechenverfahren

Grössere Unterschiede zwischen den Ergebnissen der Punktmasse-Verfahren und jenen, die den Drall der Blöcke berücksichtigen, sind nur dann zu erwarten, wenn die Blöcke ausgeprägt plattig oder säulig sind. Je gedrungener die Blöcke, desto weniger Einfluss hat der Drall auf die Bewegungsbahn.

Von grösster Wichtigkeit für eine wirklichkeitsnahe Vorhersage sind die Restitutions-koeffizienten für den gedämpften Stoss; und zwar haben Beobachtungen gezeigt, dass diese je nach Geländebeschaffenheit stark schwanken können und häufig in tangentialer Richtung etwa doppelt so gross sind wie in normaler. Ein weiterer Einflussfaktor liegt in lokalen Unebenheiten des Geländes. Diese können nicht zu unterschätzende Abweichungen der Geländeneigung im Aufschlagpunkt von der mittleren Neigung bewirken und die weitere Sturzbahn des Blocks stark beeinflussen (Fig. 7).

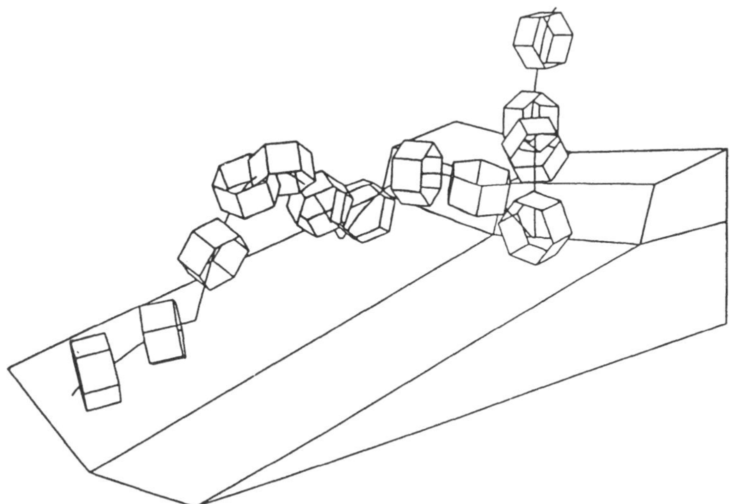

Figur 7: Aufschlag und Abprall eines prismatischen Blocks auf einer verein-fachten 3D-Geländeoberfläche (Descoeudres, 1990).

Da diese Parameter nur näherungsweise zu ermitteln sind, empfiehlt sich, für den Entwurf von Schutzmassnahmen eine sinnvolle Parametervariation vorzunehmen und ausreichend viele Kombinationen (deterministisch oder heuristisch) durchzurechnen.

3.5. Grundsätze für den Entwurf von Schutzmanahmen

Der Entwurf der Schutzmassnahmen umfasst zwei Schritte:

- Zunächst ist die zweckmässigste Art des Schutzes festzulegen, d.h. zwischen Zaun, Graben und Wall oder Schutzdach zu wählen. Diese Wahl wird in einem weitgehenden Ausmass von den örtlichen Gegebenheiten bestimmt.

- Hierauf werden die Kenngrössen der gewählten Schutzmassnahme festgelegt, z.B. bei einem Schutzzaun der Ort der Anordnung, seine Höhe und das Energiedissipationsvermögen (Fig. 8). Diese Festlegung erfordert eine ingenieurmässige, kritische Beurteilung der erhaltenen Rechenergebnisse. Selbstverständlich müssen auch die praktischen Aspekte Zugangsmöglichkeiten, Besitzverhältnisse usw.) berücksichtigt werden. Für Vorentwürfe werden zweckmässig empirische Regeln herangezogen, die auf einer grossen Anzahl von Beobachtungen fussen (Fig. 9).

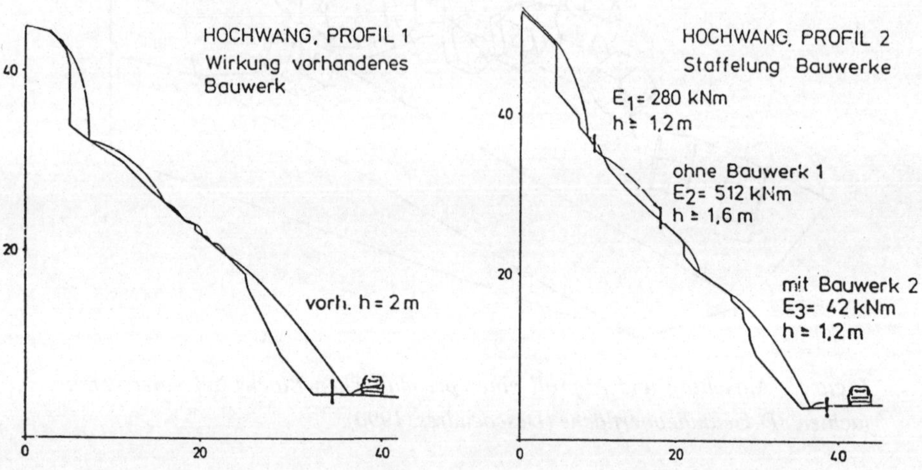

Figur 8: Abhängigkeit der Schutzwirkung von der Anordnung der Schutzzäune (Geoplan, 1991).

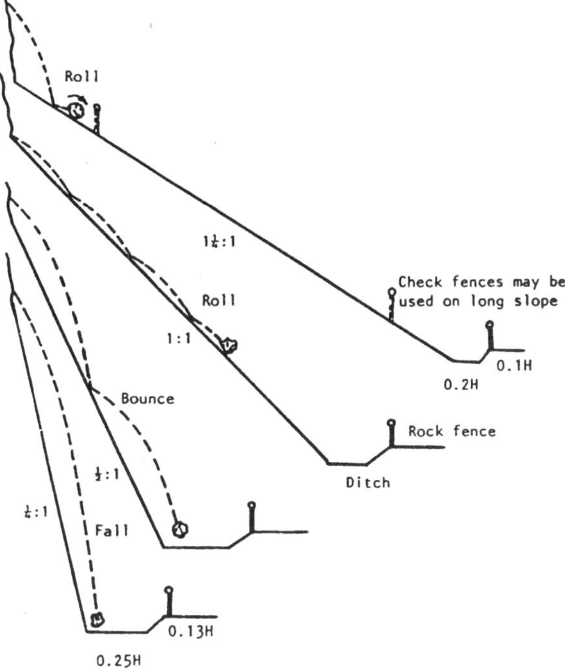

*Figur 9: Bewegungstyp (Rollen, Springen, freier Fall) für verschiedene Gelände-
neigungen und Vorschlag für Schutzmassnahmen (Ritchie, 1963).*

3.6.   Beispiel: Bergsturz von Crétaux (Wallis)

Der Schauplatz dieses Bergsturzes ist am linken Rhônehang gelegen und erstreckt sich in
steilem Gelände über einen Höhenunterschied von 950 m. Im Sommer 1985 haben sich die
Hanginstabilitäten dramatisch verschlimmert, wobei drei Erscheinungen unterschieden
werden konnten:

- Instabilitäten mit Ablösungen im obersten Hangbereich;
- Murenabgänge;
- Steinschlag mit beobachteten Blockgrössen bis ca. 30 m^3.

Eine Anzahl von Blöcken beendete ihre Sturzbahn in den Weinbergen am Hangfuss, weshalb nach den erforderlichen Sofortmassnahmen gefordert wurde, Risikozonen auszuweisen
und Schutzmassnahmen zu entwerfen. Zu diesem Zweck wurden am Laboratoire de Méca-
nique des Roches der Ecole Polytechnique Fédérale de Lausanne Sturzbahnberechnungen
durchgeführt, die in Descoeudres (1990) näher beschrieben sind.

Literaturreferenzen

Broili, L., 1974: *Ein Felssturz im Grossversuch*. Rock Mech. Suppl. 3, 69-78.

Descoeudres, F., 1990: *L'éboulement des Crétaux: calcul dynamique des chutes de blocs*. Mitt. Schweiz. Ges. für Boden- und Felsmechanik Nr.121.

Diverse Autoren, 1977: *Rockfall dynamics and protective works effectiveness*. ISMES, Bergamo.

Giani, G.P., 1992: *Rock Slope Stability Analysis*. 374 pp., Balkema Publ., Rotterdam, (auch in italienisch: Analisi di stabilità dei pendii. Suppl. Boll. Ass. Min. Subalp., anno XXV, 4, 1988).

Heierli, W. et al., 1985: *Schutz gegen Steinschlag*. 2. Auflage, Bundesamt für Strassenbau Heft 107.

Hoek, E., und J.W. Bray, 1977: *Rock Slope Engineering*. Institution of Mining and Metallurgy, London.

Ritchie, A.M., 1963: *The evaluation of rockfall and its control*. Highway Record 17, 13 -18.

Rochet, L., 1987: *Développement des modèles numériques dans l'analyse de la propagation des éboulements rocheux*. Proc. 6th Int. Congr. Rock Mech. I, 479 - 484, Montreal.

Spang, R.M., and R.W. Rautenstrauch, 1988: *Empirical and mathematical approaches to rockfall protection and their practical applications*. 5th Int. Symp. Landslides, 1.237 - 1.243, Lausanne.

Zimmermann, Th. et al., 1989: *A three-dimensional numerical simulation model for rockfalls*. IREM Internal Report 89/1.

Dr. Peter Egger, Sektionsschef Lab. für Felsmechanik (LMR), Ecole Polytechnique Federale de Lausanne, Ecublens, CH-1015 Lausanne

Sanierungssprengungen Bortwald (Kt. Glarus)

Beat Gugger

Anhand der Sanierungssprengung Bortwald in der Gemeinde Mollis (Kanton Glarus) soll aufgezeigt werden, wie in der Praxis die Durchführung eines solchen Auftrages abläuft und welche allgemein gültige Erfahrungen berücksichtigt werden sollten.

1.   Ausgangslage

Im Frühjahr 1989 beauftragte die Baudirektion des Kantons Glarus unsere Firma mit den Projektierungsarbeiten für die Sanierung der Spaltenzone Bortwald mit dem Ziel, die zum Absturz neigenden Felsmassen möglichst rasch zu beseitigen.

2.   Absturzgefährdete Felspartie

Die sich bewegende Felspartie lag ungefähr 350 m über dem Talboden. Der anstehende Fels war tektonisch stark beansprucht und z.T. hangversackt. Durch die ungünstige Schichtlage (20° - 25° NW-Fallen) und zwei praktisch senkrecht fallende Hauptklüftungssysteme ereigneten sich immer wieder grössere und kleinere Felsablösungen.

Die vorhandenen Resultate von Verschiebungsmessungen und Kluftüberwachung waren zu wenig aussagekräftig für die Festlegung der gefährdeten Felspartie. Mit einem verdichteten Netz von Fixpunkten und 2 Mini-Teletensometer-Messgeräten in den bis zu 1.20 m offenen Klüften wurde versucht, den Umfang der sich bewegenden Felsmasse sowie die Temperatureinflüsse auf die Bewegungen festzustellen.

3.   Sanierungsvorschlag

Erste Abschätzungen liessen auf ein absturzgefährdetes Gesamtvolumen von mindestens
35'000 m^3 schliessen. Als Sanierungslösung kam nur ein Felsabtrag mit Sprengen in Frage.
Gleichzeitig mussten die im Talboden direkt unter der Absturzstelle liegenden Gebäude und
Installationen mit Auffanggruben und Schutzdämmen so gut wie möglich geschützt werden.
Da während den Bohrarbeiten ein erhöhtes Risiko von unkontrollierten Abbrüchen bestand,
mussten die Schutzdämme vor Beginn der Bohrarbeiten fertig erstellt sein.

4.   Durchführung von Grosssprengungen

Folgende Punkte sind für die Durchführung von Grosssprengungen zu beachten.

Sprengarbeiten

*   Die definitive Felswand sollte eine Neigung von ca. 5:2 erhalten, damit die
    Steinschlaggefährdung reduziert werden kann.
*   Die Sprengung soll so geplant werden, dass das gesprengte Material in möglichst
    kleinen Blöcken lawinenähnlich zu Tal fliesst. Dadurch können Schäden durch einzelne,
    unkontrolliert herunterspringende Blöcke eingeschränkt werden.
*   Die vorderste Bohrlochreihe ist zwecks Lagekontrolle nach Möglichkeit durchzubohren
    und einzumessen. Die übrigen Bohrlöcher sind mittels Bohrlochvermessung (Sonde)
    aufzunehmen. Damit können Abweichungen in der Lage festgestellt und bei den
    Ladeberechnungen berücksichtigt werden (kein Überladen!).
*   Die Bohrlöcher sind unmittelbar nach dem Bohren mit z.B. einem PVC-Rohr zu
    verrohren. Dadurch kann das Zusammenfallen der Bohrlöcher sowie das Abfliessen von
    Sprengstoff in offene Klüfte verhindert werden.
*   Bohr-, Lade- und Zündschema sind so anzuordnen, dass das gesprengte Material in die
    vorgesehenen Auffanggruben fliesst.
*   Ein doppeltes Zündsystem, d.h. Zünder auch im Bohrlochtiefsten ist von Vorteil.

Sicherheitsdispositiv während und nach der Sprengung

*   Weiträumiges Absperren der Gefahrenzone (Mollis z.B. ca. 1 km)
*   Evakuieren der Personen und Tiere in der Gefahrenzone. Abstellen der Gas- und
    Wasserleitungen sowie der el. Energie in den in der Gefahrenzone liegenden Gebäuden.

- Pikettdienst von Polizei, Feuerwehr und Unterhaltsdienst der Gemeinde oder des Kantons, während und nach der Sprengung.
- Meldung der Sprengung an Flugüberwachung und Erdbebendienst.
- Keine Sprengung bei nicht vorhandener Sichtverbindung zwischen der Sprengstelle und Gefahrenzone.
- Die in der direkten Gefahrenzone liegenden Gebäude frühestens 24 Stunden nach erfolgter Sprengung freigeben, da in dieser Zeit noch Nachbrüche eintreten können.

Reinigen der Felswand nach erfolgter Sprengung

- Reinigungsarbeiten in der Felswand frühestens nach 1 - 2 Tagen.
- Während den Reinigungsarbeiten Vorsichtsmassnahmen bei den in der direkten Gefährdungszone liegenden Gebäuden veranlassen (z.B. keine Personen im Freien, Fensterläden verschliessen usw.). Schäden an naheliegenden Gebäuden entstehen nämlich vielfach während der Felswandreinigung, da Einzelblöcke eine unkontrollierte Sturzbahn aufweisen.

Massnahmen nach Abschluss der Sprengarbeiten

- Kontrollmessungen weiterführen.
- Steinschlagschutz errichten (Steinschlagnetze, Aufforstungen usw.)
- Periodische Felswandreinigung jeweils im Frühjahr.
- Eventuell kleine Schutzdämme beibehalten.

Generell gilt zu berücksichtigen, dass nebst den vorgängig aufgelisteten Massnahmen bei jedem Sanierungsprojekt die örtlichen Verhältnisse mit den daraus resultierenden Risiken zu beachten und in die Planung sowie Ausführung einzubeziehen sind.

Beat Gugger, IUB Ingenieur-Unternehmung Bern AG, Thunstr. 2, CH-3000 Bern 6

Die Rutschung „ La Praz ", Ballaigues, VD

R. Molzahn und M. Fahrni

Zusammenfassung

Im Zuge der Planungsarbeiten für den Bau der Autobahn N9b zwischen Vallorbe und Chavornay (VD) wurde unser Ingenieurbüro mit Felduntersuchungen beauftragt, die Aussagen über die Stabilität von zwei Geländeeinschnitten zum Ziel hatten, in denen Brückenbauwerke zu gründen waren. Die Geländeeinschnitte („ La Grande Combe " im Westen und „ La Praz " im Osten) sind südlich unterhalb des Dorfes Ballaigues im Waadtland gelegen und erstrecken sich bis zum Ufer des Flusses Orbe (mittlere Koordinaten 522'000/175'000). Beide Geländeeinschnitte beherbergen seit langem bekannte Rutschungen, deren Umfang und Aktivitätsgrad zu bestimmen und gegebenenfalls durch geeignete Massnahmen zu beeinflussen waren.

Seit Aufnahme der Bauarbeiten für den Autobahnabschnitt N9b werden die Rutschungen beobachtet. Dazu werden in regelmässigen Abständen geodätische, inklinometrische und piezometrische Messungen vorgenommen. Die bisherigen Messungen haben zum Ergebnis, dass die westliche Rutschung im Geländeeinschnitt „ La Grande Combe ", nach vorübergehender Störung durch die Bauarbeiten, schnell wieder den ursprünglichen Zustand mit einer tolerablen Abgleitgeschwindigkeit von etwa 2 mm/Jahr angenommen hat.

Im Gegensatz dazu haben die Bauarbeiten zur Erstellung der östlichen Brücke über den Geländeeinschnitt „ La Praz " zu einer starken Beschleunigung der dortigen Rutschung geführt, die durch Dränierungsmassnahmen oberhalb der Brücke zwar verlangsamt, aber noch nicht auf ein annehmbares Mass abgebremst werden konnten. Insbesondere der unterhalb der Autobahnbrücke gelegene Teil ist sehr aktiv, was zur Besorgnis Anlass gibt, dass sich die Bewegung im Bereich der Brückengründung ebenfalls wieder beschleunigt. Darüberhinaus ist die sich in diesem Bereich befindende Abwasserreinigungsanlage (ARA) der Gemeinde Ballaigues in erheblichen Masse durch die Rutschung gefährdet.

Dieser Umstand hat die zuständigen Kantonalen Behörden dazu veranlasst, unser Büro damit zu beauftragen, ausgehend von einer grundlegenden Studie zu Ursache und Verhalten des gesamten Rutschungsbereichs „ La Praz ", einen Plan zu dessen Sanierung auszuarbeiten.

Im Rahmen des Referats wird die örtliche geologische Situation im Bereich dieser Rutschung im Detail dargestellt; dabei wird auf die hydrogeologischen Verhältnisse besonders eingegangen. Daran schliesst sich eine Beschreibung der Rutschung mit eingehender Erörterung der Ursachen sowie einer Risikobeurteilung für die im Rutschungsbereich vorhandenen Bauwerke an.

Die beim Bau der Autobahnbrücken getroffenen bautechnischen Massnahmen zur Beherrschung der Verschiebungen der auf eine Nutzungsdauer der Brücke von 100 Jahren ausgelegten Pfeiler werden geschildert. In der Beilage ist der in Form eines Flussdiagramms dargestellte Sanierungsplan für die Rutschung „ La Praz " aufgetragen, der eingehend erläutert wird. Ziel der Sanierung ist es, die Abgleitgeschwindigkeit auf ein tolerables Mass zu verlangsamen und besorgniserregende Erosionserscheinungen im Zusammenhang mit den Hochwasserperioden des Baches „ La Praz " zu beherrschen. Die stufenweise vorgesehenen Sanierungsmassnahmen sind durch hinreichend lange Beobachtungsperioden getrennt, die eine Beurteilung des jeweils erreichten Erfolges gestatten. In Abhängigkeit von den gemessenen verbleibenden Verschiebungsgeschwindigkeiten kann so gegebenenfalls auf die Realisierung weiterer Massnahmen verzichtet werden.

Ein Ausblick auf die Kosten der geplanten Massnahmen rundet das Referat ab.

R. Molzahn, M. Fahrni, CSD Ingénieurs Conseils SA, Chemin de Maillefer 36, CH-1052 Le Mont-sur-Lausanne

Anomales Verhalten einer Grossrutschung. Hypothesen zur Erklärung der Mechanismen und dementsprechend geeigneter Sanierungsmassnahmen

Luca Bonzanigo

1.   Einführung

Die Rutschung von Campo Vallemaggia ist historisch seit Jahrhunderten und wissenschaftlich seit etwa 150 Jahren beschrieben. Sie ist weitgehend eines der grössten Hanginstabilitätsphänomene von Europa mit fast einer Milliarde Kubikmetern Rutschmasse. 1892 wurden die ersten Vermessungen mit Hilfe erster, noch sehr schwerer Messingtheodolite unternommen. Heutzutage werden die Bewegungen unter anderem auch mit GPS Technologie (Global Positioning System: Satellitengeodäsie) beobachtet.

Trotz dieser langjährigen Beobachtungen ist der Mechanismus dieser Grossrutschung zum Teil unerklärt geblieben. In diesem Artikel werden neue Hypothesen aufgestellt, die bei der Exkursion vom 12.05.93 im Rahmen des Nachdiplomstudiums vorgestellt worden sind. Sie sind Ergebnis einer langjährigen Untersuchung, die heute in eine Sanierungsphase übergegangen ist. Die Sanierungsarbeiten werden mit grossen Mitteln und Kräften ausgeführt und bringen laufend neue Elemente zum hier beschriebenen Modell.

2.   Geologischer Rahmen

Das Tal von Campo Vallemaggia ist der südliche Arm des Flusses Rovana, etwa West-Ost orientiert. Er schneidet isoklinal nach SSE fallende Strukturen in den penninischen, kristallinen Decken. Die vorhandenen Gesteine bestehen vorwiegend aus Metasedimenten (die als "bündnerschieferartige" Gesteine angesehen werden könnten). Sie sind in eine grosse Falte eingewickelt wobei Einschaltungen von mafischen und in geringem Masse auch von karbonatischen Gesteinen auftreten. Zudem finden sich stengelige Augengneisse, die mit der Antigorio Kerndecke in Zusammenhang stehen.

Die Lithologie ist also sehr unterschiedlich und diese Tatsache ist mit verantwortlich für ein sehr differenziertes Verhalten gegenüber mechanischer und chemischer Beanspruchung. Gewisse Gesteine sind in dieser Gegend einerseits sehr frisch zu finden, andererseits aber auch von einer tief im Gefüge penetrativen Anwitterung charakterisiert. Ganze Pakete von Gesteinen sind so stark angegriffen, dass die Feldspäte und die mafischen Mineralien fast vollständig in Tonmineralien oder ähnliches (besonders Chlorit, Serizit, Illit und zum Teil Montmorillonit) umgewandelt sind.

Figur 1: Übersichtskarte der Schweiz mit geographischer Lage von Fig. 2.

Wie schon erwähnt, entspricht die Rutschung einer Masse von fast einer Milliarde Kubikmetern, die in verschiedene Abschnitte unterteilt werden kann. Sie beginnt mit dem Grat zwischen dem Nebental von Bosco-Gurin, etwa 2000 m.ü.M., und reicht bis unter den Fluss Rovana, bei etwa 1000 m.ü.M. (siehe Fig. 2 und schematisches geologisches Profil Fig. 3). Die vorhandenen NNW-SSE orientierte Bruchtektonik hat sich weitgehend in die Rutschmasse verbreitet und spielt, wie nachher erklärt wird, eine Hauptrolle im Mechanismus der ganzen Rutschung.

Figur 2: Übersichtskizze mit Abgrenzung der Hanginstabilität, sowie Lage der Bohrungen, in welchen der artesische Druck und damit die piezometrischen Höhen gemessen werden. Dargestellt ist auch die Trasse des Entwässerungsstollens (Druckabbau).

3.   Geotechnische Aspekte und beobachtete Phänomene

Für viele Leute, die schon früher das Problem untersucht haben, hat die Beobachtung der Erosion durch den Fluss Rovana, die sich am Fuss der Rutschung so spektakulär äussert, sie zu der Überzeugung gebracht, dass diese die Ursache der Rutschung sei.

Mit der relativ geringen durchschnittlichen Neigung (ca. 27°) sollte der Hang bei herkömmlichen "normalen" geotechnischen Bedingungen stabil bleiben. Es kann aber
angenommen werden, dass pro Jahr rund 100'000 m^3 Material abtransportiert wird, was
einer Vorwärtsbewegung von etwas mehr als 10 cm pro Jahr entsprechen würde, was
ungefähr dem Mittel der tatsächlichen Bewegung entspricht. Das Profil in Fig. 3 zeigt die
Grösse der Rutschung im Vergleich zu dem fehlenden Material.

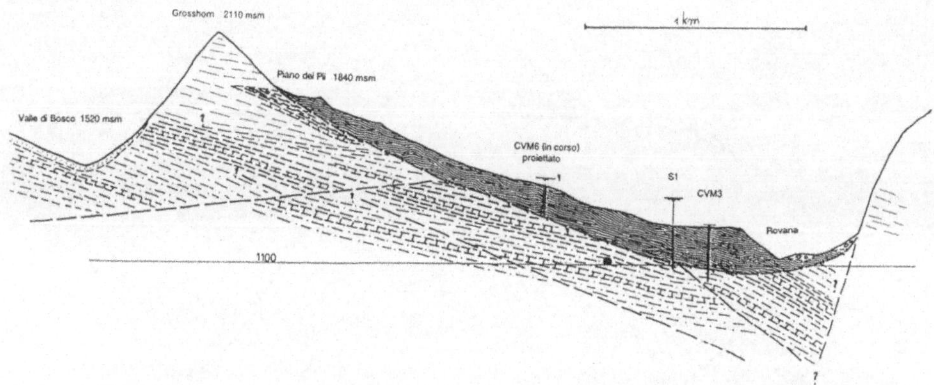

*Figur 3: Schematisches geologisches Profil mit Position des Entwässerungs-
stollens.*

Das heisst, dass das Versagen der Reibungskräfte innerhalb der Rutschmasse nur auf ausserordentliche geotechnische Bedingungen zurückzuführen ist. Diese Reibungskräfte sind besser als Viskositäten in mehr oder weniger abgegrenzte Scherzonen zu modellieren, anstatt
als reine Reibung entlang von Flächen. Reibungswinkel, Setzungsmodule und Kohäsionen
sollten bei reiner Reibung so niedrig angenommen werden, dass sie unrealistisch erscheinen.
Bei den Untersuchungen wurden hingegen hohe hydraulische Überdrücke nachgewiesen,
welche artesisch bis mehr als 100 Meter über dem Boden gespannt sind. Solche Überdrücke
sind in verschiedenen Bohrungen beobachtet worden und entsprechen, in den Tiefen, wo sie
eine Rolle für die Stabilität spielen können, Wassersäulen bis etwa 300 Meter.

Das Verhalten der Instabilität äussert sich wie folgt: In mehr oder weniger regelmässigen
Zeitintervallen, z.B. bei langandauernden Niederschlägen, nimmt die Rutschungsgeschwin-
digkeit von einem "Ruhezustand" mit einigen cm pro Jahr zu bis auf mehr als einen cm pro
Tag (etwa 4 m pro Jahr). Nach solch spektakulärem Verhalten klingt die Bewegung aus und
die "normale" Bewegungsgeschwindigkeit stellt sich wieder ein. Es ist aber anzumerken,
dass solche Beschleunigungen nicht direkt mit Hochwasser zu verknüpfen sind. Im Jahr
1978 zum Beispiel haben die starken Niederschläge massive Erosion am Fuss der Rutschung

bewirkt, ohne dass diese sich besonders auffällig in Bewegung setzte. Andere, weniger intensive Niederschlagsereignisse haben dagegen beunruhigende Deformationen verursacht.

Es besteht scheinbar ein pulsierendes Verhalten: nach heftigen, aber nicht immer besonders ausserordentlichen Niederschlägen, setzt eine rasche und relativ plötzliche Bewegung für etwa einen Monat mit einem Betrag von 30 bis 200 cm ein. Danach erfolgt eine Beruhigung mit einigen Zentimetern pro Jahr über einen Zeitraum von 5-20 Jahren. Siehe dazu Fig. 4 mit den Bewegungen, die unter anderem während des Hochwassers vom Oktober 1993 registriert wurden.

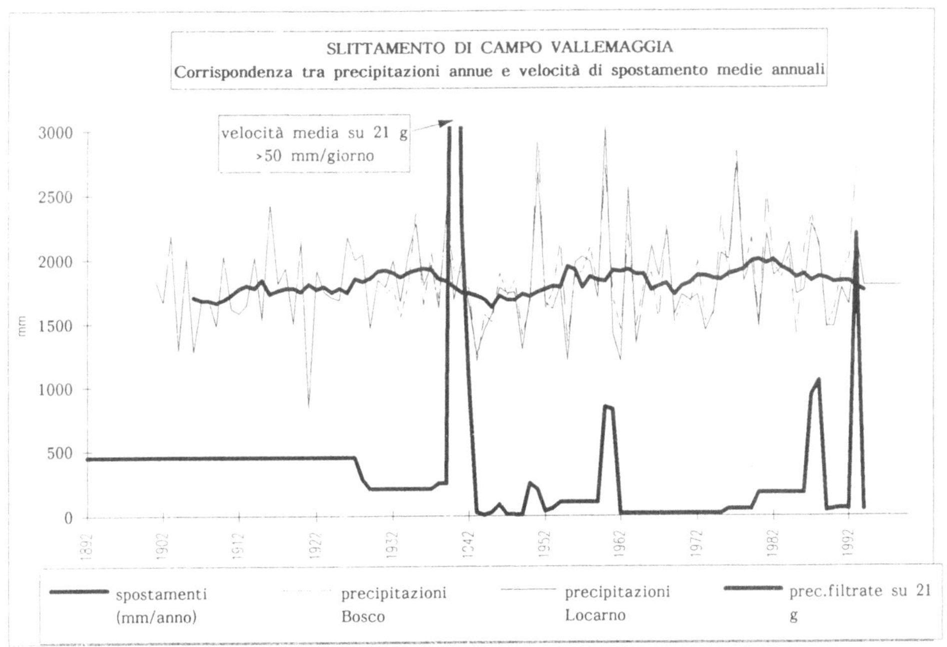

Figur 4: Durchschnittliche Verschiebungen im Verhältnis zum Niederschlag. Die obere fettgedruckte Kurve zeigt die Niederschläge abgeglättet mit einem 21tägigen Filteroperator. Die Verschiebungskurve (untere fettgedruckte Kurve) ist aufgrund unregelmässiger Intervalle mit Vorsicht zu betrachten.

4.   Selbstregulierendes Modell

Unter den erwähnten Bedingungen sind normale, deterministische Modelle ungeeignet, um ein solches dynamisches Verhalten zu beschreiben. Es muss insbesondere angenommen werden, dass die Rutschung nie richtig zur Ruhe kommt. Beobachtet werden eigentlich zwei Hauptzustände:

- 1. Normales "langsames" Verhalten
- 2. Plötzliche, abklingende Beschleunigung

Das vorgeschlagene Modell zur Erklärung eines solchen Mechanismus beruht auf einer dynamischen interaktiven Abhängigkeit zwischen erzeugenden und bremsenden Parametern, sowie auf einer Änderung des rheologischen Verhaltens je nach hydraulischen Bedingungen.

Das Modell ist etwa wie folgt zu beschreiben:

Die Verformungen finden nicht entlang gut definierbarer Scherflächen statt, sondern innerhalb von "Scherzonen", die sich wie Schichten verhalten, deren Mächtigkeit in Raum und Zeit variiert. Diese Verformungen gehorchen verschiedenen rheologischen Charakteren, entsprechend der momentanen Beanspruchung. Der wichtigste Parameter, der die Rheologie in der Zeit kontrolliert, ist der hydraulische Porenwasserdruck (oder Kluftwasserdruck). Es existiert eine Schwelle, an welcher das Verhalten eines elastoplastischen Bruchmechanismus mit Restscherfestigkeit in ein viskoplastisches, dynamisches Verhalten (siehe Modelldiagramme in Fig. 6 und 7) übergeht. In diesem zweiten Zustand gibt es praktisch keinen Bruchmechanismus mehr, sondern eine Verformungsgeschwindigkeit, die direkt, aber nicht unbedingt linear, an die Scherspannung gebunden ist. Fällt der Porendruck unter gewisse Werte, wahrscheinlich mit einer Hysterese, gewinnt der Mechanismus wieder elastoplastischen Charakter, mit eventueller Brucherscheinung entlang definierter Flächen.

Es ist vorstellbar, dass die Durchlässigkeit die Entwässerung der Scherzonen kontrolliert. Die Niederschläge erhöhen den Porenwasserdruck, jedoch eher durch Perkolation entlang tektonischer Elemente als durch Versickerung. Je nach Grösse der Durchlässigkeit wird der Porenwasserdruck mehr oder weniger schnell abgebaut. Es ist anzumerken, dass das Wasser nicht senkrecht zu den Äquipotentialflächen versickert, sondern fast parallel. Dies erscheint zunächst paradox, ist aber auf die ausgeprägte Anisotropie der Durchlässigkeit zurückzuführen. Die Durchlässigkeit sollte eigentlich als sehr abgeplatteter und unregelmässiger Tensor dargestellt werden.

Durch Kolmatierung der Klüfte (aufgrund transportierter Verwitterungsprodukte) wird die Durchlässigkeit herabgesetzt. Dadurch können die Porenwasserdrücke nur langsam abgebaut werden, sodass bei Hochwasser die Verbreitung von viskoplastischem Verhalten durch die Scherzonen zunimmt. Erreicht der Zustand die "kritischen Schwelle", tritt eine plötzliche Beschleunigung ein, auch wenn das Hochwasser nicht allzu dramatisch war.

Die Verformungen wirken aber auch auf die Durchlässigkeit insofern, als dass sie die Klüfte in den Scherzonen bewegen und öffnen. Damit werden sie zum Teil ausgespült. Der Porendruck fällt so relativ rasch und der ganze Hang gewinnt an erhöhter Stabilität.

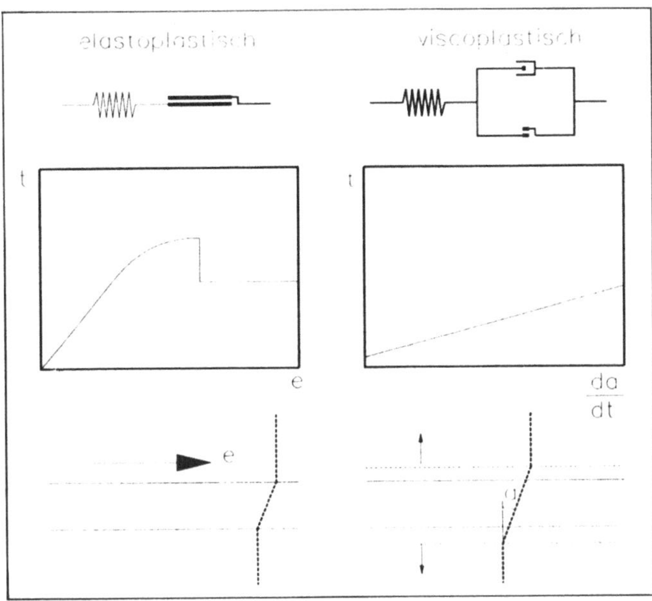

Figur 5: Rheologisches Modell des Verhaltens in Scherzonen, je nach hydraulischem Zustand.

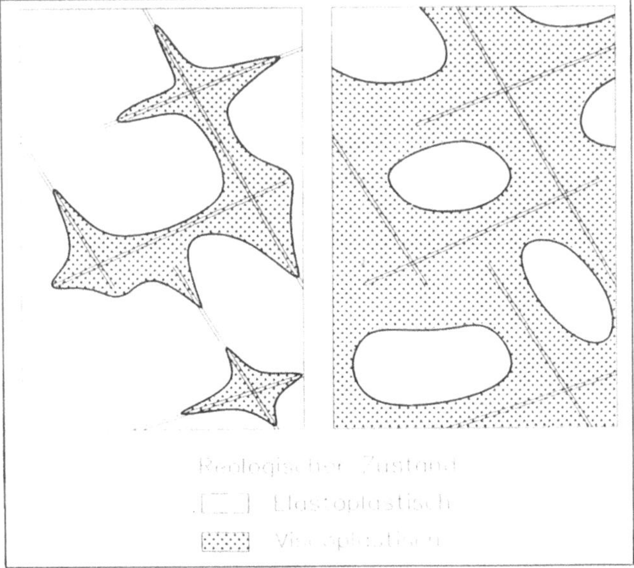

Figur 6: Diffusionsmodell der rheologischen Zustände, die durch die Kluftzonen
kontrolliert werden. Bei erhöhtem Poren- bzw. Kluftwasserdruck überwiegt das
viskoplastische Verhalten.

Von diesem Gesichtspunkt aus kann man annehmen, dass die Bewegung in einem "feed-back" Prozess selbst seine Ursprungsquelle drosselt. Das System wird autostabilisierend.

5.   Evidenzen und Anomalie als Ausgangselemente für die Theorie

Die geschilderte Theorie ist durch Beobachtungen gestützt, die schwierig zu erklären sind, ohne ausserordentliche Zusammenhänge und Phänomene in Betracht zu ziehen. Ungewöhnliche hydrogeologische Aspekte sind insbesondere zu erwähnen.

1. Die Menge des aus 2 Bohrungen artesisch ausfliessenden Wassers entspricht ca. 5% der Niederschläge auf das gesamte Einzugsgebiet, was viel scheint. Es muss das Tiefenwasser deshalb - mindestens teilweise - von ausserhalb der oberflächen Einzugs-gebiet zufliessen, dies vermutlich aus dem Nebental von Bosco-Gurin. Es ist zu erwähnen, dass laut mündlicher Überlieferung Färbversuche, die in den sechziger Jahren durch Prof. Gygax durchgeführt wurden, diese Hypothese bestätigen könnten. Leider ist es uns aber bisher nicht gelungen, hierüber gesicherte Daten zu erhalten.

2. Der pulsierende, abklingende Charakter der Hangbewegung ist deutlich zu beobachten. Das Ausmass der Bewegungen ist nur zum Teil mit den Niederschlagsmengen korrelier-bar.

3. Die in Bohrungen beobachtete artesische piezometrische Höhe ist relativ (kohärent), und befindet sich zwischen 1400 und 1500 m.ü.M.

4. Die isotopische Verhältnisse (Deuterium und O18) der Tiefenwässer, sei es aus Bohrungen oder aus persistenten Quellen, ist konstant. Es entspricht einer Einzugshöhe zwischen 1500 und 2000m. Das Tritium-Alter einer ersten Bestimmung ergibt einer Verweildauer von 10-15 Jahren. Es müssten aber weitere Altersbestimmungen durchgeführt werden, um eine grössere Sicherheit zu erhalten. Chemische und isotopische Analysen deuten auf einen stark reduzierten Deuterium-Gehalt und damit auf eine Eindringtiefe von etwa 2500m (Geothermometer: 65-110°C) hin. Gasentwei-chungen mit hohem Wasserstoff-Gehalt wurden aus Bohrungen und Quellen beobachtet und erfasst. Die Ursache hierfür ist noch unklar, aber kann mit Beobachtungen aus anderen Ländern korreliert werden (Niels Stanger, 1983).

5. Erhöhter Sulfat-Gehalt (bis ca. 700 mg/l) im Sickerwasser des Stollens. In kristalliner Umgebung kann eine so starke Mineralisierung nur mit gleichzeitigem Vorhandensein von Rauhwacken und einer langen Remanenz des Wasser unter etwas erhöhter Temperatur erklärt werden. Andere Erklärungen beruhen auf bakterieller Aktivität von Pyrit (sogenannte Sulfobakterien). Dieses Mineral ist in bemerkenswerter Menge in amphibolitischen und mafischen Gesteinen vorhanden.

6.   Sanierungsmassnahmen

Wie erwähnt, sind Sanierungsmassnahmen in grossem Mass geplant. Im wesentlichen handelt es sich hierbei um zwei Untertagebauten:

1. Umleitungsstollen, um die Erosion zu vermindern
2. Entwässerungsstollen, um hydraulische Überdrücke abzubauen

Forstarbeiten und die Erneuerung des veralteten Holzkanal-Drainagenetzes sind weitere zusätzliche Massnahmen, die darauf hinzielen, die Versickerung zu beschränken und die Strassen- und Flurschäden zu beheben.

In diesem Artikel wird nur auf den Entwässerungsstollen eingegangen.

7.   Konzept des hydraulischen Druckabbaus

Die Untersuchungen und verschiedenen Modellberechnungen haben gezeigt, dass der Abbau der hydraulischen Drücke, die an der Basis der Rutschmasse herrschen, dramatisch auf die Stabilität wirken. Dieses Konzept wurde mit Hilfe deterministischer Modelle (Janbu, Morgenstern-Price, etc.) getestet, sowie auch aufgrund der beschriebenen Theorie "Selbstregulierung". Eine der Annahmen war, dass sich in der Klüftung im Fels unter der Rutschmasse erhöhte Überdrücke in hydraulischer Verbindung befinden, welche verantwortlich für die Rutschung sind. Aufgrund dieses Konzeptes wurde das Projekt eines Stollens durch Lombardi SA in Locarno ausgearbeitet. Wir haben die geologische und hydrogeologische Beratung hierfür übernommen. In Fig. 2 und 3 ist die Anlage der Stollen schematisch dargestellt.

Ziel des Entwässerungsstollens ist es also, die im Fels vorhandenen Überdrücke abzubauen. In einer zweiten Phase, werden vom Stollen aus Bohrungen bis in die Rutschmasse ausgeführt, um deren Entwässerung zu beschleunigen.

Natürlich ist ein solches Vorhaben nicht unproblematisch. Die erwarteten Wasserdrücke bis 35 bar können den Vortrieb stark erschweren insbesondere, wenn die Durchlässigkeiten entlang der Klüftung hoch sind. Beim Projekt werden Wassermengen bis 100 l/s beim Durchstossen von Verwerfungen mit starker, geöffneter Zerklüftung prognostiziert. Dagegen sind günstige felsmechanischen Bedingungen zu erwarten, dies mit Ausnahme des Durchschlages von Verwerfungszonen oder, als wenig wahrscheinlich angesehen, des Vorkommens von mächtigen Rauhwacken oder Zuckerdolomit.

Wir hoffen, im Rahmen einer weiteren Nachdiplomveranstaltung nach der Sanierung neue Erkenntnisse und Resultate vorstellen zu können.

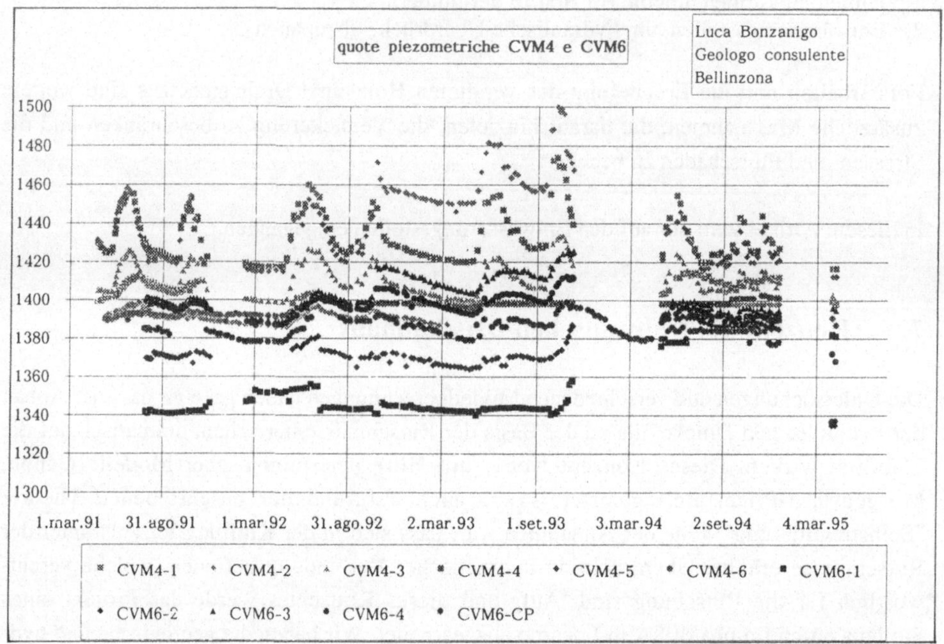

Figur 7: In den Bohrungen gemessene Piezometrische Höhen. Seit Frühling 1995 ist ein Rückgang der artesischen Drücke deutlich. Mit CVM6-CP ist eine Druckzelle tief im Fels bezeichnet.

Literaturreferenzen

Bandis, S., N.R. Barton, A.C. Lumsden, 1986: *Experimental Studies of scale Effects on the Shear Behavior of Rock joints,* Norges Geotekniske Institutt, Publication nr. 162.

Barla, G., C. Scavia, L. Vai, 1988: *Analisi di tipo probabilistico. Pendii naturali e fronti di scavo. Secondo ciclo di conferenze di meccanica e ingegneria delle rocce.* Politecnico di Torino. COREP-MIR.

Barton, N., 1988: *Some aspects of rock joint behaviour under dynamic conditions. Pendii naturali e fronti di scavo. Secondo ciclo di conferenze di meccanica e ingegneria delle rocce.* Politecnico di Torino. COREP-MIR.

Bonzanigo, L., 1988: *Etude des mécanismes d'un grand glissement en terrain cristallin: Campo Vallemaggia. Proceedings of the fifth international symposium on Landslides, Lausanne 10-15 july 1988*, pp. 1313-1316. A.A. Balkema, Rotterdam.

Bonzanigo, L., 1990: *Le glissement de Campo Vallemaggia: phénomènes artésiens et présence de gas en milieu cristallin.* XXlle congrès AISH, IAS No 18/90 pp. 435-438.

Bonzanigo, L., 1990: *Lo slittamento di Campo Vallemaggia; fenomeni artesiani e presenza di gas in ambiente cristallino.* Bull. de l'Ass. Suisse des Géologues et Ingénieurs du Pétrole. Vol. 57, no. 131, pp. 65-72.

Bonzanigo, L., W. Frei, PNR20, 1992: *Prospezione sismica con il metodo a riflessione sullo slittamento di Campo Vallemaggia.* Bull. de l'Ass. Suisse des Géologues et Ingénieurs du Pétrole. Vol. 59, no. 134, pp. 9-17.

Gianella, R., 1951: *La frana di Campo Vallemaggia.* Rivista tecnica della Svizzera italiana n. 1, pp. 3-12.

Grütter, O., 1929: *Petrographische und geologische Untersuchung in der Region von Bosco (Valle Maggia).* Verhandlungen der Naturforschenden Gesellschaft in Basel, 40/1, 1928-29 pp. 78-152.

Gygax, H. Mauerhofer, 1962: *Zusammenhang zwischen Niederschlag und Rutschungs-aktivität.* Geographisches Institut der Universität Bern. Rapporto non pubblicato.

Heim, A., 1898: *Die Bodenbewegungen von Campo im Maggiathale.* Beiblatt zur Vierteljahrsschrift der naturforschenden Gesellschaft in Zürich.

Kovari, K., 1988: *Methods of Monitoring Landslides. Proceedings of the fifth inernational symposium on Landslides, Lausanne 10-15 july 1988*, pp. 1313-1316. A.A. Balkema, Rotterdam.

Lehmann, O., 1934: *Hat die Rovana im Zerstörungsbereich von Campo ihr Tal innerhalb des Zeitraumes von 1858-1892 um rund 70m vertieft?.* Der Schweizer Geograph, 1934/3 pp. 58-67.

Liechtenhahn, C., 1971: Grenzen und Möglichkeiten der Vorbeugung vor Unweltkatastrophen im Alpinen Raum. Sonderdruck aus der Publikation INTERPRAEVENT 1971.

Neal, C., G. Stanger, 1983: *Hydrogen generation from mantle source rocks in Oman.* Earth and Planetary Sciences Letters, 66, 1983 pp. 315-320.

Varnes, D., 1978: *Slope Movement Types and Processes.* Landslides, Analysis and Control. Special Report 176. Transportation Research Board. NAS Washington.

Vovk, I.F., 1987: *Radiolytic salt enrichment and brines in crystalline basement of the east european platform.* Geological Association of Canada Special Paper 33, 1987 pp. 197-210.

Luca Bonzanigo, geologo consulente, Viale Stazione 16A, CH-6501 Bellinzona

2. Teil

Risikorelevante natürliche Prozesse

Datenerhebung und Modellierung

Begrüssung

Björn Oddsson

Meine sehr vereehrten Damen und Herren, es freut mich ausserordentlich Sie hier begrüssen zu dürfen. Haben Sie es schon gespürt, dass der Monte Verità ein ganz besonderer Ort ist? Die Magnetisierung erreicht nirgends in der Schweiz und der weiteren Umgebung einen so hohen Wert wie gerade hier. Ich denke, es ist deshalb naheliegend, dass die Erdwissenschafter diesen Ort für Ihre Seminarien aufsuchen!

Früher waren aber andere und sehr unterschiedliche Leute von diesem Berg der Wahrheit magisch angezogen. Hier sammelte sich eine idealistische Gesellschaft von "Anarchisten", "Paradiessuchenden", "Vegetarier", "Theosophen", "Sozialutopisten", "Lumpenproletarier", "Lebensformer", "Tänzer", "bildende Künstler", "Autoren", "Psychoanalytiker", "Gelehrte" und "Wahrheit- und Mythensucher".

Die Vegetarier zogen aus in ihrer Licht-Luft-Kleidung... es folgte der Baron von der Heydt, und es ging mehr kapitalistisch denn idealistisch-utopisch zu. Er hat aber dafür gesorgt, dass der Monte Verità weiterlebte und dass niemand mit dem Hügel Geld verdienen konnte. Es hört sich auch wie ein Märchen an, wie die ETH zu diesem besonderen Seminarzentrum kam. Ein ungewöhnlicher Glücksfall, der heute wohl nicht mehr möglich wäre.

Wir haben ein sehr reichhaltiges wissenschaftliches Programm. Es gibt hier aber auf dem Anwesen zudem ein kleines sehr sehenswertes Museum über die Geschichte des Monte Verità. Anlässlich einer Führung wird es am kommenden Donnerstag Abend seine Tore für uns öffnen. Sie sind herzlich eingeladen daran teilzunehmen.

Wo die magnetische Anomalie eines Individiums auf jene des Ortes reagiert - kann es poetisch werden ...

Sie wissen vielleicht, dass die isländische früh-mittelalterliche Literatur (11. - 13. Jahrhundert) einen Höhepunkt der germanischen Literatur markiert. Weder vorher noch danach sind so hochragende Erzählungen und Gedichte in einer germanischen Sprache verfasst worden als die Sagas und die Edda-Prosas aus meiner Heimat. Diese beinhalten u.a. altertümlich anmutende Gedichte, die vermutlich hunderte von Jahren in mündlicher Ueberlieferung erhalten blieben, ehe sie niedergeschrieben wurden.

Eines der berühmtesten Gedichte ist die Völuspà (= die Voraussage der Hellseherin und Valküre, namens Vala). Das Gedicht handelt nur ganz kurz am Anfang von der Entstehung des Universums und der Erde, aber umso ausgiebiger wird über das Ende und die Zeit unmittelbar davor berichtet.

Es heisst dort:

52. Surtr ferr sunnan
     með sviga lævi,
     skínn af sverði
     sól valtíva;
     grjótbjörg gnata,
     en gífr rata,
     troða halir helveg,
     en himinn klofnar.

in sehr freier Uebersetzung:

Surtur (der Nordische Feuergott, Sie kennen Surtsey, seine Insel),
kommt aus dem Süden,
mit Lärm und Schrecken.
Von seinem Schwert
glühet die Sonne der Totgeweihten;
Felsen ershüttern und knacken
und die Trolle irren umher,
die Menschen schreiten den Weg zum Tode,
während der Himmel sich spaltet

und es geht weiter:

57. Sól tér sortna,
     sígr fold í mar,
     hverfa af himni
     heiðar stjörnur;
     geisar eimi
     ok aldrnari,
     leikr hár hiti
     við himin sjalfan.

und nochmals die Uebersetzung:

Die Sonne verdunkelt sich,
die Erde versinkt im Meer,
es verschwinden vom Himmel
die klaren Sterne.
Es stinkt
und es regnet Schwefel.
Von Hitze
glühet selbst der Himmel

In den 66 Versen werden im minuziösen Detail fast alle erdenklichen Naturgefahrenprozesse beschrieben, die bei diesem Anlass gleichsam aktiv werden. Das manchmal fatale Verhalten der Menschen bei diesen Wirren, wird dabei auch geschildert.

Bei der Lektüre wird bewusst, wie beschränkt die eigenen Möglichkeiten sind. So kann ich in diesem Nachdiplomkurs über die risikorelevanten natürlichen Prozesse nicht auf das Land meiner Herkunft eingehen!

Zwangsläufig müssen wir uns auf einige wenige Gefahrenprozesse beschränken und entsprechend viele auslassen. So wird hier über Erdbeben oder Vulkanausbrüche nicht mehr zu hören sein, als das eben vorgetragene Gedicht.

Es geht nicht um die Detailbeschreibung möglichst vieler Situationen und Prozesse, sondern das Hauptthema dieses Kurses ist das qualitativ- quantitative Erfassen und Modellieren der Gefahrenprozesse, um anschliessend deren Risiken beurteilen zu können. Indem wir die Welt um uns beobachten und unseren Verstand gebrauchen, können wir versuchen die Ursachen und Abläufe dieser Vorgänge zu ergründen. Je gründlicher unsere Beobachtungen sind, umso besser ist unser Verständnis und umso naturgetreuer werden unsere Modelle und damit umso treffender die Voraussagen.

Die Modellierung und Voraussage von Katastrophen stellt sicherlich ein sehr bedeutendes und auch naturwissenschaftlich-mathematisch reizvolles Problem dar. Eine nicht minder wichtige Aufgabe ist die Begrenzung des Schadensausmasses oder gar die Verhütung und Verhinderung von kleineren und grösseren verherenden Ereignissen. Dieses hohe Ziel dürfen wir über der Faszination der Prozesse und unserer Modelle weder vergessen noch verfehlen.

Monte Verità, 5. April 1994

Dr. Björn Oddsson, NDK in angew. Erdwiss. NO H 51, ETH Zentrum, CH-8092 Zürich

Beurteilung von Naturkatastrophen aus Sicht der Versicherungswirtschaft

Andreas Schraft

1.   Versicherte Katastrophenschäden

Die Schweizer Rück verfolgt seit 1970 weltweit die versicherten Schäden von Naturkatastrophen (Erdbeben, Stürme, Überschwemmungen). Seit Mitte der 80er-Jahre ist eine starke Zunahme der versicherten Schadenlast aus Naturkatastrophen zu beobachten (Fig. 1). Im 1992 - dem Jahr mit dem bisher höchsten Wert - betrug sie 20 Milliarden US $.

Die starke Zunahme der versicherten Schäden lässt sich nur zum Teil durch grössere versicherte Werte und ein gestiegenes Bruttosozialprodukt erklären. Andere Einflüsse sind mindestens ebenso wichtig, beispielsweise die steigende Schadenempfindlichkeit der versicherten Werte, ihre räumliche Konzentration - oft in stark gefährdeten Gebieten - und ändernde Versicherungsbedingungen. Diese Faktoren müssen in die Beurteilung von Naturkatastrophen einfliessen.

2.   Prämie und Schadenpotential: Zwei Schlüsselgrössen für den Versicherer

Der Versicherer oder Rückversicherer, der Werte (z.B. Gebäude, Maschinen, Lagergüter, Hausrat) gegen Naturgefahren versichert, muss zwei Aufgaben lösen, wenn er seinen wirtschaftlichen Erfolg langfristig sichern will:

- Er muss den Preis (Prämie) für die gewährten Deckungen kennen. Neben dem Erwartungswert der Schäden muss dieser auch Zuschläge für Kosten, Schwankungen und Unsicherheiten enthalten.

- Er muss für seinen Bestand an versicherten Werten abschätzen können, wie gross der Schaden aus einer einzelnen Naturkatastrophe werden kann. Dieses Schadenpotential soll in einem angemessenen Verhältnis zum Eigenkapital des Versicherers stehen.

Wenn für einen Bestand von versicherten Werten die Beziehung zwischen Ereignisschäden und ihrer Häufigkeit bekannt ist, können sowohl Prämien berechnet als auch das Schadenpotential geschätzt werden. Die Ereignisschaden-Häufigkeits-Beziehung lässt sich bestimmen aus den vier Grössen:

- Gefährdung,
- Schadenempfindlichkeit,
- versicherte Werte,
- Versicherungsbedingungen.

In den folgenden Abschnitten wird am Beispiel der Naturgefahren Sturm und Erdbeben skizziert, wie diese Grössen in einem Modell beschrieben werden können.

3.   Beispiele: Sturm und Erdbeben

3.1.   Gefährdung

Die Sturm-Gefährdung lässt sich beschreiben durch Häufigkeit, Ausdehnung und Stärke von Windfeldern grosser Stürme. Um sie zu quantifizieren, analysieren wir die Struktur von Luftdruckfeldern. Druckunterschiede zwischen zwei Punkten verursachen eine Luftströmung. Aus Druckfeldern können deshalb Windgeschwindigkeiten berechnet werden. Ein Problem dabei ist, dass Luftdruckdaten mit befriedigender räumlicher und zeitlicher Auflösung nur für einen relativ kurzen Zeitraum verfügbar sind (seit 1946). Dies ist zu wenig, um die Häufigkeit grosser Stürme mit extremen Windgeschwindigkeiten zuverlässig beurteilen zu können.

Zur Quantifizierung der Erdbeben-Gefährdung stützen wir uns auf Listen von Erdbeben in der Vergangenheit. Daraus lässt sich für einen bestimmten Ort die Häufigkeit der beobachteten Beben einer bestimmten Intensitätsstufe ermitteln. Die Qualität der Erdbeben-Kataloge (erfasster Zeitraum, Vollständigkeit), ist je nach Region unterschiedlich. Erst seit 1964 werden Erdbeben ab Magnitude 5 weltweit vollständig erfasst.

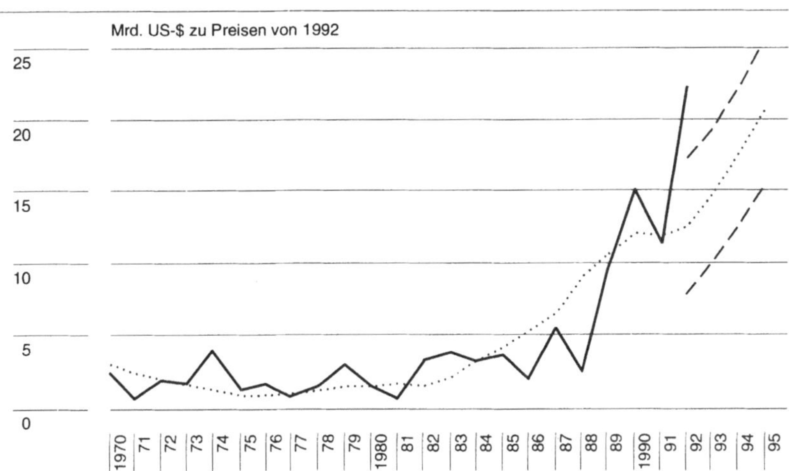

Figur 1: Reale Versicherungsschäden durch Naturkatastrophen (1970 - 1995). Dargestellt sind sowohl die effektiv beobachteten Werte wie auch mit einem Modell geschätzte Werte (Punkte). Das Modell verknüpft die Versicherungs- schäden mit dem realen Welt-Bruttoinlandprodukt und einem Trendfaktor. Die Schätzung für 1993 bis 1995 beruht auf einer Prognose des Welt-Brutto-Inland- produkts, die eingezeichnete Bandbreite beträgt ± eine Standardabweichung.

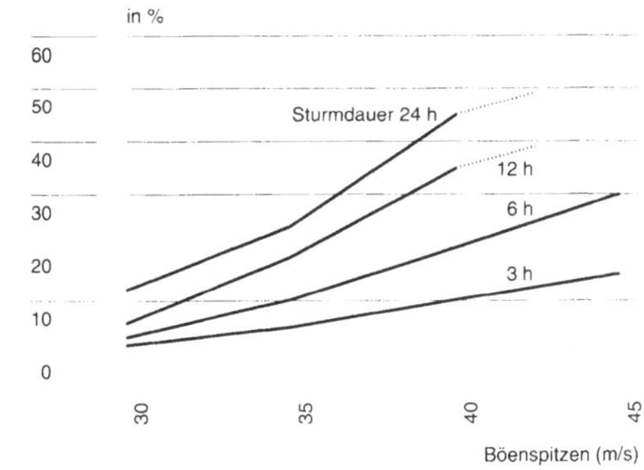

Figur 2: Anteil der Wohngebäude, die von Sturmschäden betroffen sind in Abhängigkeit von Windgeschwindigkeit (Böenspitzen) und Sturmdauer. Die Darstellung beruht auf der Auswertung vieler Einzelschäden aus grossen Stürmen in Europa im Zeitraum 1981 bis 1990.

3.2.   Schadenempfindlichkeit

Mit der Schadenempfindlichkeit beschreiben wir, wie Schäden von physikalischen Eigenschaften des Naturereignisses abhängen.

Um die Schadenempfindlichkeit von Gebäuden bezüglich Sturm zu beurteilen, ermitteln wir beispielsweise, welcher Anteil der Gebäude bei einer bestimmten Windgeschwindigkeit einen Schaden erleidet und wie gross dieser Schaden im Durchschnitt ist. Seit den siebziger Jahren und vor allem nach den Winterstürmen 1990 in Europa hat die Schweizer Rück eine grosse Zahl von Sturmschäden untersucht, um die Schadenempfindlichkeit der versicherten Werte zu bestimmen (Fig. 2).

Analog ist das Vorgehen, um die Schadenempfindlichkeit von Gebäuden für Erdbeben zu beurteilen: Wir betrachten nach einem Beben Gebiete, die mit gleicher Erdbeben-Intensität betroffen wurden, und setzen die Schäden in Bezug zu den dort vorhandenen Werten. So erhalten wir die Abhängigkeit der Schäden von der Erdbeben-Intensität. Dabei sollten wichtige Einflussgrössen wie die Bauweise, das Alter der Gebäude, die Anzahl Stockwerke oder die Qualität des Baugrunds wenn möglich berücksichtigt werden.

3.3.   Versicherte Werte

Der Versicherer muss über detaillierte Informationen zu seinem Bestand an versicherten Werten verfügen. Dazu gehören ihr versicherter Wert, die Bauweise und ihre geographische Verteilung. Letztere beeinflusst das Schadenpotential wesentlich: Für einen Bestand, der sich auf ein kleines Gebiet konzentriert, ist die Gefahr eines "Volltreffers" grösser als für einen grossräumiger verteilten Bestand.

3.4.   Versicherungsbedingungen

Von den Versicherungsbedingungen hängt ab, welcher Anteil eines Schadens von der Versicherung übernommen wird. Besonders wichtig sind Selbstbehalte des Versicherungsnehmers. Sie entlasten den Versicherer von Kleinschäden und sind damit ein wichtiges Mittel, um den administrativen Aufwand nach einem Ereignis und das Schadentotal zu reduzieren.

4. Schlussfolgerung und Ausblick

Die starke Zunahme der Schäden durch Naturkatastrophen in den letzten Jahren macht deutlich, dass für den Versicherer die Beurteilung von Naturgefahren auf naturwissenschaftlicher Basis sehr wichtig ist. Sie trägt dazu bei, dass die Unsicherheit über die Höhe der Prämien und das Schadenpotential verringert werden kann, und ermöglicht so den Einsatz von Kapital für diesen Versicherungszweig. Damit trägt die Versicherungswirtschaft dazu bei, die materiellen Folgen von Naturkatastrophen besser zu bewältigen.

Wir müssen uns aber immer bewusst bleiben, dass dieser Beitrag der Versicherungswirtschaft begrenzt ist. Viele Folgen von Naturkatastrophen lassen sich zudem nicht oder nur beschränkt versichern, beispielsweise der Verlust von Menschenleben, Schäden an Kulturgütern oder an der Umwelt. Umso wichtiger ist es, der Prävention das notwendige Gewicht beizumessen. Dazu gehört eine angemessene Bauweise, der gute Unterhalt der Gebäude und nicht zuletzt eine Raumplanung, die der Bedrohung durch Naturgefahren Rechnung trägt.

Literaturreferenzen

Schweizer Rück 1993a: *Naturkatstrophen und Grosschäden 1992: neuer Rekord der versicherten Schäden.* Schweizer Rück, Sigma Nr. 2/1993.
Schweizer Rück 1993b: *Stürme über Europa - Schäden und Szenarien.* Schweizer Rück 1993.

Andreas Schraft, Schweizer Rück, Postfach, CH-8022 Zürich

Zur Ethik eines verantwortlichen Umgangs mit der Natur

Hans-Peter Schreiber

1.   Thesen

I

Die Zerstörung unserer natürlichen Lebensgrundlagen ist eines der zentralen Gegenwarts-
und Zukunftsprobleme. Ob die Grenze schon überschritten ist, oder wann der 'Point of no
return' erreicht sein wird, vermag niemand genau zu bestimmen.

II

Heute wird der Ruf nach einer die Natur berücksichtigenden Ethik immer lauter. So heisst es
etwa bei Hans Jonas: "Die moderne Technik hat Handlungsoptionen von so ungeheurer
Grössenordnung mit so neuartigen Folgen eröffnet, dass der Rahmen der früheren Ethik sie
nicht mehr zu fassen vermag. Gewiss, die alten Vorschriften der Nächsten-Ethik gelten noch
immer, aber diese Sphäre ist überschattet von einem wachsenden Bereich kollektiven Tuns,
in dem Täter, Tat und Wirkung nicht mehr dieselben sein müssen. Durch dieses sich ständig
erweiternde Machtpotential wächst daher der Ethik eine neue, nie zuvor erahnte Dimension
der Verantwortung zu. Es gilt zu fragen, ob nicht der Zustand der aussermenschlichen Natur,
inklusive der Biosphäre, ein menschliches Treugut mit einem moralischen Anspruch an uns
geworden ist, und zwar nicht nur um der gegenwärtig, sondern auch um der künftig
lebenden Menschen willen".

III

Die Natur als Ganze war im Bewusstsein der Antike nicht einfach nur Gegenstand menschlichen Handelns, vielmehr fungierte sie als normative Voraussetzung für menschliches
Handeln überhaupt. Zwar hat auch technisches Handeln sich an der Natur orientieren
müssen, aber nicht deshalb, weil die Natur - nach damaligem Verständnis - verletzlich wäre,

sondern weil ein naturwidriges Handeln sich selbst zum Scheitern verurteilt hätte. Der Mensch kann, das war die Überzeugung der Alten, nicht glücklich werden, wenn er dieses Glück gegen die Natur zu erreichen sucht.

IV

Bis ins 16. Jahrhundert betrachtete der Mensch sich weitgehend als ein Teil der Natur, wenngleich auch als dessen Spitze. Naturbeherrschung ist nach antikem Verständnis daher selbst ein natürliches Verhältnis, eine Art Symbiose. Natur wird zwar unter dem Gesichtspunkt ihrer Nützlichkeit für den Menschen betrachtet, aber diese Perspektive spricht der Natur nicht ihr Selbstsein ab. Die Natur als Ganze bleibt, diesem vormodernen Weltbild zufolge, stets das Umgreifende. Sie kann den zerstören, der sich gegen ihre Ordnung vergeht. Sie selbst aber bleibt immer dieselbe. Der Mensch hat ihr 'So-und-Nicht-anders-Sein' nicht zu verantworten, sondern lediglich zu respektieren.

V

Die neuzeitliche Denkweise hängt seit dem 19. Jahrhundert dagegen eng zusammen mit der Dynamisierung der wissenschaftlich-technischen Naturbeherrschung. Diese hat gegenüber allen früheren Perioden der Menschheit eine qualitativ neue Dimension erreicht. Entscheidend dabei ist, dass Natur nicht mehr im Sinne eines hierarchischen Aufbaus mit dem Menschen an der Spitze verstanden wird, sondern als einen Prozess, der dem Menschen gleichsam als Objekt gegenüber steht. Bis vor kurzem war dieser Prozess jedoch dadurch charakterisiert, dass der Mensch einerseits Natur zwar fortschreitend seinen Zwecken unterwarf, sie andererseits aber doch als das unendlich Umgreifende betrachtete, deren Regenerationsfähigkeit unbegrenzt schien, um menschliche Eingriffe ausreichend neutralisieren zu können.

VI

Heute jedoch tritt die Interdependenz aller ökologischer Systeme immer mehr in unser Bewusstsein. Diese Interdependenz ist von der Art, dass sie zwar von verschiedenen Systemperspektiven aus wahrnehmbar ist, dass aber der funktionale Zusammenhang des Gesamtsystems, das den Menschen mitumgreift, seiner hohen Komplexität wegen, theoretisch nicht vollständig fassbar und abbildbar ist (also keine lineare Kausalität repräsentiert). Das bedeutet, dass die Folgen unserer technischen Eingriffe in die Natur prinzipiell nicht vollständig prognostizierbar sind.

VII

Zwar hat der Mensch die Erde zu allen Zeiten verändert. "Kultur" heisst Ackerbau. Aber die Fortdauer der Kultur hängt daran, dass bei dieser Transformation keine irreversiblen Veränderungen des natürlichen Substrats vorgenommen werden. Das Leben ist älter als der Mensch. Bis heute kann er Leben nur vernichten, jedoch nicht schaffen. Eine der gewaltigsten Leistungen des Menschen war die Züchtung von Kulturpflanzen und Haustieren. Aber weder wurden durch diese Züchtung die wilden Stämme zum Verschwinden gebracht, noch geschah die Transformation durch einen gezielten Eingriff in das genetische Substrat (klassische Züchtung setzt am Phänotyp, nicht am Genotyp an), vielmehr handelt sich dabei um die geplante Steuerung natürlicher Ausleseprozesse.

VIII

Bei der kulturellen Bearbeitung der Erde werden aber auch Güter verbraucht, die für spätere Generationen nicht mehr zur Verfügung stehen. Folglich gibt es Gründe zur Pflicht eines sparsamen Verbrauchs von nicht regenerierbaren Ressourcen. Wir haben unseren Nachkommen genügend Reserven des sich nicht regenerierbaren Kapitals zu hinterlassen. Gleichzeitig kann nicht übersehen werden, dass unsere heutigen Verbauchsraten (die weltweit noch immer anwachsen) z.B. an fossilen Brennstoffen, giftigen Schwermetallen und umweltgefährdenden Mineralien zu irreversiblen Schäden an der Natur führen können (Klimaveränderung, Festlandüberflutungen, Strahlenschädigungen, Absterben der Pflanzendecke durch Übersäuerung des Bodens infolge des Chlor- und Schwefelgehaltes der Luft etc.).

IX

Der Ermessensspielraum, den wir uns mit unseren technischen Natureingriffen zubilligen, verschwindet jedoch, wo es sich um den Bereich des Lebendigen selbst handelt, dem wir als Menschen selber angehören. Da wir selber keine natürlichen Arten neu schaffen können, haben wir die Pflicht, die natürlichen Arten in einer für die Arterhaltung erforderlichen Anzahl von Exemplaren zu bewahren und weiterzugeben. Zwar gibt es ein natürliches Aussterben von Arten. Aber das technische Potential des Menschen, dieses Aussterben selbst zu bewirken bezw. zu beschleunigen, ist heute so unverhältnismässig und unbegrenzt, dass er nur noch verantwortlich handelt, wenn er sich als bewusster Beschützer der Natur versteht. Die Aussterbensrate ist infolge menschlicher Massnahmen heute rund tausendmal so hoch wie in normalen geologischen Zeiten.

X

Und eben hieraus ergibt sich die grosse Herausforderung für den Menschen angesichts seiner eigenen ambivalenten Lage, einerseits aufgrund seiner Vernunft 'über' der Natur zu stehen, andererseits aber doch mit seiner Existenz an natürliche Voraussetzungen auf Leben und Tod angewiesen zu sein. Weder ist die Natur bloss Ausbeutungsobjekt für den Menschen, noch ist der Mensch so Teil der Natur, dass er ungestraft und ohne Schaden für das Ganze seinen natürlichen Expansionsbedürfnissen freien Lauf lassen dürfte. Der Mensch zerstört, wenn er die Natur zerstört, letztlich seine eigene Existenzgrundlage. Insofern geht es in einer Ethik des technischen Umgangs mit der Natur stets um den Menschen selbst.

XI

Daraus folgt, dass wir kein Recht haben, unsere gegenwärtigen Wertpräferenzen, also das, was uns heute wichtig erscheint, zum Masstab dafür zu machen, was wir künftigen Generationen als natürliches Erbe hinterlassen. Da wir dieses Erbe weder vermehren und noch ergänzen können, können die menschlichen Eingriffe in den Bereich der Natur und des Lebens letztlich immer nur auf die Herbeiführung eines status quo minus hinauslaufen.

XII

Daraus ergibt sich für die heute Lebenden die Pflicht, die Welt in einem Zustand zu hinterlassen, in welchem Leben und Freiheit der Nachkommen nicht auf eine Weise beeinträchtigt werden, von der wir nicht erwarten können, dass sie von der nachfolgenden Generationen selbst als zumutbar akzeptiert wird. Das bedeutet u.a., dass wir nicht das Recht haben, über die Gefahren hinaus, die der Natur immer schon innewohnen, durch unsere technischen Eingriffe zusätzlich neue Gefahrenquellen herauf zu beschwören. Zumindest müssen die späteren Generationen die Möglichkeit haben, unsere Spuren entweder zu beseitigen oder das, was wir ihnen hinterlassen, wiederum in etwas zu transformieren, was ihnen gut erscheint, und ihr Leben zu reproduzieren und zu sichern vermag.

XIII

Angesichts der Endlichkeit der Welt müssen deshalb die natürlichen Lebensmöglichkeiten - analog dem ökonomischen Prinzip - wie ein Kapital betrachtet werden, von dessen Zinsen wir leben, das wir selbst jedoch nicht angreifen dürfen, ohne eine Pflicht auch gegen unsere Nachkommen zu verletzen, da das Grundkapital prinzipiell nicht wieder aufgefüllt werden kann. Jedes Schaffen einer irreversiblen Gefahrenquelle kommt einem Anbrauchen dieses Grundkapitals gleich.

XIV

Eine Ethik des technischen Umgangs mit der Natur beinhaltet daher die Forderung nach einer 'nachhalhaltigen Entwicklung' (sustainable development). Dies bedeutet vor allem und als erstes die Ausweitung unseres Verantwortungshorizontes über die subjektiven Interessen und Bedürfnisse der gegenwärtig in den Industriegesellschaften Lebenden hinaus auch auf Menschen in der 3.Welt und künftiger Generationen. Entsprechend sollen

- erneuerbare Ressourcen so genutzt werden, dass die Entnahme nicht grösser als die Rege-neration des Bestandes ist;
- nicht erneuerbare Ressourcen (wie Mineralien oder Erdöl) nur in dem Masse ausgebeutet werden, wie Ersatz durch erneuerbare Alternativen geschaffen werden kann;
- Luft, Wasser und Boden nicht mit mehr Schadstoffen belastet werden, als die Umweltmedien kraft ihrer Selbstreinigungkapazität verarbeiten können.

XV

Alle Wissenschaften von der Natur, vom Menschen, der Wirtschaft und der Politik müssen sich zusammentun, um eine Bilanz des Planeten mit Vorschlägen zu einem ausgeglichenen Budget zwischen Mensch und Natur aufzustellen. Dabei geht es um eine umfassende Interessensabwägung nach dem Prinzip: "Ich bin Leben, das leben will, inmitten von Leben, das leben will" (A. Schweitzer). Die aus dieser Interessensabwägung sich ergebende Sozialpflichtkeit des wissenschaftlich-technischen Fortschritts, derzufolge sowohl das gegenwärtige wie auch das zukünftige Wohlergehen von Mensch und Mitkreatur sich zu einer gemeinsamen Perspektive verbindet, lässt sich auch in den folgenden, von Hans Jonas formulierten, ethisch-politischen Imperativ fassen: "Handle so, dass die Wirkungen deiner Handlungen verträglich sind mit dem Fortbestand der Menschheit und der Integrität der künftig lebenden Menschen".

2.   Naturkonzepte

Naturauffassungen(-konzepte) sind Bestandteile kulturell variabler *Weltbilder*.

Das in einer Kultur vorherrschende Verständnis der Natur prägt auch den Umgang mit ihr. So macht es einen Unterschied, ob wir Natur als eine dem Menschen zur Verfügung stehende *Ressource* begreifen oder als ein dem Menschen gegenüberstehendes *Subjekt.*.

In einer Industrie-und Wissenschaftsgesellschaft wird *Natur primär als Ressource von Wissenschaft, Technik und Wirtschaft* verstanden. An ihr kann alles funktional begriffen werden. Natur ist ein *Reservoir von Möglichkeiten*, die für menschliche Zwecke genutzt werden können. Natur hat dieser Auffassung zufolge keine ihr eigene Wertestruktur.

Die *Gegenbewegung zur Moderne* spricht der aussermenschlichen *Natur* eigene, vom Menschen unabhängige Werte zu. In Absetzung gegenüber einem wissenschaftlichen Verständnis von Natur vollzieht sich in dieser Gegenbewegung eine *Remoralisierung der Natur*. Damit werden Eingriffsmöglichkeiten des Menschen klar definierte Tabus entgegengesetzt.

Das jeweils dominante Naturkonzept ist eine Funktion des Entwicklungsstandes des wissenschaftlich-technischen Umgangs mit Natur (Jäger, Bauern, Hanswerker; Ingenieure, Wissenschaftler etc).

Trotz dem in unserer Gesellschaft vorherrschenden wissenschaftlich-technischen Naturbild, lassen sich *in unserer Kultur gleichzeitig* mehrere *unterschiedliche Naturauffassungen* beobachten:

So wird Natur ist *bedrohend* und *beglückend*, als *schön* und *erhaben*, aber auch als *Furcht erregend* und *abstossend* erfahren. Ebenso kann sie als *Gottes Schöpfung* , als ein Ort der Ehrfurcht und als *Quelle des Sinnes* etc. verstanden werden.

3.   Phänomene ökologischer Krisenwahrnehmung:

* Erschöpfung der Rohstoffvorräte
* Verwüstung der Landschafts-und Klimazonen
* Verschmutzung von Wasser und Luft
* Vergiftung von Nahrung und Boden
* Zerstörung des natürlichen Lebensraumes

4.   Paradigmawechsel in der Philosophie der Natur

I

"Bis vor wenigen Jahren schien die Natur als Thema der Philosophie ausgedient zu haben. Alles, was materialiter über die Natur zu erforschen war, war in die Domäne der sich mehr und mehr differenzierenden Naturwissenschaften abgegeben; alles, was formaliter, d.h. den Begriff der Natur betreffend, zu wissen war, schien sich zu reduzieren auf die Analyse der naturwissenschaftlichen Erkenntnisweise. Eine Philosophie der Natur, die mehr als eine metatheoretische Analyse der Naturwissenschaften zu bieten versprach, gab sich eo ipso als Echo eines antiquierten System-denkens zu erkennen" (Lothar Schäfer).

II

"Es ist zumindest nicht mehr sinnlos zu fragen, ob der Zustand der aussermenschlichen Natur, die *Biosphäre im Ganzen* und in ihren Teilen, die jetzt unserer Macht unterworfen ist, eben damit ein *menschliches Treugut geworden* ist und so etwas wie einen moralischen Anspruch an uns hat - nicht nur um unseretwillen, sondern auch *um ihrer selbst willen* und *aus eigenem Recht*. Wenn solches der Fall wäre, so würde es kein geringes *Umdenken in den Grundlagen der Ethik* erfordern. Es würde bedeuten, nicht nur das menschliche Gut, sondern auch das Gut aussermenschlicher Dinge zu suchen, das heisst die *Anerkennung von 'Zwecken an sich selbst'* über die Sphäre des Menschen hinaus auszudehnen und die Sorge dafür in den Begriff des menschlichen Gutes einzubeziehen" (H. Jonas; kursiv HPS).

Prof. H.-P. Schreiber, Ethikstelle der ETH, Rämistrasse 101, CH-8092 Zürich

Methoden der Sicherheits- und Risikoanalyse

Adrian Gheorghe und Felix K. Gmünder

«Safe then is anything people decide is safe»
Melvin A. Bernarde,
Temple University, Philadelphia

1.   Einleitung

Risiko und Sicherheit sind Themen, die in unserer Gesellschaft einen zunehmend höheren Stellenwert einnehmen. Neben den eher traditionellen Risiken aus Haushalt, Arbeit, Verkehr und Natur treten vermehrt sog. Wachstumsrisiken in Erscheinung, wie z.B. der Transport gefährlicher Güter, die (petro-)chemische Industrie, Abfalldeponien, komplexe Bauwerke usw. (Fig. 1). Verzögerte oder falsche Entscheidungen, beispielsweise bei stark politisierten Risiken, wie der Kernenergie, der Sonderabfallbehandlung oder der Gentechnologie, können ihrerseits wieder neue Risiken in sich bergen. In vielen Fällen genügt daher der traditionelle erfolgsorientierte Ingenieuransatz zur Beherrschung der Risiken nicht mehr. Dieser besteht darin, Ursache und Wirkung zu analysieren und Massnahmen kausalorientiert einzuplanen - ohne Betrachtung des Ganzen.

Immer wichtiger werden daher in der Zukunft Verfahren und Methoden, um Wachstumsrisiken und Risiken mit hohem Konfliktpotential rechtzeitig zu identifizieren und zu analysieren, mit dem Ziel, Entscheidungs- und Handlungsgrundlagen bereitzustellen. In einer demokratischen, pluralistischen Gesellschaft werden aber nicht nur rein technisch-naturwissenschaftliche Lösungen gebraucht: diese müssen zumindest auch von der Gesellschaft verstanden und akzeptiert werden.

Diese Entwicklung stellt Ingenieure und Naturwissenschaftler vor neue Herausforderungen. Das Denken in Risiko- und Sicherheitsfragen muss nicht nur fachtechnisch, sondern ganzheitlich und in einem vernetzten Ansatz behandelt werden. Sicherheitsfragen wurden zwar seit jeher in die Ausbildung von Ingenieuren integriert, allerdings ganz unterschiedlich in Form und Inhalt und oft auch etwas anhängselhaft.

Von wenigen Ausnahmen abgesehen ist man in der Schweiz - wie in anderen Ländern auch - erst in den letzten 10 bis 15 Jahren an der Bearbeitung dieser Fragestellungen interessiert. Die Bewältigung von Risiken wirft Fragen aus verschiedenen Disziplinen (Naturwissenschaften, Technik, Philosophie, Ökonomie, Soziologie, Recht usw.) auf und setzt sowohl fundiertes Fachwissen in einzelnen Disziplinen als auch interdisziplinäres Zusammenarbeiten voraus.

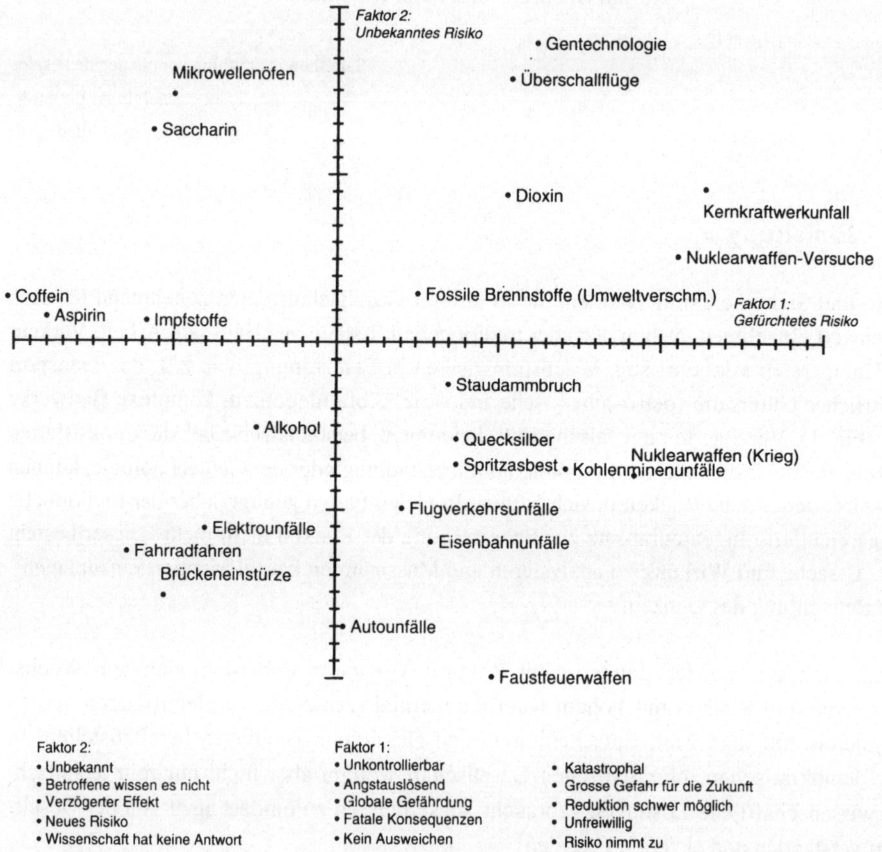

Figur 1: Risikowahrnehmung (nach [1]). Die Wahrnehmung ist im wesentlichen von zwei Faktorengruppen abhängig.

2.   Umschreibung von häufig verwendeten Begriffen

- Gefahr bezeichnet ganz allgemein die Möglichkeit, dass ein betrachtetes Objekt (Mensch, Bauwerk etc.), durch einen nicht gewünschten Vorgang geschädigt werden kann.
- Gefährdung: Eine Gefährdung besteht erst dann, wenn das betrachtete Objekt der Gefahr ausgesetzt ist, d.h. exponiert ist.
- Risiko: Damit wird ganz allgemein die Möglichkeit bezeichnet, einen Schaden zu erleiden. Risiko ist aber nicht nur ein anderer Ausdruck für Eintretenswahrscheinlichkeit, sondern umfasst auch das Schadenausmass. Das Risiko ist demnach eine Funktion der Eintrittswahrscheinlichkeit (Erwartungswert oder Frequenz; W) eines bestimmten Schadenereignisses (A). Risiken können quantifiziert werden, beispielsweise ganz einfach, indem man das Produkt der Eintrittswahrscheinlichkeit und Schadenausmass (Tote, Franken etc.) bildet ($R = W \cdot A$). Eine Risikoaversion, d.h. eine zunehmende Abneigung gegen hohe Schäden, kann durch einen Exponenten k beim Schadenausmass berücksichtigt werden: $R = W \cdot A^k$. In der Praxis wird zwischen freiwilligem und unfreiwilligem Risiko unterschieden, ferner zwischen individuellem und kollektivem Risiko (gesellschaftliches oder Gruppenrisiko).
- Sicherheit gegenüber einer Gefährdung besteht dann, wenn diese Gefährdung durch geeignete Massnahmen unter Kontrolle gehalten oder auf ein akzeptierbar kleines Mass beschränkt wird. Eine absolute Sicherheit kann nicht erreicht werden [2].
- Zuverlässigkeit: Mit Zuverlässigkeit wird die Eigenschaft des betrachteten Systems (Bauwerk, Bauteil etc.) bezeichnet, die vorgesehene Funktion während einer bestimmten Zeit mit einer bestimmten Wahrscheinlichkeit zu erfüllen.
- Gefahrensuche und -identifikation: Darunter werden Methoden und Analysen verstanden, mit denen das betrachtete System auf mögliche Gefahren oder gefährliche Zustände untersucht wird.
- Risikoanalyse: Risikoanalysen sind Studien, mit denen das Risiko (qualitativ oder quantitativ) eines betrachteten Systems abgeschätzt und dargestellt wird. Zusätzliche Sicherheitsmassnahmen zur Verhütung von auslösenden Ereignissen und zur Vermeidung oder Minimierung von Schäden im Ereignisfall werden auf ihre Wirksamkeit untersucht.
- Risikomanagement: Je nach Fachbereich umfasst das Risikomanagement den gesamten Prozess von der Gefahrensuche bis zur Massnahmenplanung oder auch nur die letzten zwei Schritte (Risikobeurteilung, Massnahmen, s. Abschnitte 3.6. und 3.7.). In der Regel umfasst das Risikomanagement Kosten-Wirksamkeitsbetrachtungen (bei der Prüfung von Alternativen), Risikobeurteilungsfragen (welches Risiko ist tragbar, welches Risiko ist nicht akzeptabel, bei welchen Risiken ist eine Interessenabwägung am Platz?), Risikokommunikation und -dialog etc.

• Sicherheitskultur: Unter Sicherheitskultur verstehen wir den bewussten Umgang mit Risiko und Sicherheitsfragen und die faire, demokratische Auseinandersetzung verschiedener Interessensgruppen miteinander im Risikodialog, um die Verbesserung der Sicherheit zum Wohle der gesamten Gesellschaft zu erreichen.

3.   Elemente der Risikoanalyse

Risikoanalysen, insbesondere quantitative, wurden für die Verbesserung der Sicherheit und ein besseres Funktionsverständnis von komplexen grosstechnischen Systemen entwickelt (Kernkraftwerke, Luft- und Raumfahrt [3, 4]). Die Verfahren haben sich dermassen bewährt, dass vereinfachte quantitative Risikoanalysen oder einfachere, gleichwertige Verfahren heute im gesamten Energiesektor, bei chemischen und technischen Gefahrenpotentialen, bei Bauwerken, beim Transport gefährlicher Güter etc. eingesetzt werden [5-7].

Das Vorgehen bei Risikoanalysen ist grundsätzlich immer ähnlich. Risikoanalysen setzen sich in der Regel aus den Elementen und Arbeitsschritten, wie in Fig. 2 dargestellt, zusammen:

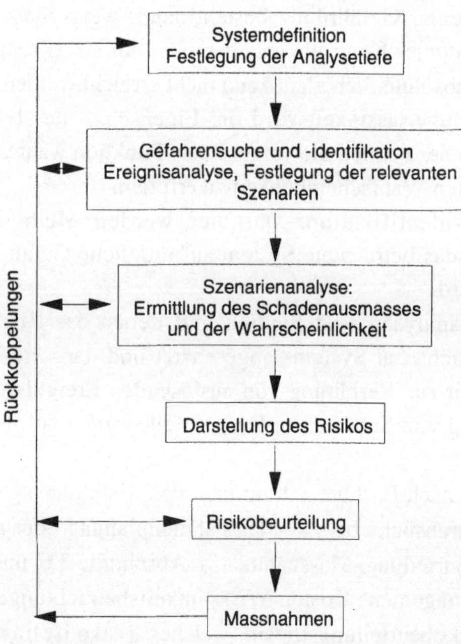

Figur 2: Einzelne Elemente und Arbeitsschritte, bzw. deren Ergebnisse, können zu Änderungen bei früher getroffenen Annahmen führen (Rückkoppelung).

## 3.1.	Systemdefiniton, Festlegung der Analysetiefe

Bevor eine Risikoanalyse ausgeführt wird, sind eine Reihe von Vorarbeiten durchzuführen: Eingrenzung des betrachteten Systems unter Einbezug der zu berücksichtigenden Schutzobjekte, Definition der wesentlichen Systemzustände, Festlegung der Analysetiefe (betriebener Aufwand).

## 3.2.	Gefahrensuche und -identifikation

Aufgrund der Vorarbeiten kann eine vorläufige Gefahrensuche und -identifikation ausgeführt werden [3-7]. Die Gefahren werden in zwei Hauptkategorien eingeteilt: a) Gefahren, die von Unfällen und anderen Zuständen, die nicht dem Normalzustand entsprechen, ausgehen, und b), Gefahren, die den Normalzustand betreffen. Bei beiden Kategorien sind ein oder eine Vielzahl von Schutzobjekten im Auge zu behalten: Todesopfer, Verletzte, langfristige Gesundheitsschäden, Umweltschäden, Schädigungen von Sachwerten etc. In der Analyse wird man sich u.U. nur auf die wesentlichen Aspekte beschränken.

Die Ziele der Gefahrenidentifikation sind:

- Bereitstellung von Grundlagen für die Auslegung und den Betrieb von Sicherheitsmassnahmen (baulich, technisch und organisatorisch)
- Analyse und Auswahl der Gefahren, die relevant sind, d.h. Gefahren, die überwiegend das Risiko bestimmen; Festlegung von Prioritäten für die Risikoanalyse
- Bereitstellung von Grundlagen für die Sicherheitsschulung

Für die Festlegung der Prioritäten und Klassifizierung der Gefahren existieren eine Reihe von Methoden, man unterscheidet grundsätzlich folgende [3-7]:

- Vergleichende Methoden (Checklisten, Safety-Audits oder -Reviews, Ranking-Methoden, Preliminary Hazard Analysis [einleitende Gefahrensuche] etc.)
- Grundlegende Methoden (HAZOP, What-if Analysis, Failure Mode and Effect Analysis [FMEA] etc.)
- Logische Methoden (Fehler- und Ereignisbaumanalysen, Cause Consequence Analysis, Human Reliability Analysis)

3.3. Szenarienanalyse

In vielen Fällen kann eine bestimmte Ursache, z.B. eine Überflutung oder ein Erdbeben, verschiedene Folgen (Konsequenzen) nach sich ziehen. Die Entwicklung und Darstellung der möglichen Ereignisabläufe (Szenarien) ist eines der wichtigsten Elemente in der Risikoanalyse. Die Ereignisablaufanalyse, beispielsweise durchgeführt mit einem Ereignisbaum, stellt ein geeignetes Werkzeug dar, das Schadenausmass und die Eintretenswahrscheinlichkeit in einer Abfolge von Sequenzen zu quantifizieren [4, 5].

3.4. Darstellung des Risikos und Risikovergleich

Das gesellschaftliche Risiko (kollektives Risiko) ist mit der systematischen Untersuchung von Grossunfällen und Katastrophen verknüpft, welche sehr viele Todesopfer fordern können. In den meisten Fällen ist das individuelle Risiko der Betroffenen sehr klein; erst die Summe der individuellen Risiken (s. Fig. 3) aller Betroffenen (kollektives Risiko) deckt die Problematik im vollen Umfang auf.

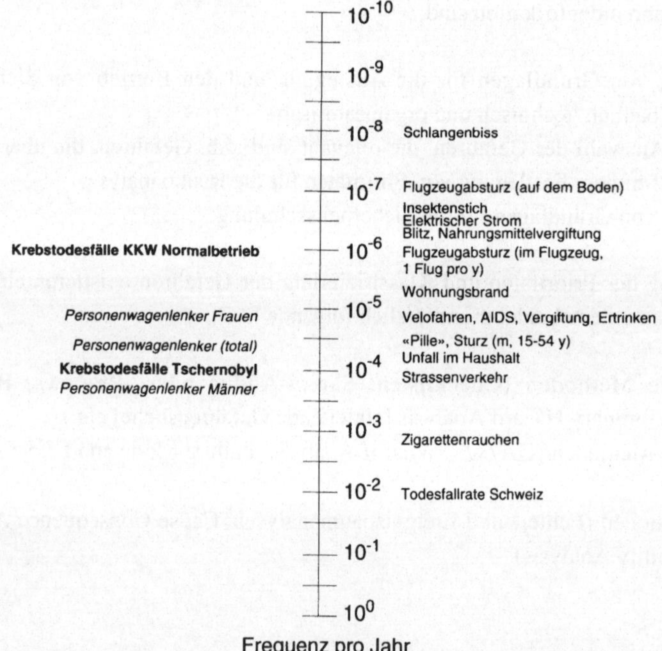

Figur 3: Individuelle Risiken ausgedrückt als Frequenz pro Jahr. Adaptiert nach [8].

Risiken mit hohem möglichen Schädigungspotential (Katastrophen) müssen daher zweidimensional betrachtet und beurteilt werden:

- Wahrscheinlichkeitsbetrachtung (wie wahrscheinlich, wie selten ...)
- Schadenausmassbetrachtung (wieviele Todesopfer und Verletzte)

Wenn das Risiko, definiert als $R_1 = W_1 \cdot A_1$ verglichen wird mit einem zweiten, gleich grossen Risiko $R_1 = R_2 = W_2 \cdot A_2$, bei welchem aber das Ausmass A_2 wesentlich grösser ist, so stellt man geringere Akzeptanz fest (Risikoaversion). Je grösser das Schädigungspotential, desto kleiner die Bereitschaft, das Risiko zu akzeptieren. Das gesellschaftliche oder kollektive Risiko wird in einem W-A-Diagramm dargestellt, in Form einer komplementären kumulativen Verteilungsfunktion, oder einfacher gesagt, einer Risikosummenkurve

Die Risikosummenkurve gibt an, mit welcher Wahrscheinlichkeit bei einem Störfall mit einer Anzahl Todesopfer oder mehr zu rechnen ist. Wichtig ist, dass in den Risikoanalysen sehr oft mit Modellen gearbeitet werden, d.h. Risikoanalysen sind in der Regel nicht das Abbild der Realität sondern mathematische Konstrukte. Sie können also das Risiko entweder als zu klein (wenn die Gefahrenidentifikation und die Analyse nicht vollständig ist) oder zu gross ausweisen (wenn zu konservative Annahmen kombiniert werden). Im Falle von Risikoanalysen wird mit der Wahrscheinlichkeit pro Jahr operiert. Wird hingegen mit Unfallstatistiken gearbeitet, verwendet man die Eintretenshäufigkeit oder Frequenz (F).

3.5. Methodik für die Erstellung von Risikosummenkurven

Die Darstellung des kollektiven Risikos in Form einer Risikosummenkurve läuft in vier Schritten ab:

1) Auflistung sämtlicher Szenarien (beschrieben durch das Schadenausmass [A] und die zugehörige Wahrscheinlichkeit oder Frequenz [W oder F]) des betrachteten Risikos, geordnet nach dem Schadenausmass
2) Einteilung der x-Achse (Schadenausmass A) in Inkremente von log A; mit 10 Inkrementen von log A pro Grössenordnung. Addition der Wahrscheinlichkeiten oder Anzahl Ereignisse pro Standardintervall auf der Schadenausmassachse (x-Achse)
3) Kumulation der Wahrscheinlichkeiten (Frequenzen) beginnend mit dem Intervall mit dem grössten A
4) Aufzeichnung der Kurve in einer log-log Darstellung

Fig. 4 zeigt sechs Arten von natürlichen und Man-made Risiken, über die gut belegte Statistiken geführt werden.

Man-made Risiken weisen im Vergleich mit den Non-man-made Risiken für den Bereich bis zu 10 Todesopfern eine höhere Frequenz auf (Fig. 4), wobei nicht selten auch Ereignisse mit enorm grossen Schadenausmassen beobachtet werden. Der Grund für diesen Unterschied dürfte darin liegen, dass über "kleine" Schäden von Non-man-made Risiken weniger vollständiges Datenmaterial verfügbar ist. Die Risikosummenkurven der weltweiten chemischen Risiken und Flugrisiken fallen beide schneller ab als die der Naturgefahren.

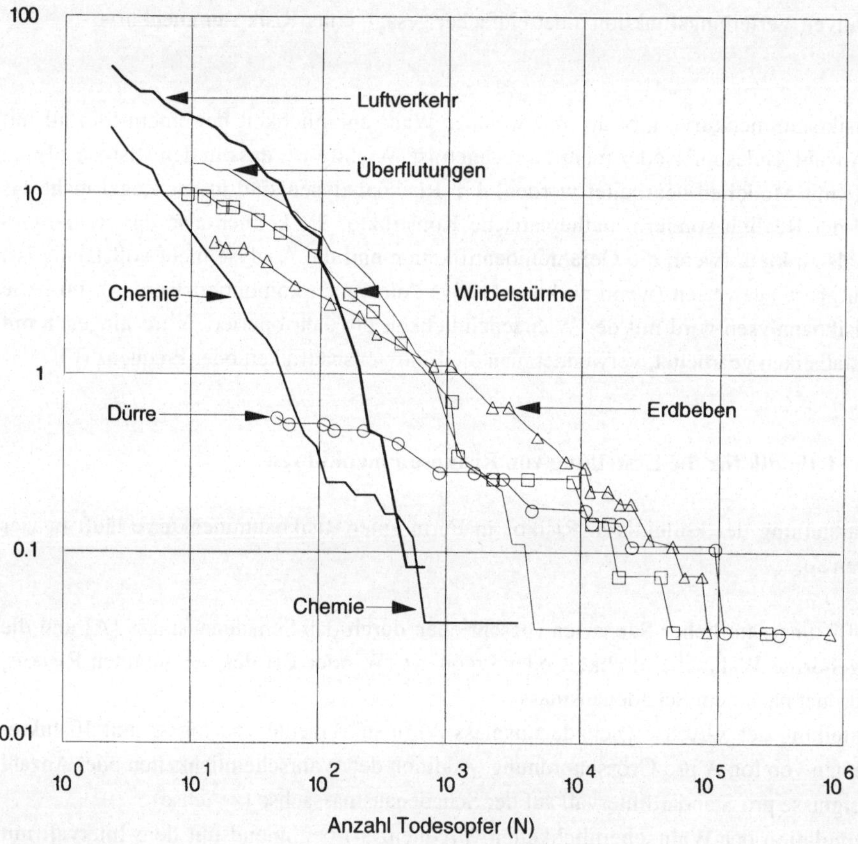

Figur 4: Vergleich der jährlichen Häufigkeit von Todesopfern infolge von ausgewählten natürlichen (Datenbasis 1964 - 90) und menschgemachten Risiken (Datenbasis 1966 - 89). Nach [9].

Fig. 5 zeigt die unterschiedlichen Grössenordnungen von der Anzahl Menschen, welche durch Überflutungen weltweit geschädigt werden (Obdachlose, Verletzte und Todesopfer in den Jahren 1964 bis 1990). Man beachte, dass bei hohen Wahrscheinlichkeiten die Anzahl der (gemeldeten!) Verletzten deutlich kleiner ist als die Zahl der Todesopfer.

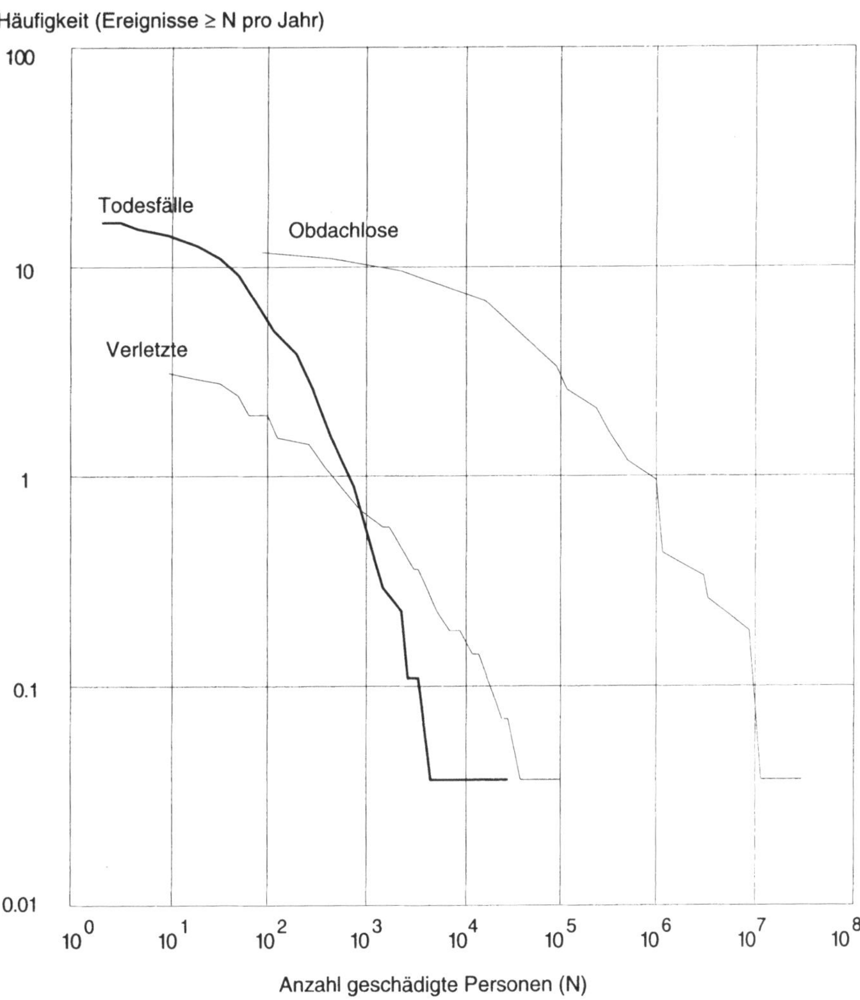

Figur 5: Vergleich der jährlichen Häufigkeit von geschädigten Menschen (Todesopfer, Verletzte und Obdachlose) infolge von Überflutungen (Datenbasis 1964 - 89) Nach [9].

3.6. Risikobeurteilung

In diesem Arbeitsschritt wird anhand von Beurteilungkriterien abgeklärt, welche Risiken tragbar (oder tolerabel) sind, und welche Risiken nicht tragbar (oder nicht akzeptabel) sind. Die Risikoakzeptanz unterliegt einer Reihe von Einflussfaktoren (Fig. 6).

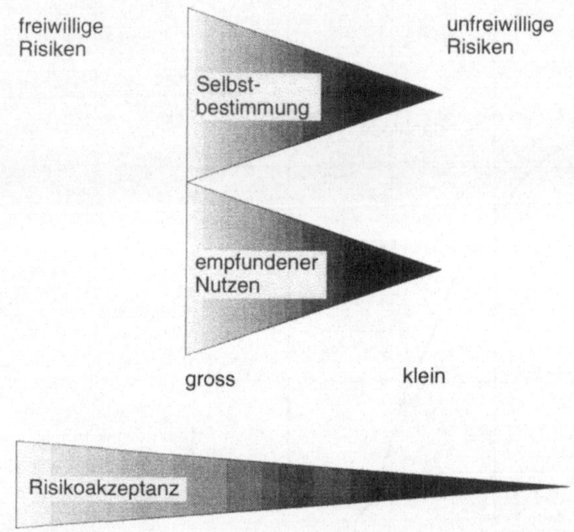

Figur 6: Abhängigkeit der Risikoakzeptanz von verschiedenen Einflussgrössen [10].

Freiwillig eingegangene Risiken werden eher akzeptiert als unfreiwillige (z.B. Risikosportarten versus Transport gefährlicher Güter), Risiken mit grossem Selbstbestimmungsgrad werden eher akzeptiert als solche mit kleinem (z.B. Lenken eines Autos versus Zugfahren) und Risiken, die mit einem grossen empfundenen Nutzen verbunden sind werden eher akzeptiert als solche mit kleinem wahrgenommenen Nutzen (z.B. Grosschemie durch Chemiearbeiter versus Bevölkerung).

Nicht akzeptable Risiken müssen in der Regel reduziert werden, entweder indem das Gefahrenpotential vermindert wird, oder indem die Eintretenswahrscheinlichkeiten ausreichend gesenkt werden. In vielen Fällen muss eine Interessenabwägung zwischen öffentlichen und privaten Interessen oder zwischen verschiedenen Schutzobjekten vorgenommen werden.

3.7. Massnahmen

Die Risikoanalyse erlaubt es, bei zu grossen Risiken die Schwachstellen des gesamten Systems zu erkennen und geeignete Sicherheitsmassnahmen vorzuschlagen, die das Risiko mindern. Der Einfluss dieser zusätzlichen Sicherheitsmassnahmen auf das Verhalten des gesamten Systems kann in der Risikoanalyse überprüft werden. Sehr oft wird auch eine Kosten-Wirksamkeitsbetrachtung hinsichtlich der Wahl von zusätzlichen Sicherheitsmassnahmen mit einbezogen.

Literaturreferenzen

Slovic, P., 1987: *Perception of Risk.* Science, 236:280-285. [1]

SIA 198: Norm 160. [2]

IAEA 1992: *Procedures for Conducting Probabilistic Safety Assessment of Nuclear Power Plants (Level 1).* International Atomic Energy Agency, Safety Series No. 50-P-4, Vienna. [3]

ESA 1992: *Proceedings of the Safety Workshop.* European Space Agency, ESTEC, ESA-WPP-044, Noordwijk, 17. - 19.11.1992. [4]

AICE 1992: *Guidelines for Hazard Evaluation Procedures.* Center for Chemical Process Safety of the American Institute of Chemical Engineers. 2nd Edition, New York. [5]

Schneider, J., und H.P. Schlatter, 1994: *Sicherheit und Zuverlässigkeit im Bauwesen.* Verlag der Fachvereine, Zürich. [6]

HMSO 1991: *Major Hazard Aspects of the Transport of Dangerous Substances.* Health & Safety Commission, London. [7]

Heilmann, K., 1985: *Technologischer Fortschritt und Risiko.* Knaur, München. [8]

Parfitt, J.P., 1992: *Societal Risk Estimates from Historical Data for the United Kingdom and World-Wide Events.* SRDA-R5. [9]

Merz, H., 1994: Ernst Basler & Partner AG, persönlichè Mitteilung. [10]

Prof. Adrian Gheorghe, Polyprojekt Risiko & Sicherheit, Sumatrastrasse, CH-8006 Zürich
Dr. Felix K. Gmünder, Basler & Hofmann, Forchstr. 395, CH-8029 Zürich

Grundwassermodelle: eine generelle Uebersicht

Fritz Stauffer

Es wird versucht, eine generelle Uebersicht über Grundwassermodelle zu geben. Als erstes wird der Bedeutung des Begriffs 'Modell' nachgegangen. Danach folgt eine allgemeine Uebersicht über Strömungs- und Transportprozesse im Grundwasser. Bei den Grundwassermodellen wird eine Klassierung vorgeschlagen. Weiter wird auf aktuelle Probleme bei der Formulierung und Anwendung von Grundwassermodellen eingegangen.

1.   Was ist ein Modell?

Ganz allgemein bedeutet ein Modell eines komplexen Systems jede Repräsentierung oder Beschreibung desselben. Gegenüber der Realität ist das Modell in der Regel vereinfacht und abstrahiert. Es soll die als wesentlich erachteten Prozesse der Realität enthalten. Theoretisch sollte mit zunehmender Komplexität des Modells der reale Vorgang immer korrekter dargestellt werden können.

Eine Einteilung von Modellen kann folgendermassen vorgenommen werden:

- Gedankenmodelle: Das wichtigste Gedankenmodell ist das konzeptuelle Modell. Es bezeichnet für ein betrachtetes System die wesentlichen Vorgänge, die Abfolge und Verknüpfung der Vorgänge, die berücksichtigt werden sollen. Das konzeptuelle Modell stellt eine notwendige Vorstufe zu den formalen Modellen dar.
- Bildhafte Modelle: Diese umfassen die bildhafte Darstellung eines Vorgangs wie Zeichnung, Photo, Film, Karte oder Diagramm.
- Analoge Modelle: Diese sind im Verhalten bzw. der Funktion eines betrachteten Systems analog. Der wichtigste Vertreter ist das physikalische Modell. Ein solches beruht in der Regel auf einer Modellähnlichkeit, die sich durch dimensionslose Zahlen

ausdrücken lässt. Falls das mathematische Modell eines Problems bekannt ist, können dimensionslose Zahlen aus einer Normierung der mathematischen Ausdrücke gewonnen werden. Ein Beispiel aus dem Gebiet der Hydromechanik ist die Normierung der Impuls-Bilanzgleichung (Navier-Stokes-Gleichung), welche zur Reynolds'schen und Froude'schen Zahl führt. Bedingung für eine Modellähnlichkeit ist dann die geometrische Aehnlichkeit und das Uebereinstimmen der dimensionslosen Zahlen in Natur und Modell. Falls der theoretische Zusammenhang des untersuchten Problems unbekannt ist, können wertvolle Verknüpfungen in Funktion von dimensionslosen Zahlen mit Hilfe der Dimensionsanalyse gewonnen werden. Ein anderes Beispiel ist das Hele-Shaw-Gerät, welchem eine Analogie zwischen der Strömung zäher Flüssigkeiten in einem Spalt und der ebenen Grundwasserströmung zugrundeliegt.

- Formale Modelle: Prominenteste Vertreter sind mathematische Modelle. Diese können weiter unterteilt werden in deterministische mathematische Modelle, in statistische Modelle, in stochastische Modelle, usw. Sie stellen mathematische Verknüpfungen zwischen Variablen des untersuchten realen Systems oder Vorgangs dar. Ein Beispiel ist die Verknüpfung zwischen Durchfluss und dem Druckfeld im Grundwasser, welche zum Darcy-Gesetz führt. Andere Beispiele sind Erhaltungssätze wie z.B. Bedingungen der Massenerhaltung, der Impulserhaltung, der Wärmebilanz usw. Solche Bilanzgleichungen werden meist für infinitesimal klein gedachte Kontrollvolumen im untersuchten Gebiet formuliert. Möglich sind aber auch integrale Bilanzgleichungen oder Input-Output-Modelle. Jedes mathematische Modell enthält Variablen und Parameter. Ein mathematisches Modell kann eine einfache mathematische Gleichung wie das Darcy-Gesetz sein. Bilanzgleichungen führen in der Regel jedoch auf partielle Differentialgleichungen oder sogar Systeme solcher.

Im folgenden konzentriert sich die Diskussion auf mathematische Modelle. Bei deterministischen Modellen wird für gegebene Parameter ein Anfangs- und Randbedingungsproblem formuliert. Die mathematische Formulierung solcher Probleme auf der Grundlage von Bilanzgleichungen umfasst generell:

- Angabe der räumlichen Dimension (ein-, zwei-, dreidimensional)
- Angabe der Zeitabhängigkeit (stationär/instationär)
- Angabe des Lösungsgebietes (geometrische Begrenzung)
- Angabe der unabhängigen Variablen (z.B. Koordinaten, Zeit)
- Angabe der abhängigen Variablen (z.B. Druck, piezometrische Höhe, Stoffkonzentration)
- Angabe der Bilanzgleichung (z.B. partielle Differentialgleichung oder System solcher, Beispiel Strömungsbilanzgleichung)
- Angabe der Parameter der Bilanzgleichung und ihrer räumlichen Verteilung (z.B. hydraulische Leitfähigkeit, Dispersionskoeffizient)

- Angabe der Anfangsbedingung (bei zeitabhängigen Problemen), räumliche Verteilung der Variablen zum Zeitpunkt null
- Angabe der Randbedingungen und ihrer Parameter und die zeitliche Entwicklung (z.B. Durchfluss durch den Rand, Wert der Variablen auf dem Rand)

Zum Modell gehört aber auch die vollständige Liste der Annahmen, die zu seiner Formulierung führen.

Stochastische Modelle berücksichtigen die räumliche und/oder zeitliche Variabilität und Unsicherheit in den Parametern, den Anfangs- und Randbedingungen und die räumlichen und/oder zeitlichen Korrelationen.

Mathematische Modelle, welche Differentialgleichungen oder Systeme von Differentialgleichungen mit Anfangs- und Randbedingungen darstellen, umfassen einerseits die Formulierung und andererseits die Lösung des mathematischen Problems (analytische Lösungen, numerische Lösungen). Simulationen sind numerische Experimente mit einem mathematischen Modell für spezifische Anfangs- und Randbedingungen. Das Modell eines komplexen Vorgangs ist immer eine Abstrahierung des realen Systems, welches z.B. durch Labor- und Feldexperimente bzw. Feldsysteme bestimmt ist. Jedes Modell ist charakterisiert durch seine Konzepte, seine spezifischen Bedingungen und seine Parameter. Gründe für die Formulierung und Anwendung von Modellen können sein:

- Prognose von Vorgängen, Zuständen usw., z.B. Prognose der Veränderung des Grundwasserspiegels durch ein Bauwerk
- Planung und Operation von Systemen, Dimensionierung von Systemen, z.B. im Hinblick auf die wasserwirtschaftliche Nutzung von Grundwasser
- Parameterbestimmung, Parameteroptimierung mit Hilfe eines Modells, z.B. Auswertung eines Pumpversuchs
- Auslegung von Feldexperimenten
- Auslegung von Beobachtungsnetzen
- Verknüpfung von Teilvorgängen im System im Hinblick auf ein besseres Verständnis komplexer Systeme
- Uebertragung von Erkenntnissen auf neue Systeme, z.B. vom Labor auf ein Feldsystem
- Sensitivitätsanalysen, die Untersuchung der Sensitivität der Variablen eines Modells infolge Aenderung einzelner Parameter
- Bestimmung der Unsicherheit ermittelter Variablen und Parameter, z.B. durch Monte-Carlo-Simulationen
- Stochastische Simulation, die Generierung von Zufallsfeldern auf der Grundlage eines statistischen Modells, z.B. stochastische Generierung variabler Werte der hydraulischen Leitfähigkeit

- bedingte stochastische Simulationen, die Generierung von Zufallsfeldern mit Berücksichtigung von Messwerten.

Bei der Entwicklung eines Modells gilt typischerweise folgendes Vorgehen:

- Formulierung des konzeptuellen Modells, Auflisten der Annahmen
- Formulierung des mathematischen Modells
- Evaluation der numerischen Lösungsmethode, Erstellen des Programm-Codes
- Test des Programm-Codes mit Hilfe ausgewählter, geeigneter Fällen (z.B. exakte analytische Lösungen für Spezialfälle)
- Experimentelle Ueberprüfung des Programm-Codes (Laborexperimente, Feldexperimente) (vgl. Konikov und Bredehoeft, 1992)
- Bestimmung der Parameter des Modells; Modellkalibrierung mit Hilfe von Messungen
- Modellanwendungen; numerische Lösung für spezifische Anfangs- und Randbedingungen, Simulationen.

2.   Prozesse im Grundwasser

Die Formulierung von Grundwassermodellen setzt die Kenntnis der physikalisch/chemisch/biologischen Prozesse, welche im Grundwasser ablaufen, oder welche berücksichtigt werden sollen, voraus. Die Prozesse betreffen die Bewegung des Wassers, aber auch aller anderen beteiligten Phasen (feste Phasen oder andere Fluidphasen wie Luft oder Oel) sowie das Verhalten von Phaseninhaltsstoffen (z.B. Wasserinhaltsstoffen). Das Verhalten eines Stoffs im Grundwasser kann generell gemäss Tab. 1 eingeteilt werden.

Von Bedeutung ist die Wasserlöslichkeit und Mobilität eines Stoffs im Grundwasser. Dichteeffekte äussern sich in einem Aufschwimmen/Absinken der Phase bzw. des Wassers im Grundwasser.

Beim Verhalten von Wasserinhaltsstoffen (bzw. allgemein Phaseninhaltsstoffen) liegt ihr Transport durch das Grundwasser im Vordergrund. Der Transport eines Stoffs im Grundwasser kann erfolgen durch:

- Transport in gelöster Form in der wässrigen Phase
- Transport und Ausbreitung als nicht-wässrige Phase (z.B. Oel) unter Umständen neben anderen Phasen (z.B. Oel neben Wasser und Luft (Mehrphasenströmung)
- Transport als feste Partikel oder an feste Partikel adsorbiert (z.B. Kolloide)

Aggregat- zustand	Stoff				
	fest		flüssig		gas-/ dampf- förmig
Wasser- löslichkeit	wasser- löslich (z.B. Salz)	wasser- unlöslich (z.B. ad- sorbiert, Partikel)	mischbar mit Was- ser (z.B. Säure)	nicht/schlecht mischbar mit Wasser (z.B. Mineralöl, CKW)	ev. wasser- löslich
Dichte- effekte	ev. Dichte- effekte	ev. Dichte- effekte	ev. Dichte- effekte	leichter als Wasser (z.B. Mineralöl)	schwerer als Wasser (z.B. CKW)	ev. Dichte- effekte
Mobilität im Grund- wasser	± mobil	ev. Par- tikel- transport (z.B. Kolloide)	± mobil	mobil als Phase, lösliche Anteile ± mobil	mobil als Phase; lösliche Anteile ± mobil	stark mobil

Tabelle 1: Verhalten eines Stoffs im Grundwasser.

Bei all diesen Transportarten ist die Bewegung der Wasserphase bzw. das Fliessfeld von entscheidender Bedeutung. Der Transport im Grundwasser ist aber auch stark von den Prozessen abhängig, welche auf die Stoffe wirken. Ein Stoff kann unterschiedlichen physikalischen, chemischen und biologischen Prozessen unterworfen sein. Die wichtigsten Prozesse im Grundwasser können folgendermassen eingeteilt werden:

- Advektion des Stoffs durch die Strömung (oft auch als Konvektion bezeichnet); Transport als Folge der Flüssigkeitsbewegung in der Wasserphase
- Molekulare Diffusion in der Wasserphase
- Sorptionsprozesse: Anlagerung von gelösten Substanzen an Festsubstanz und Wiederauflösung
- Chemische Reaktionen zwischen Substanzen
- Biologische Transformationen
- Radioaktiver Zerfall (bei radioaktiven Substanzen)
- Stoffübergang von flüssiger Phase zu gasförmiger Phase und umgekehrt (flüchtige Stoffe, z.B. chlorierte Kohlenwasserstoffe)

Als Folge des komplizierten Geschwindigkeitsfeldes in der betreffenden Phase erfährt der Stoff einen Dispersionseffekt. Inhomogenitäten bzw. Heterogenitäten in den Transporteigenschaften (z.B. hydraulische Leitfähigkeit, Porosität, Sorptionsverhalten) des Untergrundes beeinflussen in entscheidender Weise das Ausbreitungsverhalten des Stoffs (Effekt der Makrodispersion, Abhängigkeit des Dispersionskoeffizienten von der Transportdistanz). Phasenwechsel des Stoffs wie Kondensation/Verdampfung können bei allen Phaseninhaltsstoffen auftreten. Im Hinblick auf die Modellierung chemischer Interaktionen im Grundwasser ist eine Einteilung der Reaktionen nach Rubin (1983) nützlich (Tab. 2):

chemische Reaktion					
'genügend schnell' und reversibel			'ungenügend schnell' und/oder irreversibel		
homogen	heterogen		homogen	heterogen	
	Ober-flächen-reaktion	'klassische' chemische Reaktion		Ober-flächen-reaktion	'klassische' chemische Reaktion

Tabelle 2: Einteilung chemischer Reaktionen (nach Rubin, 1983).

'Schnelle' oder 'genügend schnelle' reversible chemische Reaktionen sind solche, welche sich während des Transportvorgangs durch eine lokale thermodynamische Gleichgewichtsbeziehung beschreiben lassen. 'Ungenügend schnelle' oder irreversible Reaktionen weisen eine Reaktionskinetik auf. Homogene chemische Reaktionen laufen in einer einzigen Phase ab. Bei heterogenen chemischen Reaktionen sind mehrere Phasen im Spiel (z.B. wässrige und feste Phase), wie z.B. Fällung/Auflösung oder Sorption. 'Klassische' chemische Reaktionen sind z.B. Fällung/Auflösung, Sorption, oder Redox-Reaktionen.

Bei der Formulierung von Transportmodellen wird häufig als Spezialfall ein idealer Tracer angenommen. Ein solcher verhält sich wie markierte Flüssigkeit, unterliegt keiner Sorption und keinen chemischen oder biochemischen Reaktionen und beeinflusst die Flüssigkeitseigenschaften (z.B. Dichte oder Viskosität) nicht.

3. Grundwassermodelle

Gestützt auf die Bezeichnung der zu berücksichtigenden Prozesse ist das typische Vorgehen für die Formulierung von mathematischen Modellen für das Grundwasser folgendermassen (Bear, 1979):

a) Formulierung der Prozesse im mikroskopischen Massstab (Porenmassstab), z.B. Massenbilanz eines Stoffs.

b) Im makroskopischen Massstab Mittelung über viele Poren. Damit werden makroskopische Bilanzgleichungen erhalten. Dies ist der Massstab, welcher für viele Messsysteme im Grundwasser relevant ist (z.B. Probenahme).

c) Im Feldmassstab Mittelung über viele Schichten und Linsen usw. Damit werden megaskopische Bilanzgleichungen erhalten. Dieser Masstab ist für grossräumige Betrachtungen relevant.

Jedes Modell hat seinen charakteristischen Massstab. Wichtig ist, Messungen und Messmethoden auf den jeweiligen Massstab des Modells zu beziehen. Im Hinblick auf eine allgemeine Einteilung der Grundwassermodelle kann folgende Klassierung vorgenommen werden:

- Räumliche Dimension des Modells (ein-, zwei-, dreidimensional, vertikal integriert)
- Geometrische Restriktionen für Lösungsbereich (Idealisierung)
- Zeitabhängigkeit / Zeitunabhängigkeit des Vorgangs
- Anzahl flüssiger Phasen (gesättigt, ungesättigt, Zweiphasen-Systeme, Mehrphasen-Systeme) die berücksichtigt werden
- Art der Strömungsbilanz (für jede Phase) mit Angabe der Variablen und Parameter
- Art der Stoffbilanz (für jede chemische Spezies) mit Angabe der Variablen und Parameter
  - Physikalische Prozesse (Advektion, Diffusion, Dispersion, Dichteeffekte, radioaktiver Zerfall, usw.), welche berücksichtigt werden
  - Chemische Reaktionen, biologisch-chemischen Interaktionen (homogene, heterogene, chemisches Gleichgewicht, Reaktionskinetik), welche berücksichtigt werden
- Berücksichtigung (oder nicht) einer thermischen Ausbreitung, mit Angabe der Variablen und Parameter
- Art der Anfangsbedingung für jede Variable, Ortsabhängigkeit
- Art der Randbedingungen für jede Variable (Art, Ortsabhängigkeit, Zeitabhängigkeit)
- Parameter allgemein: Art der Parameter (homogen/inhomogen, linear/nicht-linear, Linearisierung).

Ein häufig angewandtes 'klassisches' Grundwassermodell ist das ebene, vertikal integrierte stationäre oder instationäre Strömungsmodell (nur für die Wasserphase) für variable Transmissivitäten, Speicherkoeffizienten und Anreicherungsraten (z.B. Pinder und Gray, 1977, Wang und Anderson, 1982). Weitere häufige Modelle simulieren Transportprozesse von Einzelsubstanzen mit linearer Sorption und Abbau erster Ordnung (z.B. Kinzelbach 1986, 1987).

Beispiele für den praktischen Einsatz von Grundwassermodellen sind:

- Berechnung der Auswirkungen einer geplanten Grundwasserfassung auf die Grundwasserströmung
- Berechnung eines Doppelbrunnensystems zur thermischen Nutzung des Grundwassers
- Berechnung der Auswirkungen einer künstlichen Anreicherung von Grundwasser
- Berechnung der Auswirkungen von Aufstau/Absenkung von Oberflächengewässern auf die Grundwasserströmung (Bp. Aufstau durch Flusskraftwerk)
- Berechnung der Auswirkungen eines Bauwerk auf die Grundwasserströmung (z.B. Stollen im Grundwasser)
- Berechnung der Auswirkungen eines Störfalls in einer Deponie auf die Grundwasserqualität
- Berechnung der Auswirkung von Altlasten auf die Grundwasserqualität
- Berechnung des Effekts von Sanierungsmassnahmen bei einer Grundwasserverschmutzung
- Berechnung von Schutzzonen für eine Grundwasserfassung
- Berechnung der Sickerströmung bei Dämmen zur Stabilitätsuntersuchung
- Berechnung von Drainagen, Wasserableitungen

Generell geht es um Fragen der Dimensionierung einer wasserwirtschaftlichen Nutzung des Grundwassers, der Auswirkung eines Bauwerks im Grundwasser oder die Auswirkung von Störfällen im Grundwasser.

Besondere Probleme in der Formulierung und Anwendung von Grundwassermodellen bestehen in der Unsicherheit in den Parametern, in den Anfangs- und Randbedingungen, aber ev. auch in den ablaufenden Prozessen. Die Unsicherheit der Parameter ist einerseits abhängig von der jeweiligen Bestimmungsmethode, aber andererseits auf deren starke räumliche Variabilität zurückzuführen (Schichten, Linsen usw.). Auswege bestehen im zweiten Fall in der Formulierung von effektiven Parametern in einem homogenen Ersatzsystem. Interessante Perspektiven ergeben sich durch die Durchführung von bedingten Monte-Carlo-Simulationen (mit Berücksichtigung von Messungen) mit Bestimmung der Unsicherheit in der Resultaten (Konfidenzintervall). In die gleiche Kategorie gehören weitere stochastische Methoden (z.B. Dagan, 1989, de Marsily, 1986). Bei einer Reihe von Prozessen (chemische Multikomponentensysteme, biologisch-chemische Transformationen, Phasen-Transfer usw.) bestehen zudem grosse Lücken in der Angabe der Parameter (z.B. kinetische Parameter). Modelle sind wertvolle Hilfsmittel sowohl in der Forschung wie in der praktischen Anwendung, wenn sie Hand in Hand mit der Datenerhebung etabliert werden.

4. Einige Anwendungen von Grundwassermodellen

Horizontal-ebenes Strömungsmodell:
Für ein Grundwassergebiet mit Interaktionen mit einem Fluss sowie dem Zusammentreffen von zwei Grundwasserströmen wurde ein horizontal-ebenes stationär/instationäres Grundwassermodell entwickelt. Das Modell berücksichtigte die Wechselwirkung mit dem Oberflächengewässer durch ein Leakagekonzept. Die Auswertung von einem Grosspump- und Anreicherungsversuch erfolgte analytisch und konnte durch das numerische Modell bestätigt werden. Das Modell diente zur Untersuchung einer potentiellen künstlichen Anreicherung (AGW, 1991).

Dreidimensionales Strömungs- und Transportmodell:
Für die Umgebung einer Deponie in einer geneigten Sandstein- und Mergelformation wurde ein dreidimensionales Strömungs- und Transportmodell unter Verwendung des Codes MODFLOW (McDonald und Harbaugh, 1984) entwickelt. Das Modell berücksichtigte die umfangreichen Druck- und Potentialmessungen sowie lokale Quellaufstösse und Drainageausflüsse. Gestützt auf das Fliessfeld wurde der Transport von Chlorid durch ein advektives Transportmodell simuliert (SDMK, 1988).

Vertikal-ebenes Strömungs- und Transportmodell gesättigt/ungesättigt:
Für die Simulation eines Laborexperiments mit Infiltration von Wasser und Salzlösung in eine geschichtete Sandpackung wurde ein instationäres zweidimensionales Strömungs- und Transportmodell für gesättigte und/oder ungesättigte Strömungen entwickelt. Spezielles Augenmerk wurde auf die Interaktion zwischen Grundwasserbereich und Kapillarbereich gelegt. Der Stofftransport eines idealen Tracers wurde mit einem advektiven Transportmodell simuliert (Stauffer und Dracos, 1986).

Stochastische Modellierung in heterogenem Grundwasserleiter:
Möglichst detaillierte heterogene Strukturen von Kiesformationen wurden dreidimensional für einen Aquiferblock stochastisch generiert. Grundlage dazu lieferte eine statistische Analyse der Heterogenitäten (Linsen, Schichten) in Kiesgruben. Mit den generierten Feldern (hydraulische Leitfähigkeit und Porosität) wurden Strömungs- und Transportsimulationen mit einem dafür entwickelten Strömungs- und Transportmodell durchgeführt. Gestützt auf eine Reihe von Realisationen liessen sich effektive Parameter (effektive hydraulische Leitfähigkeit und Dispersionskoeffizienten) über einen Bereich von 100 m ermitteln (Jussel et al., 1994).

Schadstoffausbreitung mit Ionentausch:

Valochchi et al. (1981) waren in der Lage, ein Feldexperiment mit Ionentausch von mehreren beteiligten Kationen über eine Distanz von 15m mit Hilfe von unabhängig ermittelten physikalischen und chemischen Parametern zu simulieren. Diese Daten wurden als Test für ein eindimensionales Multikomponenten-Transportmodell verwendet (Behra et al., 1990, Zysset et al. 1994).

Schadstoffausbreitung mit Biotransformation:

Für die Simulation von Laborexperimenten von von Gunten und Zobrist (1992) mit biologischem Abbau einer organischen Substanz wurde ein eindimensionales Kinetik-Transport-Modell formuliert. Das Modell berücksichtigt den Stofftransport und die zeitliche und örtliche Entwicklung der Biomasse und des limitierenden Substrats (im vorliegenden Fall Nitrat und Sulfat mit Denitrifizierung und Sulfatreduktion) (Zysset et al., 1994).

Literaturreferenzen

AGW Kt. ZH 1991: *Grundwassernutzung Weiacher-Hard: Mathematisches Grundwassermodell*. IHW, ETH Zürich, unveröffentlicht.

Bear, J., 1979: *Hydraulics of Groundwater*. McGraw-Hill New York.

Behra, P., A. Zysset, L. Sigg, und F. Stauffer, 1990: *Modelling of pollutant transport in groundwater: Chemistry as a key factor*. EAWAG News 28/29, 6-11.

Busch, K.-F., L. Luckner und K. Tiemer, 1993: *Geohydraulik*. Gebr. Borntraeger, Stuttgart, 3. Aufl..

Dagan, G., 1989: *Flow and Transport in Porous Formations*. Springer-Verlag, Berlin.

Jussel, P., F. Stauffer, und T. Dracos, 1994: *Transport modelling in heterogeneous aquifers: 1. Statistical description and numerical generation of gravel deposits*. Water Resour. Res. 30 (6) 1803-1817.

Jussel, P., F. Stauffer, und T. Dracos, 1994: *Transport modelling in heterogeneous aquifers: 2. Three-dimensional transport model and stochastic numerical tracer experiments*. Water Resour. Res. 30 (6) 1819-1831.

Kinzelbach, W., 1986: *Groundwater Modelling*. Elsevier, Amsterdam, Developments in Water Science.

Kinzelbach, W., 1987: *Numerische Methoden zur Modellierung des Transports von Schadstoffen im Grundwasser*. Oldenburg, München, Schriftenreihe gwf Wasser, Abwasser, Bd. 21.

Konikov, L.K., and J.D. Bredehoeft, 1992: *Ground-water models cannot be validated*. Advances in Water Resources 15, 75,-83.

de Marsily G., 1986: *Quantitative Hydrogeology*. Academic Press, Orlando.

McDonald, M. G., and A.W. Harbaugh, 1984: *A modular three-dimensional finite-difference ground-water flow model*, USGS.

Pinder, G.F., and W.G. Gray, 1977: *Finite Element Simulation in Surface and Subsurface Hydrology*. Academic Press, New York.

Rubin, J., 1983: *Transport of reacting solutes in porous media: Relation between mathematical nature of problem formulation and chemical nature of reactions*. Water Resour. Res. 19 (5) 1231-1252.

SMDK, 1984: *Hydraulik-Modell der Sondermülldeponie Kölliken*. IHW ETH Zürich, unveröffentlicht.

Stauffer, F., and T. Dracos, 1986: *Experimental and numerical study of water and solute infiltration in layered porous media*. J. Hydrology, 84, 9-34.

Valochchi, A.J., R.L. Street, and P.V. Roberts, 1981: *Transport of ion-exchanging solute in groundwater: Chromatographic theory and field simulation*. Water Resour. Res. 17 (5) 1517-1527.

von Gunten, U. and J. Zobrist, 1993: *Biogeochemical changes in groundwater-infiltration systems: Column studies*. Geochim. Cosmochim. Acta, 57, 3895-3906.

Wang, H.F., and M.P. Anderson, 1994: *Introduction to Groundwater Modeling: Finite Difference and Finite Element Methods*. W.H. Freeman, San Francisco.

Zysset, A., F. Stauffer, and T. Dracos, 1994: *Modelling of chemically reactive groundwater transport*. Water Resour. Res., 30 (7) 2217-2228.

Zysset, A., F. Stauffer, and T. Dracos, 1994: *Modelling of reactive groundwater transport governed by biodegradation*. Water Resour. Res., 30 (8) 2423-2434.

Dr. Fritz Stauffer, Institut für Hydromechanik und Wasserwirtschaft, ETH Hönggerberg, CH-8093 Zürich

Gefährdung des Grundwassers

Eduard Hoehn

Die Gefährdung des Grundwassers ist ein Problem, das allen industrialisierten Ländern der Welt grosse Sorgen bereitet. Als wissenschaftliche Fragestellung historisch den Angewandten Erdwissenschaften erwachsen, enthält das Problem Elemente anderer naturwissenschaftlicher (Physik, Chemie, Biologie) und ingenieurwissenschaftlicher Disziplinen (Hydrologie, Hydraulik, Siedlungswasserwirtschaft, Wasserversorgung). Die nicht naturwissenschaftlichtechnischen Disziplinen wie Volks- und Betriebswirtschaft und Sozialwissenschaften seien hier ausgeklammert. Einerseits gereicht Grundwasser dem Menschen zu sehr hohem Nutzen als Trink-, Brauch- und Bewässerungs- oder Kühlwasser, anderseits stellt Grundwasser (wie z.B. Seen, Moore, Tümpel oder Flüsse) ein aquatisches Ökosystem dar. Dieses ist jedoch dem Auge weitgehend entzogen und weist - verglichen mit anderen aquatischen Ökosystemen - vergleichsweise wenig Leben auf. In einer Zeit, wo es zunehmend schwieriger wird, Trinkwassergüte als Qualitätsziel für das gesamte Grundwasser zu fordern, müssen mindestens die Anforderungen an die Ökologie erfüllt sein. (Für gewisse Messgrössen bedeutet dies strengere Konzentrationsbeschränkungen als für die Trinkwassergüte.) In den Erdwissenschaften sind Felduntersuchungen mit Folgerungen aus Beobachtungen und Feldversuche die Regel. Diesem Ansatz stellen wir das prozessorientierte Vorgehen im Labor unter kontrollierten Bedingungen (Schüttel- und Säulenversuche) und das modellmässige Vorgehen mit mathematischen Simulationen und Prognosen gegenüber (z.B. Hoehn & Pfeifer, 1994).

Die Abschätzung einer Gefährdung des Grundwassers ist zu sehen in einem Ablauf beim Umgang mit Grundwasser: *Nutzung -> Gefährdung -> Schutz -> Überwachung -> Verunreinigung -> Sicherung/Sanierung.* Ziel einer solchen Abschätzung ist es, das Grundwaser bestmöglich vor Verunreinigung mit gelösten und partikulären Stoffen (chemischen, mikrobiologischen, radioaktiven) zu schützen, d.h. das Verunreinigungsrisiko zu vermindern. Bei einem Verbrauch von rund 1 Milliarde Kubikmetern pro Jahr entstammen dem Rohstoff Grundwasser über 85 % des schweizerischen Trinkwassers - unseres wichtigsten Lebensmittels.

Die Nutzung des Grundwassers als Trinkwasser soll weiterhin gegenüber anderen Nutzungen Vorrang haben. Obwohl es natürlicherweise durch die Überdeckung mit Gesteinen gegen Verunreinigungen durch den Menschen gut geschützt ist, stellen wir an gewissen Orten eine zunehmende Belastung des Grundwassers fest. Im dicht besiedelten industrialisierten voralpinen Raum (z.B. Schweizerisches Mittelland, Elsass, Münchner Schotterebene) kommen verschiedene raumwirksame Nutzungen einander in die Quere. Bei Konflikten mit anderen Nutzungen (z.B. Umgang mit wassergefährdenden Stoffen in der Industrie; Land- und forstwirtschaftliche Anbaupraxis mit Düngern, Pflanzen- und Holzbehandlungsmitteln; Kiesabbau; Deponien) ist das Grundwasser gefährdet und muss vor Verunreinigung geschützt werden.

Während früher dem Grundwasser vor allem von bakteriellen Verunreinigungen Gefahr drohte, stehen heute Gefährdungen mit anthropogenen chemischen Stoffen im Vordergrund (anorganischen, wie z.B. Chloriden und Nitraten, Metallen, und organischen Spurenstoffen, oder mit organischen Flüssigkeiten in Phase, welche mit Wasser nicht mischbar sind) (z.B. Hoehn & Bundi, 1983). Die Abschätzung der Gefährdung des Grundwassers ist eine Art von *Risiko-Analyse*. Die Kenntnis des Verhaltens von Stoffen ist eine wichtige Voraussetzung für einen wirksamen und vorsorglichen Grundwasserschutz. Ein besonders wirksames Mittel ist die Überwachung von Menge (Grundwasserspiegel) und Güte (chemische und physikalische Messgrössen) des Grundwassers. Überwachung und Schutz sollen einerseits ungenutzte Teile von Grundwasservorkommen, anderseits im speziellen öffentliche Anlagen der Trinkwasserversorgung (Grundwasserfassungen, Quellen) umfassen. Ein gutes Überwachungskonzept enthält eine räumliche, eine zeitliche und eine stoffliche Komponente. Ziel des Schutzes und der wirksamen Überwachung des Grundwassers ist es zu bewirken, dass sich der heutige Zustand und die generell gute Qualität des Grundwassers nicht verschlechtern.

Grundwasserschutz ist ein Element der Raumplanung. Die Beurteilung der Gefährdung und das Ausmass des Schutzbedarfs für das Grundwasser sind in der Schweiz über eine Vielzahl eidgenössischer und kantonaler Erlasse gewährleistet. Der Vollzug des Grundwasserschutzes für die Trinkwassernutzung obliegt den Kantonen. Zur Strategie des Grundwasserschutzes gehören raumbezogene, mit zunehmender Distanz von einer Fassung weniger rigorose Nutzungsbeschränkungen und andere (z.B. bauliche) Massnahmen. Beschränkungen und Massnahmen werden mit *Grundwasser-Schutzzonen und Gewässerschutz-Bereichen* durchgesetzt. Je besser solche Zonen und Bereiche naturwissenschaftlich-technisch abgestützt, d.h. quantifizierbar sind, desto eher können sie vollzogen werden. Die Anforderungen an die Erlasse des Bundes werden periodisch neuen naturwissenschaftlichen Kenntnissen angepasst (z.B. Zuströmbereich im Schottergrundwasser (Hoehn et al., 1994), Schutzzonendimensionierung im Karstgrundwasser).

Beim innigen Kontakt des Grundwassers mit dem umgebenden Gestein laufen vielfältige chemische und biologische Wechselwirkungen zwischen Gesteinsoberflächen und Grundwasser ab (Anlagerungs- und Umwandlungsvorgänge). Gelöste Stoffe werden im Grundwasser in ähnlicher Art verfrachtet, wie dies aus chemischen Reaktoren und Säulenversuchen im Labor bekannt ist; beim Stofftransport verändern sich die Konzentrationen im Grundwasser und an den Gesteinsoberflächen. Infolge von physikalischen, chemischen und mikrobiell mediierten Ausbreitungsvorgängen können Schadstoffe von einem Herd als Ausgangsort einer Verunreinigung (z.B. Unfallstelle, Altstandort, infiltrierender und mit Abwässern belasteter Fluss, land- oder forstwirtschaftlich bewirtschaftete Fläche) in die ungesättigte Zone eines Grundwasserleiters ausgetragen werden. Beim Erreichen des Grundwasserspiegels und später im Grundwasser setzt sich der Transport in allen drei Dimensionen fort. Der Schadstoffaustrag erfolgt als ein "Stimulus" (z.B. pulsförmiges Ereignis, schleichender und andauernder Zustand, oder zyklische, z.B. jahreszeitliche Verhältnisse). Als "Antwort" des Systems Grundwasser ("Response") auf einen solchen "Stimulus" werden grundwasserstromabwärts räumliche und zeitliche Konzentrationsverteilungen von Schadstoffen bzw. ihre Gradienten gemessen. Die chemische Verfahrenstechnik spricht vom "Stimulus-Response-Prinzip" (z.B. Levenspiel, 1984).

Kriterien für die Bewertung von Stoffen bezüglich ihrer Gefährdung des Grundwassers sind ihre *Giftigkeit* (für den Menschen bzw. das Ökosystem Grundwasser), ihre Beweglichkeit (relativ zur Bewegung des Grundwassers selbst) und ihre Persistenz (d.h. Widerstand gegen dauernde Anlagerung an Gesteinsoberflächen und gegen Abbau durch Bakterien) (Jackson & Hoehn, 1987). Besonders die Verwendung land- und forstwirtschaftlicher Dünge- und Hilfsmittel sowie xenobiotischer halogenierter organischer Verbindungen schuf in den letzten Jahrzehnten ein grosses Gefährdungspotential. Den Einsatz solcher Stoffe einzuschränken, oder solche Stoffe durch andere, weniger bewegliche, giftige und persistente Stoffe zu ersetzten, ist ein Gebot der Zeit.

Literaturreferenzen

Hoehn, E., R.V. Blau, D. Hartmann, W. Kanz, H. Leuenberger, F. Matousek, und J. Zumstein, 1994: *Der Zuströmbereich als Element eines zeitgemässen Grundwasserschutzes*, Gas-Wasser-Abwasser 74(3), 187-193.

Hoehn, E., and H.-R. Pfeifer, 1994: *"Pollution and pollutant transport in the geosphere": An introduction to the symposium*, Eclogae geol. Helv. 87(2), 311-319.

Jackson, R.E., and E. Hoehn, 1987: *A review of the processes affecting the fate of contaminants in groundwater*, Water Poll. Res. J. Canada 22(1), 1-20.

Hoehn, E., and U. Bundi, 1983: *Gefährdung und Schutz des Grundwassers in der Schweiz*, Schweiz. Ing. Arch. 104 (4), 33-41.

Levenspiel, O., 1984: *The Chemical Reactor Omnibook+, OSU Book Stores, Inc., Corvallis,*
    OR, 97339, July, 1984.

Dr. Eduard Hoehn, Eidgenössische Anstalt für Wasserversorgung, Abwasserreinigung und
Gewässerschutz, EAWAG, CH-8600 Dübendorf

Datenerhebung bei Grundwasseruntersuchungen

Eduard Hoehn

Daten zur Erkundung des Grundwassers werden mit Methoden erhoben, die in den Untergrund nicht eindringen und mit solchen, die in den Untergrund eindringen. Bei den ersteren handelt es sich v.a. um geophysikalische Methoden. Diese werden gesondert behandelt, während hier die letztere Methode erwähnt wird. Es handelt sich v.a. um das Abteufen von Bohrungen, Baggerschlitzen und Rammsondierungen. Im Zusammenhang mit der *stofflichen Zusammensetzung* von Grundwasser entscheidet der Zweck der Untersuchung über die Methode:

1. Entnahme von möglichst sauberem und ungestört gelagertem Gesteinsmaterial;
2. Möglichst viele Einzelmessungen über die räumliche Verteilung von Messgrössen der geologischen Formation, wie z.B. Durchlässigkeit, Porosität;
3. Billiger und rascher Aufschluss zwecks Einbau von Probenahme-Rohren mit möglichst kurzen Filterstrecken in möglichst vielen verschiedenen Tiefenlagen (Cherry, 1983);
4. Direkter Einblick in die obersten paar Meter des Untergrunds, mit der Möglichkeit, viel gestörtes Gesteinsmaterial zu entnehmen;
5. Billige Bestimmung der Lagerungsdichte des untiefen Untergrunds, mit der Möglichkeit, ein schmales Rohr zur Beobachtung des Grundwasserspiegels zu versetzen. Häufig muss mehr als einer dieser Zwecke erfüllt werden. Deshalb gibt es nicht *das* bestmögliche Verfahren. Vor allem die im voralpinen Raum gelegenen glaziofluviatilen Schottern (Kies-Sand-Gemischen), welche die vorrangig für Trinkwasser genutzten Vorräte an Grundwasser enthalten, bilden eine Herausforderung an die Bohrtechnik zur Erfüllung obiger Zwecke (Hoehn et al., 1983).

Sowohl für Kernmaterial als auch für gefördertes Grundwasser gilt es zu entscheiden, welche Grössen an Ort und Stelle und welche in einem Laboratorium gemessen werden sollen. Gerade bei verunreinigtem Grundwasser ist eine Kenntnis der Konzentrationen an gelösten Gasen (O_2 für die Ermittlung des Redox-Potentials, und CO_2 für die Ermittlung des Kalk-Kohlensäure-Gleichgewichts) von grosser Bedeutung. Spurenstoffe im Grundwasser, die in den letzten Jahrzehnten eine immer grössere Bedeutung erlangten, erheischen bei der Probenahme spezielle Fördertechniken (z.B. Unterwasserpumpen, welche stossen - auch in Rohren von nur 2"!) und Materialien (z.B. HDPE oder Teflon), um eine zusätzliche Verunreinigung der Wasserprobe zu verhindern (Barcelona et al., 1983, 1985). Auch die Entnahme *chemisch* ungestörter Materialproben (z.B. anoxisches Sediment) ist kein "gratis Mittagessen": Diese Anforderung bedingt in gewissen Fällen eine Anpassung des Bohrgeräts (z.B. Einfach-Kernrohr, mit Imloch-Hammer) an die speziellen Bedürfnisse.

Markierversuche (Tracer-Experimente) mit natürlichen (z.B. ^{222}Rn, ^{16}O/^{18}O, oder ^{3,4}He) und künstlich in den Untergrund eingebrachten Stoffen (Fluoreszenzfarben, Halogenide oder kurzlebige Radioisotope davon) sind eine bewährte Methode zur Erkundung des Grundwassers bei Stofftransport-Problemen und bilden eine hydrogeologische Anwendung des oben erwähnten Stimulus-Response-Prinzips der chemischen Verfahrenstechnik. Falls die Stoffe die Bewegung des Wassers anzeigen, sprechen wir von "konservativen Tracern". Bei der künstlichen Eingabe von konservativen Tracern in den Untergrund entspricht die zeitliche Verteilung der Tracerkonzentration beim Durchbruch an einer Beobachtungsstelle der Verteilung von Aufenthaltszeiten des Grundwassers zwischen Eingabe- und Beobachtungsstelle. Natürlich handelt es sich bei den Aufenthaltszeiten um Mischalter, da wir keinen Zugang zu möglichen Mischprozessen im Untergrund haben ("black box"). Für eine Bilanzierung der Tracer ist eine Versuchsanordnung anzustreben, in welcher der Bereich des Tracer-Transports möglichst gut abgeschlossen ist (z.B. Einzugs-gebiet einer Quelle, radial-konvergente Strömungsverhältnisse bei einem Entnahmebrunnen, Dipol-Anordnung, mit Injektions- und Extraktions-Brunnen). Neuerdings werden auch Versuche mit bewusst *nicht* konservativen Tracern durchgeführt, um Laborergebnisse und Modellrechnungen im Feldversuch zu bestätigen. Im Sinne von Tracer-Versuchen gibt auch eine Beobachtung des Verhaltens von Stoffen im Grundwasser ohne ausgelösten Stimulus Hinweise auf Transportvorgänge (z.B. Wasseralter, Mischung und Verzögerung von Stoffen). Eine weitere neue Anwendung der Tracer-Technik betrifft die Sanierung von Grundwasserverunreinigungen mit Flüssigkeiten, die nicht mit Wasser mischbar sind: Es wird versucht, mit Lösungen oberflächenaktiver Stoffe schlimmere Verunreinigungen aus dem Grundwasser auszuwaschen (Jin et al., 1995).

Literaturreferenzen

Barcelona, M.J., J.P. Gibb, & R.A. Miller, 1983: *A guide to the selection of materials for monitoring well construction and ground-water sampling*, Illinois State Water Survey Contract Rept. 327, Illinois State Water Supply, Champaign, Ill.

Barcelona, M.J., J.P. Gibb, J.A. Helfrich, & E.E. Garske, 1985: *Practical guide for ground-water sampling*, Illinois State Water Survey Contract Rept. 374, Illinois State Water Supply, Champaign, Ill.

Cherry, J.A., ed., 1983: *Travel of contaminants in groundwater at a landfill - A case study*, J. Hydrol. 63.

Hoehn, E., J. Zobrist, und R.P. Schwarzenbach, 1983: *Infiltration von Flusswasser ins Grundwasser - Hydrogeologische und hydrochemische Untersuchungen im Glattal*, Gas-Wasser-Abwasser 63(8), 401-410.

Jin, M., M. Delshad, V. Dwarakanath, D.C. McKinney, G.A. Pope, K. Sepehnoovi, Ch.E. Tilburg, & R.E. Jackson, 1995: *Partitioning tracer test for detection, estimation, and remediation performance assessment of subsurface nonaqueous phase liquids*, Water Resour. Res., 31(5), 1201-1211.

Dr. Eduard Hoehn, Eidgenössische Anstalt für Wasserversorgung, Abwasserreinigung und Gewässerschutz, EAWAG, CH-8600 Dübendorf

Prozesse im Grundwasser und ihre Modellierung; Geologische Ansätze zur Bestimmung der Heterogenität des Untergrundes - geologisch-hydraulische Charakteristika

Peter Huggenberger

Geologische Strukturen beeinflussen in vielfältiger Weise den Transport von Stoffen im Grundwasser. In der Literatur sind verschiedene Konzepte der Aquifer-Sedimentologie vorgeschlagen worden. Kombinierte sedimentologisch-geophysikalische Studien von Schottergrundwasserleitern stellen eine Möglichkeit dar, solche Konzepte zu konkretisieren. Die Resultate eines solchen Ansatzes bilden die Grundlage für konzeptionelle Modelle des Stofftransportes in verschiedenen Massstabsbereichen.

1.   Einleitung

Unsere Information über die dreidimensionalen Heterogenitäten des Untergrundes beruhen auf der Analyse des Kernmaterials von Bohrungen, Bohrlochmessungen und Wasserproben. Da der Ausschnitt aus der 3-D Struktur des Untergrundes sehr eng begrenzt ist, können die nicht direkt beobachtbaren Teile des Untergrundes das Verhalten eines Grundwassersystems bzw. die Ausbreitung eines Schadstoffes ganz wesentlich beeinflussen.

Die wichtigsten Grundwasserträger der Schweiz bilden die fluvio-glazialen und fluvialen Schotter- und Sandablagerungen der letzten Eiszeiten. Häufig sind in Schottergrundwasserleitern komplexe Verteilungen der für den Stofftransport relevanten Grössen wie z.B. Permeabilität und Porosität, die mineralogische Zusammensetzung und die Oberflächeneigenschaften anzutreffen. Die Ursachen dafür liegen in den vielfältigen Transport-, Sedimentations-, Verwitterungs- und Diageneseprozessen. Die Struktur des Porenraumes im Untergrund bestimmt die Mischungsprozesse im Grundwasser. Im kleinen Massstab herrschen mechanische Dispersion und Diffusion vor. Im grossen Massstab dominieren jedoch

die Unterschiede der mittleren Fliessgeschwindigkeiten (Advektion) in den durchflosse-
nenen geologischen Formationen die Mischungsprozesse im Grundwasser.

Vier Beispiele (1a-1d) dokumentieren den Einfluss von Sediment-Strukturen und -Texturen
auf die physikalischen und chemischen Aspekte des Stofftransportes. Die Beispiele stammen
aus vier verschiedenen Massstabsbereichen. Im Makro-Bereich zeigt ein Tracer-Test im Kt.
Uri (Angehrn, 1990) Unterschiede der Aufenthaltszeiten des Grundwassers von 12 m - bis
170 m pro Tag (Fig. 1a). Damit wird offensichtlich, dass in den Schotterablagerungen des
Reusstals sehr schnelle Wasserwege existieren, die für den Grundwasserschutz oder bei der
Risiko-Beurteilung bei Unfällen mit grundwassergefährdenden Gütern von Bedeutung sind.
Zwei Beispiele im Aufschlussbereich (Fig. 1b, c) illustrieren, wie unterschiedliche
Porenstrukturen die Migration von Mineralölstoffen (Fig. 1b) in der ungesättigten Zone beeinflussen bzw. wie "Lehm-Dikes" (Fig. 1c) (Wyssling, 1994) über kurze Distanzen unter-
schiedliche, nicht ganz einfach zu interpretierende Grundwasserverhältnisse schaffen
können. Dieses Beispiel macht deutlich, dass lokale Phänomene das Fliessfeld und damit
den Stofftransport entscheidend beeinflussen können. Lokale Phänomene, wie Rollkiesagen
oder "open-framework" Zonen sind dann schliesslich im kleinen Massstabsbereich häufig
Orte, wo Fe- und Mn-Verbindungen ausgeschieden wurden (Fig. 1d). Dies bedeutet, dass
Redoxreaktionen indirekt, über die Sauerstoffversorgung von Rollkieslagen strukturbezogen
ablaufen können.

2.   Ansätze zur Bestimmung der Inhomogenität des Untergrundes

Heute existieren sehr unterschiedliche Ansätze, die Heterogenität des Untergrundes zu beschreiben, z.B. deterministische Ansätze (Molz et al, 1993), statistische Ansätze (Fogg
1986), stochastische Ansätze (z.B. Jussel 1992; Dagan, 1989) oder fraktale Ansätze (Hewett,
1986). Je nach verwendetem Ansatz werden unterschiedliche Annahmen über die räumliche
Struktur des Untergrundes getroffen, z.B. horizontale Schichtung bei deterministischen
Modellen oder Stationarität im Falle von stochastischen Modellen. Stationarität eines
Zufallsprozesses bedeutet, dass Mittel, Varianz, Kovarianz sowie Momente höherer
Ordnung unabhängig vom Ort sind. Da letztlich allen Modellen, wenn dies auch häufig nicht
explizit ausgedrückt wird, Annahmen über die räumliche Struktur des Untergrundes zu
Grunde liegen, kommt der geologischen Erkundung, bei der Quantifizierung von Stofftrans-
portprozessen eine wesentliche Rolle zu.

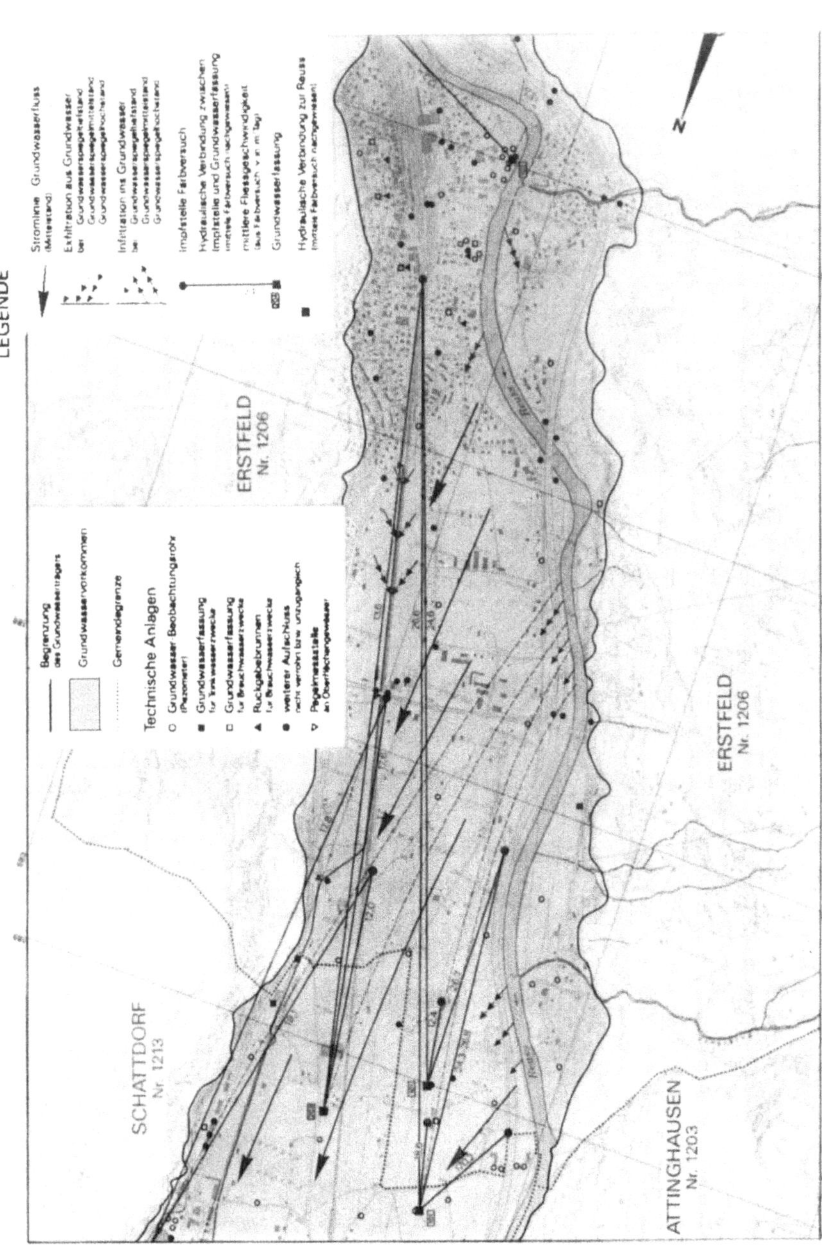

Figur 1a: Grundwasserströmung im Urner Reusstal (Abschnitt Amsteg-Urnersee, Blatt-Süd), Amt für Umweltschutz, Kt. Uri, Angehrn, 1990. Resultate von Färbversuchen. Pfeile mit Zahlen geben nachgewiesene Verbindungen an (Geschwindigkeit v in m/Tag). Variation der Geschwindigkeit von 12 m/Tag bis 170 m/Tag. Maximale Grundwasserfliessgeschwindigkeit im Gebiet NE der Autobahnrastsäte.

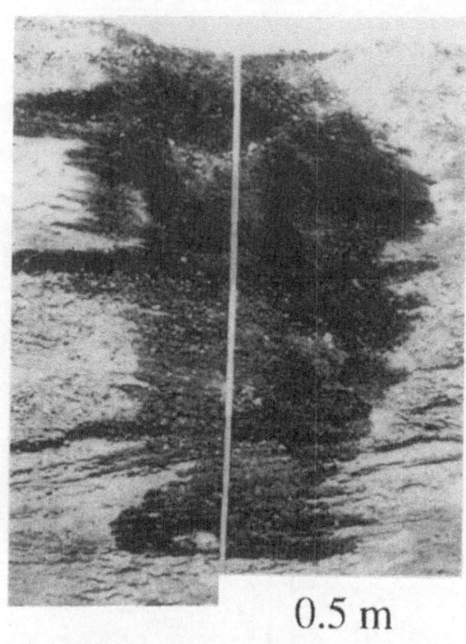

*Figur 1b: Durch Mineralölversickerung im Boden gebildeter Imprägnations-
körper. Deutlich sichtbar sind die Unterschiede in der lateralen Ausbreitung der
Mineralölphase entlang von Schichten mit grösseren Poren. (Abbildung aus
Schwille, 1965).*

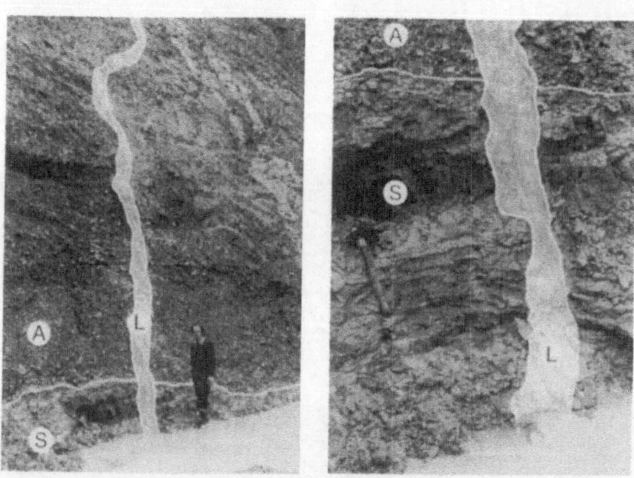

*Figur 1c: Kiesgrube bei Gutenswil (Aufnahme von P. Felber, 1980,
Wyssling,1994, LK 696.220/248.230; ca. 562 m ü.M.). "Lehm-Dike" (L), der in
Blickrichtung in die Kieswand hineinstreicht. Der scheinbar gekrümmte Verlauf
ist bedingt durch die Intersektion mit der uneebenen Wand. Der Aatalschotter (A)
überlagert mit scharfer Grenze den kompakten Seebodenlehm (S), im oberen Teil
auch Einlagerung von Sandschichten. (Markierung = 1 m).*

Figur 1d: Mangan Ausfällungen in Rollkieslagen einer Schotterablagerung (Lokalität: Weihwang (Pullendorf), Süd-Deutschland) (a) Fe-Oxide und Hydroxide, (b) Mn-Ausfällungen.

In der Literatur sind verschiedentlich Arbeitskonzepte zur Aquifer-Sedimentologie vorgeschlagen worden (z.B. Dreyer, 1993; Keller, B. 1992). In diesem Beitrag werden anhand von konkreten Beispielen in Schottern Ansätze zur Ermittlung der Heterogenität des Untergrundes skizziert. Als Instrument dienen Faziesanalyse und Faziesmodelle, hydraulische Untersuchungen und geophysikalische Messungen. Faziesmodelle zeigen, wie aus sedimentologischen Prozessen ein räumliches Gebilde von verschiedenen sich überlappenden und ineinanderübergehenden Sedimenten entsteht und geben uns die Möglichkeit, räumliche Trends von Gesteinsparametern oder hydraulischen Leitfähigkeiten zu erkennen. Sie sind *"a kind of map to carry us along the path of exploration of the unknown"*, Dott 1988 und liefern im jeweiligen Fall Grundlagen für die Wahl eines geeigneten konzeptionellen Modelles für die mathematische Beschreibung von Stofftransportprozessen.

## 3.	Faziesanalyse und Faziesmodelle

Die Datenerhebung im geologischen Untergrund umfasst: Analyse von Aufschlüssen, Bohrungen, geophysikalische Methoden und Vergleiche mit rezenten Ablagerungssystemen. Mangels geologischer Daten - hohe Kosten von Bohrungen und geophysikalischen Untersuchungen, Aufschlüsse sind nicht immer vorhanden -, ist man häufig auf konzeptionelle Modelle angewiesen, die Angaben über die wahrscheinliche Anordnung und Dimension von Fazies und Faziesassoziationen im zu untersuchenden Sedimentkörper geben können. Allgemein lassen sich verschiedene Modelltypen unterscheiden:

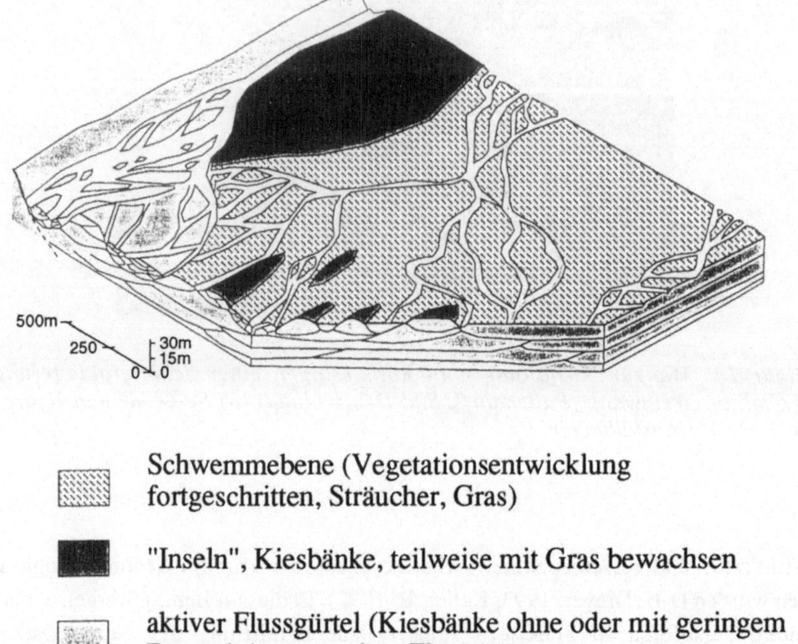

Schwemmebene (Vegetationsentwicklung fortgeschritten, Sträucher, Gras)

"Inseln", Kiesbänke, teilweise mit Gras bewachsen

aktiver Flussgürtel (Kiesbänke ohne oder mit geringem Bewuchs), verzweigte Flussarme

Figur 2: Elemente eines verzweigten Flusssystems (braided-river system).

1. morphologische Modelle von Flussablagerungen (z.B. "Channel-Muster", Geometrie und Morphologie von verschiedenen Kiesbanktypen (Fig. 2). Wesentliche Nachteile sind:

   a) Verschiedenheit des Blickwinkels im Vergleich zum vertikalen Profilschnitt des geologischen Aufschlusses,
   b) der Zustand kann im allgemeinen Fall nur bei Niedrigwasser beschrieben werden, allerdings findet bei extremen Hochwässern eine wesentliche Veränderung des Systems statt, und zwar genau dann, wenn die Morphologie nicht sichtbar und für Untersuchungen unzugänglich ist,
   c) häufig liegen keine Beobachtungen über längere Zeiträume vor.

2. beschreibende Modelle, Beschreibung und Klassifikation von Sedimenten. (Fig. 3a-c). Die Aufschluss-Analyse (Lithologien und hydraulische Parameter) erlauben die Bestimmung von Verteilungen von verschiedenen Parametern, die für den Stofftransport von Bedeutung sein können. Es handelt sich jedoch um eine lokalitätsspezifische Analyse. Eine Extrapolation kann dann vorgenommen werden, wenn die Geometrie und Häufigkeit der wesentlichen vorkommenden Strukturen bekannt ist, sei es aufgrund von anderen Aufschlüssen oder durch eine geophysikalische Kartierung.

3. Prozess beschreibende Modelle, bzw. Formulierung des Ablagerungsmechanismus (Fig. 4a, b). Diese Art von Modellen hat den Vorteil, dass spezifische Ablagerungsmilieus identifiziert werden können. Dies ist eine unmittelbarre Voraussetzung für die Bildung von Faziesmodellen mit prediktivem Charakter.

4. Struktur Modelle (Fig. 5). Erfassung der Statistik der wichtigsten Struktur-Elemente eines Systems. Falls die Struktur-Elemente nicht rein geometrisch definiert, sondern eine Beziehung zum Ablagerungsprozess und z.B. zur Dymamik der Aufschotterung hergestellt werden kann, sind wichtige Voraussetzungen für ein Ablagerungsmodell erfüllt, das für die Beschreibung von Stofftransportprozessen verwendet werden kann (Bsp. E. Webb, 1994).

In realen Systemen muss mit komplizierten überlappenden Faziesgruppierungen gerechnet werden. Der strukturelle Aufbau eines Gebietes kann deshalb meist nur verstanden werden, wenn neben der Zuordnung von Faziesgruppierungen zu Leitfaziesmodellen auch die räumliche und zeitliche Dynamik, welcher die betrachteten Ablagerungssysteme unterworfen waren, bekannt sind.

Mit unvollständigem geologischem Datenmaterial kann eine Talfüllung nie eindeutig beschrieben werden und wir müssen davon ausgehen, dass wir, vor allem mit grösser werdender Tiefe, nie ein vollständiges Bild des Untergrundes erhalten können. Dies macht es notwendig, jeweils verschiedene Hypothesen zu überprüfen.

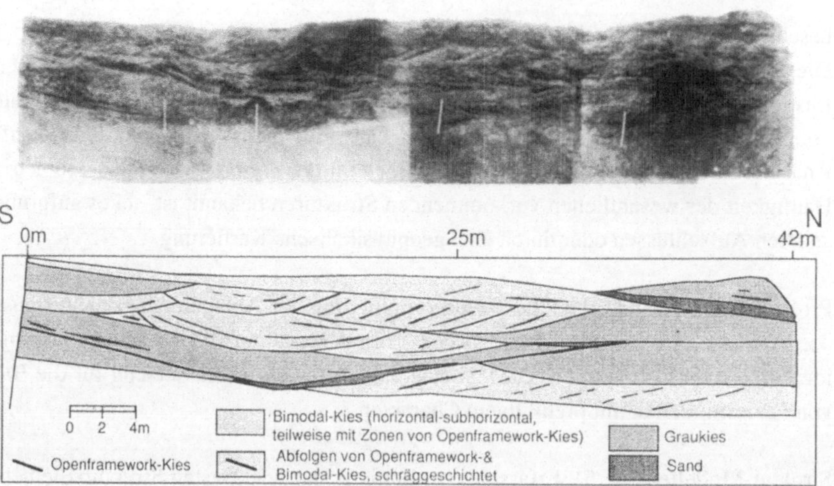

Schottertyp (Lithotyp)	Zusammensetzung, Strukturen und charakteristische Merkmale	*Hydraulische Leitfähigkeit K (geometrisches Mittel) [m/s] / Standard Abweichung σ in K	*Porosität [%] Mittelwert
Bimodal-Kies	● gut sortierte Kieskomponenten (mittlerer Durchmesser: 3-5 cm) mit einer Matrix aus mittelkörnigem Sand ● Kieskomponenten gut gerundet ● einzelne Schichten 1-2 dm mächtig ● horizontal, schräggeschichtet (fast ausschliesslich zusammen mit Open-framework-Kies) ● Farbe: ockergelb ● USCS**: GP (schlechte Kornabstufung, Grobsand und Feinkies fehlend)	$2.3 \cdot 10^{-4}$ / 0.6	14
Open-framework Kies	● gut sortiert ● Komponenten gut gerundet ● Fraktionen < 0.5cm fehlend ● gradierte Schrägschichtung (zusammen mit Bimodal-Kies vorkommend), teilweise isolliert als horizontale Zonen in Bimodal- oder Graukies ● Farbe grau-bräunlich ● USCS: GW (sauberer Kies mit Dominanz einer Kornfraktion)	$\sim 5 \cdot 10^{-1}$	35
Graukies	● schlecht sortiert ● Absenz von Ton- und Siltfraktion ● Feinsand nur in kleinen Mengen ● Horizontale- sowie Schrägschichtung ● Farbe: grau ● USCS: GW (saubere Kiese mit guter Kornabstufung)	$1.4 \cdot 10^{-4}$ / 0.4	20
Braunkies	● schlecht sortiert ● Komponenten gut gerundet ● Silt und Feinsand in variierenden Mengen vorhanden ● Gerölle, vereinzelte Blöcke bis über 1m mittl. Durchmesser ● ausgedehnte bis mehrere Meter mächtige horizontale Schichten ● Farbe: braun ● USCS: GM	$3 \cdot 10^{-5}$ / 0.6	
Sand	● Bestandteil von Bimodal-Kies ● horizontale Sandschichten und Trogfüllungen ● Zwischenlagen von Graukies ● USCS: S - (SW) Sand mit Grau- oder Bimodal-Kies, (SP) dominante Fraktion: Mittelsand	$3 \cdot 10^{-4}$ / 0.3	43
Silt	● einzelne horizontale Schichten in charakteristischen Niveaus ● Bestandteil von Braunkies ● Oberste Lage von Trogfüllungen ● USCS: M	$< 10^{-6}$	

*Messungen von P. Jussel (1989) ** Klassifikation nach USCS: Unified-Soil-Classification-System (Hufschmied, 1983)

Figur 3: Aufschlussanalyse. Oberes Bild: geologischer Aufschluss (weisse Messlatte = 2 m). Mittleres Bild: sedimentologische Gliederung. Unteres Bild: Beschreibung der unterscheidbaren Lithologien (Namensgebung nach charakteristischer Farbe im Aufschluss bzw. Klassifikation USCS), Mittelwerte der hydraulischen Leitfähigkeiten und deren Standardabweichungen, Porositäten (Mittelwerte).

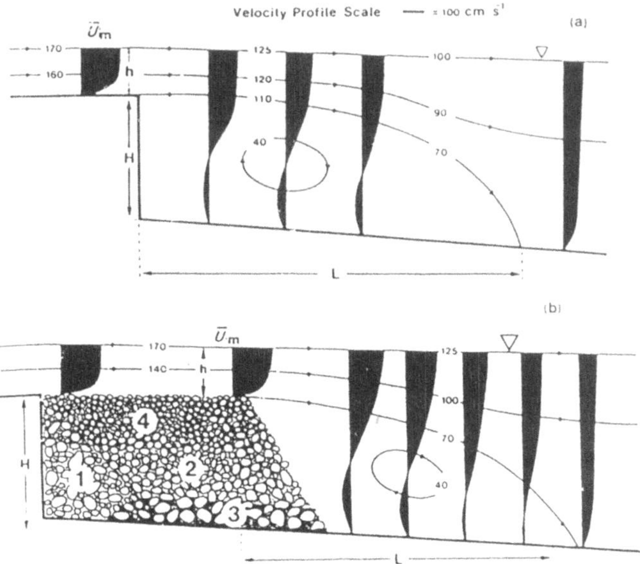

Figur 4: Oberes Bild: In fluvialen Sedimenten weit verbreitete, gut sortierte Schotterlage bestehend aus (1)"open-framework"-Schicht oben und "Bimodalkies" (2) unten. Grobe Komponenten zeigen eine normale Gradierung. Unteres Bild: Modell für die Erklärung des Entstehungsprozesses (Carling & Glaister, 1987): Geschiebetransport über eine negative Stufe; dargestellt sind Fliesslinien und Fliessrichtung. (1) Schotter-Textur von Modellanordnung beeinflusst, (2) Gradierte, bimodal verteilte Kiese, (3) gröbere Komponenten an Basis, (4) "open-framework" Kiese.

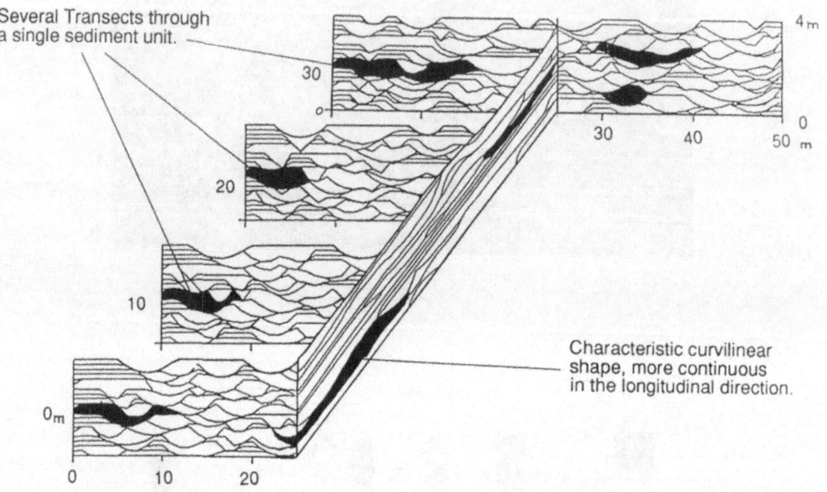

Figur 5: Darstellung der räumlichen Verteilung von fluvialen Architektur-Elementen in Schnitten senkrecht und parallel zur ehemaligen mittleren Abflussrichtung des Flussystems (Darstellung von E. Webb, 1994)

4.   Hydrogeologische Faziesmodelle

Der Übergang vom geologischen zum hydrogeologischen Faziesmodell erfolgt durch Zuordnung von gemessenen hydraulischen Leitfähigkeiten zu den ausgeschiedenen charakteristischen Sedimenttypen (Lithofaziestypen) oder Sedimentgruppierungen (Lithofazies-Gruppierung) des geologischen Faziesmodells (Fig. 3c). Das hydrogeologische Faziesmodell wiederum dient als Grundlage für das Grundwasserfliessmodell.

Beschreibung der Durchlässigkeitsverteilung:

(a)   Unterteilung in Teilgebiete, Mittelwert und Varianz; relative Anteile von unterscheidbaren Lithologien

(b)   Ersetzen eines Körpers komplexer Zusammensetzung durch äquivalente homogene, isotrope oder anisotrope Verteilung (siehe Tab. 2 von Stauffer & Jussel, 1994).

5. Geophysikalische Kartierung

Geophysikalische Methoden werden schon seit längerer Zeit bei der Erkundung von Grundwasser eingesetzt. In der Hydrogeologie werden sie zur Kartierung von Verschmutzungsfahnen oder zur Charakterisierung der geologischen-strukturellen Zusammensetzung des Untergrundes verwendet. Dazu werden die spezifischen physikalischen Eigenschaften des Untergrundes bzw. deren Änderungen gemessen. Die physikalischen Eigenschaften des Untergrundes sind sowohl von der Beschaffenheit des Gesteinskörpers als auch von der Art und Beschaffenheit der Fluids (Wasser, Bodenluft, Wasserinhaltsstoffe) abhängig. Einige wichtige solcher Eigenschaften sind: Dichte, Elastizität, Leitfähigkeit, elektrischer Widerstand, Dielektrizität, magnetische Susceptibilität etc..

In der Anwendung zeigt es sich, dass mit diesen Methoden teilweise sehr hochauflösende Information über den Untergrund gewonnen werden kann, im allgemeinen jedoch nicht ohne grösseren Aufwand. In der Praxis wird den geophysikalischen Methoden eine gewisses Skepsis entgegengebracht. Mögliche Gründe sind:

- die Interpretation von geophysikalischen Methoden ist nicht immer eindeutig, im allgemeinen ist sehr viel Erfahrung erforderlich.
- die Wahl der Methode ist von lokalen Begebenheiten, die nicht unbedingt zum vornherein bekannt sind, abhängig , d.h. ob die Wahl optimal bzw. richtig war hängt weitgehend von der Einschätzung der konkreten Situation ab.
- geophysikalischen Methoden werden häufig erst zu einem Zeitpunkt, wo andere geotechnische Methoden nicht mehr weiterhelfen in Betracht gezogen.
- der fachliche Austausch Ingenieur, Geologe und Geophysiker sollte schon in der Planungsphase bei den Fragestellungen beginnen und anschliessend auch während Mess- und Interpretationsphase (insbesondere Fragen der Auflösung, Messgenauigkeit etc.) andauern.

Beispiel: Erkennung von Strukturen in Schottern mit Georadar
Mit Georadarmessungen ist es möglich geworden, die räumliche Struktur von typischen Grundwasserleitern zerstörungsfrei in zweidimensionalen Schnitten und auch dreidimensional zu erkunden. Im 2-D Schnitt (Fig. 6) ist eine gute Korrelation zwischen geologischer Struktur und Reflexionsmuster erkennbar. Die Auflösung liegt im dm-Bereich, so dass schräg einfallende Wechsellagerungen von "open-framework" und "Bimodal-Kiesen" noch deutlich erkannt werden können. Die 3-D-Georadar-Abbildung in Fig. 7 zeigt ein Experiment (Beres et al. 1995) von einen 300 m^2 grossen und ca. 15 m tiefen Block einer Kiesablagerung im Rafzerfeld. Bemerkenswert sind die unterschiedlichen Georadar-Muster in den E-W und N-S verlaufenden Profilschnitten. Die E-W Richtung entspricht der

mittleren Abflussrichtung des ehemaligen Flussystems, wo auch in den
Kiesgrubenaufschlüssen horizontale Schichtungen vorherrschen. In den Schnitten senkrecht
dazu findet man ein komplizierteres Muster von Reflexionen, das in diesen Profil-Schnitten
mit den häufig auftretenden trogförmigen Erosionsflächen und den schräggeschichteten
Sedimenten in den N-S verlaufenden Aufschlüssen gut korreliert werden kann. In den
Horizontalschnitten kann zudem der Rand eines aufgefüllten Kolkloches beobachtet werden,
das zum Beispiel beim Zusammenfluss von zwei Flussarmen des damaligen Schmelz-
wasserstromes entstanden ist.

Das Auflösungsvermögen, das heisst die Grössenordnung der kleinsten noch erkennbaren
Strukturen, hängt von der Fortpflanzungsgeschwindigkeit und der Frequenz der elektro-
magnetischen Wellen ab und entspricht etwa einer halben bis ca. einer viertel Wellenlänge.
Höhere Frequenzen und kleine Ausbreitungs-Geschwindigkeiten der Radar-Wellen bedeu-
ten eine bessere Auflösung. Mit einer Frequenz von 200 MHz lässt sich eine Auflösung von
Bodenstrukturen im Dezimeterbereich erzielen. Im Normalfall geht jedoch eine grössere
Auflösung auf Kosten einer geringeren Eindringtiefe.

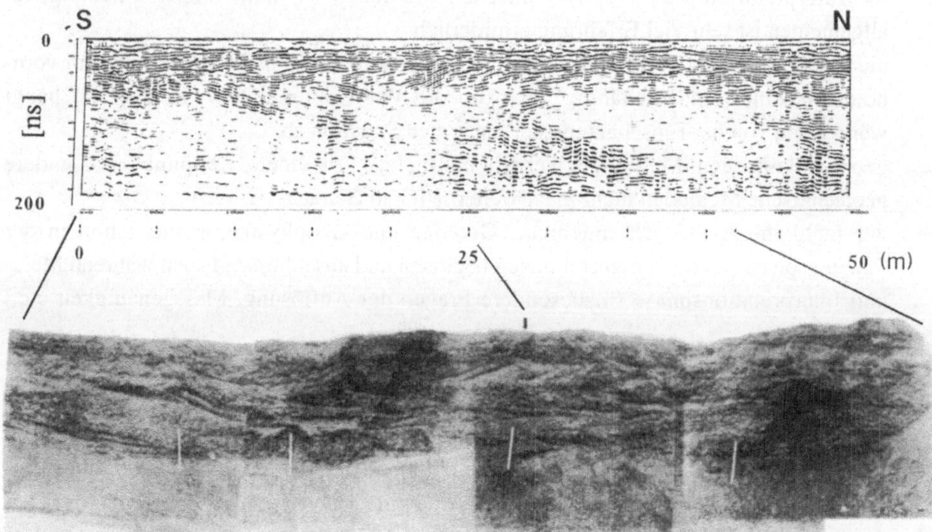

*Figur 6: Radargramm im Vergleich mit dem geologischen Aufschluss, Bsp.
Hüntwangen ZH, Schnitt senkrecht zur ehemaligen mittleren Abflussrichtung.
Gerät, OYO, Aufnahme-Parameter: Sandantenne 250 MHz, Antennenabstand 0.8
m; Horchzeit: 200 ns; zeitabhän-gige Verstärkung der Signale: linear. Mittlere
Geschwindigkeit der elektromagnetischen Wellen = 10 cm/ns, d.h. 200 ns
entspricht einer Tiefe von ca. 10 m (Messlatten = 2 m).*

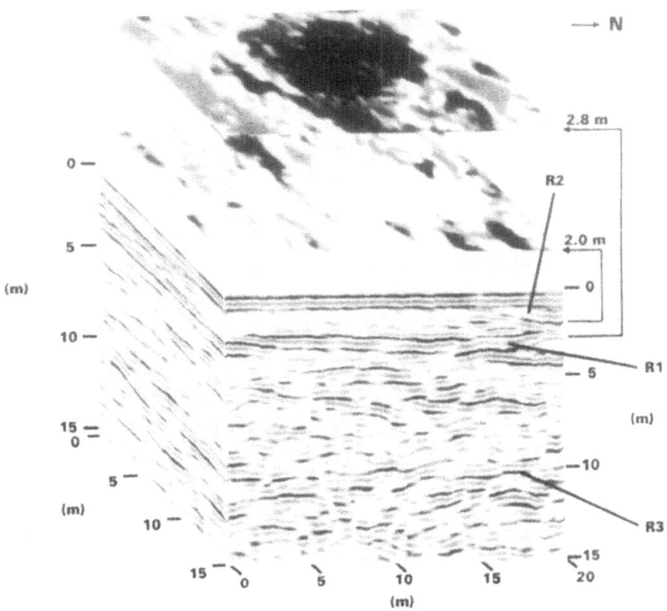

Figur 7: 3-D-Georadar-Abbildung von Kiesablagerungen im Rafzerfeld. Blickrichtung von Südosten. Horizontalschnitte aus 2.0 und 2.8 m Tiefe. O - Erdoberfläche; R1 - subhorizontale Reflexionen, die den Rand eines aufgefüllten Kolkloches wiedergeben; R2 - Reflexionen von schräggeschichteten Sedimenten, die dieses Kolkloch auffüllen, R3 - Grundwasserspiegel.

Literaturreferenzen

Angehrn, P., 1990: *Hydrogeologische Grundlagen Urner Reusstal, Abschnitt Amsteg-Urnersee, Blatt Süd, Bericht und Planbeilagen*, Amt für Umweltschutz, Kt. Uri.

Beres, M., A. Green, P. Huggenberger, H. Houstmeyer, 1995: *Mapping the architecture of glaciofluvial sediments with 3-D Georadar*. Geology, 23 112, 1087-1090.

Carling, P.A., & M.S. Glaister, 1987: *Rapid deposition of sand and gravel mixtures downstream of a negative step: the role of matrix-infilling and gravel-overpassing in the process of bar-front accretion*. Journal of the Geological Society, London, 144, pp. 543-551.

Dott, R.H., 1988: *Something old, something new, something borrowed, something blue - A hindside and foresite of sedimentary geology*. Journal of Sedimentary Petrology, 58/2, 358-364.

Dagan, G., 1989: *Flow and Transport in Porous Formations*, Springer, Berlin Heidelberg.

Dreyer, T., 1993: *Geometry and facies of large-scale flow-units in fluvial dominated fan-delta front sequences. Advances in reservoir geology.* - Geol. Soc. London; Spec. publ., 69: 135-174.

Fogg, G., 1986a: *Groundwaterflow and body interconnectness in a thick, multiple-aquifer system.* Water Resources Res.,22/5, 679-694.

Hewett, T.A., 1986: *Fractal distributions of reservoir heterogeneity and their influence on fluid transport.* Soc. of Petroleum Engineers, Paper No 15386, 13p.

Huggenberger, P., Ch. Siegenthaler, and F. Stauffer, 1988: *Grundwasserströmung in Schottern; Einfluss von Ablagerungsformen auf die Verteilung der Grundwasserfliessgeschwindigkeit.* Wasserwirtschaft, 78/5: 202-212.

Huggenberger, P., 1993: *Radar Facies: Recognition of characteristic braided river structures of the Pleistocene Rhine gravel (NE part of Switzerland).* In: J. Best and C.S. Bristow (eds), Braided Rivers, Geological Society Special publication, 75, pp. 163-176.

Jussel, P., 1992: *Modellierung des Transports gelöster Stoffe in inhomogenen Grundwasserleitern.* Inst. Hydromechanik & Wasserwirtschaft, ETH Zürich, R-29-92: 323 p.

Keller, B., 1992: *Hydrogeologie des Schweizerischen Molasse-Beckens: Aktueller Wissensstand und weiterführende Betrachtungen.*- Eclogae geol, Helv., 85 (3): 611-651.

Molz, F. J., O. Guven, and J.G.,Melville, 1983: *An example of scale-dependent dispersion coefficients.* Groundwater, 21: 715-725.

Siegenthaler, Ch., and P. Huggenberger, 1993: *Pleistocene Rhine gravel: Deposit of a braided river system whith dominant pool preservation.* In: J. Best and C.S. Bristow (eds), Braided Rivers, Geological Society Special publication, 75, 147-162.

Stauffer, F., & P. Jussel, 1994: *Spacial Variability of unsaturated flow parameters in fluvial gravel deposits.* In: Field-scale Water and Solute Flux in Soils, Monte Verita, Birkhäuser Verlag, Basel, 119-128.

Schwille, F., 1965: *Untersuchungen des Geologischen Landesamtes Baden-Würtemberg über das Verhalten von mineralölversickerungen im Untergrund und ihren Einfluss auf das Grundwasser.* Geol Landesamt Baden Würtemberg, 5pp.

Wyssling, L., 1994: *Geologische Besonderheiten der Aatalschotter bei Uster/ZH: Eiszeitlich "intrudierte", hydraulisch wirksame "Lehm-Dykes" und eine Interpretation des Phänomens "blasender Bohrlöcher"*, Erläuterungen zur Hydrogeologischen Karte 1:100'000, Blatt 5, Toggenburg, Schweizerische Geotechnische Kommission.

Webb, E.K., 1994: *Simulating the three-dimensional distributions of sediment units in braided-stream deposits.* Journal of Sedimentary Research, Vol. B64, No 2, 219-231.

Dr. Peter Huggenberger, Eidgenössische Anstalt für Wasserversorgung, Abwasserreinigung und Grundwasserschutz, EAWAG, CH-8600 Dübendorf.

Risikorelevante Betrachtungen im Rahmen von geologischen Deponiestandort-Untersuchungen

Marianne Niggli

Im Ostaargau wurde ein Evaluationsverfahren durchgeführt mit dem Ziel, neue Standorte für Reaktions- oder Reststoffdeponien zu finden. Es galt, diejenigen Standorte auszuwählen, wo möglichst wenig Schutzgüter gefährdet und/oder wo die nicht auszuschliessenden Gefährdungen möglichst gering sein würden.

In Phase I des Evaluationsverfahrens wurde eine geologische Grundkarte erstellt, welche die potentiellen Wirtgesteine umfasst. Diese Grundkarte wurde mit einem Negativzonenplan (übergeordnete Nutzungen wie z.B. Grundwasserschutzzonen, Naturschutzgebiete, Siedlungen, etc.) überlagert und in den so verbleibenden Gebieten 32 mögliche Standorte ausgeschieden. Anschliessend wurden die einzelnen Standorte anhand von umweltrelevanten Ausschluss- und Bewertungskriterien beurteilt. Die Kriterien gliederten sich in einen geologisch/hydrogeologischen und einen raumplanerischen Bereich, wobei sich der erste Bereich auf die Durchlässigkeit des Untergrundes, Quellen und Grundwasservorkommen, Oberflächengewässer, Fremdwasserzutritte, Entwässerung und Geotechnik bezog. Nach einer ersten Nutzwertanalyse verblieben noch 13 empfohlene mögliche Standorte.

In Phase II des Evaluationsverfahrens wurden die geeignetsten Standorte in geologisch-hydrogeologischer Hinsicht näher untersucht, um die Ausschluss- und Bewertungskriterien zu überprüfen. Als Beispiel werden die Untersuchungen des Standortes "Höhtannen" in der Gemeinde Boswil dargestellt. Die Untersuchungsresultate zeigten, dass die Minimalanforderungen bei verschiedenen Kriterien nicht erfüllt werden können. Da der Untergrund im nordöstlichen Bereich des geplanten Deponieareals keine ausreichende natürliche Barrierewirkung bei einem Störfall besitzt, können vor allem die Kriterien Quellen- und Grundwasservorkommen nicht erfüllt werden. Deshalb wurde der Deponiestandort "Höhtannen" nicht weiter verfolgt.

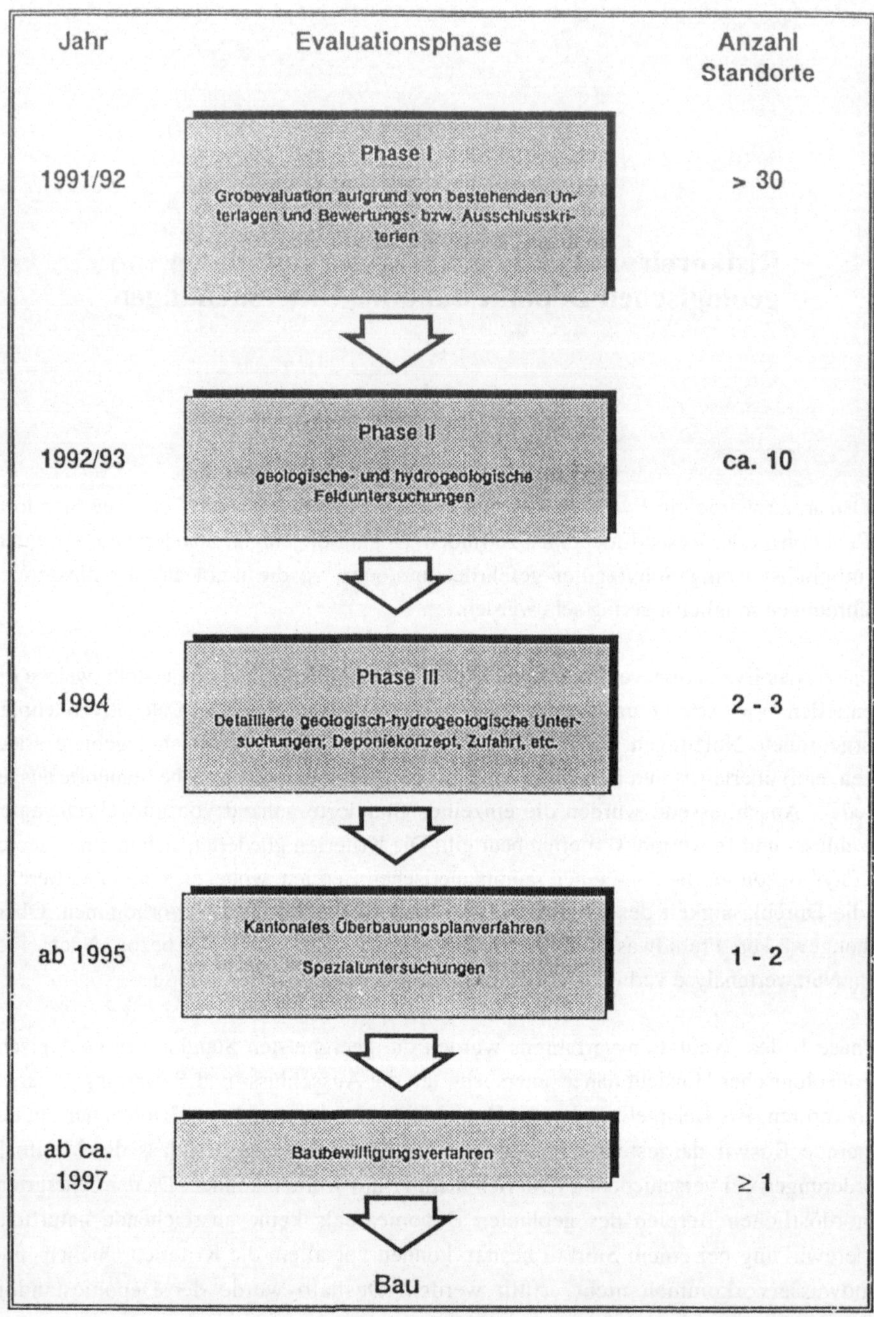

Figur 1: Evaluationsverfahren für die Suche nach neuen Deponiestandorten.

1.   Einleitung

Abfalldeponien stellen in unserer Gesellschaft sog. Wachstumsrisiken dar. Falsche Entscheidungen bei der Standortwahl können wieder neue Risiken in sich bergen. Deshalb wird heutzutage versucht, bereits zu Beginn der Standortwahl, bei der Evaluation und Untersuchung von neuen Deponiestandorten, Risiko- und Sicherheitsfragen zu berücksichtigen.

Im folgenden wird im ersten Teil aufgezeigt, wie solche umweltrelevanten Risikobetrachtungen in die Evaluation von neuen Deponiestandorten miteinfliessen.In einem zweiten Teil werden diese Kriterien anhand von Untersuchungen an einem Bei-spiel überprüft. Die Untersuchungen wurden im Rahmen eines Auftrages des Aargauischen Baudepartementes (Abt. Umweltschutz) durchgeführt.

2.   Evaluation von neuen Deponiestandorten im Ostaargau

Das Ziel der Evaluation war es, neue Standorte für Reaktions- oder Reststoffdeponien zu finden. Das phasenweise Vorgehen ist in Fig. 1 dargestellt. In einer ersten Phase galt es, diejenigen Standorte auszuwählen, wo möglichst wenig Schutzgüter gefährdet und/oder wo die nicht auszuschliessenden Gefährdungen möglichst gering sein würden. Bei der Evaluation (Sieber Cassina + Parter AG & Schneider + Matousek AG, 1992) wurde schrittweise vorgegangen.

2.1.   Negativzonenplan

In einem ersten Arbeitsschritt wurde ein Negativzonenplan erstellt. Darin wurden die Gebiete abgegrenzt, in welchen eine Deponie aufgrund übergeordneter Nutzungen aus rein rechtlichen Gründen nicht errichtet werden kann. Es handelte sich dabei um:

- Grundwasserschutzzonen und Grundwasserschutzareale
- Gewässerschutzbereiche A
- Naturschutzgebiete
- Siedlungsgebiete

2.2.   Geologische Grundkarte

Als zweiter Schritt wurde eine geologische Grundkarte mit potentiellen Wirtgesteinen erstellt. Damit die Langzeitsicherheit einer Deponie gewährleistet werden kann, bilden günstige geologische Gegebenheiten unabdingbare Voraussetzungen. In erster Linie geht es darum, die Gefährdung des Schutzgutes Grundwasser so gering wie möglich zu halten. Um diesem Aspekt gebührend Gewicht zu verleihen, wurden bereits in der ersten Evaluationsphase die geologischen Verhältnisse berücksichtigt. Dies geschah durch das Erstellen einer geologischen Grundkarte, welche die für eine Reaktor-Deponie geeigneten geologischen Formationen enthält. Dazu mussten die entsprechenden Wirtgesteine festgelegt werden. Als Voraussetzung gelten die Angaben aus der Technischen Verordnung über Abfälle TVA (Der Schweizerische Bundesrat, 1990), wo ein Durchlässigkeitsbeiwert k von $< 10^{-7}$ m/s gefordert wird, bei einer minimalen Mächtigkeit von 7 m. Unter der Berücksichtigung dieser Voraussetzung wurden 7 im Untersuchungsgebiet vorkommende geologische Formationen (Mittlerer Keuper, Opalinuston, etc.) als prinzipiell geeignete Wirtgesteine ausgewählt.

Aus der Überlagerung des Negativzonenplanes mit der geologischen Grundkarte wurde eine Positivzonenkarte erstellt, welche alle für einen Reaktor-Deponiestandort in Frage kommenden Gebiete beinhaltet. In diese Gebiete wurden nach bestimmten Vorgaben (Mindestgrösse, Hangneigung, etc.) potentielle Deponiestandorte festgelegt. Es resultierten 32 Standortvorschläge, die es einzeln nach detaillierten Ausschluß- und Bewertungskriterien zu überprüfen galt.

2.3.   Ausschluss- und Bewertungskriterien

Als Basis für eine nachvollziehbare Bewertung der vorgeschlagenen Deponiestandorte und damit eine weitere Eingrenzung vorgenommen werden konnte, wurden in einem nächsten Schritt möglichst klare Kriterien erarbeitet. Es wurde unterschieden zwischen Ausschluss- und Bewertungskriterien. Als Ausschlusskriterien galten im wesentlichen bereits gesetzlich vorgegebene Grenzwerte oder deren sinngemäße Umsetzung auf das jeweilige Kriterium. Die Kriterien wurden in drei Gruppen eingeteilt: Geologie, Deponietechnik und Raumplanung. Dabei wurde dem Schutzgut Wasser am meisten Gewicht beigemessen, d.h. die Geologie am stärksten gewichtet. Die folgenden Ausführungen beschränken sich auf die Ausschlusskriterien dieser Kriteriengruppe.

Kriterium: Durchlässigkeitsverhältnisse des Untergrundes

K-Werte und Mächtigkeit des Grundwasserleiters und -stauers
Als Grundlage gelten die Minimalanforderungen der TVA: k-Wert kleiner als 1×10^{-7} m/s, Mächtigkeit mindestens 7 m. Diese Anforderungen wurden bereits in der geologischen Grundkarte, nämlich bei der Auswahl der geeigneten Gesteinsschichten, berücksichtigt. Da im Rahmen der Evaluationsphase keine Sondierungen vorgesehen waren, mußte ebenfalls die Informationsdichte mitberücksichtigt werden. Das Ausschlusskriterium lautet wie folgt:
Große Informationsdichte, $k > 10^{-7}$ m/s und/oder Mächtigkeit < 7 m.

Kontroll- und Interventionsmöglichkeiten
Darunter werden Kontroll- und Interventionsmöglichkeiten in bezug auf die Hydrogeologie verstanden. Einfache, grossräumige und klare hydrogeologische Verhältnisse zusammen mit günstigen morphologischen Formen wie Muldenstrukturen ergeben gute Kontroll- und Interventionsmöglichkeiten. Komplizierte, kleinräumige und unklare hydrogeologische Verhältnisse zusammen mit ungünstigen morphologischen Voraussetzungen wie Sattellagen ergeben dagegen schlechte Kontroll- und Interventionsmöglichkeiten. Da in dieser Phase nur mit einfachen Modellvorstellungen gearbeitet werden kann, wird als Systemgrenze die Grenze Lockergestein/Fels angenommen. Das Ausschlusskriterium lautet wie folgt:
Große Informationsdichte, schlechte Kontroll- und Interventionsmöglichkeiten.

Kriterium: Quellen und Grundwasservorkommen

Quellen
Nach TVA ist nachzuweisen, daß der Deponiestandort nicht im Einzugsgebiet von Quellen liegt, an deren Nutzung für die Trinkwassergewinnung ein öffentliches Interesse besteht. In die Beurteilung der Gefährdung von Quellen fließen deshalb die Bedeutung der Quellen sowie Lage und Abstand zur Deponie mit ein. Es wurde folgendes Ausschlusskriterium definiert:
Bedeutende Quellen im vermuteten Abströmbereich der Deponie mit einem Abstand von < 400 m.

Folgende Überlegungen führten zum Auschlusskriterium, wobei es sich bei den eingesetzten Werten um Annahmen handelt:

A. Nach einem Leck der künstlichen Abdichtung wird vorerst eine mindestens 7 m mächtige natürliche Barriere mit $k < 10^{-7}$ m/s wirksam (vergleiche Kriterium Durchlässigkeitsverhältnisse des Untergrundes). Unter der Annahme eines maximalen hydraulischen Gradienten von i = 1 und einer nutzbaren Porosität von n = 0.1 ergibt sich dabei ein Verzögerungswert von t_1 = 0.2 Jahre.

B. Als nächstes wird ein ca. 200 m mächtiger Stauer mit einem maximalen k-Wert von 10^{-6} m/s, einem Gefälle von $i = 0.2$ und einer nutzbaren Porosität von $n = 0.15$ einen zusätzlichen minimalen Verzögerungswert von $t_2 = 4.8$ Jahre bewirken.

Die restlichen 200 m sind als Sicherheitsabstand resp. Pufferzone zu werten, da es sich hier meist um den Quellsammler handelt.
Insgesamt ergibt sich ein Verzögerungswert von $t_1 + t_2 = 5$ Jahre. In dieser Zeit würde eine Verschmutzung vom Zeitpunkt des Austretens aus der Deponie bis zur Quelle gelangen. Diese minimale Interventions-Zeit wird als genügend erachtet, so daß die Gefährdung auf ein akzeptierbares kleines Maß beschränkt wird.

Als bedeutende Quellen werden solche bezeichnet, die von öffentlichem Interesse sind, z.B. für die kommunale Trinkwasserversorgung. Unbedeutende Quellen sind solche, die nur für private Zwecke genutzt werden und wo ein Realersatz (z.B. Anschluß an das öffentliche Netz) möglich ist.

Grundwasservorkommen
Grundwasservorkommen nach TVA sind im Gewässerschutzbereich A enthalten, welcher bereits im Negativzonenplan berücksichtigt ist. Im Kriterium Grundwasservorkommen wird nun die Bedeutung und Entfernung der Grundwasservorkommen berücksichtigt, welche sich im vermuteten Abströmbereich des Deponieareals befinden. Es wurde folgendes Ausschlusskriterium definiert:
Bedeutende Grundwasservorkommen im Abstand von < 200 m.

Im Gegensatz zu den Quellen wurde hier ein Abstand von nur 200 m gewählt. Im Untersuchungsperimeter (Ostaargau) zirkulieren bedeutende Grundwasservorkommen meist nur in Schottern, die in Talsohlen abgelagert sind. Diese Grundwasservorkommen grenzen hier meist an schlecht durchlässige Gebirgsformationen. Somit kann folgende Berechnung durchgeführt werden, wobei es sich bei den eingesetzten Zahlen um plausible Annahmen handelt:

A. Nach einem Leck der künstlichen Abdichtung wird wie bei den Quellen zuerst die natürliche Barriere wirksam, was eine Verzögerungszeit von $t_1 = 0.2$ Jahre ergibt.

B. Bei einem Abstand von 200 m, einem Gefälle von $i = 0.1$ und einer nutzbaren Porosität von $n = 0.15$ ergibt sich bei einem Durchlässigkeitsbeiwert von $k = 10^{-6}$ m/s ein Verzögerungswert von $t_2 = 9.5$ Jahre.

Insgesamt errechnet sich eine gesamte Dauer $t_1 + t_2$ von knapp 10 Jahren, was als genügend erachtet wird.

Als bedeutend gelten diejenigen Grundwasservorkommen, welche für die regionale Trinkwasserversorgung genutzt werden können. Tiefere bedeutende Schottergrundwasservorkommen bei Stockwerkaufbau müssen fallweise beurteilt werden. Sie sind in den meisten Fällen gar nicht erkundet und stellen generell einen Unsicherheitsfaktor dar.

Kriterium Oberflächengewässer

Darunter fallen Oberflächengewässer, welche seitlich oder unterhalb des Deponiestandortes zirkulieren. Neben dem Abstand und der Lage zur Deponie werden ebenfalls Informationen über hydraulische Beziehungen (z.B. Vorfluter oder Infiltrant) beurteilt.

Da die Anforderungen an die Qualität von Abwasser, das in ein öffentliches Gewässer eingeleitet wird, wesentlich geringer ist als bei Trinkwasser, kann der minimale Abstand einer Deponie zu einem Oberflächengewässer von 200 m, wie beim Grundwasser angegeben, auf 50 m verringert werden. Es kann mit einem sehr hohen Verdünnungseffekt gerechnet werden, da austretendes verschmutztes Sickerwasser bei der Plazierung einer Deponie auf einem geeigneten Wirtsgestein nur in geringen Mengen in das Oberflächengewässer gelangen kann. Der zeitliche Verzögerungseffekt beträgt total 1.2 Jahre (Annahmen: $i = 0.2$, $n = 0.15$, $k = 10^{-6}$ m/s). Zusammen mit $t_1 = 0.2$ Jahre können wir einen minimalen Verzögerungswert von ca. 1.4 Jahre einsetzen. Es wird folgendes Ausschlusskriterium definiert:
Im Deponieareal oder im Abstand bis zu 50 m zur Deponie befindet sich ein Oberflächengewässer.

Kriterium Fremdwasserzutritte/Entwässerung

Nach TVA müssen alle Deponien so errichtet werden, daß das Abwasser in freiem Gefälle abfließen kann. Es wird hier also das Gefälle der Deponiebasis bzw. ihr Bezug zum nächsten natürlichen Vorfluter berücksichtigt. Dieses Kriterium beurteilt Hangwasserzutritte und Entwässerungsmöglichkeiten sowie Überschwemmungsrisiken. Weiterhin werden die Umleitungsmöglichkeiten von Vorflutern berücksichtigt. Nach TVA müssen Bachläufe im Bereich der Deponie gefasst werden und spätestens nach Abschluss der Deponie an der Erdoberfläche um diese herumgeleitet werden. Das Ausschlusskriterium lautet:
Eine freie Entwässerung mit einem Gefälle von 2 % ist nicht möglich, oder es existiert ein grosses Überschwemmungsrisiko, oder es gibt keine Umleitungsmöglichkeiten für den Vorfluter.

Kriterium Geotechnik

Gesamtstabilität und lokale/oberflächennahe Bewegungen
Nach TVA ist nachzuweisen, dass der Untergrund und die Umgebung der Deponie Gewähr
dafür bietet, daß die Deponie langfristig stabil bleibt. Beurteilt werden hier vor allem die
Gefährdung der Gesamtstabilität durch Rutschungen und Bildungen von Dolinen. Es gilt
folgendes Ausschlusskriterium:
Die Gesamtstabilität des Untergrundes ist langfristig nicht gewährleistet.

Gefährdung durch Ereignisse von außerhalb
Nach TVA muß nachgewiesen werden, dass der Standort nicht in einem von Überschwem-
mungen, Steinschlägen, Rutschungen, Lawinen oder durch Erosion besonders gefährdetem
Gebiet liegt. Das Ausschlusskriterium lautet:
Große Gefahr durch Ereignisse von ausserhalb.

Verformungsverhalten
Nach TVA dürfen keine Verformungen auftreten, die insbesondere das Funktionieren der
Abdichtung, der vorgeschriebenen Entwässerung sowie der Entgasung beeinträchtigen.
Feinkörnige Ablagerungen im Untergrund der Deponie wie Gehängelehm, Verlandungs-
sedimente, Seebodenablagerungen, etc. können zu Verformungen führen. Es wird folgendes
Ausschlusskriterium formuliert:
*Hohe Informationsdichte, grosse zu erwartende differentielle Setzungen (einige dm)
und/oder gleichmässige Setzungen im m-Bereich, sofern das Funktionieren der Abdichtung,
der Entwässerung und der Entgasung gefährdet ist.*

Auf die weiteren Ausschlusskriterien der Bereiche Deponietechnik, Siedlung/Erholung,
Landschafts- und Naturschutz und Nutzungen (Forst- und Landwirtschaft, etc.) wird nicht
weiter eingegangen.

2.4.   Bewertung der Deponiestandorte, Nutzwertanalyse

In einem nächsten Schritt wurden die Ausschluß- und Bewertungskriterien bei den 32
Deponiestandorten überprüft und eine Nutzwertanalyse durchgeführt. Von den ursprünglich
32 Standorten scheiden 19 aufgrund eines Ausschlusskriteriums aus. Die verbleibenden
Standorte wurden in 2 Kategorien aufgeteilt:

- Bei einer ersten Gruppe ist bei mindestens einem Bewertungskriterium die Erfüllung der Minimalanforderungen aufgrund des heutigen Kenntnisstandes ungewiß. Es wurde vorgeschlagen, diese Standorte gezielt auf ihre Schwachstellen hin zu überprüfen.
- Die restlichen Standorte haben keine bisher erkannte, klare Schwachstelle, wobei sich durch die gewichtete Nutzwertanalyse eine Rangfolge ergab. Die erstrangierten Standorte heben sich vor allem in bezug auf die Geologie deutlich ab. Es wurde vorgeschlagen, die erstrangierten Standorte weiter zu untersuchen.

3.   Geologische Vorabklärungen an einem Deponiestandort

Ziel dieser geologischen Vorabklärungen wàr es, den Kenntnisstand insbesondere im Bereich Hydrogeologie und Geotechnik bei allen Standorten der engeren Wahl wo nötig soweit zu ergänzen, dass in einer verfeinerten Bewertung geeignete Standorte zur weiteren vertieften Untersuchung vorgeschlagen werden können.

Der ausgewählte Standort erfüllte in der ersten Evaluationsphase sämtliche Minimalanforderungen. Es galt nun, die Ausschluss- und Bewertungskriterien zu überprüfen.

3.1.   Kurzbeschrieb des Deponiestandortes

Der Deponiestandort (Fig. 2) befindet sich westlich von Boswil (Schneider + Matousek AG, 1993). Der südwestliche Teil des Deponieareals liegt in einer flachen Geländemulde, im Nordosten reicht das Areal praktisch bis zum Kamm eines Molasserundhöckers. Der Untergrund besteht aus flachgelagerten Schichten der Oberen Süsswassermolasse, welche von Moränen und jungen Verlandungssedimenten bedeckt sind. Das nächste Schotter-Grundwasservorkommen befindet sich in ca. 1 km Entfernung Richtung Osten in den würmeiszeitlichen Rückzugsschottern des Bünztales.

Im Evaluationsverfahren wurde aufgrund der damals vorliegenden Unterlagen eine geringe bis mittlere Durchlässigkeit des Untergrundes postuliert. Die Kontroll- und Interventionsmöglichkeiten wurden als schlecht bis mittel eingestuft. Weiterhin wurden evtl. auftretende Setzungen im westlichen Bereich des Deponieareals erwähnt. Bezüglich des Sickerwassers wurde angenommen, daß dieses in zwei verschiedenen Grundwasservorkommen (bei Boswil und bei Waltenschwil) gelangen könnte.

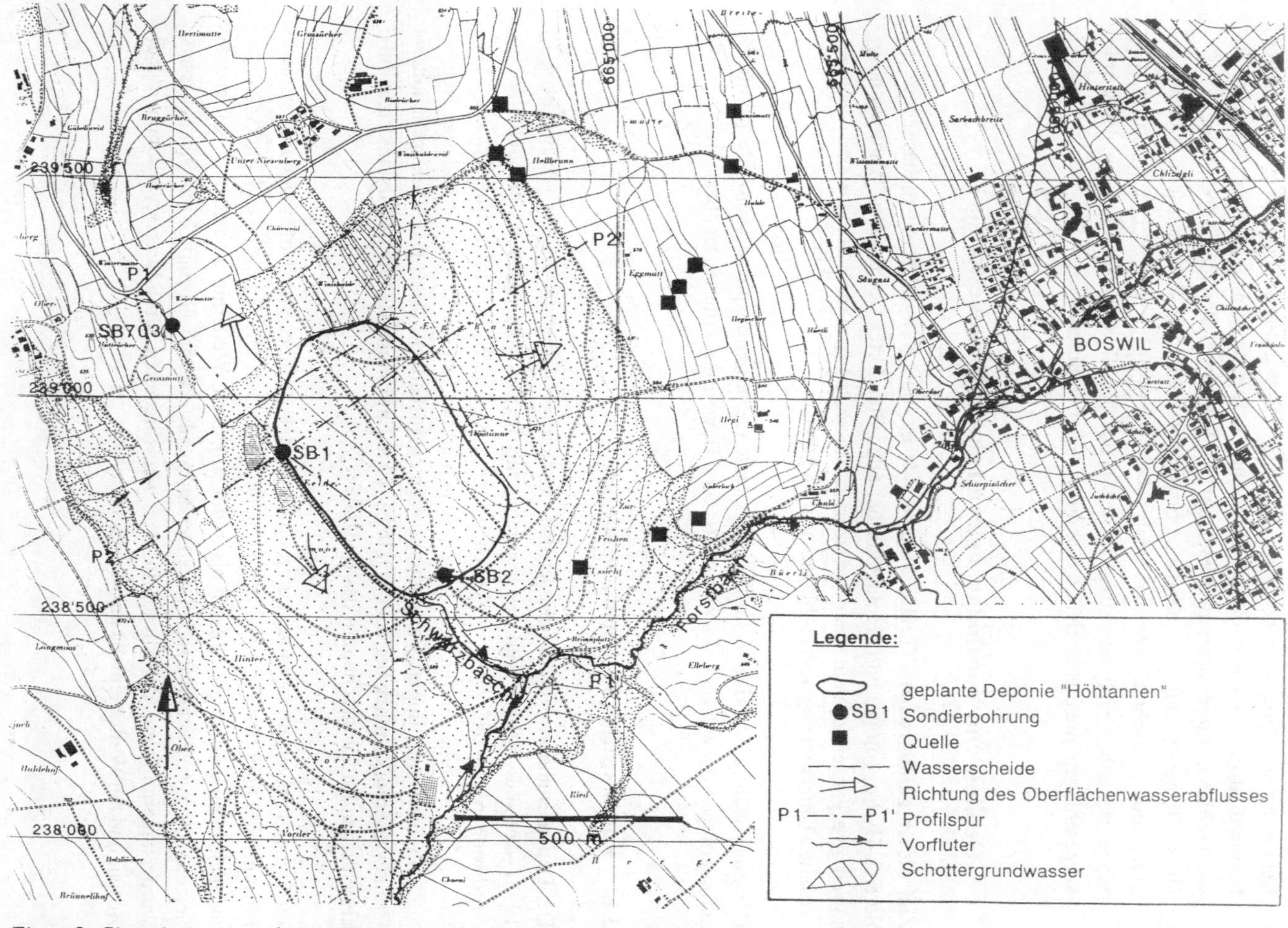

Figur 2: Situation mit geplanter Deponie "Höhtannen", Gemeinde Boswil.

3.2. Untersuchungsprogramm

Das Untersuchungsprogramm umfasste eine hydrogeologische Kartierung, zwei Sondierbohrungen, 6 Rammsondierungen, Bohrloch-Fernsehaufnahmen, Lugeon-Tests, hydraulische Versuche (Packertests) im unverrohrten Abschnitt der Bohrlöcher, Kornverteilungs-
analysen, Wasseranalysen, Grundwasserstands- und Oberflächenwassermessungen und
Kurzpumpversuche in den Bohrlöchern.

3.3. Untersuchungsresultate

Geologische Verhältnisse

Im geplanten Deponieareal besteht der Felsuntergrund aus praktisch horizontal gelagerten
Schichten der Oberen Süsswassermolasse (OSM). Der Fels reicht bei den Molasserund-
höckern an die Terrainoberfläche und erstreckt sich als Rippe weiter nach Süden, wo er im
Einschnitt des Forstbaches hervortritt (Fig. 3 und 4). Er besteht im oberen Bereich aus
Sandsteinschichten, das Liegende wird aus einer Mergelabfolge gebildet. Über der durch
Gletscher modellierten Felsoberfläche wurden Moränen und Verlandungssedimente abgela-
gert, die in der Talebene der Geländemulde zusammen bis zu 19 m mächtig sind. Die
Moränen sind vorwiegend feinkörnig ausgebildet (Silt und Ton mit wenig Kies), die
Verlandungssedimente bestehen aus Seebodenlehm und Torf. Am Fuss des Rundhöckers
werden die Moränenablagerungen von einer geringmächtigen Gehängelehmschicht bedeckt,
die hangseits ausdünnt.

Die oberflächlichen Wasserscheiden befinden sich am Rand der nördlichen und östlichen
Grenzen des geplanten Deponieareals, sodaß mit minimalen Hangwasserzutritten zu rechnen
ist. Das oberflächlich abfliessende Niederschlagswasser wird für das geplante Deponieareal
auf 70 - 100 l/min geschätzt. In der Geländemulde ist das Terraingefälle gering, es beträgt
3‰. Im Deponieareal existieren keine Oberflächengewässer, welche umgeleitet werden
müssen.

Hydrogeologische Modellvorstellungen

Der Untergrund besteht im nordöstlichen Teil des geplanten Deponieareals aus durchlässigen Sandsteinschichten (k-Wert = 6 x 10^{-6} m/s), die eine geringmächtige Bedeckung
aufweisen (einige Meter). In diesen Sandsteinschichten zirkuliert ein freies Grundwasser,
welches generell nach Osten Richtung Bünztal fliesst und durch den Vorfluter (Schwarzbächli, Forstbach) sowie verschiedene Quellen entwässert wird. Das Liegende des
Sandsteins wird durch eine gering durchlässige Mergelabfolge (k-Wert = 10^{-7} m/s) gebildet.

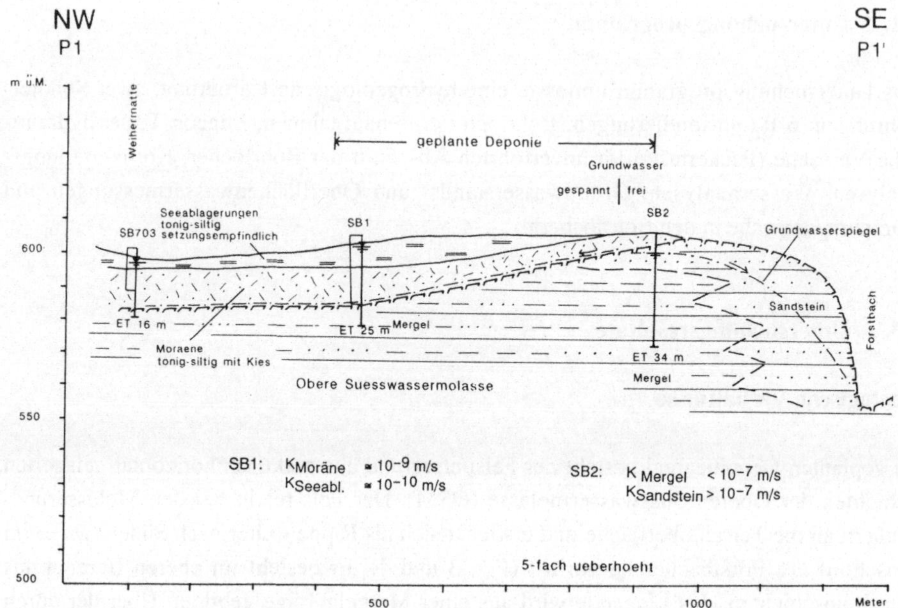

Figur 3: Geologisches Längsprofil P1-P2' Deponie "Höhtannen", Gemeinde Boswil.

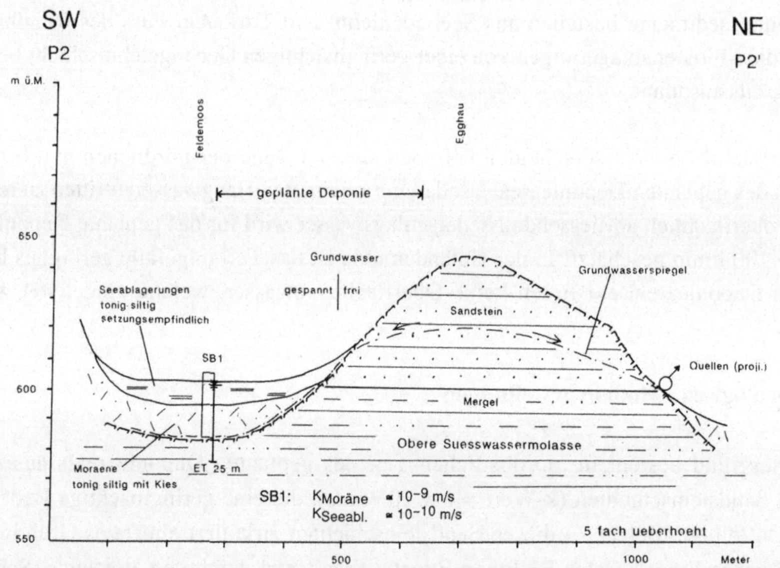

Figur 4: Geologisches Querprofil P2-P2' Deponie "Höhtannen", Gemeinde Boswil.

In dieser Mergelabfolge zirkuliert nur wenig Grundwasser, welches ein tieferes piezometrisches Druckniveau aufweist als jenes in den Sandsteinschichten.

Im südwestlichen Teil des geplanten Deponieareals besteht der Untergrund aus gering bis sehr gering durchlässigen Seeablagerungen (k-Wert = 10^{-8} bis 10^{-10} m/s). Sie weisen eine stauende Wirkung auf, so dass das Grundwasser in den darunterliegenden Moränenablagerungen gespannt ist. Die Moränenablagerungen sind vorwiegend gering bis sehr gering durchlässig ausgebildet (k-Wert = 10^{-8} bis 10^{-10} m/s). Einzelne geringmächtige Kieseinlagerungen können höhere Durchlässigkeiten aufweisen. Das Moränengrundwasser fliesst vom Hangfuss der Anhöhen Richtung Geländemulde und von dort nach Nordwesten. Die unterirdische Wasserscheide befindet sich im Deponieareal.

## 3.4.	Überprüfung der Ausschluss- und Bewertungskriterien

K-Wert und Mächtigkeit der Grundwasserleiter und -stauer:

Die Durchlässigkeitsverhältnisse erfüllen im nordöstlichen Bereich die Minimalanforderungen nicht, der k-Wert beträgt in den Sandsteinschichten der OSM 6 x 10^{-6} m/s (TVA = 10^{-7}m/s).

Kontroll- und Interventionsmöglichkeiten

Die Kontroll- und Interventionsmöglichkeiten sind aus folgenden Gründen schlecht:

- Die unterirdische Wasserscheide befindet sich im Deponieareal und fällt nicht mit der oberirdischen zusammen.
- Die Grenze zwischen Fels und Lockergestein eignet sich nicht als Beobachtungshorizont, da der im Untersuchungsgebiet angetroffene Sandstein der OSM einen Aquifer darstellt und teilweise den Untergrund der Deponie bildet.

Quellen

Auf der nordöstlichen Seite des Molasserundhöckers existieren einige bedeutende Quellen. Sie befinden sich vermutlich im Abströmbereich der Deponie in ca. 400 m Entfernung. Der direkteste Fliesspfad des Deponiesickerwassers zu einer Quelle bei einem Störfall wurde wie folgt geschätzt: Ein Wasserteilchen, welches am östlichen Rand des Deponieareals austritt, könnte im Sandstein nach Osten fliessen und in ca. 3 Jahren zu den nächstgelegenen Quellen gelangen, welche für die Trinkwasserversorgung genutzt werden. Die minimalen Anforderungen an den Standort sind bei diesem Kriterium nicht erfüllt.

Grundwasservorkommen

Das Randgebiet des nächstgelegenen bedeutenden Grundwasservorkommens liegt südwestlich von Boswil, im Abstand von 1.2 km vom Deponieareal (Luftlinie). Vom südlichen Rand des Deponieareals könnte ein Wasserteilchen in das Grundwasser des Sandsteins gelangen und nach Südosten fliessen, wo es in den Vorfluter (Schwarzbächli, Forstbach) eintritt und Richtung Boswil transportiert wird. Bei Boswil exfiltriert der Forstbach, hier beginnt das Randgebiet des Grundwasservorkommens von Boswil. Die Fliessdauer vom Austritt aus der Deponie bis zum Eintritt in das Schotter-Grundwasservorkommen wird auf knapp 5 Monate geschätzt. Der Minimalabstand von 200 m bis zum nächsten bedeutenden Grundwasservorkommen wird zwar eingehalten. Die Annahmen, welche bei der Berechnung dieses Minimalabstandes dem Kriterium Quellen und Grundwasser zu Grunde gelegt wurden, können jedoch im Falle von Boswil nicht angewendet werden. Dies zeigt die kurze Fliessdauer von 5 Monate bei einem Abstand von 1.2 km bis zum Grundwasservorkommen.

Oberflächengewässer

In ca. 50 m Entfernung vom Rand des geplanten Deponieareals beginnt der nächste Vorfluter (Schwarzbächli). Die Minimalanforderung ist somit erfüllt.

Fremdwasserzutritte/Entwässerung

Das Gefälle in der Talebene der Geländemulde ist mit 3 ‰ sehr gering, deshalb ist eine freie Entwässerung vermutlich nicht möglich. Die Minimalanforderung (Gefälle von 2 %) kann nicht eingehalten werden.

Gesamtstabilität und lokale/oberflächennahe Bewegungen

Im geplanten Deponieareal sind durch die Schüttung der Deponie keine Bewegungen des Untergrundes zu erwarten.

Gefährdung durch Ereignisse von ausserhalb

Das Projektgebiet ist weder überschwemmungs- noch erosionsgefährdet. Weiterhin sind keine Rutschungsmassen von ausserhalb zu erwarten.

Verformungsverhalten

Die Seeablagerungen und die siltigen und tonigen Bereiche des Gehängelehms sowie der Moräne sind sehr setzungsempfindlich. Bei einer Deponiehöhe von 8 m sind Setzungen von

10 bis 15 cm zu erwarten. Da die Lockergesteinsbedeckung im Osten ausdünnt, entstehen differentielle Setzungen von ebenfalls ca. 10 - 15 cm. Die Minimalforderung betr. Verformungsverhalten kann deshalb nur knapp eingehalten werden.

3.4.   Schlussfolgerungen

Aufgrund der durchgeführten Untersuchungen beim Deponiestandort Boswil wurden die Ausschluss- und Bewertungskriterien überprüft. Es zeigte sich, dass die Minimalanforderungen bei verschiedenen Kriterien nicht erfüllt werden konnten. Da der Untergrund im nordöstlichen Bereich des geplanten Deponieareals keine ausreichende natürliche Barrierewirkung bei einem Störfall besitzt, konnten vor allem die Kriterien Quellen und Grundwasservorkommen nicht erfüllt werden. Der Deponiestandort wurde deshalb nicht weiter verfolgt.

Literaturreferenzen

Der Schweizerische Bundesrat (1990): *Technische Verordnung über Abfälle (TVA)*.

Schneider + Matousek AG (1993): *Deponieplanung im östlichen Teil des Kantons Aargau, Phase II, Geologische Vorabklärungen Deponiestandort Nr. 24 "Höhtannen", Boswil.* Bericht Nr. D535B.

Sieber Cassina + Partner AG & Schneider + Matousek AG (1992): *Evaluation von neuen Deponiestandorten im östlichen Teil des Kantons Aargau, Phase I.*

Dr. Marianne Niggli, Matousek, Baumann & Niggli AG, Beratende Geologen ASIC/SIA, Mäderstrasse 8, CH-5400 Baden

Wir danken dem Aarg. Baudepartement, Abt. Umweltschutz, für die Genehmigung zur Publikation der Daten.

Ausbreitung von Luftschadstoffen

Mathias Rotach und Hans-Peter Schmid

1.   Einführung

Als Luftschadstoffe bezeichnen wir Luftbeimengungen, die meist schon in verschwindend kleiner Konzentration dem Menschen oder der Fauna und Flora Schaden zufügen können. Oft werden sie entweder ausschliesslich durch menschliche Aktivitäten freigesetzt, oder der Mensch trägt zu einer stark erhöhten Emission bei. Grundsätzlich können Luftschadstoffe, wie viele Schadstoffe, ihre schädigende Wirkung aufgrund der *Fracht* (Gesamtmasse des Schadstoffes in der Atmosphäre) entfalten, oder aber die aufgenommene *Dosis* (Exposition einer bestimmten Konzentration über eine bestimmte Zeit) ist ausschlaggebend. Im ersten Fall ist natürlich vor allem die Emissionscharakteristik von Bedeutung, während im zweiten Fall zusätzlich die *Ausbreitung* der Luftschadstoffe in der Atmosphäre eine entscheidende Rolle spielt. Wir wollen uns hier im wesentlichen auf diesen zweiten Fall beschränken und Konzepte sowie Modellvorstellungen diskutieren, die für die Beschreibung der Schadstoff-Ausbreitung in der Atmosphäre von Bedeutung sind.

Mit Ausnahme von Fluzgzeug-Emissionen werden Luftschadstoffe oder deren Vorläufer-substanzen entweder direkt an der Erdoberfläche, oder aber in deren unmittelbaren Nähe emittiert. Damit ist das Verständnis von Ausbreitungsprozessen in der untersten Schicht der Atmosphäre entscheidend. Dies ist die sogenannte *Planetare Grenzschicht*, deren Strö-mungscharakteristik durch Reibung und Energieaustausch an der Oberfläche, und durch die dadurch entstehende Turbulenz bestimmt wird. Die Modellierung von Schadstoff-Ausbrei-tung wird sich also mit den Strömungs- und Turbulenzverhältnissen in der Planetaren Grenzschicht (PBL) befassen müssen. Diese können räumlich und zeitlich oft sehr stark variieren, so dass zu ihrer vollständigen Erfassung in Modellen eine hohe Auflösung nötig ist. Bei der Behandlung von Luftschadstoff-Problemen, die entweder eine längere zeitliche Periode (z.B. ein Jahr) und/oder ein grösseres Gebiet betreffen, müssen entsprechend vereinfachte Modelle eingesetzt werden, um den Rechenaufwand in Grenzen zu halten. Nachfolgend sind drei der in der Praxis häufigsten Kategorien von Anwendungsbereichen der Schadstoff-Modellierung mit ihren jeweiligen Rahmenbedingungen zusammengestellt.

i)   Massnahmenplan:
• Behebung oder Beschränkung einer bestehenden, längerfristigen Luftschadstofflage.
• Genaue Kenntnisse der Schadstoffverteilung (zeitlich, räumlich), der Quellen, Senken und der Umwandlungsprozesse sind nötig.
• Die Modellierung muss effizient und einfach erfolgen, da grössere Gebiete (typischerweise ein Kanton) über beispielsweise ein Jahr betrachtet werden.

ii) UVP:
• Risikoabschätzung einer in Zukunft möglichen Schadstofflage.
• Berechnung von Schadstoffszenarien mit realistischen Quellen.
• "Schadstoffklimatologie": abschätzen von Schadstofflagen bei charakteristischen Wetter- und Strömungslagen.

iii) Schadenfall:
• Abschätzung der zu erwartenden Gefahr.
• gezielte Alarmierung von wahrscheinlich betroffenen Gebieten einer aktuellen Schadstofflage (Kurzprognose).
• Trajektorienberechnung zur Haftpflichtabklärung als Expertise vor Gericht etc.

Grundsätzlich gilt: grosses Problem - 'grosse' Lösung, kleines Problem - 'kleine' Lösung. Die Grösse des Problems bezieht sich dabei auf die Grösse des Risikos (Gefährlichkeit des Stoffes; ausgestossene Menge; Besiedelung, Bebauung oder Vegetation des betroffenen Gebietes; Wahrscheinlichkeit des Auftretens). Mit der 'Grösse' der Lösung ist demgegenüber der getriebene Aufwand, sowohl was die zeitlichen und finanziellen Recourcen, aber auch was die Kapazität bzw. Naturtreue des verwendeten Ausbreitungsmodells betrifft.

2.   Uebersicht über die atmosphärischen Prozesse

Nach der Emission werden Luftschadstoffe in der Atmosphäre einerseits durch die mittlere Strömung *transportiert* und andererseits durch *turbulente Diffusion* verdünnt (Fig. 1). Dadurch entstehen aus einer kontinuierlichen Quelle (oft natürlich unsichtbare) Abgas- oder Rauchfahnen, die mit zunehmender Distanz zur Quelle in ihrer Ausdehnung wachsen (Fig. 2).

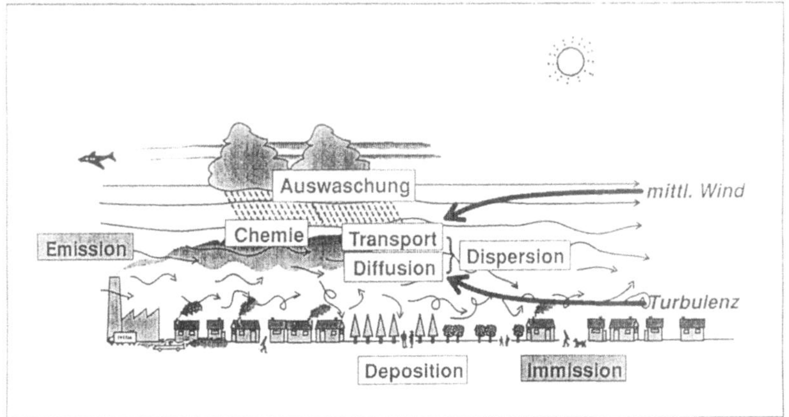

Figur 1: Schematische Darstellung der Prozesse, die die Konzentration von Luftschadstoffen beeinflussen, von der Emission bis zur Immission.

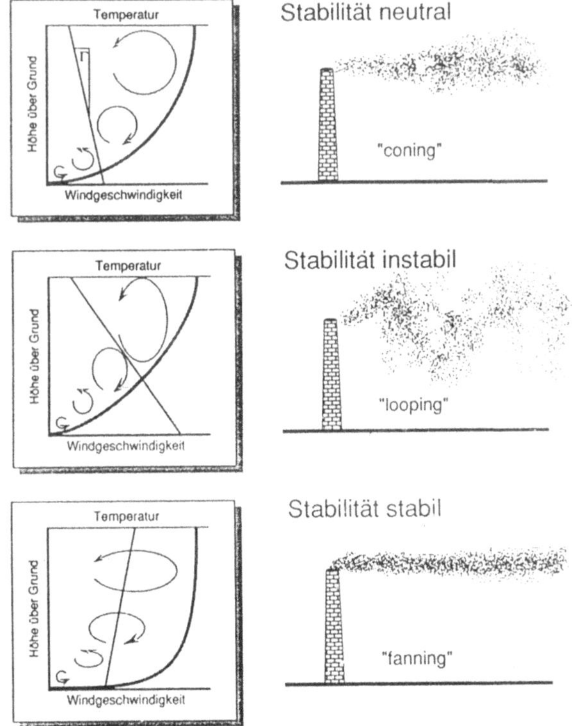

Figur 2: Schematische Darstellung der Windprofile (dick ausgezogene Linie) und der Temperaturprofile in der Planetaren Grenzschicht mit den zugehörigen typischen Rauchfahnen.

2.1.   Transport

Unter Transport verstehen wir in diesem Zusammenhang die hauptsächlich horizontale Verfrachtung von Luftschadstoffen durch die mittlere Strömung. Das mittlere Strömungsfeld und damit der Transport wird insbesondere durch Topographie oder durch Variabilität der Oberflächeneigenschaften beeinflusst. Einfache Schadstoff-Modelle, die zum Zweck einer analytischen Beschreibung der Ausbreitung (s. Abschnitt 3) ein uniformes (horizontal homogenes) Windfeld voraussetzen, dürfen daher in sanft hügeligem Gelände nur beschränkt, und in komplexer Topographie überhaupt nicht angewendet werden.

2.2.   Diffusion

Turbulenz als herausragendes Merkmal der Strömung in der Planetaren Grenzschicht ist hauptsächlich für die Diffusion von Schadstoffen verantwortlich. Sie ist etwa eine Million mal effektiver als die molekulare Diffusion. Turbulenz entsteht einerseits durch Reibung (mechanische Turbulenz) an der Oberfläche, und andererseits durch Aufheizen bzw. Abkühlen der Oberfläche (thermische Turbulenz). Während die Reibung immer eine Quelle für Turbulenz darstellt, kann die thermische Schichtung (vertikaler Temperaturgradient) in der Planetaren Grenzschicht entweder eine Dämpfung der Turbulenz (*stabile* Schichtung) oder auch eine Verstärkung (*unstabile* Schichtung) bewirken. Eine wichtige Grösse zur Beschreibung der Turbulenz ist deshalb die *dynamische Stabilität*, die nicht nur den Temperaturgradienten allein (statische Stabilität), sondern auch die mechanische Turbulenz berücksichtigt. Als Mass für die dynamische Stabilität werden oft die Richardson-Zahl oder das Verhältnis z/L, wobei z die Höhe über Boden und L die sogenannte Obukhov'sche Länge ist, benutzt. Definitionen dieser Grössen finden sich beispielsweise in der im Anhang angegebenen Literatur. Fig. 2 illustriert schematisch, dass die Ausbreitungscharakteristik einer Rauchfahne, und damit etwaige Bodenkonzentrationen, sehr stark von der dynamischen Stabilität in der Planetaren Grenzschicht bestimmt ist.

Neben der Stabilität und der damit verbundenen Turbulenzstruktur spielt die räumliche und zeitliche Gliederung der PBL ebenfalls eine wichtige Rolle in bezug auf die Schadstoffausbreitung. Ihre Höhe bestimmt das Volumen, worin sich Schadstoffe ausbreiten können und ist damit eine wichtige, aber schwierig zu messende und zu prognostizierende Grösse.

Fig. 3 zeigt einen charakteristischen Tagesgang der Grenzschichthöhe mit bis zu rund 500 m während der Nacht und über 1000 m während des Tages. In der horizontalen Dimension bestimmt die Verteilung der Oberflächeneigenschaften (Temperatur, Rauhigkeit, Bodenbeschaffenheit) zusätzlich den Turbulenzzustand der PBL. Im einfachsten, horizontal homogenen Fall genügt es oft eine einzige charakteristische Länge zu kennen, die sogenannte

Rauhigkeitslänge, z_0, die von der Grösse der Rauhigkeitselemente (Sandkörner, Steine, Bäume, Häuser) und deren Verteilung abhängt. Man beachte, dass auch ein Wald oder eine Stadt - in genügend grosser Distanz zur Oberfläche - unter Umständen als horizontal homogen betrachtet werden kann. Aendert die Oberfläche ihren Charakter (veränderte Rauhigkeit,

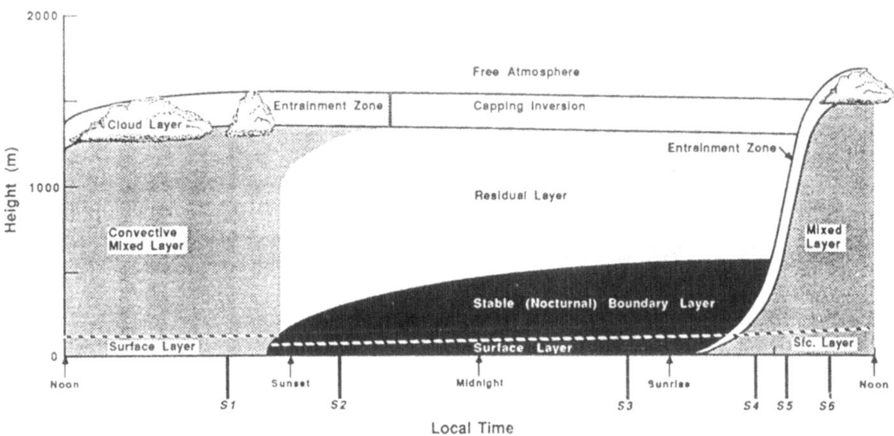

Figur 3: Die zeitliche Entwicklung der Planetaren Grenzschicht (idealisiert) über homogenem Gelände. (Aus Stull, 1988).

Figur 3: Die zeitliche Entwicklung der Planetaren Grenzschicht (idealisiert) über homogenem Gelände. (Aus Stull, 1988).

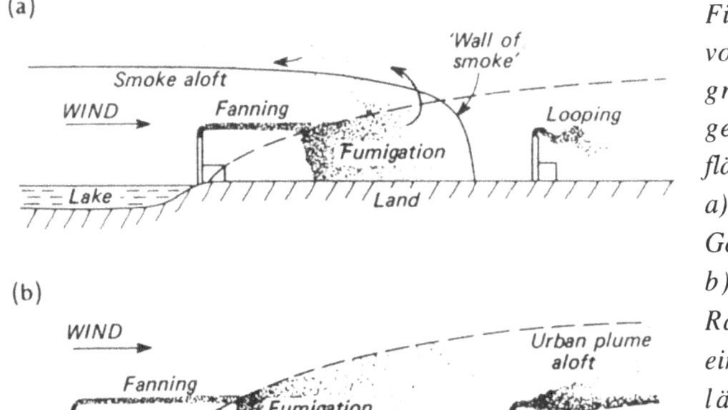

Figur 4: Beeinflussung von Rauchfahnen aufgrund von Inhomogenitäten der Oberfläche.
a) thermisch (Land-Meer Gegensatz),
b) unterschiedliche Rauhigkeit zwischen einer städtischen Oberfläche und der Umgebung (aus Oke, 1987).

Temperatur oder Feuchte), bildet sich an der Grenze eine neue, sogenannte interne Grenz-schicht aus (Fig. 4), deren Mächtigkeit mit zunehmender Distanz zur Grenze wächst. In Fig. 4 sind typische Beispiele skizziert, die illustrieren sollen, wie die Aenderung der Ober-flächeneigenschaften die Ausbreitungscharakteristika einer Rauchfahne auf 'unerwartete' Weise verändern können.

2.3.   Weitere Prozesse

Aus Fig. 1 geht hervor, dass Schadstoffe auf ihrem Weg von der Quelle zum Rezeptor neben Transport und Diffusion weiteren Prozessen unterworfen sind. Hier sind insbesondere die Deposition sowie chemische Reaktionen zu erwähnen. Deposition an der Oberfläche ist für Partikel, zum Teil aber auch für (reaktionsfreudige oder wasserlösliche) Gase von Bedeutung. In atmosphärischen Ausbreitungsmodellen wird die Deposition im besten Fall (wenn überhaupt) in Form eines parametrischen Moduls berücksichtigt. Chemische Umwandlungen sind besonders bei der Bildung von sogenannten Sekundär-Schadstoffen wie Ozon oder PAN von Bedeutung. Diese werden nicht direkt aus einem Kamin oder Auspuff emittiert, sondern entstehen aus Vorläufersubstanzen (primäre Schadstoffe) wäh-rend des Transportes von der Quelle zum Rezeptor. Gute photochemische Algorithmen sind - genau wie gute Schadstoff-Ausbreitungsmodelle - sehr aufwendig und benötigen enorme Computer-Recourcen. Deshalb gibt es praktische keine Modelle mit anspruchsvollen Chemie- *und* Ausbreitungsmodulen.

3.   Modelltypen

Wie im vorgehenden Abschnitt bereits verschiedentlich angetönt wurde, müsste ein ideales Schadstoffmodell in der Lage sein, eine Vielzahl von Prozessen in hoher zeitlicher und räumlicher Auflösung zu behandeln. Dieses Ziel ist aufgrund der riesigen benötigten Computerkapazitäten, sowie wegen fehlender Inputdaten (z. B. Oberflächenbeschaffenheit für ein Gebiet wie den Kanton Zürich) und zum Teil mangelnder theoretischer Kenntnisse im Prinzip unerreichbar. Es werden deshalb - je nach Anwendung - Vereinfachungen vorge-nommen, die es insbesondere erlauben sollen, mit möglichst geringem Rechenaufwand rea-listische Simulationen auf dem Computer vornehmen zu können.

3.1.   Euler'sches Bezugssystem

In einem ortsfesten oder Euler'schen Bezugssystem lässt sich die Konzentration eines Schadstoffes - wie andere Strömungsvariabeln, z.B. Impuls - durch eine *Erhaltungs-*

gleichung beschreiben. Das Lösen dieser Erhaltungsgleichung (bei gleichzeitigem Lösen der anderen Erhaltungsgleichungen der Strömungsvariablen) würde es im Prinzip erlauben, die Konzentration des Spurenstoffes an jedem Punkt und zu jeder Zeit aus gegebenen Anfangs- und Randbedingungen zu berechnen. Allerdings ergibt sich in einer turbulenten Strömung (wie sie ja typisch ist für die PBL) ein fundamentales Problem: Eine Aufspaltung der Variablen in einen mittleren und einen turbulenten Anteil erlaubt zwar eine beträchtliche Reduktion der benötigten räumlichen/zeitlichen Auflösung, aber dies nur auf Kosten der prinzipiellen Lösbarkeit des Problems. Die erwähnte Aufspaltung (*Reynolds decomposition*) der Variablen ergibt ein System mit mehr Unbekannten als Gleichungen. Dieses sogenannte *Schliessungsproblem* lässt sich statistisch folgendermassen formulieren: zur Lösung der Gleichung für die gemittelten Variablen (1. zentrales Moment) wird die Kenntnis von gewissen (Co)Varianzen (2. zentrale Momente) benötigt. Es kann natürlich eine Erhaltungs- gleichung für die (Co)Varianzen aufgestellt werden, doch kommen darin Tripelkorrelationen (3. zentrale Momente) vor. Und so weiter. Ein wichtiger Schritt zur Lösung der Erhaltungs- gleichung besteht also in einem Schliessungsansatz, der die statistischen Momente einer bestimmten Ordnung zu denjenigen der jeweils nächst tieferen Ordnung in Beziehung setzt. Der einfachste Ansatz - die sogenannte K-Theorie - beschränkt sich auf die Gleichungen der mittleren Strömung. Die benötigten (Co)Varianzen werden als proportional zum vertikalen Gradienten der mittleren Variablen angenommen, wobei die Proportionalität anhand eines Ausstauschkoeffizienten (*eddy diffusivity*, K) beschrieben wird. Natürlich gibt es eine ganze Reihe von Schlissungsansätzen von unterschiedlicher Komplexität. Im jeweiligen Ansatz steckt im Prinzip die ganze Information über die Turbulenz, die das Modell zur Verfügung hat, und die ja die Diffusion im wesentlichen bestimmt.

Wie auch immer der Schliessungsansatz aussieht: das Gleichungssystem (Erhaltungs- gleichungen für alle Strömungsvariabeln inkl. Schadstoff-Konzentration) kann nun auf ei- nem Modellgitter (zeitlich) integriert werden. Ein solches *numerisches Ausbreitungsmodell* ist allerdings sehr aufwendig, sowohl in der Entwicklung wie auch in der Anwendung. Es wird deshalb nur für ganz grosse Probleme (Risikostudie Chemieindustrie/AKW oder ver- gleichbare Anlage) eingesetzt werden.

Vereinfachungen

Eine erste, wichtige Vereinfachung des Problems besteht in der (unproblematischen) Annahme, dass die Schadstoff-Konzentration keinen Einfluss auf die Strömung selbst hat. Damit wird das System entkoppelt, und es braucht nur noch die Erhaltungsgleichung für die Schadstoff-Konzentration integriert zu werden. Das Strömungs- und Turbulenzfeld wird nun entweder weiterhin aus der Integration eines numerischen Modells genommen (kein Gewinn), oder aber auf einem anderen Weg beschafft. Sind Messungen im Untersuchungsgebiet vorhanden, so können diese - unter Verwendung der Topographie und grundsätzlicher atmosphärenphysikalischer Gesetzmässigkeiten - als *diagnostisches*

Strömungsfeld auf das gesamte Untersuchungsgebiet extrapoliert werden. Dies braucht wesentlich weniger Rechenleistung als die volle prognostische (vorwärts in der Zeit) Integration eines numerischen Modells. Eine weitere, einschneidende Vereinfachung besteht in der Annahme von *horizontaler Homogenität*. Dann braucht die Windgeschwindigkeit nur noch als vertikales Profil berechnet zu werden (da sie ja in der Horizontalen überall gleich ist), was unter Verwendung der Grenzschicht-Theorie einfach zu bewerkstelligen ist. Mit einer geschickten mathematischen Darstellung des Windprofils, unter Verwendung der oben erwähnten K-Theorie, gelingt es sogar, für die einzige noch zu integrierende Gleichung, die Erhaltungsgleichung für den Schadstoff, eine analytische Lösung zu finden (*Robert's solution*). Die riesige Ersparnis an Rechenzeit wird allerdings durch die meist unrealistische Annahme der horizontalen Homogenität (in der Schweiz!) erkauft, sowie durch die Vernachlässigung der Topographie und die Verwendung der in gewissen Fällen problematischen K-Theorie. Das in der praktischen Anwendung mit Abstand am häufigsten verwendete *Gauss-Modell* stellt einen Spezialfall von Robert's solution dar. Falls die zugrundeliegenden Wind- bzw. K-Profile als *höhenunabhängig* angenommen werden, resultiert eine Gauss'sche Lösung (normalverteilte Konzentrationsprofile) . Allerdings werden höheninvariante Wind- *und* K-Profile in der Atmosphäre praktisch nie beobachtet. Dass die Gauss-Modelle sich trotzdem bis heute behaupten konnten, hängt einerseits mit ihrem ausserordentlich kleinen Rechenaufwand zusammen, und andererseits mit der Tatsache, dass einige ihrer Hauptmängel mittels äusserst pragmatischer Anpassungen eliminiert wurden. Trotzdem muss, wer Gauss-Modelle verwendet, mit einer bescheidenen Genauigkeit zufrieden sein: wenn mehr als die Hälfte der prognostizierten Konzentrationen (Einzelwerte) innerhalb von einem Faktor zwei der Messwerte liegt, gilt die Prognose bereits als gut. Mittelwerte über längere Zeiträume (z.B. ein Jahr) sind natürlich entsprechend besser. Allerdings resultiert diese 'Genauigkeit' nur aufgrund der Mittelung über eine grosse Zahl (zumeist falscher) Einzelwerte.

Pragmatische Lösungen

Um die Vorteile der rechenzeitsparenden analytischen Lösungen auch unter Umständen zu erhalten, bei denen diese absolut nicht angezeigt sind, werden oft sehr pragmatische Lösungen gewählt. In Gebieten mit schwacher Topograpie werden die atmosphärischen Variablen, die beispielsweise in ein Gauss-Modell eingehen, so 'zurechtgebogen', dass sie den durch die Topographie veränderten Strömungs- und Turbulenzbedingungen besser entsprechen sollen. Aehnliches wird gemacht für Gebiete mit charakteristischer lokaler Zirkulation (z.B. See-Landwind-Zirkulation) oder auch für spezielle Oberflächen wie sie zum Beispiel eine Stadt aufweist. Für Gebiete mit komplexer Topographie, wie sie gerade in der Schweiz recht häufig vorkommen, und natürlich für die Anwendung in Fällen, bei denen es auf Einzelsituationen ankommt (beispielsweise ein Evakuationsplan einer grösseren industriellen Anlage, der aufgrund der zur Zeit der Katastrophe herrschenden meteorologischen Bedingungen erstellt werden muss) dürfen Gauss-Modelle jedoch nicht eingesetzt werden.

Die Klasse der *operationellen*[1] *Modelle der neuen Generation* (Olesen und Mikkelsen, 1992) zeichnet sich vor allem dadurch aus, dass ein sogenannter Meteorologischer Vorprozessor verwendet wird. Ein solcher berechnet die für das jeweilige Ausbreitungsmodell benötigten meteorologischen Inputvariablen aus Daten der automatischen Wetterbeobachtung, und zwar unter Verwendung der Turbulenz-Theorie für die PBL. Konsequenterweise werden dann für verschiedene Stabilitäts-Höhen-Bereiche (*scaling regimes*) auch unterschiedliche Modelltypen verwendet, die jedoch in aller Regel immer noch nicht mehr als analytische Funktionen zur Beschreibung der räumlichen Konzentrationsverteilung darstellen.

3.2. Lagrange'sches Bezugssystem

Das Verhalten einer Rauchwolke nach Verlassen der Quelle kann auch in einem Lagrange'schen Bezugssystem, also unter Verwendung eines Koordinatensystems, das mit der Rauchwolke mitwandert, beschrieben werden. Dies hat zunächst einmal den Vorteil, dass in einem inhomogenen Strömungs- und Turbulenzfeld (das gegeben sein muss) die lokalen Effekte der Turbulenz auf die Ausbreitung der Rauchwolke direkt ('an Ort und Stelle') modelliert werden können (ohne immer das ganze inhomogene Strömungsfeld kennen zu müssen). Das gleiche gilt für instationäre (zeitlich veränderliche) Inputfelder der Strömung und Turbulenz. Den einfachsten Ansatz für ein Lagrange'sches Diffusionsmodell stellen die *Puff-Modelle* (von engl. *puff*=Wölkchen) dar. Schadstoffe werden als *puffs* aus der Quelle entlassen, wobei sich das *puff* auf seinem Weg durch das Strömungsfeld aufgrund der Turbulenz ständig vergrössert. Noch etwas detaillierter wird der Prozess der Diffusion in den sogenannten *Lagrange'schen stochastischen Partikelmodellen* betrachtet. Sie machen sich die Tatsache zunutze, dass Turbulenz im Grunde genommen ein chaotischer Prozess ist. Für einzelne Partikel, die allerdings mehr als ein Molekül repräsentieren, wird deshalb auf ihrem Weg durch die Strömung in jedem Zeitschritt individuell eine Beschleunigung berechnet, die sich aus einem korrelierten Term (der die 'Geschichte des Partikels kennt') und einem Zufallsterm zusammensetzt. Diese Beschleunigungen werden so bestimmt, dass ein Mittel über sehr viele Partikel die korrekten Statistiken der Turbulenz (Mittelwerte, Standardabweichungen etc. der Geschwindigkeitskomponenten) aufweist.

---

[1] 'Operationell' bedeutet in diesem Zusammenhang die Fähigkeit, innert nützlicher Frist, d.h. innerhalb von maximal einigen Stunden auf einem PC oder einer work station Jahresmittelwerte der Schadstoffbelastung an mehreren Rezeptoren zu berechnen, die aufgrund der Emissionen aus vielen Quellen entstehen.

Die letztgenannten stochastischen Partikelmodelle gelten heute als die besten Ausbreitungsmodelle, insbesondere für (räumlich und zeitlich) inhomogene Situationen. Ihr grosser
Nachteil ist allerdings, dass sie äusserst computerintensiv sind, so dass sie in praktischen
Anwendungen auf operationeller Basis nicht, oder höchstens für ganz 'grosse Probleme' eingesetzt werden können.

4.   Konkrete Möglichkeiten

Nachdem in den vorangegangenen Abschnitten einige der grundlegenden Theorien und
Konzepte vorgestellt wurden, sollen nun die Schritte einer Aubreitungsrechnung detailliert
betrachtet werden. Es wird insbesondere drauf Wert gelegt, konkrete Hinweise über
Datenverfügbarkeit, mögliche Probleme, Modelle, die zur Auswahl stehen sowie weitere
wichtige 'Details' zu geben. Die Darstellung folgt im wesentlichen derjenigen in Fig. 1.
Detaillierte Erklärungen über verwendete Fachausdrücke finden sich in der im Abschnitt 6
empfohlenen Literatur (sofern nicht angegeben).

4.1.   Emissionen

Hier muss zunächst zwischen stationären Quellen (Hausfeuerungen, Industrie) und mobilen
Quellen (Verkehr) unterschieden werden. Im weiteren ist es sinnvoll, die Emissionen nach
verschiedenen Schadstoffen zu unterscheiden.

Stationäre Quellen
Bei einer einzelnen Quelle ist das Problem natürlich klar gegeben. Da es sich bei Einzelquellen meist um grössere Industrieanlagen handelt, muss folgende Information bereitge-
stellt werden:

* Koordinaten der Quelle und Höhe der Emission (Kaminhöhe). Ausbreitungsresultate sind
  äusserst sensitiv auf diese letztere Grösse.
* Emissionsmenge, entweder für jede Stunde, oder aber als Gesamtmenge mit möglichen
  Ganglinien (z.B. ein Emissions-Tagesgang für jeden Monat/jede Saison). Beachte: die
  atmosphärischen Bedingungen und damit die Ausbreitung sind sehr unterschiedlich
  während des Tages und in der Nacht.
* Temperatur des Rauchgases (ev. zeitlich variabel) und Temperatur der Umgebunbgsluft.
  Ein (relativ zur Umgebung) warmes Rauchgas steigt zunächst stark an, bis es sich mit der
  Umgebungsluft genügend vermischt hat. Dieser Vorgang heisst *plume rise* und wird oft
  durch eine 'effektive Emissionshöhe' beschrieben.

- Falls keine Emissionsmengen explizit gegeben sind: Emissionsfaktoren, zu finden beispielsweise in der Schriftenreihe Umweltschutz (BUWAL, 1987b) für verschiedene Produktionsverfahren.

Im Falle von vielen, meist kleineren Einzelquellen muss ein Emissionskataster[2] verwendet werden. Ist ein solches nicht verfügbar, können die Emissionen aufgrund von statistischen Daten wie Bevölkerungsdichte, Arbeitsplätze etc. abgeschätzt werden (BUWAL, 1987a). Wiederum müssen die Emissionshöhe (hier meist mit der Gebäudehöhe gleichgesetzt) sowie Emissionsfaktoren bekannt sein. Einzelquellen werden als Punktquellen (*point sources*), Emissionen aus vielen kleinen Quellen als Flächenquellen (*area sources)* behandelt.

Mobile Quellen
Im Falle von Verkehrsemissionen (einzelne Strassenabschnitte oder Verkehrsnetz) kann natürlich nicht jedes einzelne Fahrzeug separat behandelt werden. Ein Strassenstück wird deshalb als Linienquelle (*line source*) behandelt, für das der durchschnittliche Tagesverkehr (DTV) bekannt sein muss. Die beste Information liefert natürlich eine Verkehrszählung auf dem betreffenden Strassenstück, allenfalls muss eine Verkehrsmodell herangezogen werden (für die Beschreibung eines Verkehrsmodells siehe z.B. Mauch et al., 1992). Wichtige Inputgrössen sind weiter:

- die Emissionsfaktoren (BUWAL, 1986 - wird gegenwärtig komplett überarbeitet), die stark von der Geschwindigkeit (altes Verfahren) bzw. vom durchschnittlichen Fahrverhalten (neues Verfahren) auf der Strecke abhängen.
- Die Tages- Wochen- und Jahresganglinien des Verkehrsaufkommens.
- Der Lastwagenanteil, da Lastwagen mittlerweile den grössten Anteil an den Emissionen (insbesondere NO_x, CO, Russpartikel) haben.

Resultate einer sehr detaillierten Studie über die einzelnen der oben erwähnten Emissionsgruppen finden sich beispielsweise in Werfeli (1995).

4.2.   Topographie/Umgebung

Bei der Analyse der Topographie im Untersuchungsgebiet geht es darum abzuklären, ob das zur Verfügung stehende Ausbreitungsmodell (siehe 4.4) für die zu modellierende Situation geeignet ist. Weiter kann es nötig sein die verwendeten Meteodaten (siehe 4.3) auf ihre Repräsentativität im Untersuchungsgebiet hin zu untersuchen. Die meisten operationellen

---

[2] Eine Datenbank über die räumliche Verteilung von Emissionsquellen, inklusive deren zeitlicher Emissionscharateristika.

Ausbreitungsmodelle können nicht, oder nur unter grösster Vorsicht eingesetzt werden, wenn das Gebiet hügelig ist oder gar komplexe Topographie aufweist (lokale Veränderung des Windfeldes), wenn grössere Wasserflächen in der Nähe sind (lokale thermische Zirkulation), oder wenn sich das Gebiet durch besondere Oberflächeneigenschaften (z.B. städtische Oberfläche) auszeichnet. Für gewisse solcher Situationen wurden eigens 'pragmatische' Ausbreitungsmodelle entwickelt. Als Beispiele seien hier ein Canyon-Modell für eine stätdische Strassenschlucht (Yamartino und Wiegand, 1986) oder ein Ausbreitungsmodell in der Nähe eines Hügels (Venkatram, 1988) erwähnt.

4.3.   Meteodaten

Die direkteste Art der Beschaffung meteorologischer Information ist natürlich die Messung vor Ort. Zur Berechnung von Jahresmittelwerten der Immission ist dazu mindestens eine einjährige Messreihe vonnöten (mit der impliziten Annahme, dass das Jahr, in dem die Messungen stattfinden, repräsentativ ist für das Klima am betreffenden Ort). Kann dieser Aufwand nicht geleistet werden, so muss auf eine in bezug auf die Nähe zum Untersuchungsgebiet und die Exposition (siehe 4.2.) vergleichbare geeignete Station des Automatischen Messnetzes (ANETZ) der Schweizerischen Meteorologischen Anstalt zurückgegriffen werden. Diese liefern in stündlicher Auflösung meteorologische Daten wie Windgeschwindigkeit auf 10 m über Grund, Temperatur auf 2 m und Sonnenscheindauer. Diese Daten sind bei der SMA gegen Bezahlung erhältlich. Werden vom Ausbreitungsmodell die Inputdaten auf einer anderen Höhe (z.B. Emissionshöhe) verlangt, so müssen die ANETZ-Daten mit Hilfe der Grenzschicht-Theorie (z.B. Stull. 1988) umgerechnet werden. Wichtige Grössen wie die atmosphärische Stabilität und die Höhe der PBL müssen ebenfalls aus diesen ANETZ-Daten berechnet werden. Bei neueren Modellen besorgt dies der Meteorologische Vorprozessor. Die Grenzschichthöhe wird routinemässig an nur einer Station in der Schweiz (Payerne) bestimmt. Diese Daten könnten, falls verfügbar, allerdings für weite Teile des schweizerischen Mittellandes verwendet werden, da die räumliche Variabilität der Grenzschichthöhe (im Vergleich zur Genauigkeit der Bestimmung) eher gering ist (Tercier et al., 1995). Um für die Berechnung von Jahresmitteln der Immission nicht jede einzelne der 8760 Stunden eines Jahres behandeln zu müssen, werden oft Klassen (z.B. Windrichtung und -geschwindigkeit, Stabilität, allenfalls Tageszeit) gebildet und anteilmässig berücksichtigt. Für die Anwendung einer Ausbreitungsrechnung im Falle einer Katastrophenplanung einer grösseren Industrieanlage ist es natürlich unabdingbar, dass ein dreidimensionales Strömungsfeld im zur Verfügung steht. Hier empfiehlt es sich, vorbereitete 'charakteristische Windfelder' zu verwenden, wobei das passende im Anwendungsfall anhand einer meteorologischen Messung vor Ort ausgewählt werden kann.

4.4.   Ausbreitungsmodelle

Verschiedene Ausbreitungsmodelle sind im folgenden in der Reihenfolge aufsteigender Komplexität, zusammen mit möglichen Anwendungsfällen aufgelistet.

Schätzung:
Falls die Topographie die Verwendung eines operationellen Modells nicht zulässt und Immissions-Messungen des interessierenden Schadstoffes im Untersuchungsgebiet vorliegen, kann die zukünftige Schadstoff-Konzentration aufgrund der prognostizierten und der gegenwärtigen Emissionen abgeschätzt werden. Diese Schätzung gilt dann natürlich nur für den Ort der Immissionsmessung. Bsp.: UVP für die Zufahrt eines neuen/veränderten Strassentunnels in einem Alpental.

Empirische Modelle:
Eine einfache Modellbeziehung zwischen Emissionen und Immissionen wird aufgrund von Messdaten im Untersuchungsgebiet bestimmt. Meteorologie und lokale Effekte (Exposition) können nicht berücksichtigt werden. Ueberdies muss das Modell für jede Anwendung neu geeicht werden. Bsp: Massnahmenplan für einen Kanton (viele relativ kleine Einzelquellen, Behandlung eines grösseren Gebietes).

Programmpakete:
Auf dem Markt sind verschiedene Programmpakete erhältlich, deren Ausbreitungsteil praktisch immer auf einem Gauss-Modell beruht. Die Anwendung dieser Modelle ist also nicht angezeigt im Falle von komplexer Topographie oder anderen möglichen Abweichungen von homogener Oberfläche. Die Qualität der Modellpakete scheidet sich an der Behandlung der Meteorologie. 'Traditionelle' Modelle arbeiten mit sogenannten Stabilitätsklassen (nach *Pasquill/Turner*), während neuere die Grenzschicht-Theorie verwenden, und damit kontinuierliche Stabilitäten erlauben (Stichwort: Meteorologischer Vorprozessor). Einzelne der operationellen Modellpakete verwenden überdies verschiedene Ausbreitungsalgorithmen (z.T. auch nicht Gauss'sche) für unterschiedliche atmosphärische Bedingungen. Siehe z.B. Hanna und Chang (1993) oder Gryning et al. (1987). Mögliche Anwendungsbeispiele sind natürlich wiederum vom konkreten Modellpaket abhängig. Kommerzielle Programmpakete werden oft für UVPs im Zusammenhang mit neuen Anlagen oder Industriekomplexen eingesetzt.

Puff-Modelle:
Deren Anwendung ist sinnvoll, wenn ein nicht-uniformes Strömungsfeld (auch diagnostisch) zur Verfügung steht. Sie werden oft im Zusammenhang mit Risiko-abschätzungen für einzelne Grossemittenten (AKW, Industrieanlage) für grosse Transport-distanzen zusammen mit Strömungsfeldern aus der Wettervorhersage verwendet.

Numerische Modelle:

Rein Euler'sch oder gemischt Euler'sch (Strömung) - Lagrange'sch (Ausbreitung). Ebenfalls geeignet für Risikoabschätzungen in Fällen mit weitreichenden Konsequenzen (da äusserst rechenintensiv, s.o.: 'grosses Problem'). Dieser Typ wird oft auch als Forschungsmodelle eingesetzt (z.B. Rotach et al., 1996)

4.5.   Chemie/Deposition

Die Behandlung der Chemie richtet sich natürlich primär nach der Problemstellung. Häufig wird bei operationellen Modellen nur eine einfache Parametrisierung für die Umrechnung der Modellresultate in Konzentrationen des gewünschten Schadstoffes benutzt. Bsp: NO_x kann (als Summe aller Stickoxidverbindungen) als chemisch inert (nicht reagierend) in einem reinen Ausbreitungsmodell behandelt werden. Aufgrund der Luftreinhalteverordnung interessiert jedoch die Konzentration von NO_2, die dann entweder als Abstandsfunktion (Umwandlung NO --> NO_2 als Funktion des Abstandes von der Quelle) ins Modell eingebaut wird, oder aufgrund von empirischen Beziehungen (z.B. Werfeli, 1995) nach der eigentlichen Ausbreitungsrechnung bestimmt wird. Für sekundäre Schadstoffe wie Photooxidantien (Ozon, PAN) müssen komplizierte Reaktionsschemata verwendet werden. Modelle, die solche Berechnungen ausführen können ('Chemie-Modelle') verfügen jedoch in der Regel nur über eine rudimentäre Behandlung der Ausbreitungsprozesse, d.h. eine 'Box', worin die Chemie stattfindet, wird mit der mittleren Strömung bewegt, während Turbulenz und Durchmischung unberücksichtigt bleiben. Verschiedene sogenannte 'Chemie-Module', die bis zu 500 Substanzen und 3000 Reaktionen verarbeiten können, sind im Handel erhältlich. Diese Module lassen jedoch den Rechenaufwand für eine Schadstoffmodellierung schnell in schwindelnde Höhen steigen.

4.6.   Validierung und Fehlerabschätzung

Anders als in einigen anderen Ländern existiert in der Schweiz keine, von der öffentlichen Hand herausgegebene Liste, die verbindlich festlegt, für welchen Anwendungsfall welches Modell (welcher Modelltyp) verwendet werden muss. Damit besteht die Gefahr, dass allein aufgrund der Modellwahl das Ergebnis stark unterschiedlich ausfallen kann. Umso wichtiger ist deshalb eine sorgfältige Fehlerabschätzung der verwendeten Modellkomponenten und eine kritische Interpretation der Resultate. Einige der grundsätzlichen Aspekte zu diesem Thema finden sich in Mauch et al. (1992). Von grosser Bedeutung für die Glaubwürdigkeit von Immissions-Prognosen ist dabei natürlich die Validierung des verwendeten Modellansatzes anhand von Immissionsdaten im Untersuchungsgebiet (Ist-Zustand).

5.   Schlussbetrachtungen

Die Schweiz besitzt keine lange Tradition bezüglich der Modellierung von Schadstoffen in der Atmosphäre. Dies wohl nicht zuletzt deshalb, weil sich die Turbulenz-Theorie und ihre Anwendung bis vor einigen Jahren auf horizontal homogene Oberflächen beschränken musste. Darum sind wahrscheinlich auch Dänemark und Holland die führenden (europäischen) Nationen in der Forschung und Anwendung auf diesem Gebiet. In jüngster Zeit wurden wesentliche Fortschritte gerade auch im Bereich der Modellierung von Strömung und Turbulenz über inhomogenen Oberflächen erzielt. Damit wird auch für die Schweiz mit ihrer vielfach äusserst komplexen Topographie und kleinräumigen Variationen in der Bodenbeschaffenheit die Modellierung von Schadstoff-Ausbreitung interessant. Die Glaubwürdigkeit von Modell-Prognosen hängt natürlich stark von deren Qualität, und damit von der Sorgfalt der Ausführenden ab. Im vorliegenden Beitrag wurde versucht, einige der grundlegenden Aspekte der Ausbreitungsproblematik darzustellen sowie verschiedene Möglichkeiten der Modellierung und Ansätze samt ihrer Grenzen aufzuzeigen. Die im folgenden angegebenen Literaturhinweise sollen dazu dienen, weiterführende Literatur zu den einzelnen der angesprochenen Theorien bzw. Methoden schnell und ohne grossen Aufwand zu finden.

Literaturreferenzen

BUWAL, 1986: *Schadstoffemissionen des privaten Strassenverkehrs 1950-200*, Schriftenreihe Umweltschutz, No. 55.

BUWAL, 1987a: *Anleitung zur Erstellung eines Emissionskatasters,* Schriftenreihe Umweltschutz, No. 73

BUWAL, 1987b: *Vom Menschen verursachte Schadstoff-Emissionen in der Schweiz 1950-2010*, Schriftenreihe Umweltschutz, No. 76.

Gryning, S.-E., A.A.M. Holtslag, J.S. Irwin, and B. Sievertsen, 1987: *Applied Dispersion Modelling Based on Meteorological Scaling Parameters*, Atmos. Environment, 21, 79-89.

Hanna, S. R., and J.C. Chang, 1993: *Hybrid Plume Dispersion Model (HPDM). Improvements and Testing at Three Field Studies*, Atmos. Environment, 27A, 1491-1508.

Mauch, S., M. Keller, J. Heldstab, and M.W., Rotach, 1992: *Fehlerrechnung und Sensitivitätsanalyse für Fragen der Luftreinhaltung*, Forschungsberichte auf Antrag der Vereinigung Schweizerischer Verkehrsingenieure (SVI)

Oke, T.R., 1987: *Boundary Layer Climates*, Second Edition, Methuen, 435 pp.

Olesen, H.R., and T. Mikkelsen, 1992: *Objectives for Next Generation of Practical Short-Range Atmospheric Dispersion Models*, Proceedings of a workshop held at Risø, Denmark, May, 6-8, 1992.

Rotach, M.W., S.E. Gryning, and C. Tassone, 1996: *A Two-Dimensional Stochastic Lagrangian Dispersion Model for Daytime Conditions, Quart. J. Roy. Meteorol. Soc.*, 122, 367-389.

Stull, R.B., 1988: *An Introduction to Boundary Layer Meteorology*, Kluver, Academic Publishers, 666 pp.

Tercier, Ph., R.Stübi, und Ch. Häberli, 1995: *Evaluation de la hauteur de la couche limite de mélange dans le cadre du projet POLLUMET*, Inst. Suisse de Meteorologie, Section de météorologie de l'environment, 32 pp.

Venkatram, A., 1988: *Topics in Applied Dispersion Modelling*, in Venkatram, A. and Wyngaard, J.C. (Eds.): Lectures on Air Pollution Modeling', American Meteorological Society, Boston, 390 pp.

Werfeli, M., 1995: *Modelling Surface Pollutant Cnoncentrations (SO_2 and NO_x) in the City of Zürich, Int J. Environment and Pollution*, 5, Nos. 3-6.

Yamartino, R. J., and G. Wiegand, 1986: *Development and Evaluation of Simple Models for the Flow, Turbulence and Pollutant Concentration Fields within an Urban Street Canyon, Atmos. Environment*, 20, 2137-2156.

Weiterführende Literatur zur Schadstoff-Modellierung

Hanna, S.R., G.A. Briggs, and R.P. Hosker, 1982: *Handbook on Atmospheric Diffusion*, US Dept. of Energy, DOE/TIC-11223, 102 pp.

Nieuwstadt, F. T. M., and H. Van Dop, 1981: *Atmospheric Turbulence and Air Pollution Modelling*, Reidel, Dordrecht, 358 pp.

Pasquill, F., and F. B. Smith, 1983: *Atmospheric Diffusion*, III ed. Ed., J. Wiley & Sons, New York, 437 pp.

Seinfeld, J. A., 1986: *Atmospheric Chemistry and Physics of Air Pollution*, Wiley Interscience, New York, 738 pp.

Stern, A. C., R. W. Boubel, D. B. Turner, and D. L. Fox, 1984: *Fundamentals of Air Pollution*, II Ed. Ed., Academic Press, Orlando, 530 pp.

Van Dop, H., 1986: *Atmospheric Distribution of Pollutants and Modelling of Air Pollution Dispersion*, in Hutzinger, O., (Ed.), *Air Pollution*, Springer, Berlin, The Handbook of Environmental Chemistry, Vol. 4/A, 107-147.

Venkatram, A., and J.C. Wyngaard (Eds.), 1988: *Lectures on Air Pollution Modeling*, Amer. Meteorol. Soc., Boston, 390 pp.

Wint, A., 1986: *Air Pollution in Perspective*, in Hutzinger, O., (Ed.), *Air Pollution*, Springer, Berlin, The Handbook of Environmental Chemistry, Vol. 4/A, 2-22.

Dr. Mathias Rotach und Dr. Hans-Peter Schmid, UZI J 80, Geographie ETH, Winterthurerstrasse 190, CH-8057 Zürich

Instabile Hänge und andere risikorelevante natürliche Prozesse, Monte Verità, © 1996 Birkhäuser Verlag Basel

Abschätzung von Bergwasserzuflüssen und Oberflächenauswirkungen am Beispiel des Gotthard-Basistunnels

Simon Löw, Bernhard Ehrminger, Werner Klemenz, David Gilby

Kurzfassung

Der vorliegende Artikel führt in neue methodische Ansätze zur Prognose von instantanen und langfristigen Bergwasserzuflüssen und Oberflächenauswirkungen von tiefliegenden Tunnelbauwerken in Kluftgrundwasserleitern ein. Die vorgestellte Methodik weicht von klassischen ingenieurgeologischen Konzepten ab und nimmt starken Bezug auf neuere Forschungsergebnisse zum Verhalten von geklüfteten Grundwasserleitern. Dabei wird weniger Gewicht auf die heute verfügbaren Grundwassersimulatoren, als auf die Beschreibung wesentlicher Konzepte, Annahmen und Unsicherheiten in der Behandlung der Strömungseigenschaften grossräumiger geklüfteter Gebirgsbereiche gelegt, da sie für die Resultate neben der Datenbasis von ausschlaggebender Bedeutung sind.

Die entwickelte Methodik wird entlang des gesamten Gotthard-Basistunnels (AlpTransit/ NEAT) mit einer Länge von 56 km und einer Überlagerung von bis zu 2'500 m angewandt und ermöglicht eine erste Beurteilung der gesamten hydrogeologischen Situation des Bauwerks, und die Identifikation von hydrogeologischen Schlüsselstellen mit ihren kausalen Ursachen. Im Artikel wird neben einer kurzen Darstellung der wesentlichsten Resultate die Bearbeitung der Modellgrundlagen und ihrer Unsicherheiten hervorgehoben. Basierend auf einer Aufarbeitung von Daten bestehender Untertagebauten im Projektgebiet werden effektive (grossräumige) Kf-Werte für das Aar- und Gotthard-"Massiv" mit ihrer Sedimentbedeckung erarbeitet, und die tiefenabhängige Grundwasserzirkulation in diesem Teil der Alpen beschrieben.

Abstract (english)

The present article introduces new methodological approaches to the prognosis of inflows to deep underground structures in fractured rock and their effect on the groundwater table. The methodology differs from classical engineering geology approaches by applying new concepts of fractured rock hydraulics as developed for oil exploration, deep waste repositories and geothermal energy. The paper focuses on conceptual models, data and their uncertainty rather than on groundwater simulators, because this is where the major causes for differences between nature and model results are to be expected in this case.

The methodology is applied to the Gotthard-Base-Tunnel of AlpTransit/NEAT, a project for a 56 km long and up to 2'500 m deep tunnel crossing major parts of the cristalline Swiss Alps. Hydrogeologic key elements are described and explained and overall hydrogeologic framework is established. Much effort is devoted to the modeling database, which is primarily based on observations from 135 km of existing tunnels and hydro-power plant drifts in the project area. This data base is extremely valuable for deriving effective hydraulic properties of large scale fractured rock bodies and analysing their variation with depth.

1.   Einleitung

Eingriffe in den Bergwasserhaushalt sind bei einem Tunnelbau in mehrfacher Hinsicht von massgebender Bedeutung. Der initiale Bergwasseranfall während des Vortriebs und die permanenten Wasserzuflüsse in den bereits länger ausgebrochenen Abschnitten führen zu Erschwernissen einerseits bei den Vortriebsarbeiten, andererseits bei den Ausbauarbeiten in den rückwärtigen Abschnitten. Die Wasserzuflüsse bestimmen weiter die Dimensionierung der Rigolen, und wirken sich somit direkt auf die Gestaltung des Normalprofils aus. Die Kenntnis der Qualität und Quantität der im Betriebszustand zu erwartenden Schüttungen an den Portalen ist im Hinblick auf die Einleitung in die bestehenden Vorfluter von Bedeutung. Im weiteren können die Eingriffe in den Bergwasserhaushalt auch ihre Auswirkungen auf den Bergwasserspiegel haben, was zur Beeinflussung der Oberflächengewässer und Quell-austritte sowie unter Umständen zu Setzungen von Bauwerken führen kann.

In Tunnelstrecken im geklüfteten oder karstanfälligen Fels ist mit sehr unterschiedlichen Bergwasserzuflüssen und gegebenenfalls mit unterschiedlichen Bergwasserdrücken zu rech-nen. Die Wasserbewegungen erfolgen vorwiegend auf diskreten (bevorzugten) Wasserwe-gen, oft einzelnen Klüften oder Kluftverschneidungen bzw. in Zerrüttungszonen. Dabei können unter Umständen grosse Wassermengen bis 1000 l/s anfallen und karstartige Auf-weitungen entstehen, welche die Vortriebsarbeiten zeitweise zum Erliegen bringen oder sehr stark erschweren können. In tiefliegenden Tunnels können zudem hohe Kluftwasserdrücke im Zusammenhang mit grossen Wasserzuflüssen die Beweglichkeit der Kluftkörper im Auflockerungsbereich und die Gefahr von Nach- oder Einbrüchen erhöhen und zur Bruchhaftigkeit des Gebirges beitragen.

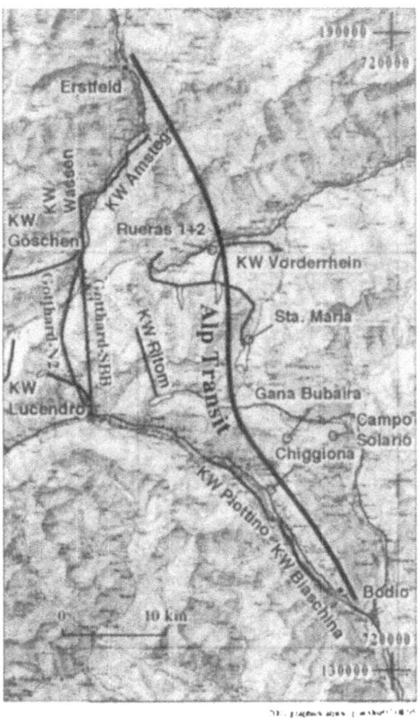

Figur 1: Trassee des Gotthard-Basistunnels und bestehender Stollen, Tunnel und Bohrungen in den angrenzenden Gebieten (Reproduziert m. Bewilligung d. Eidgenössischen Bundesamts für Landestopographie vom 3.8.1995).

Der geplante Gotthard-Basistunnel (GBT) durchquert zwischen Erstfeld und Bodio (Fig. 1) nahezu querschlägig verschiedene steilstehende Einheiten des Aar- und Gotthard-"Massivs" und ihrer Sedimentbedeckung sowie die penninische Lucomagno- und Leventinadecke (Fig. 2). Die Gebirgsüberdeckung beträgt bis zu 2500 m und übersteigt deutlich jene der heute im Aar- und Gotthard-"Massiv" vorhandenen Stollen- und Tunnelbauten. Die Hauptschieferung liegt im wesentlichen parallel zur WSW-ENE-streichenden Stoffbänderung und wird insbesondere am Südrand des Aarmassivs von jungen kakiritischen Störzonen durchschlagen.

Tunnel mit ähnlichen geologischen Verhältnissen und vergleichbar hoher Überlagerung finden sich am Westrand des Lepontins (Simplontunnel) und den Massiven des Mont Blanc und der Aiguilles Rouges. Die hydrogeologischen Aufnahmen dieser Tunnels (SCHARDT 1903, JAMIER 1975, GUDEFIN 1967) weisen darauf hin, dass insbesondere in granitischen (wenig verschieferten) Gesteinen und im Bereich von jungen Störzonen auch noch in grosser Tiefe offene Wasserwege mit hoher Wasserführung vorhanden sein können, und dass diese

Zuflüsse unter speziellen hydrogeologischen Verhältnissen zu namhaften Oberflächenauswirkungen führen können.

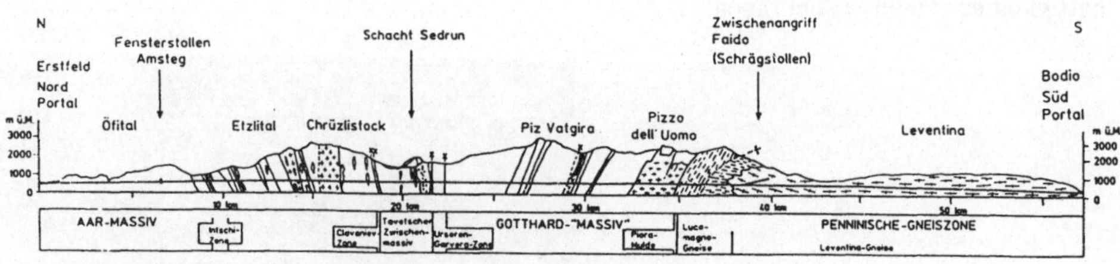

Figur 2: Schematisches geologisches Längsprofil entlang dem Gotthard-Basistunnel nach (Schneider 1992).

Die nachfolgend beschriebenen Untersuchungen hatten zum Ziel, im Rahmen des Vorprojekts Gotthard-Basistunnel eine erste Abschätzung der hydrogeologischen Verhältnisse des gesamten 56 km langen GBT durchzuführen und insbesondere Prognosen zum initialen und permanenten Bergwasseranfall sowie den Oberflächenauswirkungen zu erarbeiten. Die während dieser Studie erarbeiteten Modellparameter und Grundwassersimulationen liefern auch eine wesentliche Grundlage für geothermische Fragen und felsmechanische Untersuchungen im Zusammenhang mit der Gewährleistung der Sicherheit von Stauhaltungen entlang des Trassees des GBT.

Das gewählte und z.T. neu entwickelte Vorgehen weicht von bisherigen ingenieurgeologischen Untersuchungen insoweit ab, als es starken Bezug auf neue Erkenntnisse zum hydraulischen Verhalten von Kluftgrundwasserleitern nimmt. Diese stammen entweder aus dem Deponie/Endlagerbereich, der Erdöl/Erdgasindustrie oder der geothermischen Exploration. Als wichtige zusammenfassende Referenzen sei hier auf WITHERSPOON 1986, BEAR et al. 1993, SAHIMI 1995, WITTKE 1990 und STRELTSOVA 1988 verwiesen.

2.   Datengrundlagen und Modellparameter

2.1.   Hydraulische Bohrlochversuche

Eine der wesentlichsten Voraussetzungen von Prognosen zum hydraulischen Verhalten eines Untertagebauwerks stellt ohne Zweifel die Datengrundlage dar. Diese muss in verschiedenster Hinsicht der gestellten Aufgabe gerecht werden, wobei im Falle des GBT insbesondere der Grössenmassstab des Projektes (56 km) und der geforderten Prognosen (für km lange Tunnelabschnitte), die Heterogenität des Gebirges sowie die Belastbarkeit der gewünschten Aussagen von Bedeutung sind. Das zu durchfahrende Gebirge ist aus petrographischer und geotechnischer Sicht sehr heterogen und wurde in einem ersten Schritt in 19 lithologische Einheiten unterteilt (SCHNEIDER 1992). Aufgrund der starken Dominanz von geklüfteten Grundwasserleitern im Untersuchungsgebiet sind insbesondere auch starke Variabilitäten der hydraulischen Eigenschaften zu erwarten.

In diesem Kontext sind hydraulische Bohrlochversuche von geringem Nutzen, da sie als Funktion der Gebirgsdiffusivität und Testart nur relativ kleinräumige Gebirgsvolumina charakterisieren können. Als grobe Approximation für einen Pumpversuch in einem Theisaquifer oder einer horizontalen homogenen Kluft gilt (JACOB 1946):

$$r = 1.5\sqrt{\frac{T}{S}t}$$

mit r = Radius des beeinflussten Gebietes um die Bohrung in m, T = hydraulische Transmissivität[1] in m^2/s, S = dimensionsloser Speicherkoeffizient, und t = Dauer des Pumpversuches in s. Der Quotient T/S ist für das zeitabhängige Schüttungsverhalten von Einzelklüften die kritische Grösse und wird als hydraulische Diffusivität bezeichnet. Für gespannte und geklüftete Grundwasserleiter kann der Speicherkoeffizient S aus den physikalischen Wasser- und Gesteinseigenschaften abgeleitet werden und liegt für eine Einzelkluft in der Grössenordnung von 10^{-6}. Für typischeTransmissivitäten zwischen 10^{-10} und 10^{-6} m^2/s ergibt sich für einen 12-stündigen Pumpversuch somit ein Beeinflussungsradius r von nur 3 bis 300 m.

2.2.   Wasserführung bestehender Untertagebauwerke

Wesentlich ergiebiger als Bohrlochversuche sind im Zusammenhang mit dem GBT die hydrogeologischen Aufnahmen, welche während dem Bau der zahlreichen Tunnel- und Wasserkraftbauwerke in der Untersuchungsregion gemacht wurden. Die entsprechenden 25 Untertagebauwerke umfassen eine Länge von insgesamt 135 km und sind zusammen mit der jeweiligen geologisch-tektonischen Einheit in den Tab. 1 und 2 aufgeführt. Die beobachteten Bergwasserzutritte (Tropfstellen, Quellen) können zusammen mit Angaben zur Lage des Bergwasserspiegels und der Art der Wasserzutritte quantitativ ausgewertet werden und liefern - wie nachfolgend gezeigt wird - für den zu betrachtenden Grössenbereich repräsen-

---

1 In einem homogenen Aquifer entspricht die Transmissivität dem Produkt aus Aquifermächtigkeit und Durchlässigkeit. Da in Kluftgrundwasserleitern die Durchlässigkeit grossen Schwankungen unterworfen ist, können bei den aus Pumpversuchen ermittelten Transmissivitäten nur selten direkte Rückschüsse auf die Durchlässigkeit gezogen werden.

tative hydraulische Gebirgsparameter. Die hierzu relevanten quantitativen Parameter wurden in einer standardisierten Form EDV-mässig aufgenommen. Als Beispiel zeigt Fig. 3 die entsprechenden Parameter des bestehenden SBB Gotthard-Tunnels (nach Unterlagen von STAPFF 1882).

Gotthard SBB-Tunnel

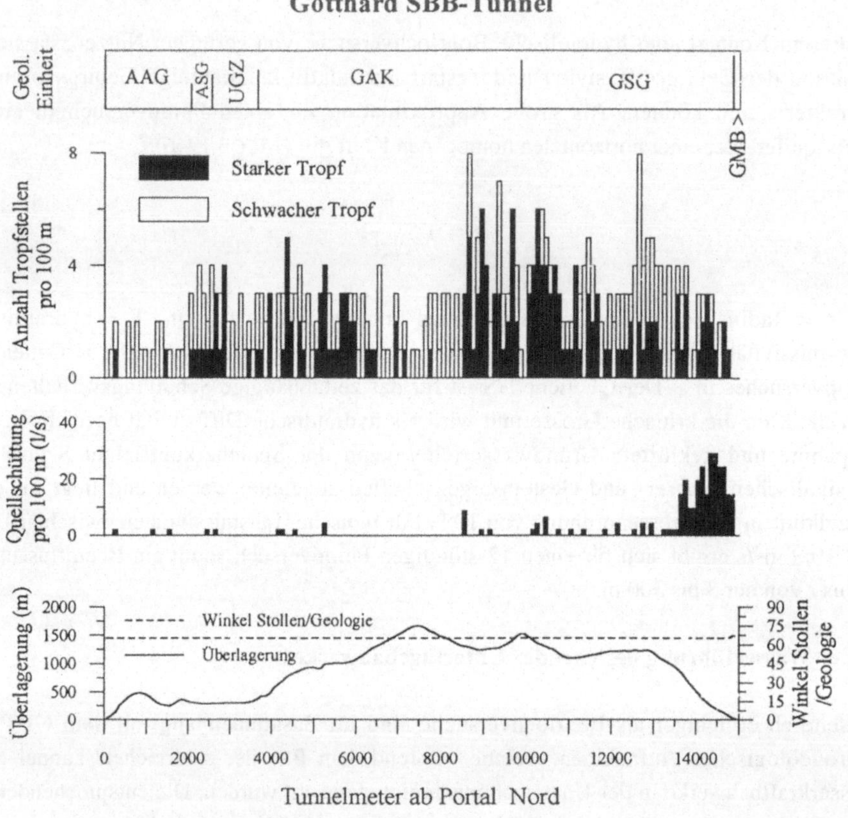

Figur 3: Gotthard SBB-Tunnel: Geologisch/tektonische Einheiten, Wasserzutritte, Gebirgsüberlagerung und Winkel Tunnel/Geologie.

Die Analyse der Untertageaufnahmen ermöglicht in einem ersten Schritt die strukturelle Ansprache und Klassifizierung der wasserführenden Strukturen im Projektgebiet. Alle Quellen (mit anfänglichen Schüttungen grösser als 0.1 l/s) konnten den in Tab. 3 aufgeführten 6 Typen zugeordnet werden. Wie aus dieser Tabelle ersichtlich ist, dominieren im Untersuchungsgebiet Wasserzuflüsse auf spröden Störzonen (Typ 3), Klüften (Typ 1) und Schieferungsflächen/Gesteinskontakten (Typ 2). Schüttungsmässig dominieren die spröden Deformationsstrukturen (Typ 1 und 3).

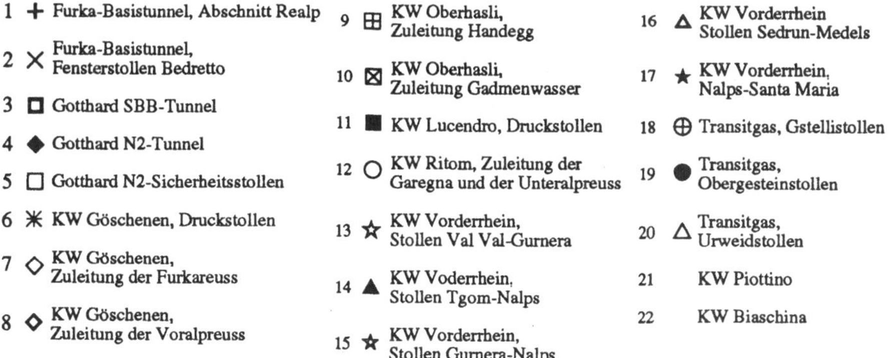

1 ✛ Furka-Basistunnel, Abschnitt Realp
2 ✕ Furka-Basistunnel, Fensterstollen Bedretto
3 ▢ Gotthard SBB-Tunnel
4 ◆ Gotthard N2-Tunnel
5 ▢ Gotthard N2-Sicherheitsstollen
6 ✳ KW Göschenen, Druckstollen
7 ◇ KW Göschenen, Zuleitung der Furkareuss
8 ◇ KW Göschenen, Zuleitung der Voralpreuss
9 ⊞ KW Oberhasli, Zuleitung Handegg
10 ⊠ KW Oberhasli, Zuleitung Gadmenwasser
11 ■ KW Lucendro, Druckstollen
12 ○ KW Ritom, Zuleitung der Garegna und der Unteralpreuss
13 ☆ KW Vorderrhein, Stollen Val Val-Gurnera
14 ▲ KW Voderrhein, Stollen Tgom-Nalps
15 ☆ KW Vorderrhein, Stollen Gurnera-Nalps
16 △ KW Vorderrhein Stollen Sedrun-Medels
17 ★ KW Vorderrhein, Nalps-Santa Maria
18 ⊕ Transitgas, Gstellistollen
19 ● Transitgas, Obergesteinstollen
20 △ Transitgas, Urweidstollen
21 KW Piottino
22 KW Biaschina

Tabelle 1: Bearbeitete Untertagebauten im weiteren Projektgebiet (Symbole s. Fig. 5 und 6).

Geologische Einheit		Abkürz-ung	GBT	Verwendete Un-tertagebauwerke (Legende Tab. 1)
Aar-Massiv	Innertkirchner Kristallin	AIK	--	'8,9,19
	Nördliches Altkristallin	ANG	x	'8,9
	Aaregranit s.l.	AAG	x	'3,4,6,7
	Südliches Altkristallin (inkl. Clavaniev Zone)	ASG	x	'3,4,6
Tavetscher Zwischenmassiv		TZM	x	'12,13,15
Urseren-Garvera-Zone (Mesozoikum und Permokarbon)		UGZ	x	'1,3,4,6,12,13,15
Gotthard-"Massiv"	Nördliches Altkristallin (Ortho- und Paragneise)	GAK	x	'1,3,4,12,14,16,18
	Variszische Granite und Gneise	GHG	--	'1,2,4,16
	Südliches Altkristallin (inkl. Amphibolite, Tremola-serie, Sorecia-Gneise, Giubine-Serie)	GSG	x	'2,3,4,11
	Südliche Sedimentbedeckung (z.B. Piora) und Bün-dnerschiefer	GMB	x	'3,4,10,11
Lucomagnog-Gneise (Penninische Gneiszone)		LUG	x	'20
Leventina-Gneise (Penninische Gneiszone)		LEG	x	'21

Tabelle 2: Tektonische Einheiten im Gebiet des Gotthard-Basistunnels und analysierte bestehende Stollenbauten.

Aus den beobachteten Quellzuflüssen wurden pro geologisch-tektonischer Einheit tiefenabhängige spezifische Tunnelzuflüsse (in l/ s · km) errechnet (Tab. 3). Bei der Interpretation dieser Werte muss berücksichtigt werden, dass die dargestellten Schüttungswerte ganz verschiedenen hydrogeologischen Situationen, verschiedenen Messzeiten relativ zum Ausbruch der Bauwerke, und verschiedenen Beobachtern entsprechen. In den obersten 250 m ergeben sich tendenziell niedrige Schüttungen, die damit zusammenhängen, dass hier zahlreiche "trockene" Stollenabschnitte in aufgelockerten Bereichen vorliegen, in denen der Bergwasserspiegel unterhalb der Stollensohle liegt. Aus diesen Gründen sind die spezifischen Schüttungswerte mit grosser Vorsicht zu interpretieren.

Aus dem Gesamtdatensatz lässt sich erkennen, dass in Graniten des Aaregranits (AAG) und des Gotthard-"Massivs" (GHG) keine klare Abnahme der Schüttung mit zunehmender Tiefe vorhanden ist (Tab. 3). Dies könnte mit dem hohen Verformungsmodul der granitischen Gesteine zusammenhängen. In den mehrheitlich schieferigen oder gneisigen Einheiten scheint eine Abnahme der Quellschüttung mit der Tiefe zu bestehen.

Geol. Einh.	Beobachtungsinterval in m ab OKT	Eigenschaften von Quellen in Untertagebauten (gesamtes Beobachtungsinterval)				Wasserführung bestehender Untertagebauten	
		Schüttung grösserer Quellen [1]	totale Anzahl pro km (Mittel) [1]	Transmissivität grösserer Quellen in m²/s [1]	Typ [2]	Entwickung mit zunehmender Tiefe [1]	pro Tunnel-km in l/s*km [1]
AIK	0-750	2-6 l/s	n.b.	10^{-4}-10^{-6}	n.b.	deutliche Abnahme	8-10
ANG	0-1500	1-4 l/s	1.68	10^{-5}-10^{-6}	3,4,2	markante Abnahme	20-160
AAG	0-1250	1-8 l/s	2.9	10^{-5}-10^{-7}	1, (3)	keine Abnahme	2-14
ASG	250-750	1-4 l/s	0	10^{-5}-10^{-7}	--	deutliche Abnahme	2-45
TZM	0-500	1-3 l/s	n.b.	10^{-5}-10^{-6}	n.b.	nur oberflächennahe Beob.	2-8
UGZ	0-750	1-3 l/s	2.1	10^{-5}-10^{-7}	1,2	nur oberflächennahe Beob.	1-15
GAK	0-1750	2-20 l/s	9.7	10^{-4}-10^{-6}	3,2,1, (6)	keine eindeutige Abnahme, jedoch starke Abnahme der Quell-Häufigkeit	2-25
GHG	0-1500	5-20 l/s	9.5	10^{-4}-10^{-6}	1,3,5,2,6	keine Abnahme	2-51
GSG	0-1500	5-30 l/s	4.9	10^{-3}-10^{-6}	2,1,3	geringe Abnahme	5-42

[1]   Extremfälle nicht eingeschlossen
[2]   Quelltypen (abnehmende Häufigkeit); 1: Kluft und Kluftzone, 2: Schieferung/Gesteinskontakt, 3: spröde Störzone, 4: duktile Scherzone, 5: Gang, 6: hydrothermal zersetzte Zone

Tabelle 3: Zusammenfassung der wichtigsten Tendenzen der Wasserführung in den Einheiten des Aar- und Gotthard-"Massivs".

Neben diesen Quellen wurden lokal auch massive Wassereinbrüche mit Schüttungen bis 1000 l/s beobachtet, die als singuläre Ereignisse zu betrachten sind und nicht in obiger Statistik berücksichtigt wurden. Diese Zuflüsse erfolgten in Situationen mit wenigen 100 m Ueberlagerung, wo eine direkte hydraulische Verbindung zu Oberflächengewässern zu vermuten ist. Die Verbindung erfolgte vermutlich über junge spröde Störzonen (Südrand des Aarmassivs) und/oder Gipskarst.

Unter Berücksichtigung der unterschiedlichen hydrogeologischen Verhältnisse entlang der bearbeiteten Tunnel und der differierenden Beobachtungszeiten und Tunnelradien, werden im folgenden aus den Tunnelzuflüssen hydraulische Parameter der verschiedenen wasserführenden Strukturen und Gebirgsbereiche ermittelt.

Eine solche Parameterbestimmung ist an ein zugrundeliegendes konzeptuelles Modell gebunden, welches das Fliessverhalten im kleinräumigen (Klüfte) und grossräumigen (Gebirge) Massstabsbereich beschreibt. Die Wahl von adequaten Fliessmodellen ist für die Parameterermittlung und die nachfolgende Prognose von grosser Bedeutung.

2.3.   Kluft-Transmissivitäten

Die primäre Grösse, die aus Bergwasserzuflüssen ermittelt werden kann und das hydraulische Verhalten von einzelnen, homogenen, wasserführenden Strukturen beschreibt, ist die hydraulische Transmissivität T. Für nicht-radiale Strömungen in heterogenen Formationen, sind zusätzliche oder andere Parameter wie Austausch- oder Leakagekoeffizienten zur Beschreibung des Verhaltens notwendig. Im vorliegenden Fall wurden aufgrund der sehr rudimentären Datenqualität und des oft nicht quantitativ beschriebenen zeitabhängigen Schüttungsverhaltens, nur einfache Strömungsmodelle eingesetzt (Fig. 4). Diese entsprechen analytischen Lösungen, wie sie für die Auswertung von Bohrlochversuchen mit konstanter Absenkung entwickelt wurden.

Modell 1 approximiert den Bergwasserzufluss aus einer hydraulisch gespannten, homogenen 2D-Ebene (Kluft, Störung, Sedimentkeil), die durch den Stollen angeschnitten und eine so grosse Ausdehnung besitzt, dass die Ränder der Ebene nie durch die Potentialabsenkung des Stollens erfasst werden (Fig. 4).

Der Tunnel wird als innere Randbedingungen mit konstantem hydraulischem Potential (atmosphärischer Druck) und fixem Radius (inklusive Auflockerungszone) dargestellt. Diese Situation wird durch die Gleichung von (JACOB & LOHMAN, 1952) approximiert:

$$\frac{\Delta h}{Q(t)} = \frac{2.3}{4\pi T} \log \frac{2.25 Tt}{r^2 S}$$

wobei Δh der Potentialdifferenz zwischen Bergwasserspiegel und Tunnelniveau in m, r dem hydraulisch wirksamen Radius des Tunnels in m, und $Q(t)$ dem zeitabhängigen Zufluss zum Tunnel in m^3/s entspricht.

Modell 1: radiale Tunnelanströmung ohne äussere Berandung

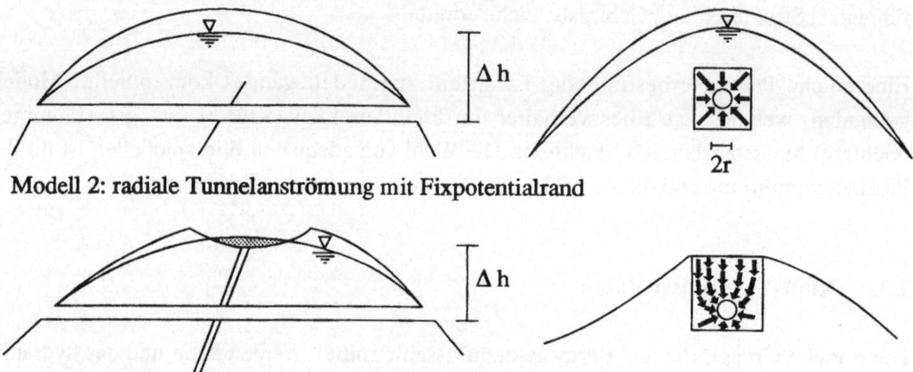

Modell 2: radiale Tunnelanströmung mit Fixpotentialrand

Modell 3: radiale Tunnelanströmung mit variablem Wasserspiegel

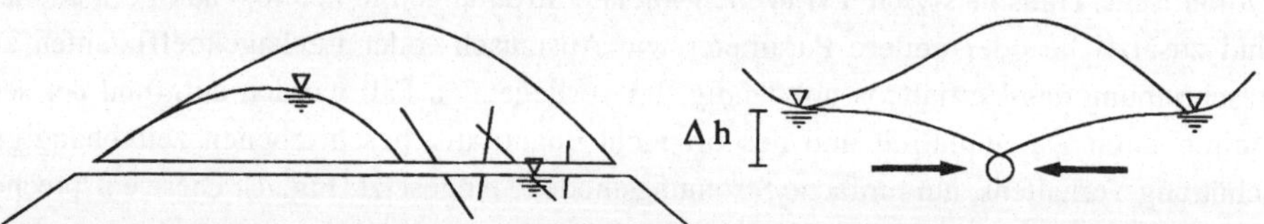

Figur 4: Schematische Längsprofile (links) und Querprofile (rechts) für die hydraulischen Modelle zur Berechnung der T-Werte

Modell 2 beschreibt einen ähnlichen Fall wie Modell 1 mit dem Unterschied, dass die 2D-Fliessebene durch einen linearen Rand mit konstantem Potential begrenzt wird (z.B. Anschluss an See, quartären Grundwasserleiter). Die entsprechende Gleichung ergibt sich durch Superposition der Gleichung von Modell 1 zu:

$$\frac{\Delta h}{Q} = \frac{2.3}{2\pi T} \log \frac{2\Delta h}{r}$$

Wesentlich an dieser hydrogeologischen Situation ist, dass sich, wie die obige Gleichung zeigt, keine mit der Zeit abnehmende Schüttung ergibt.

Modell 3 beschreibt die Situation, bei der der Stollen/Tunnel das Gebirge bis auf Tunnelniveau drainiert und die Gradienten zum Tunnel relativ flach sind. In diesem Fall kann der Zufluss zum Tunnel durch ein 1D-Fliessmodell der Form:

$$\frac{\Delta h^2}{Q(t)} = \sqrt{\frac{\pi t}{T\phi}}$$

approximiert werden, wobei in diesem Fall Δh der seitlich wirkenden Potentialdifferenz in m, und ϕ der wirksamen Porosität entspricht.

Basierend auf einer Analyse der jeweiligen hydrogeologischen Situation wurden alle beobachteten Quellzuflüsse entsprechend den obigen Gleichungen in Quell-Transmissivitäten umgerechnet. Da die Eingabeparameter relativ grosse Unsicherheiten aufweisen und teilweise auch nur geschätzt werden konnten (z.B. Messzeit) haben die resultierenden Transmissivitäten, unterhalb der oberflächennahen Auflockerungszone von ca. 200-400 m, einen Fehler von schätzungsweise einer halben Grössenordnung. Dennoch sind die resultierenden Werte aufgrund ihrer grossen Anzahl (1350 T-Werte) und räumlichen Vollständigkeit (kontinuierliche Charakterisierung der hydraulischen Verhältnisse entlang der Tunnelstrecken) für die Fragestellung des Projekts sehr wertvoll.

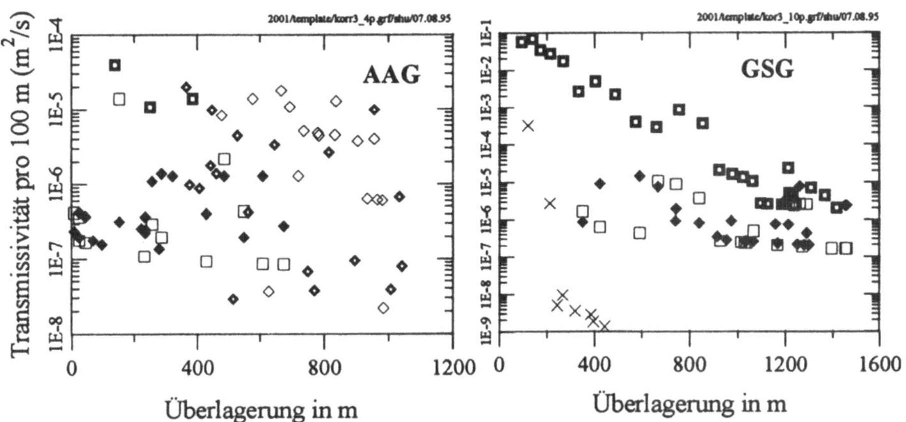

Figur 5 und 6: Korrelationsdiagramme der Gebirgsüberlagerung und Transmissivität der Granite des Aarmassivs (links) und Gesteinen der südlichen Gneishülle des Gotthard-"Massivs" (rechts), Symbole siehe Tab. 1.

Die Transmissivitäten wurden wiederum nach geologisch-tektonischer Einheit und Tiefenlage gruppiert. Fig. 5 zeigt exemplarisch das Verhalten der berechneten T-Werte für die Granite des Aarmassivs. Die ausschliesslich aus Quellen (0.1 l/s < Q <100 l/s) ermittelten Transmissivitäten streuen im Bereich von ca. 10^{-4} bis 10^{-8} m^2/s und nehmen mit der Tiefe nicht ab. Ein anderes Verhalten zeigen wiederum die schieferigen Gesteine (Fig. 6) mit deutlich abnehmenden Maximal-Transmissivitäten mit zunehmender Tiefe. Eine kurze Zusammenfassung typischer T-Werte in den beobachteten Tiefen gibt Tab. 3.

2.4.   Gebirgs-K_f-Werte

Seit den 60er-Jahren wurden verschiedenste konzeptuelle Ansätze zur Beschreibung des hydraulischen Verhaltens von Kluftgrundwasserleitern erarbeitet (Review z.B. in WITHERSPOON 1986; SAHIMI 1995). Zu Beginn dieser Periode wurden insbesondere Kontinuummodelle mit einfacher Kluftgeometrie (z.B. doppelt-poröses "Würfelmodell" von WARREN & ROOT, 1963), erarbeitet, die auf dem makroskopischen Mittelwertverhalten von repräsentativen Elementarvolumen (REV) beruhen. Die räumliche Lage der in diesen Modellen oft ausgedehnten und planparallelen Klüften wird sowohl durch regelmässige Gitter wie auch stochastisch beschrieben. Der grosse Vorteil dieser Kontinuummodelle liegt darin, dass das hydraulische Gebirgsverhalten mit einfachen effektiven Eigenschaften und Parametern beschrieben werden kann. Der Nachteil dieser Ansätze liegt insbesondere in der stark vereinfachten Darstellung der geometrischen Verhältnisse, d.h. der Längenausdehnung der wasserführenden Strukturen und ihrer Lageverteilung im 3D-Raum. Diese Parameter beeinflussen das Ausmass der Vernetzung von Klüften und haben einen sehr grossen Einfluss auf das Fliessverhalten in geklüfteten Gebirgsbereichen.

Darum wurden seit den 70er-Jahren vermehrt auch diskrete Kluftnetzwerkmodelle entwickelt (z.B. LONG & WITHERSPOON, 1985), bei denen die Einzelküfte explizit und mit variablen Eigenschaften modelliert werden. Diese Modelle stellen eine realitätsnähere Beschreibung der geometrischen Verhältnisse dar. Der Nachteil dieser Methoden liegt im grösseren Rechnungsaufwand und der Schwierigkeit der Übertragung von Felddaten in Modellparameter.

Im vorliegenden Fall wurde zu Bestimmung der effektiven K_f-Werte von grösseren Gebirgsbereichen ein Kontinuum-Ansatz eingesetzt. Das zugrundeliegende Modell besteht aus mehreren Familien von planaren und ausgedehnten wasserführenden Strukturen (Klüfte, Störzonen, Sedimentlagen), die in einer Matrix mit homogener hydraulischer Leitfähigkeit liegen. Für dieses Modell können die diagonalen ii-Komponenten des effektiven K_f-Tensors durch folgenden allgemeinen Ansatz beschrieben werden (VOBORNY et al. 1994):

$$K_{eff,i} = G_i \cdot \overline{T} \cdot P_{32} + K_M$$

wobei G_i ein Geometriefaktor zur Raumlage wasserführenden Strukturen, $\overline{T}$ ein Mittelwert der einzelnen T-Werte von wasserführenden Strukturen, P_{32} ein Mass für die Flächendichte der wasserführenden Strukturen pro Meter, und K_M die Matrix-Durchlässigkeit darstellt.

Für eine Familie von vollständig vernetzten Klüften mit isotroper Raumlage (keine bevorzugte Orientierung) ergibt sich eine isotrope Durchlässigkeit zu:

$$K_{eff,isot} = 4/3 \cdot \overline{T} \cdot F$$

wobei $\overline{T}$ dem geometrischen Mittel aller entsprechenden Transmissivitäten und F der Frequenz der wasserführenden Klüfte entlang der Tunnelachse entspricht. Die gemessene Raumlage der Klüfte im Gebiet des GBT ist in erster Näherung isotrop (SCHNEIDER 1993). Diffuse Tropfstellen wurden mit derselben Gleichung grössenordnungsmässig ausgewertet und als "Matrix-K_f-Wert" (KM) interpretiert.

Für die etwa +/- 30 Grad senkrecht zur Tunnelachse streichenden Störzonen mit einem Einfallwinkel zwischen 60 und 90 Grad (SCHNEIDER 1993) ergibt sich die vertikale Gebirgsdurchlässigkeit approximativ zu:

$$K_{eff,ver.} = \overline{T} \cdot F$$

wobei $\overline{T}$ in diesem Fall dem arithmetischen Mittel aller entsprechenden Transmissivitäten entspricht. Aufgrund der steilstehenden Lage der Störungen ist in diesem Fall die horizontale Durchlässigkeitskomponente deutlich kleiner.

Die Gesamtdurchlässigkeit des Gebirges in horizontaler und vertikaler Richtung ergibt sich aus der Summe der K-Wert Komponenten aus Klüften, Störungen und Matrix.

Fig. 7 zeigt eine Gegenüberstellung der entsprechenden Resultate für die geologische Einheit Aaregranit (AAG) s.l. berechnet aus Quellschüttungen für ein isotropes Kluftnetzwerkmodell und subvertikale Störungen, sowie aus Tropfwasserzuflüssen. Folgende allgemein gültige Aussagen können aus dieser Figur herausgelesen werden:

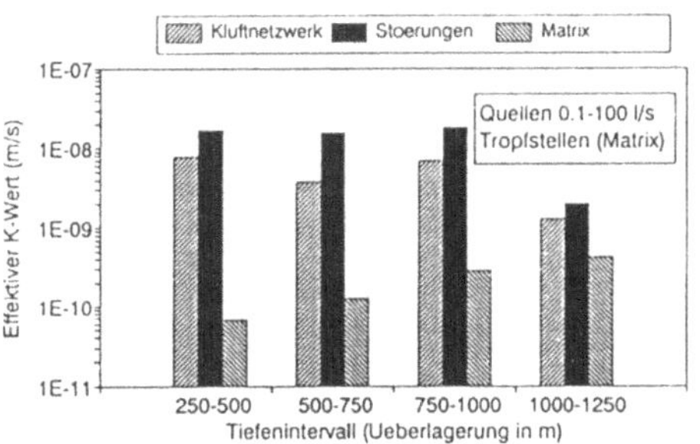

Figur 7: Tiefenabhängige Komponenten des K_f-Wertes des Aaregranits.

- Die Matrix-Durchlässigkeit aus Tropfstellen ist immer deutlich kleiner als die Durchlässigkeitskomponenten, welche aus der Quellschüttung herrühren. D.h. dass minimale Wasserzuflüsse auf die Gesamt-Durchlässigkeit keinen Einfluss haben, solange eine grössere Anzahl Quellen vorhanden ist.
- Im Falle des Aaregranits liefern die Störungen den grössten Beitrag zur Gesamtdurchlässigkeit. Das Verhältnis von vertikaler Durchlässigkeit der Störzonen zur isotropen Durchlässigkeit der Kluftnetzwerke liegt für den Aaregranit zwischen einem Faktor 2 und 5.
- Die herzynischen Aaregranite (AAG) zeigen, zumindest bis in eine Tiefe von 1000 m, keine systematische und signifikante Tiefenabhängigkeit der Durchlässigkeitswerte.

Die Unsicherheiten in der derart bestimmten Durchlässigkeitsverteilung für alle geologisch-tektonischen Einheiten liegen, wie eingangs angedeutet, primär im Vernetzungsgrad der einzelnen wasserführenden Strukturen (insb. Klüfte). Ein Vergleich mit den (wenigen) Resultaten aus Packerversuchen des Untersuchungsgebietes zeigt eine relativ gute Übereinstimmung (EHRMINGER et al. 1993).

3.   Prognosemodelle, Referenzdatensatz und Sensitivitäten

3.1.   Modellkonzept und Modellgeometrie

Die dominierenden geologischen Strukturen verlaufen über grosse Teile des GBT querschlägig zur Tunnelachse. Ihr Einfallen ist ausser in den penninischen Gneisen sehr steil. Aus diesem Grunde können erste Abschätzung der Tunnelauswirkungen und Tunnelzuflüsse mit relativ einfachen Vertikalmodellen erarbeitet werden, deren Erstreckung quer zur Tunnelachse verläuft. Eine vollständige 3D-Modellierung ist in diesem Falle angesichts des Aufwandes, der Zielsetzung und Variabilität der geologischen Verhältnisse nicht angebracht.

Einige der in anderen Bauwerken beobachteten Stollenzuflüsse bewirkten, insbesondere in Oberflächennähe, eine Beeinflussung des Bergwasserspiegels und das Versiegen von Oberflächenquellen. In Einzelfällen (Obergesteln-Stollen, Südabschnitt des alten Gotthard-SBB-Tunnels, Simplon-Tunnel) wurden mehrere hundert bis zu mehreren Kilometern neben dem Stollentrassee gelegene Quellen beeinträchtigt. Aus diesem Grunde wurde die Quererstreckung der hydrogeologischen Modelle auf 15 km angesetzt.

Das der Modellierung der hydrogeologischen Verhältnisse des GBT zugrundeliegende Konzept kann als "Hybrid-Modell" bezeichnet werden, in dem alle 81 kartierten Störungen des Störungskatasters GBT (SCHNEIDER 1993) als individuelle, diskrete Strukturen, und der weniger gestörte Gebirgsbereich zwischen den Stör-zonen ("Matrix") durch äquivalent-poröse Gebirgsblöcke modelliert wurden. Sowohl die Störzonen wie die dazwischenliegenden Gebirgsblöcke wurden, um den Aufwand in vertretbaren Grenzen zu halten, jeweils einzeln und nicht im Verbund modelliert. Allen 147 Einzelmodellen wurden jeweils eigene Datensätze zugeordnet.

Die Störzonen wurden sowohl mit Finiten-Elementen wie auch mit gekoppelten semianalytischen 2-dimensionalen Ansätzen (Störzone plus Nebengestein) modelliert. Die Modellierung der Matrixblöcke erfolgte ausschliesslich mit 2-dimensionalen Finite-Element-Netzen. Die Geometrie der Finite-Element-Modelle wurde standardisiert, indem, auf der Grundlage einer vollständigen Serie von quer zur Tunnelachse orientierter topografischer Profilschnitte, drei repräsentative Finite-Element-Netze aufgebaut wurden. Diese Netze bilden typische topografische Situationen und Tunnellagen ab; Details der lokalen Topografie blieben somit ausser in den Portalbereichen unberücksichtigt. Fig. 8 zeigt exemplarisch die Finite-Element-Geometrie eines 3D-Netzes bei Tunnelkilometer 26 (ab Portal Nord). Wie Fig. 8 zeigt, wurde der Doppelspurtunnel mit einer Tunnelröhre äquivalenter Querschnittsfläche und einer wenige Meter breiten Auflockerungszone modelliert, da gezeigt werden kann, dass die berechnete Tunnelschüttung ausser zu sehr frühen Zeiten (< 1 Tag) in beiden Fällen quasi identisch ist.

Für die im Vorprojekt vorgenommene grobe Abschätzung der hydraulischen Verhältnisse wurden die Grundwasserflüsse als transiente Darcy-Strömungen eines ungespannten Bergwassers mit konstanter Dichte und tiefenabhängiger K_f-Wert-Verteilung modelliert. Während grössere Bäche und Seen als obere Modellrandbedingung mit Festpotential simuliert wurden, wurde die Modelloberfläche an allen anderen Stellen iterativ durch Vorgabe

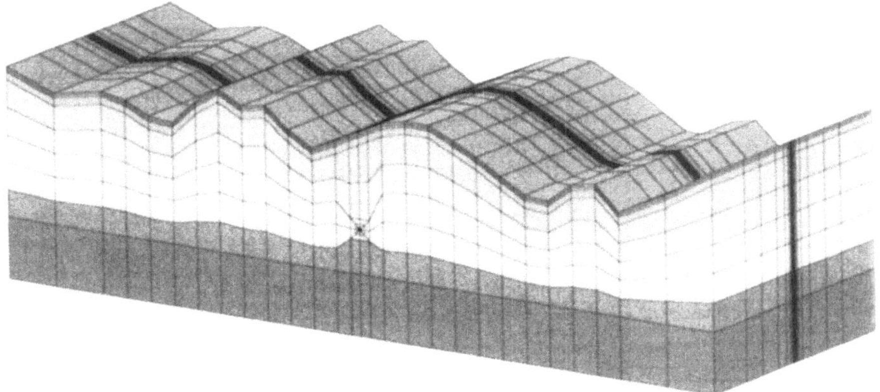

Figur 8: Geometrie des 3D-Finite Elementenetzes bei Tunnelkilometer 26.

einer Infiltrationsrate (repräsentative Tiefensickerung) ermittelt. Das Modellkonzept wurde anhand detaillierter Beobachtungen entlang dem alten SBB-Gotthard-Tunnel validiert. Es zeigte sich, dass trotz der vielen vereinfachenden Annahmen, die geforderten Aussagen bezüglich Tunnelzufluss und Oberflächenauswirkungen, soweit es die Unsicherheiten in den zugrunde liegenden Parametern ermöglichen, erbracht werden konnten.

3.2. Referenzdatensatz

Ausgehend vom obigen Modellkonzept stellte sich die Aufgabe, aus den hydrogeologischen Beobachtungen der vorhandenen Tunnels im Projektgebiet diejenigen Wasserzuflüsse und Transmissivitäten auszusondern, die den Störzonen im Prognoseprofil entsprechen und die restlichen Transmissivitäten für die Bestimmung der K_f-Werte der "ungestörten" Gebirgskörper einzusetzen. Neben statistischen Kriterien (Frequenz der Störzonen in Datenbasis und Prognoseprofil) wurden bei der Übertragung der beobachteten Daten auf die Verhältnisse des GBT auch deterministische Kriterien (z.B. kartierter Störungstyp und Extremfälle) berücksichtigt. Andererseits mussten für den gesamten Abschnitt in den penninischen Gneisen die hydrogeologischen Parameter mangels einer genügenden Datenbasis weitgehend geschätzt werden und haben somit grundsätzlich eine sehr hohe Unsicherheit.

Geol. Einh. (Abk.)	Tiefeninterval GBT in m ab OKT	Grössenordnung der spez. Speicherkapazität S_S in m^{-1}	Bereich der Tiefensickerung in cm/-Jahr [1]	Summe der Störungs-Transmissivitäten auf GBT-Teufe in m^2/s [2]	Bandbreite der Matrix-K-Werte auf GBT-Teufe in m/s [2]
ANG	0-1000	$3 \cdot 10^{-7}$	5-15-50	$1 \cdot 10^{-4}$	10^{-8}-10^{-9}
AAG	1000-2000	$3 \cdot 10^{-7}$	5-15-50	$8 \cdot 10^{-6}$	$1^{-5} \cdot 10^{-9}$
ASG	1000-2000	$3 \cdot 10^{-7}$	5-15-50 0-10-30	$2 \cdot 10^{-4}$	10^{-9}-10^{-10}
TZM	1000-1500	$3 \cdot 10^{-7}$	0-10-30	$1 \cdot 10^{-6}$	10^{-8}-$5 \cdot 10^{-9}$
UGZ	1000-1500	$1 \cdot 10^{-6}$	0-10-30	$2 \cdot 10^{-5}$	10^{-8}
GAK	1000-2000	$5 \cdot 10^{-6}$	0-10-30	$3 \cdot 10^{-5}$	10^{-10}-10^{-11}
GHG	1500-2000	$4 \cdot 10^{-7}$	10-40-80	$2 \cdot 10^{-5}$	10^{-9}

[1] Nach Kölla 1993 (minimaler-wahrscheinlicher-maximaler Fall); [2] Wahrscheinlicher Fall

Tabelle 4: Zusammenfassung der wichtigsten hydraulischen Parameter in den Einheiten des Aar- und Gotthard-"Massivs".

Für die Durchlässigkeitswerte der Matrix und die Transmissivitäten der Störzonen wurden tiefenabhängige Werte für einen "wahrscheinlichen" Fall und einen "konservativen" Fall festgelegt. Der "konservative" Fall ergibt realistisch-konservativ hohe Bergwasserschüttungen für längere Tunnelabschnitte im km-Bereich. Die Unsicherheiten in der Zuweisung einzelner Störungs-Transmissivitäten sind sehr hoch (mehrere Grössenordnungen) und durch den konservativen Fall nicht abgedeckt. Die wahrscheinlichen Matrix-K_f-Werte auf dem Niveau des GBT sowie die Summe der Störungs-Transmissivitäten pro geologischer Einheit sind in Tab. 4 zusammengefasst. Zudem gibt Tab. 4 eine grobe Zusammenfassung von berechneten spezifischen Speicherkapazitäten und Grundwasserneubildungsraten (Tiefensickerung, nach KÖLLA 1993).

3.3. Sensitivitäten

Zur Entwicklung eines besseren Verständnisses des Systemverhaltens, der Wichtigkeit von einzelnen Modellparametern und der Aussagekraft der Modellresultate, wurden für typische Modellkonfigurationen Sensitivitätsrechnungen durchgeführt. Für die "ungestörten Gebirgs

körper" (Matrix zwischen den Störzonen) zeigt sich, dass erwartungsgemäss die Auflockerungszone um den Tunnel nur während früher Zeiten nach dem Ausbruch eine Auswirkung auf die Tunnelzuflüsse hat. Die langfristigen Zuflüsse im Beharrungszustand werden durch die kleinste Durchlässigkeit des gesamten Schichtpaketes zwischen Tunnel und Bergwasserspiegeloberfläche kontrolliert. Für die Lage des Bergwasserspiegels ist der sogenannte Infiltrationskoeffizient, d.h. der Quotient aus Infiltrationsrate (Tiefensickerung) und oberflächennaher hydraulischer Leitfähigkeit massgebend.

Für den Wasserfluss zum GBT aus Störzonen (Fig. 9) hat die hydraulische Leitfähigkeit des angrenzenden Nebengesteins, solange sie Werte grösser als $3 \cdot 10^{-8}$ m/s auf-

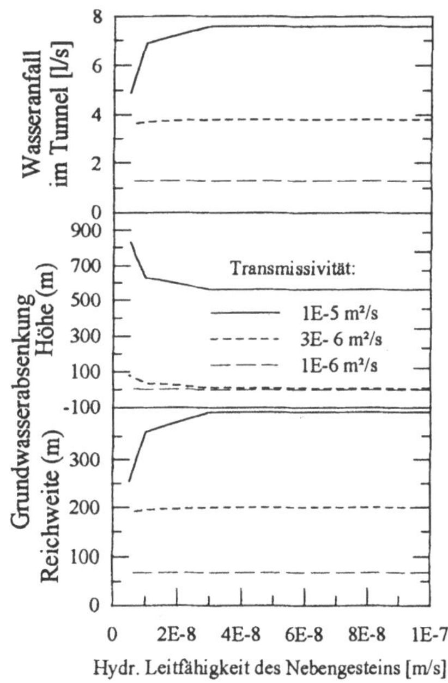

Figur 9: Parametersensivitäten einer typischen Störzone entlang des GBT.

weist, nur eine geringe Bedeutung. Die Störzonen-Transmissivität ist für Werte grösser als
10^{-6} m^2/s bei weitem der kritischste Faktor für die Tunnelzuflüsse und Grundwasserab-
senkung. Unterhalb diesem Schwellenwert sind keine merkbaren Grundwasserabsenkungen
mehr zu erwarten.

4.   Prognoserechnungen

Die im Rahmen des Vorprojekts erarbeiteten Prognoserechnungen umfassen ingenieurmässige Aussagen zum anfänglichen Bergwasseranfall im Vortriebsbereich, zum vortriebs-
abhängigen Bergwasserzufluss an den einzelnen Vortriebsbasen, dem stationären Bergwasseranfall (Beharrungszustand) an den beiden Tunnelportalen sowie zu den durch den
GBT induzierten Bergwasserspiegeländerungen. *Alle Resultate sind als erstes "screening"
der hydrogeologischen Situation und nicht als lokal belastbare Prognosen zu bewerten. Die
berechneten Werte, und insbesondere jene der Störzonen, gelten darum nur als Integral-
werte über längere Tunnelabschnitte (km). Die Werte für die penninische Gneiszone gelten
aufgrund der fehlenden quantitativen Datenbasis als reine Schätzwerte.* Lokal belastbare
Prognosen bedürfen einer lokal wesentlich verbesserten Datenbasis und Modellrechnungen,
welche die lokale Topografie, Geologie und Hydrologie berücksichtigen.

Das Modellierungskonzept basiert auf der Annahme, dass die gesamte Dicke der
Einzelmodelle jeweils instantan durchörtert wird, d.h. dass die durch den Tunnel bewirkte
Drainage vor der Stollenbrust nicht stattfindet. Da dies in der Natur in der Regel nicht der
Fall ist, sind die mit diesem Ansatz berechneten Werte als konservative initiale
Schüttungswerte zu bewerten. Alle durchgeführten Berechnungen gelten für den "natürli-
chen" Zustand; bautechnische Massnahmen sind in den hier vorgestellten Rechnungen nicht
berücksichtigt.

4.1.   Anfänglicher Bergwasseranfall im Vortriebsbereich

Fig. 10 zeigt exemplarisch den berechneten Bergwasseranfall im Vortriebsbereich für den
wahrscheinlichen Parametersatz. Auf der Grafik wird die Grundlast des Zuflusses aus den
"ungestörten" Gebirgsbereichen (in l/s pro Tunnelmeter) durch die punktuellen Zuflüsse aus
Störzonen (vertikale Linien) überlagert. Die anfänglichen Bergwasserzuflüsse im Vortriebsbereich der "ungestörten" Gebirgsbereiche bewegen sich zwischen 2 und 70 l/s · km, im
konservativen Fall zwischen 40 und 300 l/s · km. Als anfängliche Werte aus Störzonen werden im wahrscheinlichen Fall Werte bis 100 l/s, im konservativen Fall bis 600 l/s (Nalps)
oder mehrere 1000 l/s (Pioramulde bis GBT-Niveau) erwartet. Auch im Gebiet Caschlè-Se-
drun (Tkm16-18) ist aufgrund der hohen Transmissivitäten von wahrscheinlich rezenten
spröden Störzonen und ihrer grossen Dichte mit hohen anfänglichen Wasserzutritten zu
rechnen.

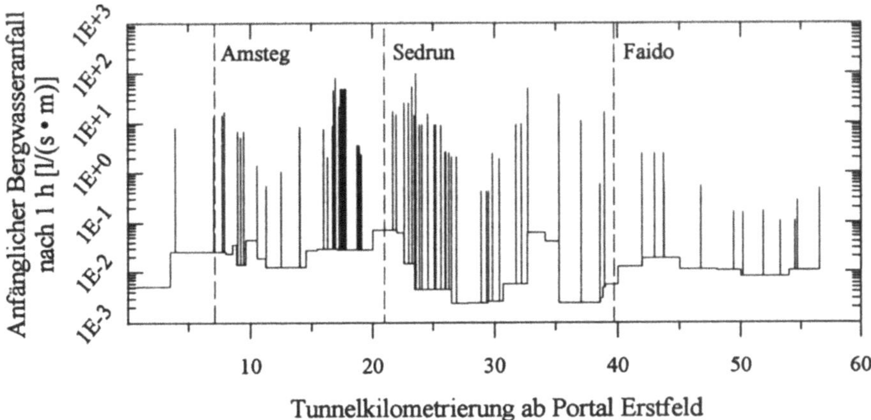

Figur 10: Anfänglicher Bergwasseranfall im Vortriebsbereich für den "wahrscheinlichen" Parametersatz.

4.2. Bergwasseranfall im Beharrungszustand

Für einen angenommenen Kulminationspunkt des GBT bei Tkm 19.4 ergeben die Berechnungen für beide Portale einen kumulierten Bergwasseranfall im Beharrungszustand von wenigen 100 l/s. Im konservativen Fall ergeben sich für den Südabschnitt theoretisch mehrere 1000 l/s (ohne bautechnische Massnahmen). Dies rührt einerseits davon, dass im konservativen Fall davon ausgegangen wird, dass die Piora-Mulde als 30 m breite Zone verkarsteter triassischer Gesteine bis auf das GBT-Niveau hinunter reicht. Andererseits wird im konservativen Fall auch angenommen, dass im Gebiet Vorderrhein-Lai da Nalps durchlässige Störungen mit direkter hydraulischer Anbindung an ein Oberflächengewässer (z.B. Lai da Nalps) vorhanden sein könnten. Lokale Abdichtungsmassnahmen an solchen Störungen können, falls technisch möglich, somit zu einer sehr grossen Reduktion der permanenten Schüttung an den Portalbereichen führen.

4.3. Bergwasserschüttung an den Ausgangs- basen der Vortriebe

Die Berechnung der zeitabhängigen Bergwasser-
schüttung an den Basen der 6 verschiedenen
Vortriebsstrecken beruht auf dem berechneten
transienten Schüttungsverlauf der verschiedenen
durchfahrenen Gebirgsbereiche und Störzonen
sowie der angenommenen Vortriebsgeschwindigkeit. Für die Berechnung dieser Werte wurde
ein spezielles Computerprogramm entwickelt,
welches den Gesamtzufluss aus den jeweils
durchörterten Abschnitten zeit- und vortriebs-
abhängig integriert. Fig. 11 zeigt exemplarisch
den zeitabhängigen Bergwasseranfall beim Zwischenangriff Amsteg, Vortriebsrichtung Süd mit
einer angenommenen Vortriebsgeschwindigkeit
von 6.6 m/Tag. Gut erkennbar sind die temporär

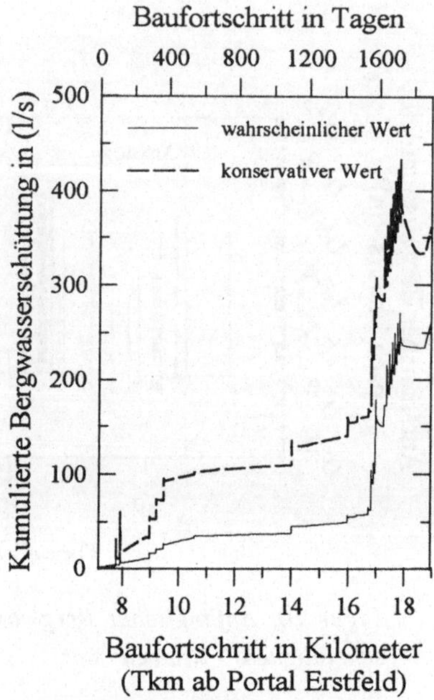

*Figur 11: Zeitabhängiger Wasser-
anfall am Zwischenangriff Amsteg,
Vortriebsrichtung Süd.*

erhöhten Schüttungen während der Durchörterung der jungen Störzonen am Aarmassiv-
Südrand bei Tkm 16-18. Die maximalen Schüttungen an den Basen aller Vortriebe erreichen
rechnerisch Werte zwischen wenigen 100 l/s (wahrscheinlicher Fall) und wenigen 1000 l/s
(konservativer Fall).

4.4. Absenkung des Bergwasserspiegels

Das eingesetzte regionale Modellkonzept erlaubt keine detaillierten Aussagen zu lokalen
Bergwasserspiegel-Aenderungen durch den GBT. Folgende Umstände tragen zu einer einge-
schränkten Interpretation der Modellresultate bei:

- Der eingesetzte iterative Lösungsalgorithmus ergibt numerische Oszillationen in der
  Lage der berechneten Bergwasserspiegeloberfläche in der Grössenordnung von 10
  -100 m.
- Die hydraulischen Durchlässigkeiten im oberflächennahen Bereich weisen grosse
  Unsicherheiten auf.

- Die lokalen topographischen Verhältnisse und die Lage des GBT wurden nur in den Portalbereichen exakt nachgebildet.

Für die Diskussion der zu erwartenden Beeinflussung des Bergwasserspiegels (ohne bautechnischen Massnahmen) und damit von Quellen, Aquiferen und Feuchtgebieten wurden darum sowohl die "ungestörten" Gebirgsabschnitte wie die Störungen in semiquantitative Einflusskategorien unterteilt:

Tunnelabschnitte in "ungestörten" Gebirgsbereichen *mit wahrscheinlicher lokaler Bergwasserspiegelabsenkung* liegen in den GBT-Gebieten ohne grosse Überlagerung (Nord-Portal, Südportal, Unterquerung Oefital). Entsprechende Störzonen, entlang derer lokale Absenkungen des Bergwasserspiegels von mehreren 100 m erwartet werden können, finden sich im Gebiet Caschlè-Nalps.

Tunnelabschnitte in "ungestörten" Gebirgsbereichen *mit potentieller lokaler Bergwasserspiegelabsenkung* liegen in den ersten, respektiven letzten 10 km des GBT sowie im Gebiet des Vorderrheins und der Piora-Mulde. Störzonen mit potentieller lokaler Bergwasserspiegelabsenkung sind alle Störungen des Katasters, die eine Transmissivität grösser als 10^{-6} m^2/s aufweisen. Eine eindeutige Zuordnung von Transmissivitäten zu Störzonen ist heute nicht möglich.

Für die restlichen Tunnelabschnitte, resp. Störungen *ohne potentielle lokale Bergwasserspiegelabsenkung* ist ein merklicher Einfluss aufgrund der vorliegenden Modellresultate nicht zu erwarten.

5. Schlussbemerkungen

Der Gotthard-Basistunnel stellt in geologischer Hinsicht ein Bauwerk dar, welches von seiner Dimension und Tiefenlage her nicht ausschliesslich aufgrund bisheriger Beobachtungen und Erfahrungen geplant und bewertet werden kann. Neben der felsmechanischen Situation in Gebieten mit bis zu 2'500 m Überlagerung sind insbesondere neue ingenieurgeologische Fragen im Zusammenhang mit der Hydrogeologie und Geothermie dieses Projektes zu untersuchen. Die Beantwortung dieser Fragen wird durch den Einsatz neuerer Erkenntnisse zu Hydraulik von geklüfteten Grundwasserleitern, wie sie seit den 60er-Jahren durch die Exploration von Erdöl, tiefliegender Endlagerstandorte und geothermischer Energie erarbeitet wurden, merklich verbessert. Die vorliegende Arbeit setzt diese neuen Erkenntnisse zum ersten Mal für ein europäisches Tunnelbauwerk ein und erläutert ihre Zusammenhänge.

Ein Bauwerk der Dimension eines Gotthard-Basistunnels verlangt nach einem schrittweisen Vorgehen in der Erarbeitung der ingenieurgeologischen Grundlagen. Die hier vorgestellten Arbeiten stellen in diesem Sinn erste quantitative Modellrechnungen zur Bewertung der Tiefenwasserzirkulation im Einflussbereich des GBT dar. Die Arbeit zeigt, welche Abschnitte des Projekts aus hydrogeologischer Sicht als kritisch zu bewerten sind und in den nächsten Projektphasen einer detaillierteren Betrachtung bedürfen. Es sind dies neben den Portalbereichen Erstfeld und Bodio insbesondere die Gebiete Caschlè, Val Nalps und Piora. Die hydrogeologischen Ursachen sind in allen diesen Gebieten verschiedener Natur und umfassen Auswirkungen von Auflockerungszonen an Talflanken, neotektonisch aktive Störzonen am Aarmassiv-Südrand, Interaktionen mit Oberflächengewässern und Stauhaltungen sowie die Wasserführung von tiefgreifenden verkarsteten Sedimentkeilen.

Da es sich bei diesen Phänomenen entlang des GBT primär um örtlich begrenzte Zonen handelt, ist vorgesehen, die im Extremfall möglichen massiven Bergwasserzutritte durch technische Dichtungsmassnahmen zu reduzieren. Die Machbarkeit und Auswirkungen dieser Massnahmen werden im vorliegenden Artikel nicht behandelt.

Die hier vorgestellten überwiegend 2-dimensionalen Modellrechnungen stellen, obwohl sie auf einer grossen Anzahl stark vereinfachender Annahmen beruhen, für die Vorprojektphase des Gotthard-Basistunnels eine adäquate Behandlung der Verhältnisse dar. Im Hinblick auf die folgenden Projektphasen sind zusätzlich echte 3-dimensionale Modellrechnungen an einzelnen Schlüsselstellen erforderlich. Diese Modellrechnungen haben unter Umständen auch mit Wärmeströmungen gekoppelte Fliessprozesse zu berücksichtigen, wie sie aus theoretischen Überlegungen gefordert werden (FORSTER & SMITH, 1988 a,b), und das hydraulisch-mechanische gekoppelte Gebirgsverhalten zu bewerten. Letzteres insbesondere im Einflussbereich von kritischen Stauhaltungen wie dem Lai da Nalps.

6.   Verdankungen

Spezieller Dank gilt Herrn Dr. T.R. Schneider, der als Projektgeologe dieses Projekt sehr gefördert und eine grosse Anzahl wesentlicher Datengrundlagen zur Verfügung gestellt hat. Im weiteren möchten wir Frau Dr. E. Kölla und Herrn Dr. P. Haldimann für viele fruchtbare Diskussionen und die Mitarbeit am Projekt danken. Der Projektleitung AlpTransit (Herr S. Flury) möchten wir für die Erlaubnis der Publikation von Resultaten des Vorprojekts danken.

Literaturreferenzen

Bear, J., (1993): *Modeling Flow and Contaminant Transport in Fractured Rocks.* In: Bear, J., Tsang, C.F. and Marsily, G.d., (Eds.) Flow and Contaminant Transport in Fractured Rock; S. 1-37. San Diego: Academic Press, Inc.

Ehrminger, B., W. Klemenz, und S. Löw, (1993): *Gotthard-Basistunnel, Quantitative Analyse hydrogeologischer Aufnahmen von Stollen- und Tunnelbauten im Gebiet Aar-Massiv - Gotthard-"Massiv" - Leventina.* Colenco-Bericht 1763/5, In Schneider et al. 1993: Arbeitsteam Hydrogeologie - Bergwasserzuflüsse und Beeinflussung des Bergwasserspiegels. Bericht Nr. 425bh.

Forster, C., und L. Smith (1988a): *Groundwater Flow System in Mountainous Terrain, 1. Numerical Modeling Technique.* - Water Resources Research, Vol. 24/7, 999-1010, July 1988

Forster, C., and L. Smith, (1988b): *Groundwater Flow System in Mountainous Terrain, 2. Controlling Factors.* - Water Resources Research, Vol. 24/6, 1011-1023, July 1988

Gudefin, H., (1967): *Observations sur les venues d'eau au cours du percement du tunnel sous le Mont Blanc.* Bull. B. R. G. M. 4, 95-107.

Jacob, C.E., (1946): *Drawdown test to determine effective radius of artesian well.* Trans. amer. Soc. civ. Eng. 72, 574-586.

Jacob, C.E., und S.W. Lohman, (1952): *Non-steady flow to a well of constant drawdown in an extensive aquifer.* EOS Trans. AGU 33, 559-569.

Jamier, D., (1975): *Etude de la fissuration de l'hydrogèologie et de la gèochemie des eaux profondes des massifs de l'Arpille et du Mont Blanc.* Thèse Univ. de Neuchâtel.

Kölla, E., (1993): *Gotthard-Basistunnel -Regionale Hydrologie im Projektgebiet unter besonderer Berücksichtigung des Ritom-Gebietes.-* Unveröffentlichter Bericht vom 30.11.1993, 115 S. 4 Karten.

Long, J.C.S., und P.A. Witherspoon, (1985): *The relationship of the degree of interconnection to permeability in fracture networks.* J. Geophys. Res. 90 B4, 1105-1115.

Sahimi, M., (1995): *Flow and Transport in Porous Media and Fractured Rock.* Weinheim: VCH Verlagsgesellschaft mbH.

Schardt, H., (1903): *Note sur le profile gèologiqe et la tectonique du massif du Simplon suivi d'un rapport supplèmentaire sur les venues d'eau rencontrèes dans le tunnel de Simplon du côte d'Iselle.* Lausanne. Corbaz et Cie.

Schneider, T.R., (1992): *Geologie Gotthard-Basistunnel.* In: FGU Fachgruppe für Untertagebau, (Ed.) Die AlpTransit Basistunnel Gotthard und Lötschberg: Referate der Studientagung vom 27. März 1992 in Zürich; S. 15-24. Zürich. SIA.

Schneider, T.R., (1993): *Gotthard-Basistunnel - Arbeitsteam Hydrogeologie - Geologisch-geotechnische Verhältnisse der Störzonen*.- Unveröffentlichter Bericht Nr.: 425ba mit einem Störzonenkataster u. 1 Karte, 10 S.

Stapff, F.M., (1882): *Geologische Aufnahme des Gotthard-Bahntunnels - 60 Geologische Tunnelprofile 1:200 (Längen- und Horizontalschnitte) -* Quartalsberichte zu Händen des Schweizerischen Bundesrates.

Streltsova, T.D., (1988): *Well Testing in Heterogeneous Formations*. New York: John Wiley and Sons.

Voborny, O., S. Vomvoris, S. Wilson, G. Resele, und W. Hürlimann, (1994): *Hydrodynamic Synthesis and Modeling of Groundwater Flow in Crystaline Rocks of Northern Switzerland*. Nagra Technical Report NTB 92-04.

Warren, J.E. und P.J. Root, (1963): *Behavior of naturally fractured reservoirs*. Soc. Petr. Eng. J. Sept. 1963, 245-255.

Witherspoon, P.A., (1986): *Flow of Groundwater in Fractured Rocks*. Bull. Int. Ass. Eng. Geol. 34, 103-115.

Wittke, W., (1990): *Rock Mechanics - Theory and Applications with Case Histories*. Berlin-Heidelberg: Springer.

Dr. Simon Löw, Dr. Bernhard Ehrminger, Werner Klemenz und David Gilby
Colenco Power Consulting AG, Mellingerstr. 207, CH-5405 Baden, Schweiz

Beurteilung der Langzeitsicherheit von Endlagern für radioaktive Abfälle - Datenerhebung und Modellierung

Andreas Gautschi und Piet Zuidema

Weltweit verlangen alle behördlichen Richtlinien einen überzeugenden quantitativen Nachweis, dass das erforderliche Sicherheitsniveau für ein geplantes Endlager für radioaktive Abfälle eingehalten werden kann. Dieser Nachweis basiert auf Daten der einzulagernden Abfälle, der technischen Barrieren und der Standorteigenschaften, insbesondere der Geologie. Die Beurteilung der Langzeitsicherheit eines Endlagersystems beinhaltet eine Szenarienanalyse, eine Konsequenzenanalyse (Modellkette) und eine Interpretation der Resultate. Es wird in der Regel ein realistisches bis vorsichtig-konservatives Vorgehen gewählt, welches durch einen sogenannten robusten (extrem konservativen) Nachweis ergänzt wird. Die Sicherheitsanalysen verlangen wegen der Diversität der benötigten Daten ein iteratives interdisziplinäres Vorgehen, bei der neben Sicherheitsanalytikern auch Geologen und Ingenieure involviert sind.

1.   Einleitung

Die Verwendung von Kernenergie sowie der Gebrauch radioaktiver Materialien in Medizin, Industrie und Forschung bedingen eine sichere Endlagerung der dabei entstehenden radioaktiven Abfälle. Weltweit beschäftigen sich zahlreiche nationale und internationale Organisationen mit der Projektierung, dem Bau und dem Betrieb von Endlagern.

In der Schweiz haben die Abfallerzeuger - die für die Entsorgung der radioaktiven Abfälle verantwortlich sind - die Nagra (Nationale Genossenschaft für die Lagerung radioaktiver Abfälle) mit der Aufgabe betraut, entsprechende Endlagerprojekte vorzubereiten. Die Nagra unterhält sowohl bilateral wie auch auf internationaler Ebene einen umfassenden Erfahrungsaustausch mit entsprechenden Organisationen und ist auch an zahlreichen internationalen Forschungs- und Entwicklungsprojekten beteiligt.

Bevor ein Endlager gebaut, bzw. in Betrieb genommen werden kann, muss nachgewiesen werden, dass es sicher ist. Zu diesem Zweck müssen Sicherheitskriterien formuliert werden, einerseits für die radiologische Sicherheit während des Betriebs des Endlagers und andererseits für die radiologische Langzeitsicherheit in der Nachbetriebsphase. Die Sicherheit während des Betriebs kann durch eine geeignete Anlagenauslegung praktisch an jedem Standort gewährleistet werden. Hingegen hängt die Sicherheit während der Nachbetriebsphase zumindest teilweise vom gewählten Endlagerkonzept und den Standorteigenschaften ab. Im vorliegenden Artikel wird nur die *Langzeitsicherheit* diskutiert.

2.   Kriterien für die Bewertung der Endlager-Langzeitsicherheit

In der internationalen Fachwelt besteht generelle Einigkeit, dass die in ferner Zukunft nicht auszuschliessende zusätzliche Strahlenbelastung als Folge eines Endlagers klein sein muss. Die zulässigen Werte liegen im internationalen Vergleich im Bereich zwischen 0.1 und 1 Millisievert pro Jahr (mSv/a) für ein Individuum der kritischen Gruppe, d.h. einer Bevölkerungsgruppe, die sich bezüglich Strahlenexposition zum ungünstigsten Zeitpunkt am ungünstigsten Ort aufhält. Dieser Wertebereich ist zu vergleichen mit der natürlichen Strahlenbelastung in der Schweiz, die nach BAG (1992) etwa zwischen 1 und 10 mSv/a liegt.

Obschon diese Überlegungen die anerkannte internationale Basis bilden, unterscheiden sich die *nationalen Richtlinien* untereinander doch beträchtlich. Es besteht beispielsweise kein allgemeiner Konsensus darüber, für welche Zeitspanne der Nachweis zu erbringen ist. In verschiedenen Ländern wird eine Zeitspanne von 10'000 Jahren vorgegeben, während in anderen Ländern (wie der Schweiz) der Nachweis für alle Zeiten zu erbringen ist. Auch bezüglich des Detaillierungsgrades unterscheiden sich die Vorgaben in den verschiedenen Ländern. In den USA enthalten die zur Zeit gültigen Richtlinien der Sicherheitsbehörden quantitative Anforderungen für die einzelnen Komponenten des Endlagers wie minimale Einschlusszeit der Radionuklide innerhalb der technischen Barrieren, maximale Freisetzungsraten aus den technischen Barrieren oder minimale Grundwasserfliesszeiten. Diese *komponenten-spezifischen Grenzwerte* legen die Auslegung des Endlagers mehr oder weniger fest und nehmen damit dem Projektanten einen grossen Teil der Flexibilität für die optimale Anpassung des Projektes z.B. an die standortspezifischen Eigenschaften.

Im Gegensatz dazu haben die schweizerischen Sicherheitsbehörden - die Hauptabteilung für die Sicherheit von Kernanlagen des Bundesamtes für Energiewirtschaft (HSK) und die Eidg. Kommission für die Sicherheit der Atomanlagen (KSA) - in ihrer Richtlinie zur Langzeitsicherheit nur *Schutzziele für das Gesamtsystem* festgelegt (HSK/KSA, 1993):

(1) Die Freisetzung von Radionukliden aus einem verschlossenen Endlager infolge realistischerweise anzunehmender Vorgänge und Ereignisse soll zu keiner Zeit zu jährlichen Individualdosen führen, die 0.1 mSv überschreiten.

(2) Das aus einem verschlossenen Endlager infolge unwahrscheinlicher, unter Schutzziel 1 nicht berücksichtigter Vorgänge und Ereignisse zu erwartende radiologische Todesfallrisiko für eine Einzelperson soll zu keiner Zeit ein Millionstel pro Jahr übersteigen.

(3) Nach dem Verschluss eines Endlagers sollen keine weiteren Massnahmen zur Gewährleistung der Sicherheit erforderlich sein. Das Endlager soll innert einiger Jahre verschlossen werden können.

Die in Schutzziel 1 festgelegte Dosislimite ist sehr streng und liegt deutlich unterhalb der heutigen Strahlenbelastung in der Schweiz (siehe oben) und ist auch kleiner als der Schwankungsbereich der natürlichen Strahlenbelastung. Im Vergleich zu Risiken aus anderen menschlichen Tätigkeiten (vgl. z.B. Fritzsche, 1991) ist auch die in Schutzziel 2 vorgegebene Risikolimite streng. Die in den schweizerischen Richtlinien formulierten Schutzziele sind allgemein und gewähren dem Projektanten eine genügende Flexibilität für die Realisierung einer optimalen Lösung.

3. Abfallinventare und Endlagerkonzepte

Je nach Herkunft der Abfälle (Abfälle aus Kernkraftwerk-Betrieb, Wiederaufarbeitung abgebrannter Brennstäbe, Kernkraftwerk-Abbruch, Medizin, Industrie und Forschung) unterscheiden sich diese bezüglich ihres Gehalts an Radionukliden und ihrer Verfestigungsmatrix (Glas, Zement, Bitumen). Zur Erarbeitung von Endlagerkonzepten werden die Abfälle in der Regel in vier Kategorien eingeteilt:

* schwachaktive Abfälle
* mittelaktive Abfälle mit vorwiegend kürzerlebigen Radionukliden
* mittelaktive Abfälle mit grossem Anteil an langlebigen Radionukliden (v.a. Aktiniden)
* hochaktive Abfälle

Diese Kategorisierung berücksichtigt das relative Gefährdungspotential der Abfälle, welches wegen des radioaktiven Zerfalls mit der Zeit abnimmt und für die schwachaktiven Abfälle während hunderten von Jahren signifikant ist, während es für die hochaktiven Abfälle während zehntausenden von Jahren anhält. Dies ist zu vergleichen mit anderen toxischen Stoffen wie z.B. Schwermetallen, die nie zerfallen. Alle Abfälle müssen so beseitigt werden, dass der Mensch und seine Umwelt zu keiner Zeit gefährdet werden. Dies kann prinzipiell mit folgendem Konzept erreicht werden:

- Während einer limitierten Periode werden die Abfälle im Endlager *vollständig einge-schlossen* (nur im Konzept für hochaktive Abfälle). Während dieser Zeit kann zumindest ein Teil der (kurzlebigen) Nuklide weitgehend zerfallen.
- Anschliessend an die Periode des vollständigen Einschlusses wird die Freisetzung der Nuklide sowohl durch das System der *technischen Barrieren* als auch durch die *umgebende Geologie* begrenzt.
- Nach einer genügend langen Zeit, wenn die meisten der Nuklide praktisch vollständig zerfallen sind, wird auch der Transportwiderstand der technischen Barrieren nicht mehr benötigt und die *Geologie allein* genügt, um die Freisetzung der noch vorhandenen Nuklide in die Umwelt auf kleine Werte zu beschränken.

Die quantitativen Anforderungen an die Einschlusszeit und an die Lebensdauer der technischen Barrieren hängt von der Art der Abfälle und von der Geologie des betrachteten Standortes ab. In der Schweiz sind beispielsweise zwei Endlagertypen vorgesehen (Nagra, 1992): Ein Endlager im tiefen Untergrund (800 -1200 m Tiefe) für hochaktive (HAA) und langlebige mittelaktive Abfälle (LMA) und ein Endlager im Bergesinnern, bestehend aus einem Kavernensystem mit horizontalem Zugang, für schwach- und mittelaktive Abfälle (SMA) mit geringer Konzentration an langlebigen Radionukliden. In vielen anderen Ländern werden kurzlebige schwach- und mittelaktive Abfälle in Oberflächenlagern entsorgt.

4. System und Funktion der Barrieren eines geologischen Endlagers

4.1. Technische Barrieren

Die technischen Barrieren eines Endlagers - d.h. die vom Mensch eingerichteten Teile des Endlagers - bestehen aus verschiedenen Komponenten (Fig. 1). Eine Möglichkeit ist, die radioaktiven Abfallstoffe in einer *Verfestigungsmatrix* zu immobilisieren. Als Material kommt für die hochaktiven Abfälle Glas und für die schwach- und mittelaktiven Abfälle Zement, Bitumen bzw. Polymere zur Anwendung.

Die verfestigten Abfälle werden in einen *Behälter* verpackt. Für die hochaktiven Abfälle aus der Wiederaufbereitung ist ein Stahlgussbehälter vorgesehen, der einen vollständigen Einschluss für mindestens 1000 Jahre gewährleisten soll. Andere Konzepte sehen eine direkte Lagerung abgebrannter Brennelemente (ohne Wiedertaufarbeitung) in Kupferbehältern vor. Für die schwach- und mittelaktiven Abfälle ist gegenwärtig keine Verpackung mit Langzeit-Barrierenwirkung vorgesehen; es werden dünnwandige Stahlbehälter verwendet.

Die Behälter werden in den Endlagerkavernen von *Verfüllmaterial* umgeben. Für die hochaktiven Abfälle ist dies hochverdichteter Bentonit, welcher eine effiziente Diffusions- und Sorptionsbarriere darstellt. Bei den schwach- und mittelaktiven Abfällen bewirkt ein Spezialmörtel günstige geochemische Bedingungen für eine geringe Löslichkeit und gute Sorption der Radionuklide.

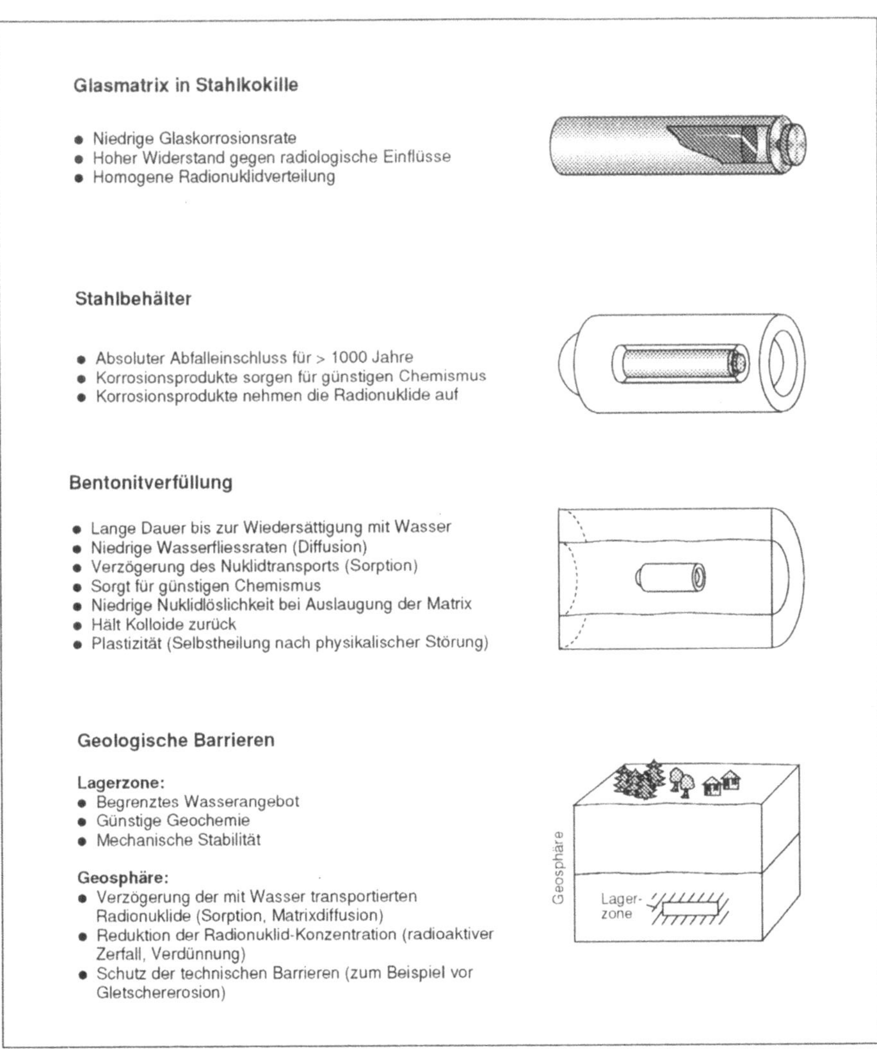

Figur 1: Ein System von Sicherheitsbarrieren für ein Endlager für hochaktive Abfälle.

4.2.   Geologische Barriere

Der Beitrag der Geologie zur Langzeitsicherheit kann wie folgt zusammengefasst werden (Fig. 1):

- Die Geologie schützt das Endlager (technische Barrieren und Abfall) vor den Einflüssen des Menschen (Tunnelbauten, Sabotage) und den oberflächennahen natürlichen Prozessen (Erosion). Die Anordnung des Endlagers in der Tiefe minimiert auch die Einwirkung extremer Ereignisse wie z.B. schwere Erdbeben.
- Die Anordnung des Endlagers in tektonisch wenig aktiven Zonen gewährleistet die mechanische Integrität der technischen und der geologischen Barrieren über lange Zeiten.
- Die Anordnung des Endlagers in einer hydrogeologisch günstigen Situation, welche sich durch kleine Wasserflüsse und reduzierenden Grundwasserchemismus auszeichnet, begünstigt die Rückhaltung der radioaktiven Stoffe und sorgt für eine genügende Langzeitbeständigkeit der technischen Barrieren.
- Die Anordnung des Endlagers in einem Gestein, welches aufgrund seiner mineralogischen Zusammensetzung und Porositätsverteilung günstige Radionuklid-Rückhalteeigenschaften aufweist, liefert einen zusätzlichen Beitrag zur Verzögerung der Radionuklid-Freisetzung.
- Die Rückhaltung der Radionuklide in den technischen Barrieren und in der Geologie führt dazu, dass der grösste Teil der Radionuklide zerfällt, bevor sie die Biosphäre erreichen. Die Freisetzung der verbleibenden Nuklide kann damit nur zu einer vernachlässigbaren Erhöhung der Radioaktivität in der Umwelt führen.
- In der Geosphäre, vor allem aber in der Biosphäre, kann in Schotter-Grundwasserleitern und Oberflächengewässern eine sehr starke Verdünnung der Radionuklide stattfinden, welche die allenfalls freigesetzte Radioaktivität dort in ihrer Konzentration um Grössenordnungen herabsetzen würde.

5.   Nachweis der Langzeitsicherheit: Modellierung und Datenerhebung

5.1.   Strategie und Vorgehen bei der Durchführung der Modellrechnungen

Für die Durchführung einer Sicherheitsanalyse werden im Endlagersystem aus praktischen Gründen meistens drei Komponenten unterschieden:

- das *Nahfeld*, bestehend aus den technischen Barrieren sowie der Geologie in der direkten Umgebung der technischen Barrieren,

- die *Geosphäre*, welche den geologischen Untergrund zwischen dem Nahfeld und der Erdoberfläche umfasst, und
- die *Biosphäre*, welche den Lebensraum des Menschen bildet (Böden, Oberflächengewässer, nutzbare Grundwasservorkommen).

Die quantitative Beurteilung der Langzeitsicherheit eines Endlagersystems lässt sich vom Ablauf her in 5 Teile gliedern (vgl. auch Smith et al. 1995):

(1) Voraussetzungen und Randbedingungen
Die nationalen Richtlinien und Schutzziele (Kap. 2), das Abfallinventar und das gewählte Endlagerkonzept (Kap. 3) bilden wichtige Voraussetzungen und Randbedingungen für die Beurteilung der Langzeitsicherheit eines Endlagers für radioaktive Abfälle.

(2) Sicherheitskonzept
Als Grundlage für eine Sicherheitsanalyse muss zuerst ein Sicherheitskonzept entwickelt werden. Solche Konzepte beruhen heute in allen Ländern auf einem System von technischen und geologischen Barrieren (s. Kap. 3 und 4).

(3) Szenarienanalyse
Die Identifizierung aller Eigenschaften, Ereignisse und Prozesse (features, events and processes = FEPs) eines Endlagersystems und die Ermittlung ihrer gegenseitigen Beeinflussung wird als Szenarienanalyse bezeichnet. Die Szenarienanalyse führt zur qualitativen Beschreibung und quantitativen Definition der verschiedenen durchzuführenden Rechenfälle. Für jedes Szenarium müssen alle relevanten Komponenten des Systems festgelegt sowie die Sequenz der in diesem System ablaufenden Prozesse und Ereignisse, welche die Entwicklung des Systems und seine Eigenschaften beeinflussen könnten, definiert werden. Die Konsequenzen für alle so festgelegten Szenarien werden - je nach Bedeutung des Szenariums (d.h. je nach Eintretenswahrscheinlichkeit bzw. Tragweite der Konsequenzen) - in mehr oder weniger grossem Detaillierungsgrad untersucht.

(4) Konsequenzenanalyse
Die Szenarien werden in einer Konsequenzenanalyse untersucht, die aus einer Hierarchie von Rechenmodellen (Modellkette) besteht. Es werden verifizierte Codes benützt, die in einer Reihe von Labor- und Feldexperimenten getestet (,validiert') wurden (z.B. McCombie et al. 1987, Frick 1994) und gestützt werden durch Studien über Naturanaloga (Miller et al. 1994).

Die drei Hauptkomponenten der Modellkette sind:

- ein Modell, mit welchem die Radionuklidfreisetzung aus dem Endlager-Nahfeld untersucht wird,
- ein Transportmodell, mit welchem die Radionuklidretardation in der Geosphäre abgeschätzt wird, und
- ein Biosphärenmodell, welches die Radionuklidverteilung in der Biosphäre, die Aufnahme in die Nahrungskette und die Dosen für die Bevölkerung berechnet.

(5) Interpretation der Resultate

Die Endstufe der Sicherheitsanalyse wird gebildet durch eine Analyse und Interpretation der Resultate. Im allgemeinen wird zuerst geprüft, ob die Konsequenzenanalyse die verschiedenen Quellen der Unsicherheit berücksichtigt hat. Die Resultate werden dann mit den vorgegebenen Schutzzielen, mit Sicherheitsanalysen aus Programmen anderer Länder (z.B. Neall et al. 1995) und anderen Umweltrisiken (z.B. Baertschi 1995) verglichen (Fig. 2).

Bei der Sicherheitsanalyse wird in der Regel ein realistisches (bzw. vorsichtig konservatives) Vorgehen gewählt, bei dem alle kritischen Phänomene zu berücksichtigen sind. Häufig ist es jedoch bei einem solchen Vorgehen sehr schwierig mit absoluter Sicherheit nachzuweisen, dass für die zu berücksichtigenden Zeithorizonte die berechneten Konsequenzen für "... realistischerweise anzunehmende Vorgänge und Ereignisse ..." nicht unterschätzt werden. Deshalb werden in der Sicherheitsanalyse die realistischen Berechnungen mit einem "robusten" Nachweis ergänzt, bei dem die zuverlässig nachweisbare Barrierenwirkung des Systemverhaltens untersucht wird. Bei einem sogenannt *robusten Nachweis* werden alle sich potentiell negativ auswirkenden Phänomene explizit diskutiert, während von den günstig wirkenden Phänomene nur diejenigen berücksichtigt werden, deren Funktion genau verstanden und deren Wirken als zuverlässig vorausgesetzt werden kann. Für die heute noch nicht detailliert modellierbaren Phänomene werden konservative Annahmen getroffen. Die Erfahrung zeigt, dass mit diesem Vorgehen, wo man sich nur auf diejenigen Phänomene abstützt, die gut bekannt sind und auf allgemein anerkannten Prinzipien der Wissenschaft basieren, für entsprechend ausgelegte Endlagersysteme eine genügende Sicherheit nachgewiesen werden kann. Diese Art des Nachweises - eine Grenzwertbetrachtung ("bounding type of analysis") - für die Beurteilung der Endlagersicherheit wird als genügend zuverlässige Basis betrachtet, um über den weiteren Projektfortschritt entscheiden zu können.

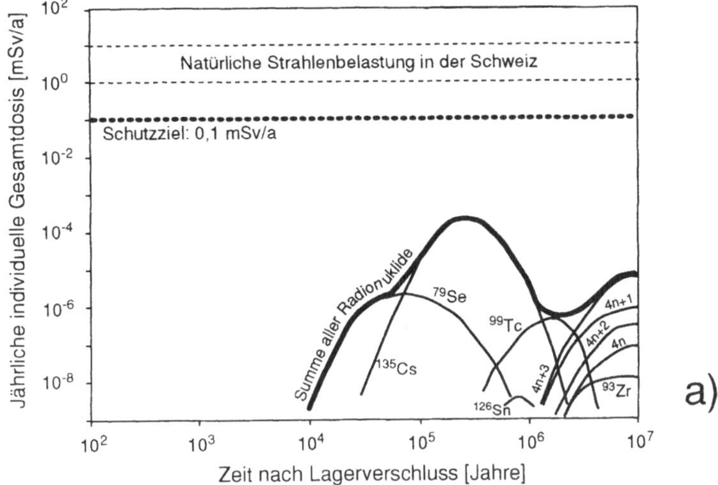

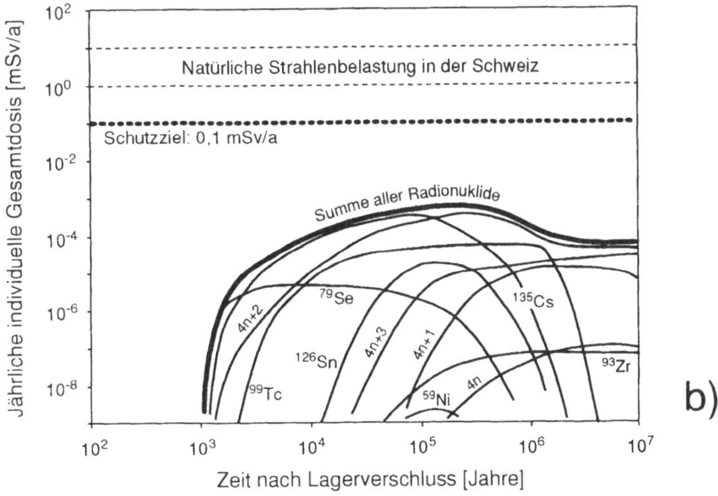

Figur 2: Zeitliche Entwicklung der jährlichen Individualdosis, berechnet für das Endlagerkonzept für hochaktive Abfälle im Kristallin der Nordschweiz, verglichen mit dem Schutzziel und der natürlichen Strahlenbelastung in der Schweiz (Nagra 1994a): a) Resultate des Referenzfalles (Referenzszenarium, Referenz-Modellannahmen, Referenz-Datenbasis) -
b) Resultate des robusten Ansatzes, ohne Berücksichtigung der Retardation und des Zerfalls während des Transports in den geologischen Barrieren.

5.2. Erhebung sicherheitsrelevanter Information im Feld und Labor

Die Sicherheitsanalyse benötigt für alle drei Komponenten des Endlagersystems (Nahfeld, Geosphäre, Biosphäre) erdwissenschaftliche Informationen aus Feld und Labor (Fig. 3). Die wichtigsten Daten, die erhoben werden müssen, betreffen

- aktive (rezente) tektonische Bewegungen,
- hydrogeologische Verhältnisse im regionalen, lokalen und mikroskopischen Bereich,
- geochemische Bedingungen im und in der Umgebung des Endlagers.

Für die Exploration eines Endlagerstandortes werden in einer ersten Phase vor allem regionale Untersuchungen (Literaturstudien und -kompilationen, geologische Kartierungen, Geophysik) durchgeführt, als Basis für eine Einengung der verschiedenen Standortmöglichkeiten. In einer zweiten Phase werden dann an einem oder mehreren potentiellen Standorten lokale Untersuchungen von der Oberfläche aus (z. B. 3-D Seismik, Bohrungen) durchgeführt. Für die endgültige Beurteilung der Langzeitsicherheit eines Standortes müssen schliesslich in einer dritten Phase auch Untersuchungen Untertage (Schacht, Sondierstollen, Untertage-Bohrungen) erfolgen.

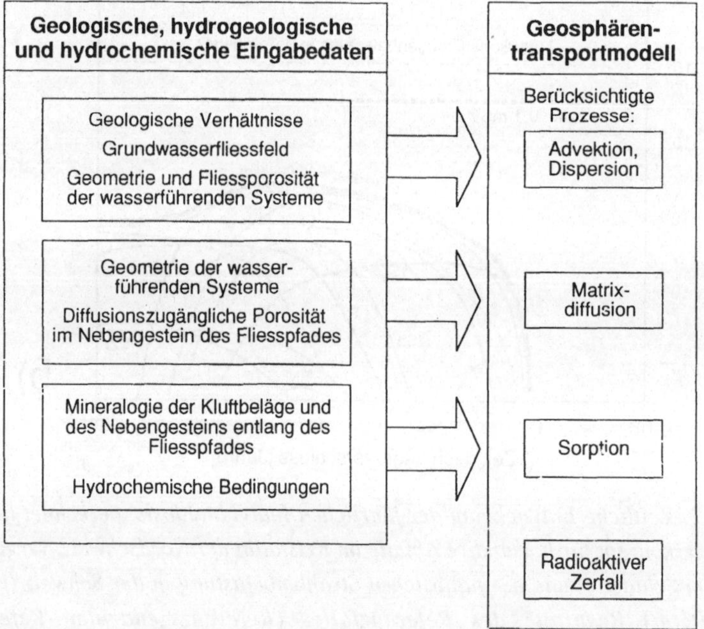

Figur 3: Im Geosphärentransportmodell für die Sicherheitsanalyse berücksichtigte Prozesse und der entsprechende geologische Datensatz, der für die Modellrechnungen benötigt wird.

Als Ergänzung zu Standarduntersuchungsmethoden, die beispielsweise in der Erdölindustrie routinemässig angewendet werden (Seismik, Bohrloch-Geophysik), wurden aufgrund jahrelanger interdisziplinärer und internationaler Zusammenarbeit neue Feld- und Labormethoden für die gezielte Erhebung sicherheitsrelevanter erdwissenschaftlicher Informationen entwickelt. Als Beispiele können hydraulische Bohrlochtests für geringdurchlässige Gesteinsformationen, Methoden zur Lokalisierung und Charakterisierung diskreter Wasserzuflüsse in Bohrlöchern, spezielle isotopenhydrologische Methoden sowie Labormethoden zur mikroskopischen Charakterisierung wasserführender Systeme in Bohrkernen aufgeführt werden.

Zum Verständnis komplexer oder langzeitlicher natürlicher Prozesse werden auch Feld- und Labordaten in Gebieten ausserhalb des potentiellen Endlagerstandortes erhoben um verschiedene Modellkonzepte zu prüfen und neue Explorationsmethoden zu testen:

- Experimente in Untertagelabors (z. B. Felslabor Grimsel in der Schweiz, Whiteshell Underground Laboratory in Kanada, Äspö Hard Rock Laboratory in Schweden, Boom Clay Underground Laboratory in Belgien)
- Untersuchung natürlicher Analoga (z.B. Uranlagerstätten, natürliche alkalische Grundwässer als Analogon für Zementporenwässer) (Miller et al. 1994).

Voraussetzung für eine erfolgreiche und effiziente Durchführung einer Sicherheitsanalyse ist eine intensive interdisziplinäre Zusammenarbeit zwischen Erdwissenschaftlern und Sicherheitsmodellierern. Dadurch wird gewährleistet,

- dass alle relevanten geowissenschaftlichen Phänomene in der Sicherheitsanalyse berücksichtigt werden,
- dass schon bei der Planung der Untersuchungen die Datenerhebung auf sicherheitsrelevante Parameter fokussiert wird,
- dass die Auswertung der Feld- und Labordaten in einer Weise erfolgt, dass das Datenformat für die Verwendung in den Modellen geeignet ist, und
- dass das Feedback der Modellierer im Laufe der Untersuchungen zu einer weiteren Optimierung der Datenerhebung im Feld und Labor führt.

5.3. Dokumentation

Die Nachvollziehbarkeit des Sicherheitsnachweises ist eine Voraussetzung für die Akzeptanz von Endlagerprojekten. Deshalb ist die *Dokumentation* der Grundlagen und Annahmen für die Analysen und die transparente Darstellung der Resultate ausserordentlich wichtig. Beispiele solcher Dokumentationen, die sowohl die erdwissenschaftliche

Datenerhebung wie auch die integrale Durchführung der Sicherheitsanalyse nachvollziehbar belegen sind von der Nagra sowohl für hochaktive Abfälle (Thury et al. 1994, Nagra 1994a) wie auch für schwach und mittelaktive Abfälle (Nagra 1993 und 1994b) publiziert worden.

6.   Schlussfolgerungen

Die Methodik für die Beurteilung der Langzeitauswirkungen eines Endlagers für radioaktive Abfälle ist vorhanden. Die wichtigsten Einflussgrössen für die zu erwartende Sicherheit sind bekannt und erlauben es, zielgerichtet die notwendigen Feld- und Laboruntersuchungen durchzuführen.

Wichige konzeptuelle Annahmen und Radionuklid-Retensionsmechanismen konnten bei Feldversuchen in Felslabors und anhand von natürlichen Analoga auf ihre Wirksamkeit geprüft werden.

Es bestehen Kriterien, welche eine wissenschaftlich ausgewogene Bewertung einer in ferner Zukunft nicht auszuschliessenden Nuklid-Freisetzung aus Endlagern erlauben. Die heute vorhandenen Kriterien basieren auf wissenschaftlichen Grundlagen aus dem Gebiet des Strahlenschutzes.

Die Sicherheitsanalysen verlangen wegen der Diversität der benötigten Daten ein iteratives interdisziplinäres Vorgehen, bei dem neben den Sicherheitsanalytikern auch Geologen und Ingenieure involviert sind.

Literaturreferenzen

Baertschi, P., 1995: *Strahlenrisiko eines HAA-Endlagers im Vergleich zu anderen Risiken.* - Nagra informiert Nr. 25, pp. 56-68. Nagra, Wettingen.

BAG 1992: *Radioaktivität der Umwelt in der Schweiz, Bericht für das Jahr 1991.* - Bundesamt für Gesundheitswesen, Abteilung Strahlenschutz, Bern.

Frick, U., 1994: *The Grimsel Radionuclide Migration Experiment - a Contribution to Raising Confidence in the Validity of Solute Transport Models Used in Performance Assessment.* - Proceedings of GEOVAL'94 - An International Symposium on Validation through Model Testing with Experiments, 11-14 October 1994, Paris, France, 28p. OECD/Nuclear Energy Agency, Paris.

Fritzsche, A.F., 1991: *Die Gefahrenbewältigung in einem gesellschaftlichen Spannungsfeld - Standortbestimmung und Ausblick.* - In: "Risiko und Sicherheit technischer Systeme

- auf der Suche nach neuen Ansätzen". J. Schneider (Ed.). Birkhäuser Verlag, Basel, Boston, Berlin.

HSK/KSA 1993: *Schutzziele für die Endlagerung radioaktiver Abfälle; Richtlinie für Kernanlagen R-21.* - Hauptabteilung für die Sicherheit der Kernanlagen (HSK), Villigen und Eidg. Kommission für die Sicherheit der Atomanlagen (KSA).

McCombie, C., A. Gautschi, M. Thury, P. Hufschmied, und J. Hadermann, 1987: *Swiss Programmes for Validation of Performance Assessment Models by Comparison with Experimental Data.* - In: GEOVAL'90, Symposium on Validation of Geosphere Flow and Transport Models, pp.598-610. OECD/Nuclear Energy Agency, Paris.

Miller, W., W.R. Alexander, N.A. Chapman, I.G. McKinley, und J.A.T. Smellie, 1994: *Natural Analogue Studies in the Geological Disposal of Radioactive Waste.* - Nagra Technical Report NTB 93-03. Nagra, Wettingen and Elsevier, Amsterdam.

Nagra 1992: *Nukleare Entsorgung Schweiz - Konzept und Realisierungsplan.* - Nagra Technischer Bericht NTB 92-02. Nagra, Wettingen.

Nagra 1993: *Geologische Grundlagen und Datensatz zur Beurteilung der Langzeitsicherheit des Endlagers für schwach- und mittelaktive Abfälle am Standort Wellenberg.* - Nagra Technischer Bericht NTB 93-28. Nagra, Wettingen.

Nagra 1994a: *Kristallin-I Safety Assessment Report.* - Nagra Technical Report NTB 93-22. Nagra, Wettingen.

Nagra 1994b: *Bericht zur Langzeitsicherheit des Endlagers SMA am Standort Wellenberg.* - Nagra Technischer Bericht NTB 94-06. Nagra, Wettingen.

Neall, F., P. Smith, T. Sumerling, und H. Umeki, 1995: *Die Sicherheit des Schweizer HAA-Endlagers im internationalen Vergleich.* - Nagra informiert Nr. 25, pp. 47-55. Nagra, Wettingen.

Smith, P., P. Zuidema, und I.G. McKinley, 1995: *Die Analyse der Langzeitsicherheit eines HAA-Endlagers in der Schweiz.* - Nagra informiert Nr. 25, pp. 34-46. Nagra, Wettingen.

Thury, M., A. Gautschi, M. Mazurek, W.H. Müller, H. Näf, F.J. Pearson, S. Vomvoris, und W. Wilson, 1994: *Geology and Hydrogeology of the Crystalline Basement of Northern Switzerland - Synthesis of Regional Investigations 1981 - 1993 within the Nagra Radioactive Waste Disposal Programme.* - Nagra Technical Report NTB 93-01. Nagra, Wettingen.

Dr. Andreas Gautschi und Dr. Piet Zuidema, NAGRA, Hardstr. 73, CH-5430 Wettingen

Instabile Hänge und andere risikorelevante natürliche Prozesse, Monte Verità, © 1996 Birkhäuser Verlag Basel

Sicherheit im Spannungsfeld
'Hochwasser und Revitalisierung'

Martin Jäggi

Aus Gründen des Landschaftschutzes werden Revitalisierungen von Flussläufen gefordert. Die Hochwasserereignisse der letzten Jahre scheinen ein höheres Sicherheitsbedürfnis aufzudecken. Diese scheinbar gegensätzlichen Anliegen können miteinander kombiniert werden, wenn die Grundsätze der Hochwasserschutzpolitik überdenkt und differenzierte Schutzziele angewandt werden.

Natürliche Flüsse, die noch ganz der natürlichen Dynamik gehorchen und bei denen der menschliche Einfluss gering ist, sind in dicht besiedelten Gebieten selten geworden. Deshalb ist es auch kaum verwunderlich, ist nun ein neues Bedürfnis nach mehr Natur, auch bei den Fliessgewässern, entstanden. Die Anerkennung des Fliessgewässers als Lebensraum und die Erhaltung der Artenvielfalt sind hier die Stichworte.

Eigentliche grossräumige Revitalisierungen, also ein Rückbau eines Fliessgewässers mit dem alleinigen Zweck des Rückbaus in einen naturnaheren Zustand, sind selten. Vielfach gelingt es aber, aus einer Konstellation von verschiedenen Bedürfnissen heraus unter anderen auch das Anliegen der naturnahen Fliessgewässergestaltung einzubringen und ein Flussbauprojekt entsprechend - aus Sicht der Revitalisierung - aufzuwerten.

Experimente im naturnahen Wasserbau haben in kleinem Massstab begonnen. Die Aufgabe von Eindolungen - wie beim Mülibach in Saland oder beim Mülitobelbach in Ebmatingen, beide im Kanton Zürich, boten den Anlass für einen Umbau, bei dem auch die Anliegen der Natur nicht zu kurz kommen sollten. Im einen Fall war die Umlegung des Gewässers wegen des Baus eines Radwegs notwendig geworden, im andern Fall war die Eindolung eindeutig zu klein und sie war die Ursache von mehreren Überschwemmungen.

Eine Pionierrolle in bezug auf Revitalisierungen - das Wort gab es bei der Projektierung noch gar nicht - kommt der Umgestaltung des Reussdeltas zu (Jäggi M. und Peter W.,1983). Bei der Lancierung der Projektidee war die Mündung der Reuss in den Urnersee 300 m kanalartig in den See vorgeschoben worden. Durch Entzug der Feinsedimente und durch Baggerung ging gleichzeitig im Bereich des ursprünglichen Deltas das Ufer etwa um das gleiche Mass zurück, wobei der ursprünglich mächtige Schilfgürtel vollständig verloren ging. Nun wurde die Mündung verkürzt und das Gerinne bereits vor der Mündung deltaartig aufgeweitet. Die neue Lösung funktioniert seit 1991 und bildete bereits einen Bestandteil des Inventars schützenswerter Auengebiete.

Zu diesem gehört auch das Gebiet des Pfynwald. Die schutzwürdige Auenlandschaft ist aber durch verschiedene Eingriffe stark gefährdet. Hochwasserschutzdämme trennen den Fluss vom natürlichen Überschwemmungsgebiet. Andere Lösungen wären auch aus flussbaulicher Sicht möglich (Bezzola, 1990).

Solche Lösungen nehmen Land in Anspruch. Steht dies nun nicht im Gegensatz zum allgemeinen Sicherheitsbedürfnis und zum Bedarf an intensiver Landnutzung? Die erwähnten Beispiele sind denn auch für Siedlungsgebiete kaum repräsentativ. In diesen sind Fälle häufig, wo zuerst geplant und überbaut wurde, um dann beim nächsten Hochwasser festzustellen, dass dem Fliessgewässer zu wenig Platz belassen wurde oder dieses schlicht vergessen wurde.

Es verbleibt dann dem Flussbauer meist nur die Möglichkeit, durch einen möglichst funktionellen Gerinneausbau ein Maximum an Abflusskapazität und somit an Hochwassersicherheit herauszuschinden. Trifft man nun solche Bauwerke an und möchte das Gewässer revitalisieren, ist natürlich die Aufgabe schwierig. Die einzige - mindestens theoretische - Möglichkeit bestünde darin, die Ausbaugrösse zu reduzieren. Dies bedeutet, dass zwar mehr Freiheitsgrade bei der Gestaltung des Gewässers zur Verfügung stünden, dass aber auch ein reduzierter Schutz und häufigere Überschwemmungen zu akzeptieren sind. Zur Schadensbegrenzung wären passive Massnahmen vorzusehen.

Umgekehrt täuscht eine hohe Ausbaugrösse eine unbegrenzte Sicherheit vor. Grundsätzlich kann jeder als Ausbaugrösse festgelegter Abfluss von einem noch höheren Abfluss übertroffen werden. Die Abflussskala ist ähnlich der Erdbebenskala nach oben offen. Die Wahrscheinlichkeit des Übertroffenwerdens sinkt einfach mit der Zunahme der Ausbaugrösse.

Üblicherweise werden die Auftretenswahrscheinlichkeiten durch Jährlichkeiten ausgedrückt. Fast zur magischen Grösse geworden ist dabei das hundertjährliche Hochwasser. Die Jährlichkeit entspricht, zumindest theoretisch, dem durchschnittlichen Abstand von Ereignissen dieser Grösse, resp. noch höheren Ereignissen.

Für die Planung von Bauwerken wird in der Regel eine Lebens- oder Nutzungsdauer betrachtet. Wählt man diese mit 100 Jahren, so besteht eine Wahrscheinlichkeit von 63 %, dass das hundertjährliche Ereignis während dieser Lebensdauer erreicht oder übertroffen wird. Dies ist doch als ziemlich hohe Auftretenswahrscheinlichkeit zu bezeichnen. Der Ausdruck "erreicht" muss dabei in Klammer gesetzt werden, denn es ist höchst unwahrscheinlich, dass ein kommendes Ereignis genau diesen Spitzenwert für den Abfluss aufweist. Ist ein Hochwasserschutzsystem nur gerade darauf ausgerichtet, dass dieses Ereignis schadlos abgeführt werden kann, und werden die grösseren Ereignisse nicht betrachtet, so kann ein Hochwasserschutzsystem sogar kontraproduktiv wirken (s. Fig. 1). Bei einem Dammbruch steigen die Schäden sprunghaft an. Die Dämme verhindern den Rückfluss, und sonstige Abflusshindernisse können den Schaden vergrössern. Für Abflüsse, die über der Ausbaugrösse liegen, kann nach konventioneller Dimensionierungspraxis der Schaden sogar grösser werden als ohne Schutzbauten.

Nun ist die Bestimmung der Auftretenswahrscheinlichkeit von Abflüssen einer bestimmten Grösse eine relativ ungenaue Sache. In Richtlinien wurde deshalb vom hundertjährlichen Hochwasser oder dem grössten bisher beobachteten gesprochen. Der grössere Wert sollte für die Dimensionierung massgebend werden. Bis zu einem gewissen Grade war somit auch das grösstmögliche Ereignis gemeint. Wird aber dieser Gedanke konsequent durchgedacht, so werden alle Hochwasserschutzmassnahmen auf das grösstmögliche Hochwasser ausgelegt. Dessen Auftretenswahrscheinlichkeit während einer Lebensdauer eines Bauwerks von 100 Jahren ist dann aber praktisch Null. Das Hochwasserschutzsystem, das ganz auf einen solch extremen Wert ausgerichtet ist, wird dann höchstwahrscheinlich gar nie beansprucht.

Bei der Planung von Hochwasserschutzmassnahmen muss schliesslich auch berücksichtigt werden, dass die Dauer von extremen Ereignissen im Verhältnissen zur Lebensdauer von Schutzbauten verschwindend klein ist. Es ist utopisch und auch gar nicht sinnvoll, während der überwiegenden Zeitdauer auf eine Nutzung zu verzichten, um das Gebiet für ein Ereignis freizuhalten, das nur während einer kurz auftritt. Dieses Dilemma hat die Überschwemmung des Lago Maggiore von 1993 wieder sehr schön aufgezeigt.

Nun kommt man bei der Planung von Hochwasserschutzmassnahmen nicht um die Grenzwerte herum. Sowohl die Abflusskapazität eines Gerinnes wie auch die Grenzbelastung für die Stabilität eines Gerinnes sind relativ feste Werte, die durch die Abmessungen des Gerinnes und einige weitere Eigenschaften gegeben sind.

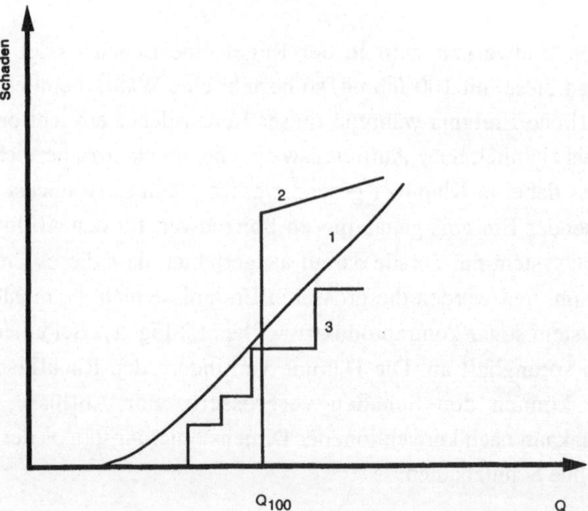

Figur 1: Schadensfunktionen für ein natürliches Gerinne (Kurve 1), ein Verbauungssystem, das bei Überschreiten der gewählten Grösse kollabiert (Kurve 2), und ein Verbauungssystem mit differenziertem Schutzkonzept

Durch Differenzierung der Schutzziele kann diesem Dilemma bis zu einem gewissen Grade ausgewichen werden. Es können dazu drei Prinzipien formuliert werden:

1. Je nach Wert von Objekten werden verschiedene Schutzgrade definiert
2. Es wird nicht ein einzelner Abfluss, sondern ein Abflussspektrum (s. Fig. 1 und 2) betrachtet. Wird ein Grenzwert gewählt, z.B. die Ausbaugrösse eines Gerinnes, muss der Fall der Überlastung betrachtet werden. Schadensbegrenzende Massnahmen und eine Hochwasserbewirtschaftung sind für diesen Fall vorzusehen
3. Es werden verschiedene Schadensprozesse unterschieden (leichte Überflutung, gefährliche Überflutung mit grosser Stauhöhe oder hohen Fliessgeschwindigkeiten, Ufererosion, Übermurung). Bei gefährlichen Prozessen werden höhere Ausbau-grössen resp. Grenzwerte gewählt.

Zu den schadensbegrenzenden Massnahme zählen Entlastungsanlagen, bei denen der überschüssige Abfluss gezielt ausströmen kann und wodurch Dammbrüche verhindert werden, Sekundärdämme zur Abgrenzung von Überflutungsräumen, Objektschutzmassnahmen an Einzelobjekten.

Das Abflussspektrum, welches betrachtet werden soll, darf bis zu einem rechnerischen tausendjährlichen Abfluss reichen. Dieser hat in einer Lebensdauer von 100 Jahren noch eine Auftretenswahrscheinlichkeit von knapp 10 %. Noch grössere Abflüsse sind somit nicht

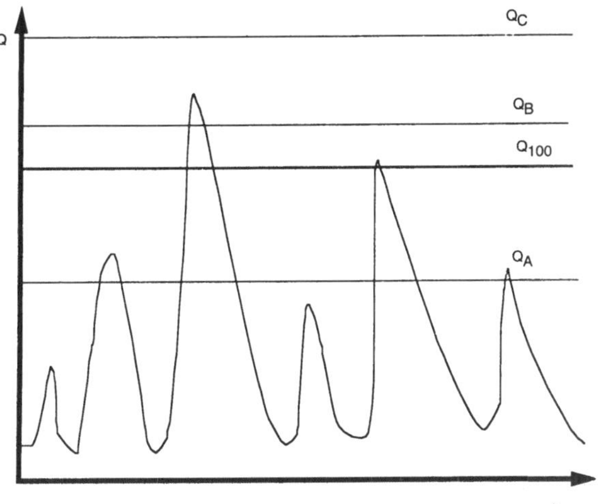

Figur 2: Hypothetischer zukünftiger Ablauf von Hochwasserereignissen während einer angenommenen Lebensdauer der geplanten Schutzmassnahmen. Vergleich einer Auswirkung der Wahl einer konventionellen Dimensionierungswassermenge Q_{100} und einer Gruppe von drei Grenzwerten Q_A, Q_B und Q_C. Diese entsprechen einem Ansteigen der Schadensfuntion gemäss Kurve 3 in Fig. 1.

ausgeschlossen. In der Regel soll nun nicht gefordert werden, dass Schäden bis zu diesem Extremabfluss verhindert werden. Eine Ausnahme bilden da sehr bedeutende Objekte, die durch Uferkollaps gefährdet sind. So hat sich bei den hydraulischen Modellversuchen Bezzola, et al., 1990) für die N2-Brücke bei Wassen gezeigt, dass aufwendige Ufersicherungsmassnahmen notwendig sind, um die Brücke gegen ein hundertjährliches Ereignis zu sichern, dass aber der Mehraufwand für eine Sicherung gegen ein ca. tausendjährliches Ereignis nur wenig grösser wurde.

In letzter Zeit haben verschiedene Gebirgsflüsse gezeigt, dass sie während langen Perioden ruhig sein können, um dann plötzlich in einem Ereignis eine Katastrophe auszulösen. Die Vorgänge im Mittellauf der Urner Reuss (Bezzola et al., 1991) und in Brig-Glis (Bezzola et al, 1994). Der Grund liegt in der hohen Stabilität der Deckschicht der Sohle dieser Flüsse. Wird diese aber in seltenen Ereignissen destabilisiert, so werden die Ufer angegriffen es kommt zu Nachrutschungen und dadurch nach der anfänglichen Erosion sehr rasch zu einer hohen Geschiebebelastung. Im Fall der Saltinabrücke in Brig-Glis vergingen 45 Jahre ohne nennenswerte Probleme, bis das Ereignis vom 24. September 1993 das Ungenügen des Brückenquerschnitts aufzeigte. Vorher war es noch gar nie zu einer Sättigung der Geschiebetransportkapazität gekommen.

Wo die Gefahr und das Schadenpotential gross sind, also in urbanen Gebieten, sind somit die Chancen für eine grosszügige Revitalisierung von Fliessgewässern klein. Durch Verständnis der Prozesse kann aber bereits viel erreicht werden. Die Aufweitung der Emme bei Utzenstorf (Zarn, 1992) ist das Beispiel einer Abkehr von einer sturen Maximierung. Es hatte sich gezeigt, dass eine maximale Geschiebetransportkapazität in der Emme gar nicht erwünscht ist. Statt den Überschuss, der zu Erosion führt, durch den Einbau von Abstürzen zu kompensieren, wurde in diesem Fall durch die Verbreiterung die örtliche Transportkapazität reduziert.

Das angesprochene Prozessverständnis ist nicht überall vorhanden. So ist es kürzlich vorgekommen, dass das Ufer eines natürlichen Flusses mit massivem Blocksatz gesichert wurde, um den dahinter liegenden Auenwald zu schützen.

Literaturreferenzen

Bezzola, G.R., (1990): *Rhone und Pfynwald-Renaturierung einer Flusslandschaft*. Bulletin de la Murithienne no. 107, Sion, pp. 47-57.

Bezzola, G.R., R. Hunziker, und M. Jäggi, (1991): *Flussmorphologie und Geschiebehaushalt im Reusstal während des Ereignisses vom 24./25. August 1987. Ursachenanalyse der Hochwasser 1987, Ergebnisse der Untersuchungen*. Mitteilung des Bundesamtes für Wasserwirtschaft Nr. 4, Mitteilung der Landeshydrologie und -geologie Nr. 14. Eidg. Druck- und Materialzentrale, Bern.

Bezzola, G.R., P. Kuster, and St. Pellandini, (1990): *The Reuss River Flood of 1987 - Hydraulic Model Tests and Reconstruction Concepts*. International Conference on River Flood Hydraulics, Wallingford, UK, 17. - 20. Sept., 1990, paper J2, 317-326.

Bezzola, G.R., J. Abegg, M. Jäggi, (1994): *Saltina Brücke Brig-Glis*. SIA Nr. 11, 165 - 169.

Jäggi, M., und W. Peter, (1983): *Naturnahe Gestaltung einer Flussmündung; Hydraulische Modelluntersuchungen für das Projekt eines Reussdeltas am Urnersee*. Mitteilung der Versuchsanstalt für Wasserbau, Hydrologie und Glaziologie der ETH Zürich, Nr. 68.

Jäggi, M., (1988): *Sicherheitsüberlegungen im Flussbau*. Wasser-Energie-Luft, 80. Jahrgang, Heft 9, 193-197.

Jäggi, M., (1992): *Das Grenzwertdilemma bei der Dimensionierung im Flussbau*. Wasser, Energie, Luft. Heft 11/12.

Zarn, B., (1992): *Lokale Gerinneaufweitung* . Mitteilung der Versuchsanstalt für Wasserbau, Hydrologie und Glaziologie der ETH Zürich, Nr. 118.

Dr. Martin Jäggi, Privatdozent an der ETH Zürich, Beratender Ingenieur für Flussbau und Flussmorphologie, Zürichstrasse 108, CH-8123 Ebmatingen

Murgänge: Prozess, Modellierung und Gefahrenbeurteilung

Dieter Rickenmann

Zusammenfassung

Murgänge weisen an der Front eine hohe Feststoffkonzentration auf und zeichnen sich durch ein schubartiges Fliessverhalten aus, das sich deutlich vom Reinwasserabfluss unterscheidet. Da Murgänge oft grosse Materialmengen zu Tal transportieren, haben solche Ereignisse ein grosses Gefährdungspotential. Das Wasser-Feststoff-Gemisch zeigt ein anderes Zähigkeitsverhalten als Reinwasser und variiert mit der Materialzusammensetzung. Bei der Modellierung des Fliessverhaltens werden die Murgänge meist als homogene Flüssigkeit betrachtet und eindimensionale Ansätze verwendet. Die Gefahrenbeurteilung für das Auftreten von Murgängen stützt sich hauptsächlich auf eine geomorphologische Beurteilung des Einzugsgebietes sowie auf einige empirische Schätzformeln.

1.   Einleitung

In den Alpenregionen stellen Murgänge (Geröllawinen, Schlammströme; Dialekt: Rüfen; Englisch: debris flows, mudflows) ein bedeutendes Gefahrenpotential dar. Sie treten vor allem in alpinen Schutthalden und in Wildbachgerinnen auf. Murgänge sind ein rasch bewegtes Wasser/Gestein-Gemisch. Sie können definiert werden als "eine schnelle, reissende Bewegung einer breiartigen Suspension aus Wasser, Erde, feinem und grobem Schutt bis zur Blockgrösse und Baumstämmen in Wildbächen und Murfurchen" (Bunza et al., 1976). Hinsichtlich der Materialzusammensetzung liegen sie zwischen den verwandten Erscheinungen Erdrutschen oder Felsstürzen mit überwiegendem Gesteinsanteil und Hochwassern in einem Wildbach oder Fluss mit überwiegendem Wasseranteil. Fig. 1 zeigt eine Abgrenzung des Prozesses Murgangs zu anderen Arten der Feststoffverlagerung in Wildbachgebieten und ihrer Rolle bei der Bildung von Murgängen.

Von 1972 bis 1994 waren in der Schweiz als Folge von Unwetterereignissen 51 Todesopfer zu beklagen. Etwa ein Viertel davon kam bei Murgängen ums Leben. Hochwasser, Ueberschwemmungen und Vermurungen mit Geschiebe führten bei den Unwettern von 1987 zu Schadenkosten von rund 1.3 Milliarden Franken, was etwa dem Zehnfachen eines Durchschnittsjahres entspricht. Gerade bei diesen Ereignissen wurde ein grosser Anteil der Schäden durch die extreme Geschiebeführung von Wildbächen verursacht. Die Murgänge des Sommers 1987 wurden in einer umfangreichen Studie dokumentiert (Haeberli et al., 1991; VAW, 1992). In jüngerer Zeit ereigneten sich grössere Murgänge im Bavonatal (1992), im Mattertal (Rittigraben, 1993) sowie in Simplon-Dorf (Lowigrabu, 1994).

Im Zusammenhang mit einer möglichen Klimaveränderung wird ein Gletscherrückzug in den nächsten Jahrzehnten prognostiziert. Als Folge davon würden grosse Mengen an locker gelagertem Moränenmaterial der Erosion ausgesetzt, wodurch die Wahrscheinlichkeit für grössere und häufigere Murgangereignisse zunehmen würde.

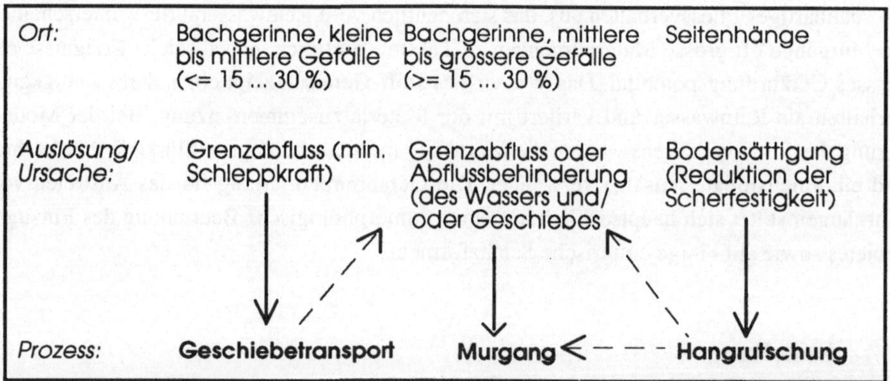

Figur 1: Wesentliche Geschiebelieferungsprozesse in Wildbächen und ihre Ursachen.

2. Charakteristisches Fliessverhalten

Das Fliessverhalten von Murgängen kann mit demjenigen von Nassschneelawinen verglichen werden; Ablagerungen auf dem Kegel der Val Varuna im Puschlav illustrieren diese Analogie sehr deutlich (Fig. 2a,b). Charakteristisch ist das wellenförmige, schubartige Abflussverhalten mit der Bildung einer Front, welche mehr Feststoffe als Wasser enthält. Für den Beobachter erscheint der sich schnell auf ihn zubewegende Murkopf wie eine Wand einer Gerölllawine. Der lawinenartige Fliessvorgang bei Murgängen lässt erahnen, dass solche schnell be-

Figur 2: Kegel der Val Varuna im Puschlav.

(a) Ablagerungen des Murgangereignisses vom 18.7.1987 (Foto A. Godenzi, Chur).

(b) Ablagerungen einer Nassschnee lawine, Aufnahme vom 8.5.1978 (Foto R. Godenzi, Poschiavo).

wegten Geröllmassen ein grosses Zerstörungspotential aufweisen. Im Vergleich zu Wildbach-Hochwassern haben Murgänge eine grössere Abflusstiefe, verursachen grössere Veränderungen im Bachgerinne und transportieren oft beträchtliche Geschiebemengen zu Tal.

Bei einem Hochwasser werden die Steine durch die treibende Kraft des Wassers fortbewegt. Bei den Murgängen mit hohen Feststoffkonzentrationen hat das Wasser/Gestein-Gemisch eine wesentlich grössere Zähigkeit als reines Wasser allein. Deshalb sind ausreichend grosse Mengen an Lockermaterial sowie steile Gefälle erforderlich, damit solche Geröllmassen überhaupt in Bewegung geraten. Am meisten Feststoffe sind an der Murenfront konzentriert und dort mehr oder weniger gleichmässig über die Abflusstiefe verteilt. Im Bereich der Murenfront können sehr grosse Blöcke von bis zu mehreren Metern Durchmesser transportiert werden. Mit zunehmender Entfernung von der Front nehmen sowohl die Abflusstiefe als auch die Feststoffkonzentration ab, und die Steine werden mehr in

Sohlennähe transportiert; die hydraulischen Verhältnisse sind in diesem Fall ähnlich wie bei einem geschiebeführenden Hochwasserabfluss. Eine Zusammenstellung von detaillierten Murgangbeobachtungen in Japan findet sich in Suwa (1989). Die wichtigsten Eigenschaften von Murgängen sind in Tab. 1 zusammengestellt.

Tabelle 1: Charakteristische Eigenschaften von Murgängen.

<u>*Zusammensetzung und Fliessverhalten:*</u>

* breite Kornverteilung, Verteilung über Abflusstiefe +/- gleichmässig

* Transport sehr grosser Blöcke

* höchste Geschiebekonzentration an der Front, dahinter häufig flüssigeres Gemisch

* hohe Dichte des Wasser-/Feststoffgemisches (ca. 1.6 ... 2.2 t/m^3 in der Front)

* hohe "Zähigkeit" (Nicht-Newton'sche Flüssigkeit)

* meist instationärer Abfluss in Wellen, schubweises Auftreten einer
   oder mehrerer Gemischfronten

* kleinerer Abfluss zwischen den Schüben

* Bildung von Murwällen (Levées) bei fehlender seitlicher Begrenzung des
   Abflussquerschnitts

* Ablagerung bei Verbreiterung oder Gefällsknick begünstigt (Murkegel !)

* Gefälle bei Ablagerungen häufig im Bereich 18% ... 5%

<u>*Charakteristische Spuren im Gelände:*</u>

* Levées (seitliche Murwälle)

* stehengebliebene Murzungen, auf dem Kegel oder bei lokaler Gerinneverbreiterung

* unsortierte Ablagerungen (alle Korngrössen durcheinander, keine Schichtung)

* grobe Blöcke und feinkörnige Matrix (sofern nicht ausgewaschen) in Ablagerungen

* abgeschliffene und geritzte Felspartien

* scharfe Begrenzung der Ablagerungen

* geringe Schäden an Vegetation im Ablagerungsbereich

* Erosionsquerschnitt meist U-förmig

Murgänge gehen oft in einem Zug oder pulsierend in mehreren sich folgenden Schüben in einer Runse oder in einem Wildbachgerinne nieder. Die gesamte Fliesslänge hängt unter anderem von der pro Schub transportierten Materialmenge ab. Sind in einem Gerinne flache Ufer vorhanden, so bilden die Murgänge durch Materialablagerungen entlang des Bachbettes (sog. Levées) gewissermassen ihre eigene seitliche Begrenzung des Fliessquerschnittes. Das Geschiebe wird schliesslich in flacherem Gelände in unregelmässiger Form abgelagert. Die hohe Zähigkeit des noch langsam fliessenden Gemisches führt zu einem abrupten Anhalten, und daher sind die vordersten Ablagerungen häufig deutlich vom alten Terrain abgegrenzt. Die unregelmässigen Ablagerungsformen bewirken ein rauhes Relief bei Murkegeln, welche damit auch Hinweise auf frühere Murgangaktivität geben. Eine detailliertere Beschreibung gibt zum Beispiel Costa (1984).

Augenzeugen von Murgängen berichten, dass solche Ereignisse oft von starkem Lärm, Erschütterungen des Bodens und manchmal auch von einem schwefligen Geruch begleitet sind. Diese Erscheinungen werden zuweilen auch schon kurz vor dem Eintreffen eines Murgangs wahrgenommen.

Der Maximalabfluss von alpinen Murgängen kann 100 bis 1000 m^3/s erreichen und ist somit etwa 10 bis 100 Mal grösser als ein vergleichbarer Reinwasserabfluss im gleichen Wildbachgerinne. Die Höhe der Murenfront kann bis zu 10 m betragen, und Fliessgeschwindigkeiten bis zu 15 m/s (54 km/h) wurden für alpine Murgänge abgeschätzt. Bei grösseren Murgangereignissen in den Alpen werden einige 10'000 m^3 bis mehrere 100'000 m^3 Feststoffe zum Kegel gebracht. Tab. 2 ist eine Zusammenstellung der typischen Murgangparameter, wie sie für die grössten Ereignisse während der Unwetter 1987 in der Schweiz abgeschätzt wurden.

3.   Auftreten und Auslösung

Voraussetzung für die Bildung von Murgängen ist das Vorhandensein von Lockermaterial, Wasser und einem genügend grossen Hang- oder Gerinnegefälle. Oberhalb der Waldgrenze ist in den Schutthalden und in Endmoränen von Gletschern viel Lockermaterial abgelagert worden, wobei sich Geländeneigungen an der Grenze der natürlichen Stabilität ausgebildet haben. Bei den Unwettern vom Sommer 1987 wurden viele Murgänge in Hochgebirgszonen ausgelöst, da infolge warmer Temperaturen Niederschlag bis in grosse Höhen als Regen fiel. Auf den Schuttkegeln in diesen Zonen können vielerorts frische Spuren beobachtet werden, die auf eine regelmässige Murgangaktivität hindeuten. Moränenschutt im Randbereich von Gletschern ist sehr locker gelagert; an Stellen, wo er nicht durch Eis unter der Oberfläche (Permafrost) zusammengehalten wird, sind 1987 viele Murgänge losgegangen.

Auch in Wildbachgerinnen können Murgänge auftreten, wenn in der Sohle genügend Geröll zum Abtransport bereitliegt. Für die Bildung eines Murgangs muss eine Mindestmenge an Gesteinsmaterial plötzlich in Bewegung geraten. Dieser Vorgang kann vor allem bei steilen Gerinnen (grösser als etwa 15 bis 25 % Gefälle) und Engstellen mit vorgängiger Behinderung des Materialflusses (evtl. mit Verklausung), oder bei einer abrupten Zunahme der Erosion im Gerinne auftreten.

Tabelle 2: Typische Murgangparameter der grössten Ereignisse im Sommer 1987 in der Schweiz (aus Zimmermann und Rickenmann, 1992).

Murgangereignis, Datum:	Val Varuna 18.7.87		Val da Plaunca 18.7.87		Val Zavragia 18.7.87		Minstigertal 24.8.87	
	Wert	DQ	Wert	DQ	Wert	DQ	Wert	DQ
Murenfracht [m³]	200'000	****	250'000	****	30'000	**	30'000	***
Max. Fliessgeschwindigkeit am Kegelhals [m/s]	8	**	10	*	8	***	14	**
Abflusstiefe am Kegelhals [m]	6	***	?		6	****	10	***
Maximalabfluss [m³/s]	400-800	**	400-900	*	500-700	****	150-250	***
Abflussspitze Reinwasser, geschätzt [m³/s]	7	*	9	*	30	**	17	**
Anzahl Schübe	ca. 10	**	>5	*	<=6	**	1	***
Max. Fracht pro Schub [m³]	50'000	**	80'000	**	<30'000	**	<30'000	***
Max. Erosionstiefe [m]	11	****	12	****	2	**	4	**
Max. Erosionquerschnitt [m²]	650	****	550	****	20	**	55	**
Historische Ereignisse	ca. 10 in 150 J.	****	keine bekannt	***	ca. 7 in 150 J.	***	unsicher, unbekannt	*

*Legende: DQ = Datenqualität, **** = sehr gut, *** = zuverlässig,*
*** = grobe Schätzung, *= sehr grobe Schätzung/unsichere Spuren*

Bei der Auslösung spielt das Wasser die entscheidende Rolle. In den hochalpinen Schutthalden kann die Destabilisierung bereits durch eine unterirdische Sättigung des Lockermaterials erreicht werden. In Wildbachgerinnen ist meist ein minimaler Abfluss nötig, eventuell zusammen mit einer zusätzlichen Belastung durch Gerölltransport entlang der Sohle wirkend, damit genügend Feststoffe plötzlich in Bewegung kommen und sich ein Murgang bildet. Da nicht nur der Oberflächenabfluss eine Rolle spielt, ist für die Auslösung nicht allein die Regenintensität von Bedeutung, sondern auch das Ausmass der Bodensättigung durch längeranhaltende Niederschläge (VAW, 1992).

4.   Modellierung

Das Wasser-Feststoff-Gemisch der Murenfront hat Fliesseigenschaften, die verschieden sind vom Verhalten von reinem Wasser auf der einen, und von trockenem Schuttmaterial auf der anderen Seite (Pierson und Costa, 1987). Als konstitutive Gleichungen für das massgebende Fliessgesetz wurden verschiedene theoretische Ansätze vorgeschlagen (Chen, 1987; Jan &

Shen, 1984). Wegen der schwierigen Messungen in der Natur konnten diese Ansätze jedoch nur mittels hydraulischer Modellversuche einigermassen verifiziert werden. Die Modellierung des Fliessverhaltens von Murgängen steckt noch in den Anfängen.

Häufig wird das Wasser-Feststoff-Gemisch in erster Näherung als homogene Phase betrachtet. Anfänglich wurden vor allem zwei Fälle oder Haupt-Typen von Murgängen unterschieden (Costa, 1984). Im einen Fall werden die gröberen Körner als dominierend für die Bewegung der Murenfront angenommen, und die Grundgleichungen beschreiben das Fliessen von kohäsionslosen Körnern einheitlicher Grösse. Entsprechende Modelle für diesen grobkörnigen, granularen Murgang-Typ (im Englischen oft als 'stony debris flow' oder einfach 'debris flow' bezeichnet) wurden vor allem in Japan intensiv entwickelt (Takahashi, 1991). Im zweiten Fall wird die veränderte Flüssigkeitsmatrix, welche durch das Wasser und die feinkörnigen Feststoffe gebildet wird, als dominierend für die Bewegung betrachtet, während der Einfluss der gröberen Komponenten vernachlässigt wird. Hier beschreiben die Grundgleichungen das Fliessverhalten einer viskoplastischen Flüssigkeit, wobei als einfacher Ansatz oft das Bingham'sche Fliessverhalten angenommen wird. Chen (1987) diskutiert eine verallgemeinerte Form dieses Ansatzes, der vor allem bei schlammstromartigen Murgängen (im Englischen oft als 'mudflow' bezeichnet) zur Anwendung kommt.

Bei den meisten Ansätzen zur Modellierung der Verformung der Abflussganglinie eines Murganges entlang des Fliessweges wird von einer vereinfachten Betrachtungsweise ausgegangen. Aehnlich wie bei einfachen Ansätzen der Modellierung einer Flutwelle werden die Grundgleichungen nur für eine Dimension, die Fliessrichtung, aufgestellt, und das Wasser-Feststoff-Gemisch wird als homogene Flüssigkeit mit einem speziellen Zähigkeitsverhalten betrachtet (MacArthur & Schamber, 1986; Takahashi, 1991; Laigle & Coussot, 1993; Hungr, 1994). In einigen Arbeiten wurde auch versucht, Aenderungen der gesamten Feststoffmasse zu erfassen (Takahashi et al., 1992; Hungr, 1995), wobei man sich allerdings auf empirische Ansätze aus dem Gebiet des fluvialen Sedimenttransportes abstüzten muss.

Für die Modellierung des Ausbreitungs- und Ablagerungsverhalten von Murgängen auf dem Kegel muss auch die zweite Dimension quer zur Haupt-Fliessrichtung berücksichtigt werden. Solche zweidimensionalen Ansätze wurden zum Beispiel in Japan (Takahashi et al., 1992) sowie in den USA (O'Brien et al., 1993) entwickelt. Beim Modell von Takahashi et al. ist ein Absetzen von Feststoffen aus dem Gemisch möglich, der Ansatz für das Fliessverhalten entspricht dem für eine kohäsionslose Kornmasse. Das Modell von O'Brien et al. kann grundsätzlich das Fliessen verschiedener Murgangtypen berücksichtigen, und es beschreibt das Ausbreitungsverhalten des gesamten Wasser-Feststoff-Gemisches.

5.   Gefahrenbeurteilung

Bei der Gefahrenbeurteilung von Murgängen in Wildbachgebieten sind vor allem die
möglichen Geschiebeherde im Einzugsgebiet sowie die Situation auf dem Kegel zu betrachten. Infolge der beschränkten Modellierbarkeit der auslösenden Prozesse und des
Fliess- sowie Ablagerungsverhaltens kommt der gutachtlichen Beurteilung immer noch eine
sehr grosse Bedeutung zu.

Die wichtigsten Aspekte für eine grobe Beurteilung der Muranggefährdung können
stichwortartig etwa wie folgt zusammengefasst werden: Das Bach- bzw. Hanggefälle bestimmt zusammen mit dem möglichen Volumen der bei einem Ereignis mobilisierbaren
Feststoffe im wesentlichen den Grad der Gefährdung. Hinweise auf frühere Murgangereignisse im Gelände oder aus historischen Dokumenten sind, sofern vorhanden, ebenfalls
eine äusserst wichtige Grundlage zur Abschätzung der Grösse und der Häufigkeit möglicher
zukünftiger Ereignisse. Als die Murgang-Bildung fördernde Faktoren sind etwa Wildholz
oder Engstellen mit Verklausungsmöglichkeit zu nennen. Andererseits können zum Beispiel
kleinere Murgänge in längeren Flachstrecken infolge von Materialverlust steckenbleiben.
Speziell zu beachten sind eventuelle Murganganrisse in hochalpinen Zonen, da im
Moränenbereich in der Regel ein grosses Geschiebepotential vorhanden ist.

Um die wichtigsten Murgangparameter einzugrenzen, können einige einfache empirische
Schätzformeln, zum Teil in Kombination mit bekannten hydraulischen Ansätzen, angewendet werden. Als zentraler Parameter erweist sich dabei die bei einem Ereignis zu erwartende Murenfracht (das Feststoffvolumen). So hängt zum Beispiel sowohl der
Maximalabfluss als auch die Reichweite eines Murgangs von der Murenfracht ab. Eine
ausführlichere Darstellung der Grundlagen zur Beurteilung der Muranggefährdung findet
sich in Rickenmann (1995).

Anhand der Daten der Murgangereignisse des Sommers 1987 in der Schweiz kann beispielsweise folgende Formel angegeben werden, um die Grössenordnung der bei einem
Extremereignis zu erwartenden maximalen Murenfracht M in $[m^3]$ abzuschätzen:

$$M = (6.4\, J_k\% - 23)\, L \qquad\qquad 7\% < J_k <= 15\% \qquad\qquad\qquad (1a)$$
$$M = (110 - 2.5\, J_k\%)\, L \qquad\qquad 15\% < J_k <= 40\% \qquad\qquad\qquad (1b)$$

Dabei ist J_k in [%] das Kegelgefälle und L in [m] die Gerinnelänge vom potentiellen An-
risspunkt bis zum untersten Ablagerungspunkt. Bei Vorhandensein längerer Felsstrecken
kann die Gerinnelänge mit Erosion oder Feststoffeintrag kleiner sein; bei der Ableitung der
Schätzformel wurde jedoch die ganze Fliessweglänge verwendet.

Die Grundlage für die Herleitung der Gleichungen (1a, 1b) zeigt Fig. 3, wo die mittlere Erosionsleistung, EL = M/L, in Abhängigkeit des Kegelgefälles J_K dargestellt ist. Das Ereignis in der Val da Plaunca mit 94 m^2 Erosionsleistung wurde hier nicht berücksichtigt, da im Mündungsbereich kein eigentlicher Kegel ausgebildet ist. Es fällt auf, dass die Erosionsleistung bei einem Kegelgefälle von etwa 15% ein Maximum aufweist. Das Kegelgefälle bzw. die Grösse des Kegels kann auch als Indikator für die Grösse des Einzugsgebietes betrachtet werden. Die kleineren Einzugsgebiete, mit J_K grösser als 15%, der hier verwendeten Daten befinden sich in der Regel im steilsten Gelände (was zu grösseren Kegelgefällen führt), das gesamte Geschiebeangebot ist aber limitiert und bei den höchstgelegenen Flächen ist der Felsanteil oft erheblich. Bei grösseren Einzugsgebieten nimmt das Geschiebeangebot und die Wahrscheinlichkeit grösserer Einträge zu; dieser Effekt wird aber bei zunehmender EinzugsgebietsGrösse, mit J_K kleiner als 15%, durch flachere durchschnittliche Gerinnegefälle kompensiert, weshalb die Erosionsleistung in diesem Bereich wieder abnimmt.

Nicht zuletzt kommen auch Untersuchungen mit physikalischen Modellversuchen in Frage, um die Gefährdung einzelner Objekte besser beurteilen zu können.

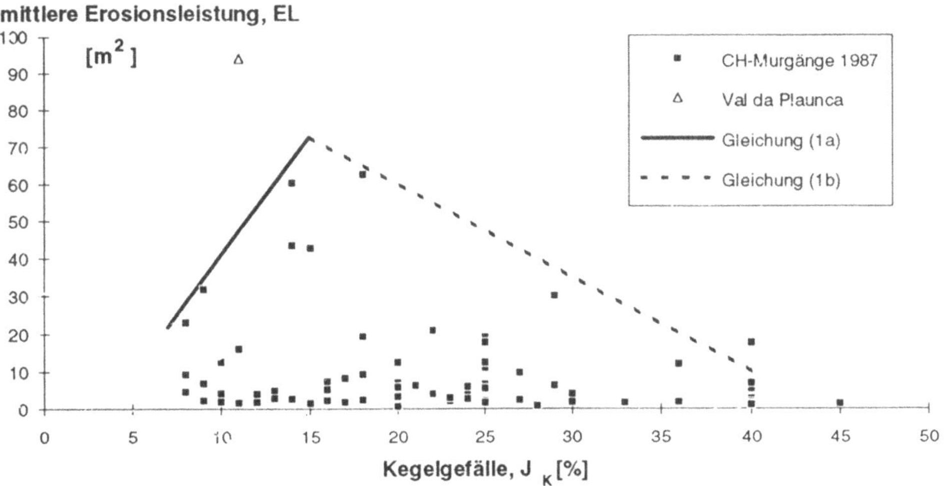

Figur 3: Daten der Schweizer Murgangereignisse als Grundlage für die Herleitung der Schätzformel für eine maximale Murenfracht.

6.   Massnahmen

Ingenieurbiologische Massnahmen (z.B. Aufforstungen) an steilen Hängen in den Wald- und Mattenzonen können zur Verminderung der Erosionsanfälligkeit beitragen. In den mächtigen Moränen- und Schutthalden sind hingegen technische Verbauungen im Anrissgebiet praktisch nicht möglich. Im Bachgerinne kann durch Sperrentreppen die Unterspülung und Erosion der Seitenhänge sowie die Tiefenerosion vermindert werden. In der Nähe von Siedlungsgebieten kommen vor allem Ablenkdämme, Geschieberückhaltebecken oder ein Ausbau des Wildbachgerinnes als aktive Schutzmassnahmen in Frage.

Eine wichtige passive Schutzmassnahme ist die Ausscheidung von Gefahrenzonen. Mit dem neuen Wasserbaugesetz vom 21. Juni 1991 und dem neuen Waldgesetz vom 4. Oktober 1991 wird die Gefahrenzonenplanung in Wildbächen in der Schweiz in Zukunft an Bedeutung gewinnen.

Literaturreferenzen

Bunza, G., J. Karl, J. Mangelsdorf, P. Simmersbach, (1976): *Geologisch-morphologische Grundlagen der Wildbachkunde*. Schriftenreihe der Bayerischen Landesstelle für Gewässerkunde, H.11, 128 p.

Chen, C.L., (1987): *Comprehensive review of debris flow modeling concepts in Japan*. Geol. Soc. Am., Reviews in Engineering Geology, Vol. VII, pp. 13-29

Costa, J.E., (1984): *Physical geomorphology of debris flows*. In: J.E. Costa and P.J. Fleischer (editors), Developments and applications of geomorphology, Springer, Berlin, pp. 268-317.

Haeberli, W., D. Rickenmann, U. Roesli, M. Zimmermann, (1991): *Murgänge 1987: Dokumentation und Analyse*. In: Mitt. Nr. 5 des Bundesamtes für Wasserwirtschaft sowie Mitt. Nr. 10 der Landeshydrologie und -geologie, Bern, pp. 77-88.

Hungr, O., (1994): *A model for the runout analysis of rapid flow slides, debris flows and avalanches*. Canadian Geotechnical Journal, Vol. 32, pp. 610-632.

Jan, C.D., H.W. Shen, (1993): *A review of debris flow analysis*. Proc. XXV IAHR Congress, Tokyo, Japan, Technical Session B, Vol. III, pp. 25-32.

Laigle, D., P. Coussot, (1993): *Numerical Modelling of debris flow dynamics*. Proc. Int. Workshop on 'Floods and Innundations Related to Large Earth Movements', Trento, Italy, IAHR, A11.1-A11.11

Mac Arthur, R.C., D.R. Schamber, (1986): *Numerical methods for simulating mudflows*. Proc. Third Int. Symp. on River Sedimentation, Mississippi, USA, pp. 1615-1623.

O'Brien, J.S., P. Y.Julien, W.T. Fullerton, (1993): *Two-dimensional water flood and mudflow simulation.* J. Hydr. Eng., ASCE, Vol. 119, No. 2, pp. 244-261.

Pierson, T.C., J.E. Costa, (1987): *A rheologic classification of subarerial sediment-water flows.* Geol. Soc. Am., Reviews in Engineering Geology, Vol. VII, pp. 1-12.

Rickenmann, D., (1995): *Beurteilung von Murgängen.* Schweizer Ingenieur und Architekt, Nr. 48, pp. 1104-1108.

Suwa, H., (1989): *Field observation of debris flow.* Proc. of the Japan-China (Taipei) Joint Seminar on Natural Hazard Mitigation, Kyoto, Japan, pp. 343-352.

Takahashi, T., (1991): *Debris Flow.* IAHR Monograph Series, Balkema Publishers, The Netherlands, 165 p.

Takahashi, T., H. Nakagawa, T. Harada, Y. Yamashiki, (1992): *Routing debris flows with particle segregation.* J. Hydr. Eng., ASCE, Vol. 118, No. 11, pp. 1490-1507.

VAW (1992): Murgänge 1987: *Dokumentation und Analyse.* Unveröffentlichter Bericht Nr. 97.6 der Versuchsanstalt für Wasserbau, Hydrologie und Glaziologie (VAW), ETH Zürich, 620 p.

Zimmermann, M., D. Rickenmann, (1992): *Beurteilung von Murgängen in der Schweiz: Meteorologische Ursachen und charakteristische Parameter zum Ablauf.* Proc. Int. Symp. Interpraevent, Bern, Bd. 2, pp. 153-163.

Dr. Dieter Rickenmann, Eidg. Forschungsanstalt für Wald, Schnee und Landschaft (WSL), Zürcherstrasse 111, CH-8903 Birmensdorf

Zentrifugenmodellversuche und ihre Anwendung zur Beurteilung von geotechnischen Stabilitätsproblemen

Felix Bucher

1.   Einleitung

Für die Beurteilung von Stabilitätsproblemen stehen dem Geotechniker prinzipiell die folgenden Modellbildungen zur Verfügung:

- mathematische Modelle
  - deterministische Betrachtung
  - stochastische Betrachtung
  - statistische Betrachtung
- physikalische Modelle
  - natürlicher Massstab 1:1
  - Modellmassstab 1:n
- konzeptuelle Modelle

Im Zusammenhang mit der Entwicklung leistungsfähiger Rechenanlagen sind im Bereich der mathematischen Modellbildungen in den letzten 30 Jahren grosse Fortschritte gemacht worden. Dabei steht die deterministische Betrachtungsweise gegenüber der stochastischen und statistischen eindeutig im Vordergrund.

Doch auch im Bereich der physikalischen Modelle haben in dieser Zeit bedeutende Entwicklungen in der Geotechnik stattgefunden. Diese in ihren Grundzügen und ihrer Anwendung zur Beurteilung von geotechnischen Stabilitätsproblemen darzustellen, ist Ziel dieses Beitrages. Konzeptuelle Modelle, die der Anschauung dienen, werden in der Geotechnik ebenfalls erfolgreich verwendet.

2.   Physikalische Modelle in der Geotechnik

Physikalische Modelle im natürlichen Massstab 1:1 sind meist sehr aufwendig und teuer
(z.B. Pfahlbelastungsversuche). Oft sind sie aus wirtschaftlichen oder technischen Gründen
gar nicht ausführbar. Man ist dann u.U. versucht, in einem Modellmassstab 1:n zu arbeiten.
Dabei muss jedoch untersucht werden, inwiefern die Modellähnlichkeitsbedingungen erfüllt
sind.

Die Modellähnlichkeit kann aufgrund einer Dimensionsanalyse überprüft werden. Dies wird
am Beispiel der Stabilität einer Baugrubenböschung aus kohäsivem Material im undrainierten Zustand erläutert (Fig. 1).

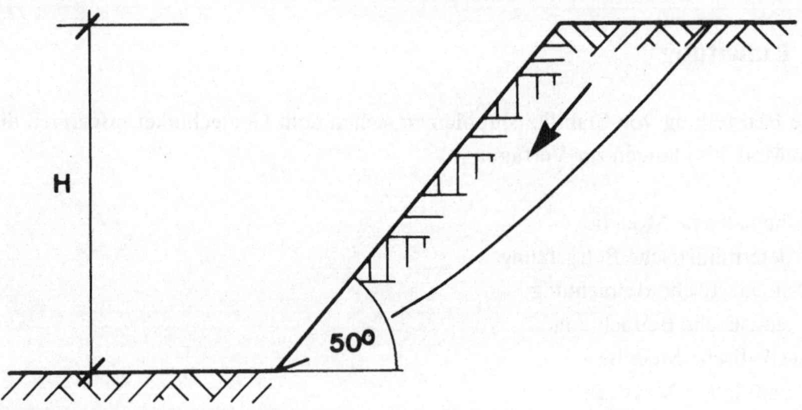

*Figur 1: Baugrubenböschung unter 50° aus kohäsivem Material, undrainierter
Zustand.*

Die massgebenden Parameter für die Stabilität im vorliegenden Fall sind

H :   Aushubtiefe
c_u :   undrainierte Scherfestigkeit
γ :   Raumgewicht (gesättigt)

Mit $\gamma = \rho \cdot g$ kann γ ersetzt werden

ρ :   Dichte (gesättigt)
g :   Beschleunigung

Aus den vier Parametern H, c_u, ρ, g lässt sich der dimensionslose Faktor

$$\frac{H \cdot \rho \cdot g}{c_u}$$

formulieren, der zur Erfüllung der Ähnlichkeitsbedingungen im Modell den selben Wert wie für den Prototyp aufweisen sollte.

Tabelle 1: Untersuchung der Modellähnlichkeiten für das Beispiel der Stabilität einer Baugrubenböschung aus kohäsivem Material im undrainierten Zustand

	Prototyp	Modell 1	Modell 2	Modell 3	Modell 4
Geom. Massstab	1:1	1:10	1:10	1:10	1:10
Beschleunigung	1 g	1 g	1 g	1 g	10 g
H [m]	5	0.5	0.5	0.5	0.5
c_u [kN/m^2]	15	15	1.5	15	15
ρ [Mg/m^3]	1.65	1.65	1.65	16.5	1.65
g [m/s^2]	10	10	10	10	100
$\dfrac{H \cdot \rho \cdot g}{c_u}$ [-]	5.5	0.55	5.5	5.5	5.5

Für die gegebenen Zahlenwerte des Prototypes gemäss Tabelle 1 erhält dieser Faktor den Wert von 5.5. Bezüglich der Modelle 1-4 können folgende Feststellungen gemacht werden:

Modell 1 (= konventionelles Modell): Modellähnlichkeit nicht gegeben
Modell 2 (Modellierung der Scherfestigkeit): Modellähnlichkeit gegeben
Modell 3 (Modellierung der Dichte): Modellähnlichkeit gegeben
Modell 4 (Modellierung der Gravitation): Modellähnlichkeit gegeben

Eine Modellierung des Materials (sei es die Scherfestigkeit oder die Dichte oder eine entsprechende Kombination davon) ist in der Regel mit erheblichen Schwierigkeiten verbunden. Bei geotechnischen Modellen wird daher heute meistens die Gravitation modelliert, d.h. die Versuche werden in einem künstlichen Gravitationsfeld durchgeführt.

3.   Geotechnische Zentrifugenmodellversuche

Der Prototyp (mit allen wesentlichen Elementen des realen Projektes) wird in einem geometrischen Massstab 1: n unter Verwendung der natürlichen Bodenmaterialien nachgebaut. Dieses Modell wird in einer Zentrifuge in ein künstliches Gravitationsfeld von $n \cdot g$ gebracht. Alle Versuche, Messungen und Beobachtungen am Modell erfolgen dann in diesem erhöhten Schwerefeld.

Eine Übersicht über einige geotechnische Zentrifugen gibt Fig. 2. Als Beispiel einer Zentrifuge ist ein Schnitt der Anlage an der Universität Manchester UMIST in Fig. 3 gegeben.

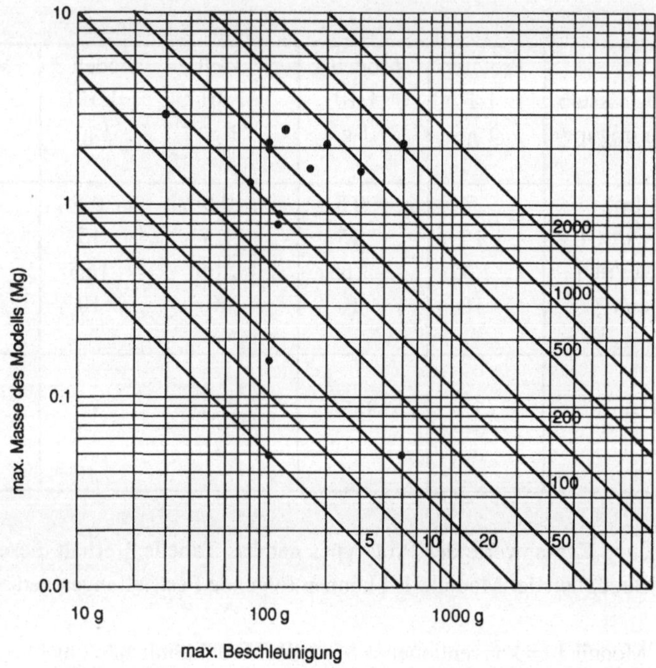

Figur 2: Werte der maximalen Beschleunigungen und der maximalen Massen der Modelle von geotechnischen Zentrifugen aus Europa, USA und Russland sowie Angaben der Kapazitäten als Produkt aus Beschleunigung und Masse in g-Mg. Nach Craig et al. (1988).

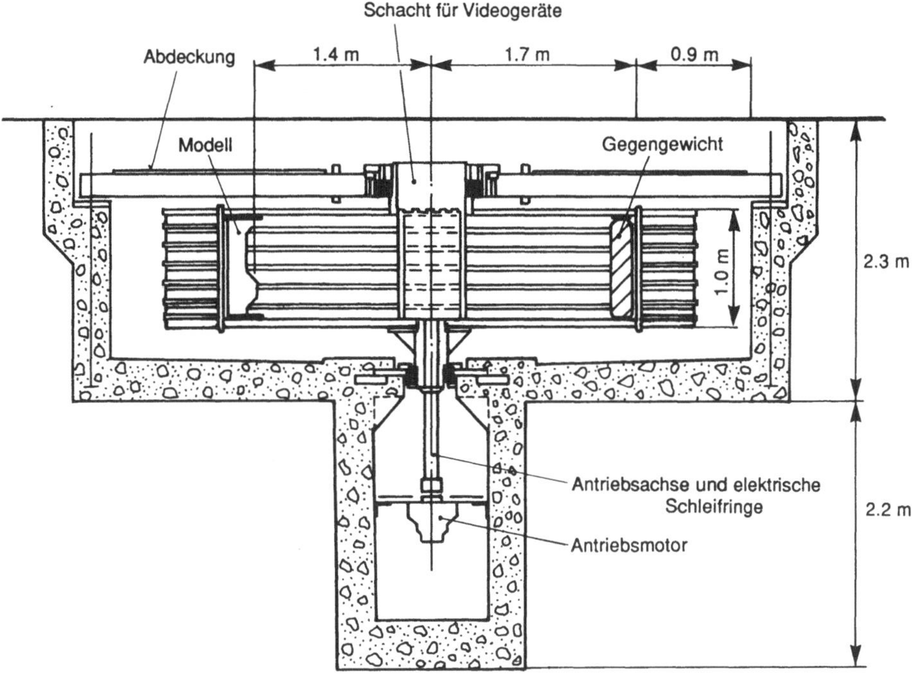

Figur 3: Schnitt der Zentrifuge der Universität Manchester UMIST. Nach Hird, Marsland und Schofield (1978).

Eine Zusammenstellung der Beziehungen, die zwischen dem Prototyp und dem Zentrifugenmodell gelten, ist in Tab. 2 gegeben. Besonders wichtig ist, dass die Spannungen und Dehnungen im Massstab 1:1 modelliert werden können und damit der Nichtlinearität des Spannungs-Verformungsverhalten der Böden Rechnung getragen wird.

Tabelle 2: Beziehungen zwischen Prototyp und Zentrifugenmodell
(ohne Material-modellierung)

	Prototyp	Zentrifugen-modell
Geom. Massstab	1 : 1	1 : n
Beschleunigung	1 g	n g
Länge	n	1
Fläche	n^2	1
Volumen	n^3	1
Dichte	1	1
Masse	n^3	1
Beschleunigung	1	n
Raumgewicht	1	n
Spannung	1	1
Kraft	n^2	1
Dehnung	1	1
Frequenz	1	n
Zeit:		
Dynamik	n	1
Diffusion	n^2	1
Konsolidation	n^2	1
Kriechen	1	1

4. Zentrifugenmodellversuche zur Beurteilung von Stabilitätsproblemen

Zur Illustration sind im folgenden drei typische Beispiele aufgeführt.

1. <u>Beispiel</u>: Tragfähigkeit eines Kreisfundamentes mit Durchmesser d auf trockenem Sand.

Der Sand weist ein Raumgewicht γ und ein Reibungswinkel φ' auf.
Aufgrund der Plastizitätstheorie kann in diesem Fall für die Grenzbelastung p_p die
folgende Beziehung abgeleitet werden:

$$\frac{p_p}{\gamma \cdot d} = \frac{p_p}{\rho \cdot g \cdot d} = f\left(\varphi'\right)$$

Konventionelle Modellversuche (de Beer, 1965) waren im Widerspruch mit dieser Beziehung, indem für φ' = const. kein konstanter Wert von $p_p / \gamma \cdot d$ resultierte.

Erst Modellversuche in einer Zentrifuge (Ovesen, 1979) haben eine Übereinstimmung mit der theoretischen Formel ergeben.

2. Beispiel: Stabilität von Flussdämmen

Hier sind umfangreiche Untersuchungen von Hird, Marsland und Schofield (1978) für die Dämme der Thames zu erwähnen (Fig. 4). Der Anlass dafür waren Instabilitäten der Dämme, die durch hohe Porenwasserüberdrücke verursacht waren.

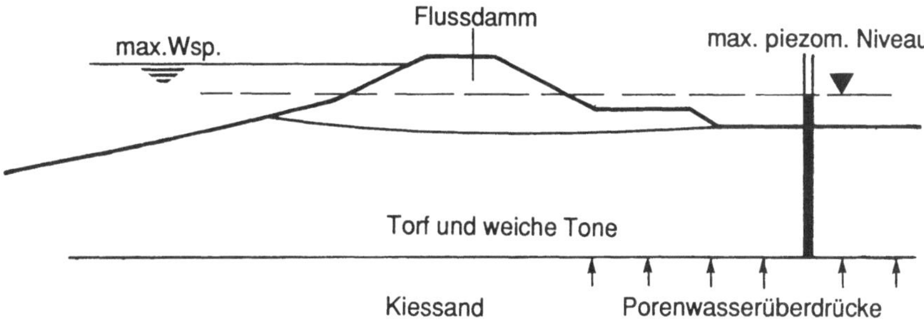

Figur 4: Typischer Schnitt durch einen Damm der Thames.
Nach Hird, Marsland und Schofield (1978).

Die Zentrifugenmodellversuche haben unter anderem ergeben, dass in Abhängigkeit der Tiefe der Kiessand-Schicht drei Bruchformen zu unterscheiden sind: zusammengesetzte Bruchformen, kreiszylindrische Bruchformen und Bruchformen, bei denen die Bruchfläche die Oberfläche nicht mehr erreicht. Die Modellversuche in der Zentrifuge erlaubten damit die Beobachtung von Phänomenen, die zuvor nur vermutet wurden.

3. Beispiel: Kurzfristige Standfestigkeit von Böschungen in überkonsolidierten Tonen.
    Eine diesbezügliche Untersuchung betraf die Böschungsstabilität des bekannten London Clay (Fig. 5).

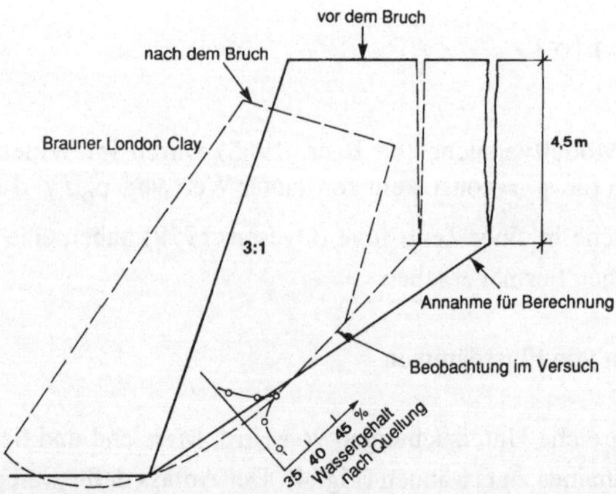

Figur 5: Ergebnisse des Zentrifugenmodellversuches an einer Böschung in überkonsolidiertem Ton. Nach Lyndon und Schofield (1970).

Hier interessieren vor allem die zeitliche Entwicklung der Scherfestigkeitsabnahme (infolge Entlastung durch den Aushub) und des Bruchvorganges. Es wurden aber auch interessante Details, wie z.B. die Zunahme des Wassergehaltes in der Bruchfläche, beobachtet.

Literaturreferenzen

Craig, W.H., R.G. James, und A.N. Schofield, (1988): *Centrifuges in Soil Mechanics.* Balkema, Rotterdam. (Dieses Buch enthält ein umfassendes Literaturverzeichnis).

de Beer, E., (1965): *The scale effect on the phenomenon of progressive rupture in cohesionless soil.* Proc. 6th Int. Conf. on Soil Mech. and Found. Eng., Vol. 2.

Hird, C.C., A. Marsland, und A.N. Schofield, (1978): *The development of centrifugal models to study the influence of uplift pressure on the stability of a floodbank.* Geotechnique, Vol. 28.

Lyndon, A., und A.N. Schofield, (1970): *Centrifuge model test of a short term failure in London Clay.* Geotechnique, Vol. 20.

Ovesen, N.K., (1979): *The sealing law relationship.* Proc. 7th Europen Conf. on Soil Mech. and Found. Eng., Vol. 4.

Schofield, A.N., (1980): *Cambridge Geotechnical Centrifuge Operations.* Geotechnique, Vol. 30.

Dr. Felix Bucher, Institut für Geotechnik-IGT, ETH-Hönggerberg, CH–8093 Zürich

Ueberwachung instabiler Hänge im Spannungsfeld von Risiko und vertretbaren wirtschaftlichen Kosten

Heinz Aeschlimann

1.   Das Spannungsfeld im Ueberblick

Alle Veränderungen des Zustandes von Objekten bergen einerseits das Risiko, dass gewisse Vorgänge plötzlich nicht mehr kontrollierbar sind, und andererseits die Gewissheit, dass jede Massnahme zur näheren Kenntnis oder zur Lenkung dieser Veränderungen Geld kostet. Das Gefährliche am Entgleiten der Kontrolle über Vorgänge liegt im Risiko von Schäden.

Im Falle von instabilen Hängen öffnet sich stets ein Spannungsfeld von Risiko, Schaden und Sanierungskosten. Die Verantwortung, sich in diesem Spannungsfeld zurechtzufinden und richtig zu entscheiden, wird jeweils an zuständige Behörden, Experten und beigezogene Fachleute übertragen. Da angesichts der Situation guter Rat oft teuer ist, werden zuweilen Massnahmen getroffen, die sich später als untauglich erweisen.

Eine dieser Massnahmen besteht im Anordnen von Messungen. Die Experten möchten damit die ablaufenden Vorgänge erfassen und interpretieren. Wenn die Messungen eine Interpretation erlauben, die sich später als richtig erweist, dann steigt die Achtung vor dem Experten. Andernfalls taucht der Vorwurf von Alibi-Messungen auf. Ein Alibi ist eine Ausrede, eine Entschuldigung oder eine Rechtfertigung. Alle zu nichts führenden Messungen werden hernach vielfach leichtfertig als Alibi-Messungen bezeichnet, auch wenn sie aus guten Gründen angeordnet worden sind. Kurz und bündig: Solange Messungen zu richtigen Urteilen führen, sind sie Entscheidungsgrundlagen. Führen sie zu Fehlurteilen, so liegt eine Klassierung als Alibi-Messungen in der Luft.

Nach Fehlurteilen taucht normalerweise die Frage nach den unnütz verursachten Kosten auf. Insbesondere ist sie auch zu gewärtigen, wenn sich eine Vermutung nicht bestätigt. Wird beispielsweise von einer Geländezone vermutet, sie sei instabil, und später stellt sich heraus, sie sei stabil, so werden sofort Stimmen laut, man hätte sich den Aufwand sparen können.

Messungen sollen Entscheidungsgrundlagen liefern. Dies bedeutet, dass anhand von Modellen der zukünftige Verlauf der Ereignisse abschätzbar ist. Falls Modelle fehlen, können neue Ansätze nur anhand von Messungen verfiziert werden. Messungen können deshalb kaum je Alibi sein.

2.   Logische Verknüpfungen

Entscheide betreffen immer Massnahmen, die entweder durchzuführen oder zu unterlassen sind. Die Durchführung der Massnahmen kann logisch mit dem Eintreten von Schäden verknüpft werden. Für das Abwägen dieses Risikos gegen die Kosten von Massnahmen ist die Verknüpfung der Massnahmen mit dem tatsächlichen Ablauf der Ereignisse hilfreich.

Massnahmen	Schadensereignis	Interpretation der Verknüpfung
1. getroffen	tritt ein	man tat, was man konnte
2. nicht getroffen	tritt nicht ein	Glück gehabt
3. getroffen	tritt nicht ein	Geld verlocht
4. nicht getroffen	tritt ein	kann schlimm ausgehen: materielle und moralische Schäden, Haftung, Versicherungs- und Rechtsfragen, Gerichts- entscheide

Verknüpfung 1 besagt, dass je nach Vorgang und Massnahmen der Schaden abgewendet oder wenigstens beschränkt werden konnte.

Verknüpfung 2 drückt die Erleichterung über den guten Ausgang von Dingen aus, von denen man entweder keine Ahnung hatte oder denen man - sehr oft wider besseres Wissen - ihren Lauf liess.

Verknüpfung 3 beschreibt eine üblicherweise auf Unkenntnis beruhende oder politisch gefärbte Meinung.

Verknüpfung 4 ergibt sich sehr oft aus einer Verkennung der Tatsachen, aus einer Verkettung von Fehlentscheiden oder aus dem Befolgen des Prinzips "ABC" (Always Be Covered, d.h. nichts unternehmen ohne die Billigung des Chefs). Die verheerenden Auswirkungen des Felssturzes in den Stausee von Vaiont 1963 - als extremes Beispiel - sind zumindest teilweise darauf zurückzuführen.

3.   Strategie im Abwägen von Risiko und Kosten, Aufstellen eines Modells

Zum Abwägen von Risiken und Massnahmen ist das Befolgen einer Strategie hilfreich und sinnvoll. Die Strategie muss in erster Linie die unheilvolle Verknüpfung 4 verhindern, d.h. dass ein Schadensereignis eintritt, ohne dass irgendwelche Massnahmen eingeleitet worden wären. Hierbei fällt unter Massnahmen alles, was hilft, den Vorgang zu verstehen, zu verändern oder den Schaden zu begrenzen. Die Strategie setzt sich aus folgenden Schritten zusammen:

1. Vermeiden der Verknüpfung 4: Vermeidung von Ueberraschungen durch Schadensereignisse ohne Massnahmen getroffen zu haben.
2. Verstehen der Vorgänge: Aufstellen und Testen eines Modells.
3. Prognose des weiteren Verlaufes, d.h. Berechnen der Wahrscheinlichkeit des Eintreffens gewisser Ereignisse anhand des Modells und Abschätzen der Folgen.
4. Abschätzen von möglichen Schäden und Treffen von Massnahmen zu ihrer Begrenzung.

Die fundamentalen Schritte der Strategie sind die Schritte 1 und 2. Alle andern beruhen auf dem Verständnis der Vorgänge, d.h. dass zwischen den beobachteten Wirkungen und den vermuteten Ursachen theoretische Zusammenhänge formuliert werden können. Diese Zusammenhänge werden als Modell bezeichnet.

4.   Schritt 1 der Strategie: Etwas unternehmen.

Um die Strategie in die Praxis umzusetzen, kann man sich von der Volksweisheit leiten lassen. Man sagt "Grosse Ereignisse werfen ihre Schatten voraus" und meint damit, dass aus dem Erkennen von Zusammenhängen zwischen unbedeutenden Einzelheiten auf den Ablauf im grossen geschlossen werden kann. Anders ausgedrückt: Nichts läuft spontan ab. Man muss nur beizeiten versuchen, bestehende Vermutungen anhand von systematisch wiederholten Messungen zu bestätigen.

Bei frühzeitigem Handeln kann mit wenig Kosten die fatale Verknüpfung 4 vermieden werden. *Um mehr kann es billigerweise nicht gehen.*

5.   Schritt 2 der Strategie: Messungen als Grundlage einer Analyse

Bis vor kurzer Zeit wurden Veränderungen der Erdoberfläche zumeist nur durch eine qualitative Dokumentation (Protokolle, Skizzen, Fotos, vereinzelte Messungen zur Bekräftigung des Befundes) festgehalten. Wenn auch diese qualitative Beurteilung zum Schutz von Leib und Leben der Bewohner von betroffenen Regionen ausreichte, so drängt sich doch der *Schritt von der qualitativen zur quantitativen Analyse* auf. Allenthalben wird erwartet, dass angesichts des Druckes zur Vermeidung von Störungen des wirtschaftlichen und politischen Alltags auch Naturereignisse quantifiziert werden, sowohl was den zeitlichen Ablauf, als auch was den Umfang anbetrifft. Ein quantitatives Urteil über einen Vorgang beruht immer auf Messungen. Damit lässt sich der Schritt 2 der Strategie folgendermassen gliedern:

- Ist der aktuelle Zustand normal oder ausserordentlich? Welche Kriterien erlauben das *Normalverhalten vom ausserordentlichen Verhalten* zu unterscheiden?
- Was wird sich in Zukunft abspielen? Lassen die Modelle eine *Prognose des Verlaufes* zu?

Die Vorgänge sind Funktionen der Zeit. Durch die Wiederholung von Messungen bestimmter, für den Zustand eines Objektes charakteristischer Grössen entstehen *Zeitreihen*, zu deren Interpretation die erforderlichen mathematischen Werkzeuge zur Verfügung stehen. Graphisch als *Messwert-Zeit-Diagramme* dargestellte Zeitreihen vermitteln ausserdem einen prägnanten Ueberblick.

Das Aufstellen von Kriterien und die wesentlichen Beiträge zu Modellansätzen fallen in den Kompetenzbereich der Geologie, der Boden- und der Felsmechanik. Die Quantifizierung der Vorgänge beruht auf Messungen und auf den daraus abzuleitenden Modellen. Messen, Aufstellen und Testen von Modellen, Beurteilen der Zulässigkeit etc. gehören zum Problemkreis der Parameterschätzung, d.h. eines für die die Geodäsie fundamentalen Fachgebietes.

Da der Bewegungszustand von instabilen Geländezonen - bewegt sich etwas oder bewegt sich nichts? - geodätisch bestimmt wird, ergeben sich enge Beziehungen zwischen den für das Verstehen der Vorgänge zuständigen Fachgebieten und der die wesentlichen Entscheidungsgrundlagen liefernden Geodäsie.

5.1.   Normales und ausserordentliches Verhalten

Kleine Veränderungen eines kontinuierlich in der gleichen Richtung wirkenden Vorganges sind normalerweise durch Effekte des Normalverhaltens überdeckt. Sie weisen vor allem tages- und jahreszeitliche Perioden auf und sind meistens Folgen des Temperaturganges und des Wasserhaushaltes.

Frühzeitiges Erkennen von Abweichungen vom Normalverhalten ist für eine Prognose wesentlich. Da jedoch die Effekte zu Beginn des Vorganges von den Effekten des Normalverhaltens überdeckt sind, muss der Verlauf der Effekte des Normalverhaltens durch eine hinreichend dichte Zeitreihe erfasst werden. Dies ist ohne automatische Erhebung der Messwerte sehr oft undenkbar.

5.2.   Prognose des Verlaufes

Je grösser das Gefahrenpotential eines Vorganges ist, umso folgenschwerer wirkt sich die Verknüpfung 4 aus.

Erd- und Felsmassen bewegen sich in Funktion von Regenfällen, von Frostperioden, von der schon bestehenden Durchnässung etc. Bewegungen treten auf und klingen wieder ab. Innerhalb gewisser Grenzen gehören sie zum Normalverhalten und können sich über einen grossen Zeitraum fortsetzen, ohne dass die Gefahr eines plötzlichen Absturzes bestünde. Wenn sich allerdings die Bewegungen beschleunigen, dann ist eine genauere Verfolgung angezeigt. Sind die Beschleunigungen irreversibel, so weisen sie auf einen früher oder später erfolgenden Absturz hin. Es stellt sich die Frage, wann der Zeitpunkt erreicht ist, der eine Prognose erlaubt. Man hat den Eindruck, dass man diesen Vorgang anhand geeigneter Messungen modellieren könnte.

5.3.   Bestimmung von Parametern einer Bewegung

Um zu Modellen von Abstürzen von Massen zu gelangen, muss aus naheliegenden Gründen auf Experimente in grossem Massstab verzichtet werden. Man ist auf theoretische Studien angewiesen, verbunden mit einer Ueberprüfung an einem zufälligerweise zugänglichen Fallbeispiel. Die Modelle über einen Absturz sollen ein ausserordentliches Verhalten möglichst frühzeitig vom Normalverhalten zu unterscheiden gestatten.

Wesentlich für die Modellierung des Ablaufes ist der Zeitraum mit grossen Aenderungen, d.h. was sich im Zeitraum zwischen dem Erkennen eines abnormen Verhaltens bis zum Absturz abspielt. Die sich abzeichnenden Bewegungen - sobald Vermutungen bestehen - müssen bis zu einem eventuellen Absturz verfolgt werden. Manuell erhobene Messungen erfüllen die Anforderungen wegen der Gefährdung des Beobachters und wegen mangelnder Dichte der Zeitreihe nicht.

Nur ganz wenige der heute verfügbaren Messreihen genügen diesen Anforderungen. Die meisten der Messreihen erfassen vor allem die für die Modellierung wesentliche Phase vor dem Absturz nur rudimentär, wohl vielfach aus der irrigen Vorstellung heraus, dass der Absturz nun bevorstehe und weitere Messungen überflüssig seien.

Modelle, die aus Zeitreihen über den ganzen Zeitraum der irreversiblen Beschleunigung abgeleitet sind, erlauben bereits in einer frühen Phase der Bewegung eine eventuelle Beschleunigung zu erkennen. Temporäre Verzögerungen und ruckartige Bewegungen wirken sich statistisch als Rauschen aus. Bei kurzen Zeitreihen können sie allerdings die Genauigkeit der Modellparameter soweit verschlechtern, dass keine Aussagen gemacht werden können.

6.   Schritt 3 der Strategie: Prognose des schlimmsten Falles

Der Absturz von Massen ist die folgenschwerste Möglichkeit der Bewegung einer Geländezone.

Es dürfte kaum möglich sein, eine Bewegung allgemein als Funktion der Zeit vorauszusagen. Die zu einem bestimmten Zeitpunkt noch nicht wirksamen, aber lokal vorhandenen Gegebenheiten in der sich bewegenden Masse sind möglicherweise durch fallspezifische Parameter zu erfassen, was jedoch nicht über einen normalerweise chaotischen Bewegungsablauf hinweghilft. Nur wenn sich die Bewegung irreversibel beschleunigt, kann mit einiger Aussicht auf Erfolg versucht werden, den Vorgang zu modellieren. Schritt 3 der Strategie kann deshalb nur bedeuten, die Bewegung anhand eines erprobten Modelles *fortwährend auf die Hypothese eines Absturzes zu prüfen.*

Sofern eine Beschleunigung tatsächlich vorhanden ist - auch eine kleine - wird sie sich langfristig auswirken. Dadurch steigt die Genauigkeit der Modellparameter, somit können früher oder später auch genauere Aussagen über den Verlauf gemacht werden. Durch kontinuierliches Prüfen einer Zeitreihe auf Verträglichkeit mit einem Modell über den Absturz wird eine auf einen Absturz hinweisende Beschleunigung mit Sicherheit erfasst. Die Kriterien für den tatsächlichen Absturz bleiben noch zu formulieren.

7.   Schritt 4 der Strategie: Massnahmen zur Begrenzung von Schäden

Massnahmen zur Begrenzug von Schäden bei drohendem Eintritt des schlimmsten Falles werden von Fachleuten empfohlen und von Behörden angeordnet.

Angesichts einer Gefahr wird von Behörden sehr oft als Sofortmassnahme ein Alarmsystem verlangt. Technisch in jeder gewünschten Ausgestaltung ohne Schwierigkeiten zu installieren, müssen die Betreiber von Alarmanlagen sich doch die Fehler I. und II. Art, die beim Prüfen von Hypothesen (Schritt 3 der Strategie) vorkommen, vor Augen halten. Es geht um folgendes:

- Fehler I. Art: Verwerfen der Hypothese, obwohl sie richtig ist, d.h. zu Unrecht verwerfen.
- Fehler II. Art: Annehmen der Hypothese, obwohl sie falsch ist, d.h. zu Unrecht annehmen.

Die Wirkungen von Fehlern I. und II. Art können am Beispiel eines Felsblockes oberhalb einer Bahnlinie erläutert werden. Ein Signal soll verhindern, dass ein durchfahrender Zug vom abstürzenden Block getroffen wird. Die Hypothese lautet: "Der Block stürzt nicht ab". Sie wird von einem Experten oder von einem automatischen Messsystem anhand von Messungen getestet.

Der Test ergebe in einem bestimmten Fall, dass die Hypothese zu verwerfen sei, d.h. der Block stürze ab. Das Signal wird auf rot gestellt. Stürzt er jedoch nicht ab, d.h. wurde die Hypothese zu Unrecht verworfen, so wird ein durchfahrender Zug unnötigerweise aufgehalten. Der Test verursachte einen Fehler I. Art. Im landläufigen Sinne spricht man in diesem, und nur in diesem Falle von einem Fehlalarm.

In einem andern Fall lautet das Testergebnis, die Hypothese sei anzunehmen, d.h. der Block stürze nicht ab, so wird das Signal auf grün gestellt. Wenn der Block jedoch abstürzt, so wird möglicherweise ein durchfahrender Zug getroffen. Der Test verursachte einen Fehler II. Art. Im landläufigen Sinne wird die Möglichkeit eines fehlenden Alarms - als komplementärer Fall zum Fehlalarm - vielfach vergessen.

Soll in jedem Fall ein Fehler I. Art verhindert werden, so muss das Signal dauernd grün zeigen. Die Signalanlage könnte gleich wieder demontiert werden. Soll in jedem Fall ein Fehler II. Art vermieden werden, d.h. kein Zug darf getroffen werden, so muss das Signal dauernd rot zeigen. Man könnte die Strecke ebenso gut sperren. Offenbar muss ein gewisses Risiko in Kauf genommen werden.

Fehler I. und II. Art sind statistisch miteinander verknüpft. Da nach Möglichkeit verhindert werden muss, dass ein Zug getroffen wird, legt man eine grosse Sicherheitswahrscheinlichkeit fest, d.h. dass die richtige Hypothese in möglichst vielen Fällen angenommen wird. Man nimmt dabei in Kauf, dass der Zug irrtümlicherweise vor dem roten Signal hält.

8.   Worin liegt der Wert von Messungen?

Durch Messungen wird kein instabiler Hang stabilisiert und schon gar nicht saniert. Mit Messungen wird nur ein Zustand konstatiert. Da eine Instabilität durch wiederholte Messungen und Vergleichen mit früheren Ergebnissen relativ leicht festzustellen ist, kann der Erfolg von eventuellen Stabilisierungsmassnahmen ebenso leicht festgestellt werden. Messungen sind deshalb kaum je Alibi-Massnahmen.

Durch die ständig wiederholten Messungen entstehen Zeitreihen, deren Informationsgehalt durch Feststellen des Zustandes im Augenblick einer Messungen keineswegs ausgeschöpft ist. Aufgrund der Tatsache, dass in der Welt der Geowissenschaften keine Vorgänge spontan ablaufen, sind in den Messreihen zur Feststellung des Zustandes auch die Anfänge von irreversiblen Vorgängen verborgen. Es gilt nur, sie mit geeigneten Modellen aufzuspüren. Irreversible Prozesse an instabilen Hängen sind Ausbrüche, Abstürze etc. Die Aufstellung dieser Modelle ist nur anhand von Messreihen möglich, die einen der gesuchten irreversiblen Vorgänge enthalten. Die Modelle dürften in vielen Fällen auch eine quantitative Prognose erlauben.

Messungen an bereits als irreversibel zu klassierenden Vorgängen sind somit sehr sinnvoll, obwohl kein Bauamt weit und breit mehr an der Festellung des aktuellen Zustandes interessiert ist. Der Sinn liegt im Aufbau von Zeitreihen von irreversiblen Vorgängen. Es ist für die Modellierung fundamental, diese Vorgänge bis zu einem neuen stabilen Zustand zu verfolgen.

Die Messungen sollen nicht archiviert, sondern interpretiert werden. Die folgenden Beispiele mögen dies zeigen.

9.   Beispiele

9.1.   Bergsturz Randa

Fig. 1a zeigt ein Messwert-Zeit-Diagramm der Aenderungen der Distanzen zwischen Punkten der sich bewegenden Zone und einem festen Beobachtungspunkt. Die Distanzen zwischen dem Beobachtungspunkt und den Punkten der Rutschzone liegen zwischen 1474 m für Punkt 101 und 1915 m für Punkt 108.

Bemerkenswert ist der glatte Verlauf der Kurven, was einerseits auf eine hohe Messgenauigkeit und andererseits auf eine regelmässige Bewegung hindeutet. Als Instrumentarium wurde ein normales Vermessungsinstrument verwendet (Leica Theodolit T 1600 mit Distanzmesser DI 2002). Eigenartig mutet der Knick am 08.05.1991 in den Kurven der Punkte 104, 105, 106, 107 an.

Die Punkte 103, 104, 107 liegen auf der gleichen Scholle. Sie stürzten gemeinsam als erste ab. Dadurch wurde den weiter oben liegenden Punkten das Auflager entzogen, wodurch sie in eine Phase rasanter Beschleunigung gerieten und kurz darauf ebenfalls abstürzten. Leider fehlen dazu detaillierte Messungen. Die Bewegungen bis zum Absturz lagen bei rund einem Meter.

Fig. 1b zeigt das Messwert-Zeit-Diagramm mit den Originalmessungen. Im Diagramm in Fig. 1a sind die zu beliebigen Tageszeiten durchgeführten Messungen zu Tagesmitteln zusammengefasst. Im Diagramm in Fig. 2b hingegen ist jede Messung im Zeitpunkt ihrer

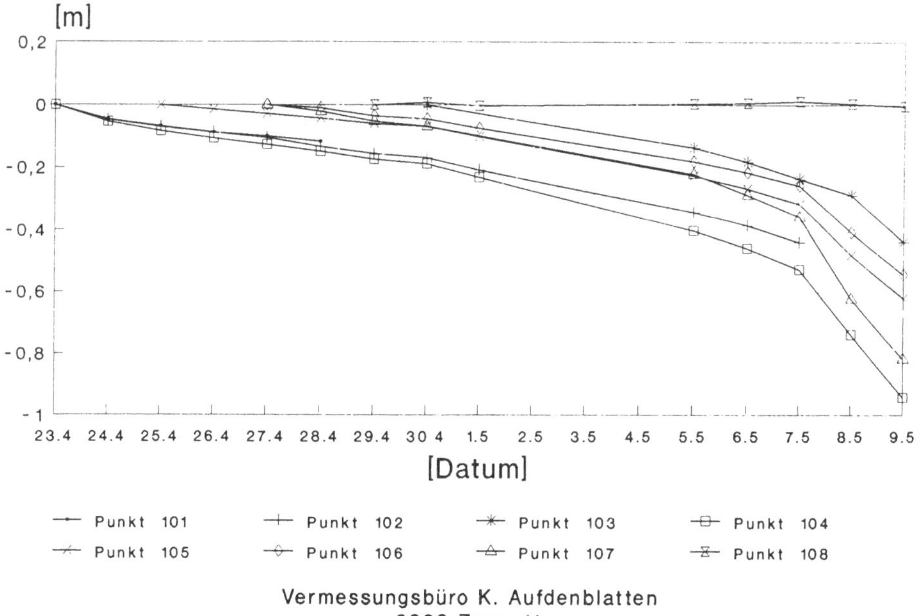

Figur 1a: Rutschmessungen Randa von 23.4.91 bis 9.5.91. Grafische Darstellung der Distanzänderung.

Durchführung einzeln eingetragen. Die Knicke (in Fig. 1a) sind verschwunden. Allerdings hat man den Eindruck, dass weitere Messungen am 08. und 09.05.1991 helfen würden, den Verlauf der Bewegung erheblich besser wiederzugeben. Man käme jedoch mit manuellen Messungen an die Grenze des Möglichen.

Der glatte Verlauf der Kurven legt den Versuch nahe, die Messwerte durch eine Kurve anzunähern und zu extrapolieren. Zu einer Prognose fehlt allerdings ein Kriterium für den tatsächlichen Eintritt des Absturzes. Eine versuchsweise verwendete Hyperbel ergibt Prognosen, die stets hinter den tatsächlich erreichten Distanzen zurückliegen. Der Verlauf der Bewegung ist regelmässiger als es sich die Vermessungsingenieure vorstellten. Sonst wären kaum aus den überaus zuverlässigen Einzelmessungen Tagesmittel gebildet worden.

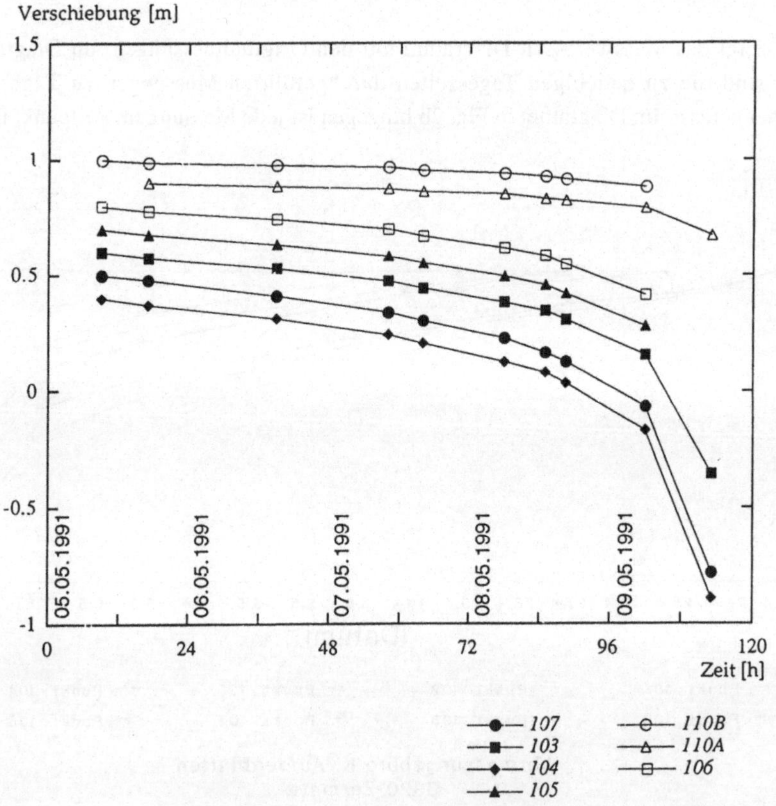

Figur 1b: Originaldaten der Rutschmessungen Randa von 5.5.91 bis 9.5.91.

9.2.   Absturz von Felsmassen auf dem Jungfraujoch

Die Messungen an einem ganz anderen Objekt mit völlig anderen Bewegungen in Fig. 2 dargestellt, ergibt eine auffallende Aehnlichkeit des Verlaufes mit dem vorangehenden Beispiel. Eine wiederum versuchsweise zur Approximation verwendete Hyperbel ergibt analoge Resultate zum Fall Randa. Die zu jedem Zeitpunkt aufgrund der Extrapolation erwarteten Distanzen sind immer kleiner als der tatsächlich zurückgelegte Weg. Die Bewegungen bis zum Absturz lagen bei rund 13 mm.

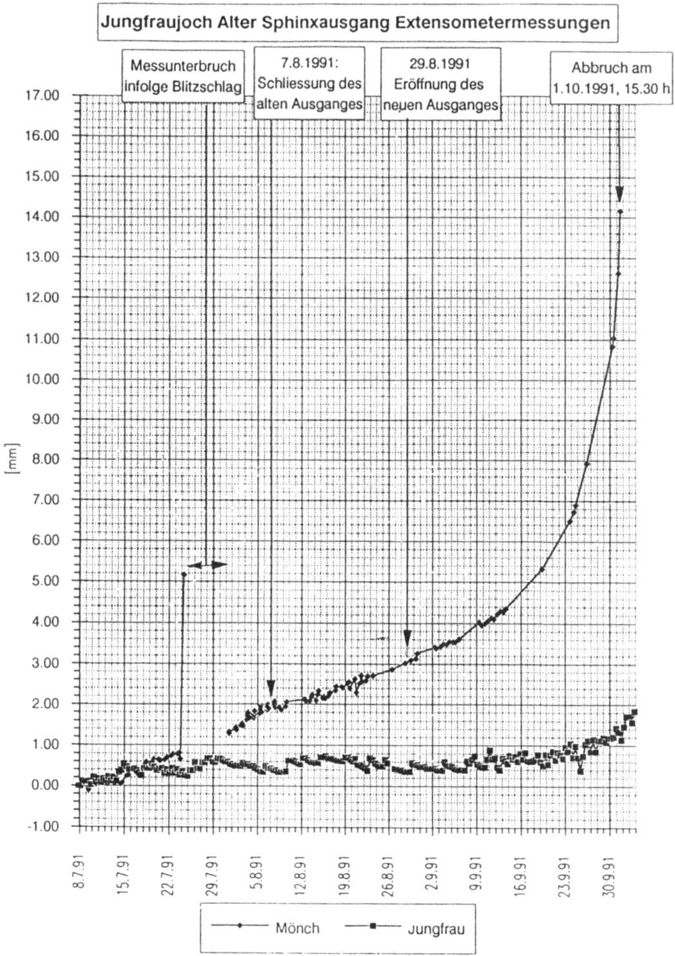

Figur 2: Aufzeichnung von Extensometermessungen auf dem Jungfraujoch vom 8.7.91 bis 30.9.91.

9.3.   Instabile Felszone Vicosoprano

Südöstlich von Vicosoprano bewegt sich eine Felszone langsam talwärts. Da Abstürze schon erfolgt sind, und weitere zu erwarten sind, wurde auf Antrag der Experten ein automatisches Messsystem installiert. Entsprechend Schritt 3 der Strategie wird bei einer sich abzeichnenden Beschleunigung der Bewegung eines Punktes versucht, den schlimmsten Fall zu prognostizieren. In Ermangelung besserer Modelle wird zur Zeit eine Extrapolation mit einer Hyperbel verwendet. Sobald sich eine Hyperbel interpolieren lässt, wird täglich mit einer neuen Interpolation verifiziert, ob die neuen Messwerte den festgestellten Trend bestätigen. Wenn die Bewegung stecken bleibt, so kann normalerweise nach wenigen weiteren Messungen keine Hyperbel mehr interpoliert werden. Alle Messungen werden gespeichert und periodisch vom betreuenden Ingenieurbureau über Modem abgerufen.

Die Interpolation erfolgt in den Messwert-Zeit-Diagrammen. Die Koordinaten von Punkten des vom Punkt zurückgelegten Weges werden anhand der Interpolationsfunktionen berechnet.

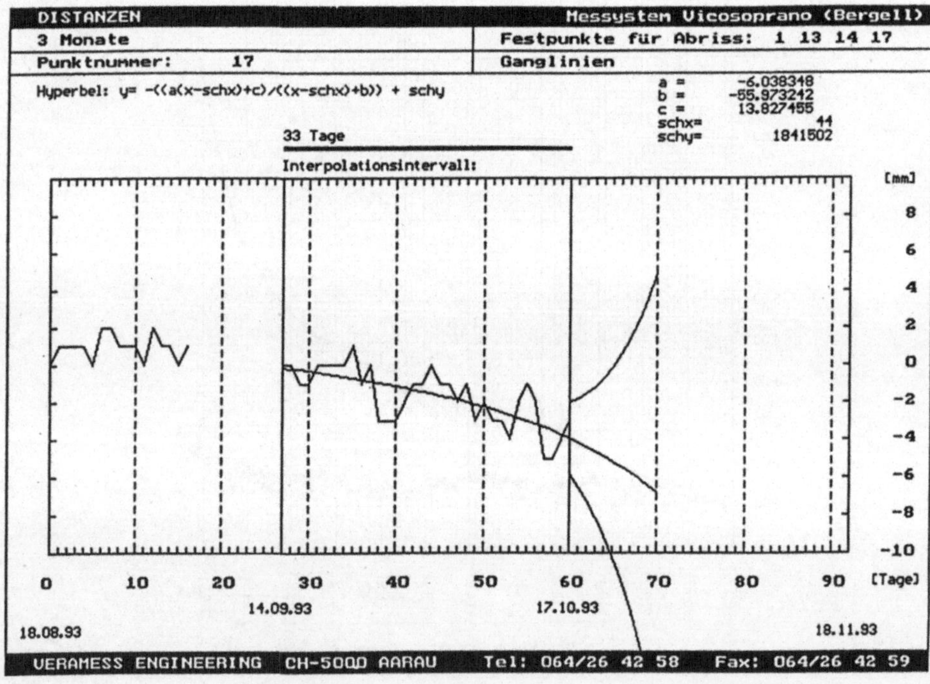

Figur 3a: Interpolation von Distanzmessungen des Punktes Nr. 17 Vicosoprano von 18.8.93 bis 18.11.93.

```
MESSSTATION VICOSOPRANO                              Tues     Jan 25 94        23:47        PAGE  1/3
      Messzeit    Temp   Druck   Massstab  A B C D E F G H I J K L M N O P Q R S T U V W
      00:01:00    5.2   873.4 | 0.9999545 | | | | | | |*| |*| | | | | | | | | | | |*| | | |
      02:01:00    6.0   874.1 | 0.9999542 | | | | | | |*| |*| | | | | | | | | | | |*| | | |
      04:01:01    6.4   874.7 | 0.9999535 | | | | | | |*| |*| | | | | | | | | | | |*| | | |
      06:01:01    7.0   875.0 | 0.9999533 | | | | | | |*| |*| | | | | | | | | | | |*| | | |
      08:01:01    6.8   875.7 | 0.9999532 | | | | | | |*| |*| | | | | | | | | | | |*| | | |
      10:01:01    7.3   875.7 | 0.9999542 | | | | | | |*| |*| | | | | | | | | | | |*| | | |
      12:01:01    5.2   875.9 | 0.9999559 | | | | | | |*| |*| | | | | | | | | | | |*| | | |
      14:01:01    6.7   875.3 | 0.9999549 | | | | | | |*| |*| | | | | | | | | | | |*| | | |
      16:01:01    5.9   874.3 | 0.9999555 | | | | | | |*| |*| | | | | | | | | | | |*| | | |
      18:01:01    3.9   873.4 | 0.9999576 | | | | | | |*| |*| | | | | | | | | | | |*| |*| |
      20:01:01    3.6   872.8 | 0.9999570 | | | | | | |*| |*| | | | | | | | | | | |*| | | |
      22:01:01    3.8   872.0 | 0.9999552 | | | | | | |*| |*| | | | | | | | | | | |*| | | |
MESSSTATION VICOSOPRANO                              Tues     Jan 25 94        23:48        PAGE  2/3

      Koordinatenberechnung vom  :   25.01.94 / 23:30:01
      ------------------------------------------------------
      MessIntervall: 02.00   BerechnungsIntervall: 24.00    Nullmessung: 27.08.1991 .
      Kompensator längs / quer :       20.2 /      -2.3 [cc]   (bei Messung auf Punkt 1)
```

Koordinatenliste und Differenzen:

	Nr	Y-Koord [m]	DY0 [mm]	DYv [mm]	X-Koord [m]	DX0 [mm]	DXv [mm]	Hoehe [m]	DH0 [mm]	DHv [mm]	n
A	1	769092.950	5	-2	134440.769	-53	-10	2106.298	-94	-11	12
B	13	769131.208	14	-2	134518.811	43	-2	2062.879	53	-2	12
C	14	769155.838	-43	0	134412.438	-20	11	2204.282	21	16	12
D	17	769009.191	12	4	134787.710	29	2	1726.592	39	-4	12
E	2	769046.812	-37	6	134443.434	14	-10	2072.206	-162	-23	12
F	3			0			0			0	0
G	5	768869.640	28	8	134564.762	26	-2	1874.883	-47	-20	12
H	6			0			0			0	0
I	7	768804.351	50	6	134594.741	23	3	1761.392	-53	-5	12
J	8	768879.196	44	8	134661.616	12	7	1697.461	-64	0	12
K	9	768712.564	-19	-15	134683.414	-51	-12	1624.993	-126	-10	12
L	10	769012.544	-123	8	134483.533	-39	-2	2041.539	-212	-18	12
M	11	769000.878	-166	-7	134492.854	-41	-9	2019.331	-161	-11	12
N	12	769001.183	-34	5	134513.924	-4	-5	1995.676	-56	-19	12
O	15	768882.674	-7	23	134593.933	-16	14	1840.534	-68	1	12
P	16	768824.406	35	2	134621.067	5	0	1751.542	-71	-6	12
Q	18	768750.962	36	4	134743.602	-7	1	1573.345	-102	-6	12
R	91	767749.922	2	0	136044.219	0	0	1156.236	-33	1	12
S	93			0			0			0	0
T	94	767803.714	-12	-12	135986.783	9	3	1144.432	-31	0	11

Schrägdistanzen und Differenzen:

	Nr	Distanz [m]	Diff0 [mm]	Diffv [mm]
A	1	2278.003	1	2
B	13	2226.590	0	-1
C	14	2375.293	-3	-1
D	17	1841.506	1	0
E	2	2236.530	-97	0
F	3			0
G	5	1973.901	-23	-2
H	6			0
I	7	1877.300	-9	0
J	8	1846.438	-2	0
K	9	1717.968	-2	0
L	10	2175.959	-125	-1
M	11	2153.786	-124	-1
N	12	2129.063	-42	-1
O	15	1946.306	-16	2
P	16	1864.057	-6	-1
Q	18	1676.633	-1	0
R	91	82.591	-2	0
S	93			0
T	94	94.444	-3	-1

Figur 3b: Tagesrapport mit Zusammenstellung der berechneten Koordinaten von Vicosoprano vom 25.1.94.

Fig. 3a zeigt die Interpolation der gemessenen Distanzen über eine Messzeit von 33 Tagen. Ausser den Distanzen werden auch die Horizontalrichtungen und die Vertikalwinkel zu den Punkten gemessen. Als Instrumentarium ist ein computergesteuerter Theodolit Leica T 3000 mit einem Distanzmesser DI 3000 eingesetzt. Alle 2 Stunden wird eine Messung nach den Punkten in der instabilen Felszone gemessen. Wegen der Tagesperiode der Refraktion werden Tagesmittel gebildet und diese für die Interpolation verwendet.

Jeden Tag wird eine Zusammenstellung mit den berechneten Koordinaten aller Punkte und mit den Mitteln der Messungen vom Vortag über Fax an den Experten und an das die Anlage betreuende Ingenieurbureau geschickt. In Fig. 3b ist der erste Teil des Faxes wiedergegeben. Es enthält zuoberst eine Tabelle der Sichtbarkeit der Punkte. Die Punkte F, H, S waren den ganzen Tag eingeschneit. Die Koordinatenlisten sind selbsterklärend. In den Kolonnen DY0, DYv etc. bedeutet der Index 0 die Differenzen seit der ersten Messung, der Index v die Veränderung gegenüber dem Vortag. Die relativ grossen Differenzen in den Koordinaten zum Vortag sind auf die relativ ungenaue Messung der Richtungen und Vertikalwinkel zurückzuführen.

9.4.   Campo (Vallemaggia)

In Campo steht die erste automatische Messstation zur Bestimmung der Koordinaten von Geländepunkten seit 1988 in Betrieb. Wegen den topographischen Gegebenheiten steht die Messstation ebenfalls in der instabilen Zone. Ihre Koordinaten müssen deshalb fortlaufend bestimmt werden. Dazu dienen 3 feste Punkte am gegenüberliegenden Talhang. Die Software berechnet die Stationskoordinaten aus Tagesmitteln. Sie werden anschliessend zur Berechnung der Koordinaten der einzelnen Punkte benützt. Im Unterschied zu Vicosoprano holt das die Messstation betreuende Istituto Geologico e Idrologico Cantonale die gespeicherten Daten regelmässig über Modem ab.

Die Grafik in Fig. 4 zeigt die Lage der Messstation in der Periode vom 27.09.93 - 25.11.93. Sie soll zeigen, dass der zurückgelegte Weg sehr wohl plausibel ist, dass hingegen die Bewegung der Station ganz sicher nicht den einzelnen, nicht mehr entwirrbaren Punkten gefolgt ist. Um den wahrscheinlichsten Weg zu ermitteln, muss deshalb vorerst in jedem der drei Messwert-Zeit-Diagramme (Horizontalrichtung, Vertikalwinkel, Distanz) eine die Messfehler ausgleichende Kurve berechnet werden. Die Koordinaten von einzelnen Punkten des zurückgelegten Weges werden nachher mit Hilfe dieser ausgleichenden Kurven und mit dem Argument Zeit berechnet. In Parameterdarstellung ergibt sich folgender Rechnungsgang:

1   ausgleichende Funktion für die Horizontalrichtungen: $H = f_h(h,t);$
ausgleichende Funktion für die Vertikalwinkel: $V = f_v(v,t);$
ausgleichende Funktion für die Distanzen: $D = f_d(d,t);$

h, v, d, t   Messwerte (Horizontalrichtung, Vertikalwinkel, Distanz), Zeit
f_h, f_v, f_d ausgleichende Funktionen der Messwerte h, v, d.

Die drei Funktionen können beliebigen und verschiedenen Typs sein.

2   Berechnung von beliebigen Punkten des zurückgelegten Weges mit dem Argument Zeit.
Berechnung der Koordinaten: $X=F_1(H,V,D,t);$ $Y=F_2(H,V,D,t);$
$Z=F_3(H,V,D,t);$

F_1, F_2, F_3 sind die üblichen Funktionen zur Transformation der für den Zeitpunkt t berechneten Polarkoordinaten H, V, D in die rechtwinkligen Koordinaten X, Y, Z.

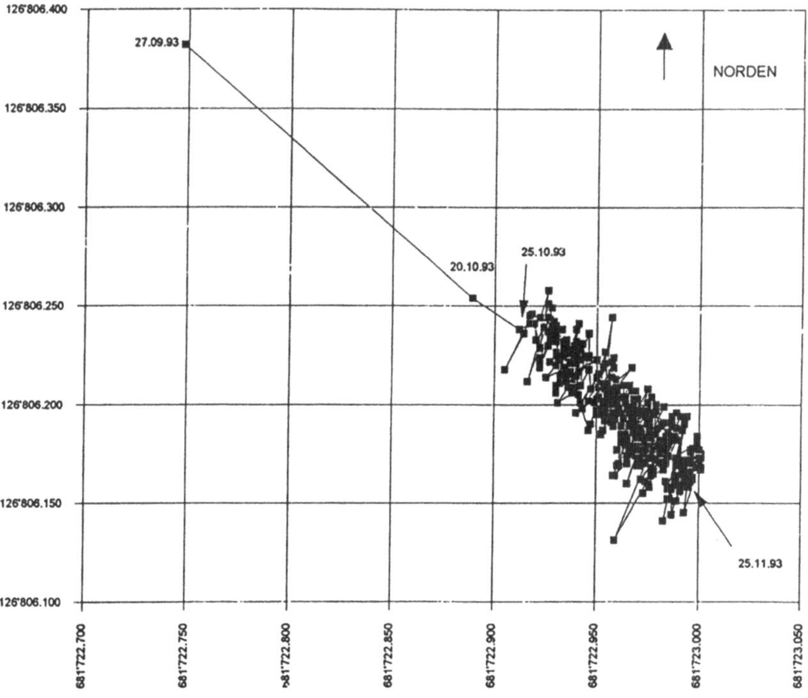

Figur 4: Bewegung der Messstation Campo Vallemaggia.

Dr. Heinz Aeschlimann, Veramess Engineering, Schachenallee 29, 5000 Aarau